普通高等教育基础课系列教材

概率论与数理统计全程指导

第4版

主　编　李　娜　臧鸿雁
副主编　范玉妹　张志刚
参　编　汪飞星　王　萍

机械工业出版社

本书按照主教材的章节顺序，分为 10 章. 主要内容包括随机事件与概率、一维随机变量及其分布、多维随机变量及其分布、随机变量的数字特征、极限定理、数理统计基本概念、参数估计、假设检验、回归分析及方差分析简介、经典问题剖析.

本书内容紧扣主教材，书中例题丰富且具有代表性，例题分析与解答展示了基本的解题思路、解题方法与解题技巧，起到了释疑解难的作用，达到了导学的目的. 此外，书中还穿插了一些近年考研的真题及解析，方便学生自测.

本书可作为高等院校各专业概率论与数理统计课程的辅助教材，也可作为学生考研或数学爱好者的参考书.

图书在版编目（CIP）数据

概率论与数理统计全程指导 / 李娜，臧鸿雁主编 .—4 版 .—北京：机械工业出版社，2023.10（2024.9 重印）

普通高等教育基础课系列教材

ISBN 978-7-111-73830-5

Ⅰ.①概… Ⅱ.①李…②臧… Ⅲ.①概率论-高等学校-教学参考资料 ②数理统计-高等学校-教学参考资料 Ⅳ.①O21

中国国家版本馆 CIP 数据核字（2023）第 168608 号

机械工业出版社（北京市百万庄大街 22 号 邮政编码 100037）

策划编辑：汤 嘉 责任编辑：汤 嘉 张金奎

责任校对：郑 婕 陈 越 封面设计：鞠 杨

责任印制：张 博

北京建宏印刷有限公司印刷

2024 年 9 月第 4 版第 2 次印刷

184mm×260mm · 18.5 印张 · 457 千字

标准书号：ISBN 978-7-111-73830-5

定价：55.00 元

电话服务 网络服务

客服电话：010-88361066 机 工 官 网：www.cmpbook.com

010-88379833 机 工 官 博：weibo.com/cmp1952

010-68326294 金 书 网：www.golden-book.com

封底无防伪标均为盗版 机工教育服务网：www.cmpedu.com

前　言

概率论与数理统计课程是理、工、管本科生一门重要的必修的基础数学课程，也是硕士研究生入学考试的一门必考科目．为了帮助在校的大学生及准备考研的人员学好概率论与数理统计课程，扩大课堂信息量，提高应试能力，我们根据教育部关于高等院校数学课程教学的基本要求及硕士研究生入学考试的数学考试大纲，融学习指导和考研为一体编写了这本全程学习指导书．

本书紧扣主教材（《概率论与数理统计 第4版》臧鸿雁　李娜主编），共分为10章，除第9章、第10章外，每章均设计了五个模块：

内容提要与基本要求　列出了该章的基本概念、基本定理和基本计算公式，突出了必须掌握的知识点，给出了重点与难点．

习题同步解析　针对主教材的习题，给出了相应的解答．特别是对于相对综合的习题，给出了详尽的解题过程，以方便读者对照和分析，达到通过不断地练习消化教学内容的目的．

典型例题解析　精选具有代表性的例题进行分析与解答．这些例题围绕主教材主题，涉及的内容广、类型多、技巧性强，旨在提高读者的解题能力、分析能力，开拓解题思路，掌握解题技巧．

考研真题解析　精选历年研究生入学考试的真题进行分析与解答．旨在使读者了解历年研究生入学考试的知识范围和题型结构，清楚入学考试的试题与科学的思维方式、熟练的解题技巧及知识使用意识之间的密切关系．

模拟试题自测　模拟试题旨在对读者做进一步的解题训练，培养综合能力和应变能力，巩固和提高学习与复习的效果．

限于编者水平，错漏之处在所难免，望读者不吝指正．

编　者

目　录

第 1 章 随机事件与概率

内容提要与基本要求

第一节 随机试验与随机事件

一、基本法则和排列组合

1. 加法原理

设完成一件事有 m 种方式，第一种方式有 n_1 种方法，第二种方式有 n_2 种方法，…，第 m 种方式有 n_m 种方法，无论通过哪种方法都可以完成这件事，则完成这件事总共有 $n_1+n_2+\cdots+n_m$ 种不同的方法.

2. 乘法原理

设完成一件事有 m 个步骤，第一个步骤有 n_1 种方法，第二个步骤有 n_2 种方法，…，第 m 个步骤有 n_m 种方法，必须通过每一个步骤，才算完成这件事，则完成这件事总共有 $n_1\times n_2\times\cdots\times n_m$ 种不同的方法.

3. 选排列

从 n 个不同元素中，每次取 k 个 $(1\leqslant k\leqslant n)$ 不同的元素，按一定的顺序排成一列，称为选排列，其排列总数为

$$\mathrm{A}_n^k=n(n-1)(n-2)\cdots(n-k+1)=\frac{n!}{(n-k)!}.$$

4. 全排列

当 $k=n$ 时称为全排列，其排列总数为

$$\mathrm{A}_n^n=\mathrm{A}_n=n(n-1)(n-2)\cdot\cdots\cdot2\cdot1=n!.$$

5. 可重复排列

从 n 个不同元素中，取 k 个元素 $(k\leqslant n)$，允许重复，这种排列称为可重复排列，其排列总数为 $n\cdot n\cdot\cdots\cdot n=n^k$.

6. 组合

从 n 个不同元素中，取 k 个 $(1\leqslant k\leqslant n)$ 不同的元素，不管其顺序合并成一组，称为组合，其组合总数为

$$\mathrm{C}_n^k=\frac{\mathrm{A}_n^k}{k!}=\frac{n!}{(n-k)!\ k!},$$

其中 C_n^k 常记为$\binom{n}{k}$，称为组合系数.

7. 分组组合

n 个不同元素分为 k 组，各组元素数目分别为 r_1，r_2，…，r_k 的分法总数为

$$\frac{n!}{r_1!\ r_2!\ \cdots r_k!},\quad r_1+r_2+\cdots+r_k=n.$$

8. 二项式定理

$$(a+b)^n = C_n^0 a^n b^0 + C_n^1 a^{n-1} b + C_n^2 a^{n-2} b^2 + \cdots + C_n^{n-1} a b^{n-1} + C_n^n a^0 b^n$$
$$= \sum_{k=0}^{n} C_n^k a^{n-k} b^k,$$

其中 n 是正整数.

9. 组合与排列的关系：

$$A_n^k = C_n^k \cdot k!\ .$$

10. 组合系数与二项式定理的关系

利用公式

$$(a+b)^n = \sum_{k=0}^{n} C_n^k a^{n-k} b^k,$$

可得到许多有用的组合公式：

令 $a=b=1$ 得

$$C_n^0+C_n^1+C_n^2+\cdots+C_n^n=2^n,$$

令 $a=1$，$b=-1$ 得

$$C_n^0-C_n^1+(-1)^2C_n^2+\cdots+(-1)^nC_n^n=0.$$

二、样本空间与随机事件

1. 随机试验

若一个试验满足下列三个条件：

（1）试验可以在相同的条件下重复进行；

（2）试验的所有结果是明确可知的，并且不止一个；

（3）进行一次试验之前无法预料哪个结果会出现，则称这样的试验为随机试验，记为 E.

2. 样本空间

随机试验所有结果的集合，称为样本空间，记为 S 或 Ω. 随机试验的每一个可能结果，即 S 中的每一个元素称为样本点，用 e 或 ω 表示.

3. 随机事件

称随机试验 E 的样本空间 S 的子集为 E 的随机事件，简称为事件，用大写英文字母 A，B，C，…表示. 随机事件在随机试验中可能发生，也可能不发生. 所谓事件 A 发生指的是在一次试验中，当且仅当它所包含的某个样本点出现.

只包含一个样本点的事件称为基本事件.

一个样本点都不包含的事件称为不可能事件，记为$\varnothing$.

包含所有样本点的事件称为必然事件，必然事件在试验中一定会发生，故记为S.

三、事件的关系与事件的运算

设试验E的样本空间为S，A，B，$A_k(k=1,2,\cdots)$是S的子集.

（1）事件的包含（$A\subset B$）：A发生必然导致B发生，则称事件B包含了事件A，或称事件A是B的子事件. 对任意事件有$\varnothing\subset A\subset S$.

（2）事件的相等（$A=B$）：若$A\subset B$且$B\subset A$，则称事件A与事件B相等.

（3）事件的和（$A\cup B$）：事件A与事件B至少有一个发生的事件称为事件A与事件B的和或并，记作$A\cup B=\{x\mid x\in A$或$x\in B\}$.

（4）事件的积（交）（$A\cap B$，AB）：事件A与事件B同时发生的事件称为事件A与事件B的积或交. 记作$A\cap B$或$AB=\{x\mid x\in A$且$x\in B\}$.

（5）事件的差（$A-B$）：事件A发生而事件B不发生的事件称为事件A与事件B的差. 记作$A-B=\{x\mid x\in A$且$x\notin B\}$.

（6）事件的互不相容（互斥）：若事件A与事件B不能同时发生，则称事件A与事件B为互不相容事件.

（7）对立事件（$\overline{A}$）：若事件A与事件B中必有一个发生且仅有一个发生，即

$$A\cup B=S\text{ 且 }A\cap B=\varnothing$$

则称事件A与事件B互为对立事件，或称互为逆事件. A的对立事件记为$\overline{A}$.

设A，B，C为事件，事件的关系与运算满足下列规律：

（1）交换律：$A\cup B=B\cup A$，$A\cap B=B\cap A$；

（2）结合律：$(A\cup B)\cup C=A\cup(B\cup C)$，$(AB)C=A(BC)$；

（3）分配律：$(A\cup B)\cap C=(A\cap C)\cup(B\cap C)$；

$(A\cap B)\cup C=(A\cup C)\cap(B\cup C)$；

（4）差化积：$A-B=A\overline{B}$；

（5）吸收律：若$A\subset B$，则$A\cup B=B$，$AB=A$；

（6）德·摩根（De Morgan）公式：

$$\overline{A\cup B}=\overline{A}\cap\overline{B},\quad \overline{A\cap B}=\overline{A}\cup\overline{B},$$

一般地，对n个事件A_1，A_2，$\cdots$，A_n，有

$$\overline{\bigcup_{i=1}^{n}A_i}=\bigcap_{i=1}^{n}\overline{A_i},\quad \overline{\bigcap_{i=1}^{n}A_i}=\bigcup_{i=1}^{n}\overline{A_i}.$$

第二节 随机事件的概率

一、概率的统计定义

1. 频率

在相同的条件下，进行了 n 次试验，在这 n 次试验中，事件 A 发生了 n_A 次，则称 $\frac{n_A}{n}$ 为事件在 n 次试验中发生的频率，记为 $f_n(A)=\frac{n_A}{n}$.

一般地，频率具有下述基本性质：

(1) 非负性：对任意事件 A 有 $0\leqslant f_n(A)\leqslant 1$；

(2) 规范性：$f_n(S)=1$；

(3) 有限可加性：若 A_1，A_2，…，A_k 是两两互不相容的事件，则

$$f_n(A_1\cup A_2\cup\cdots\cup A_k)=f_n(A_1)+f_n(A_2)+\cdots+f_n(A_k).$$

2. 概率的统计定义

在大量重复进行同一试验时，事件 A 发生的频率 $f_n(A)$ 所稳定的常数称为事件 A 的概率，记为 $P(A)$.

二、概率的公理化定义

设 E 是随机试验，S 是它的样本空间，对于 E 的每一个事件 A 赋予一个实数，记为 $P(A)$，称为事件 A 的概率，如果集合函数 $P(\cdot)$ 满足下列条件：

(1) 非负性：对任意事件 A，有 $0\leqslant P(A)\leqslant 1$；

(2) 规范性：对必然事件 S，有 $P(S)=1$；

(3) 可列可加性：若 A_1，A_2，…，A_n，…是两两互不相容的事件，即对于 $i\neq j$，$A_iA_j=\varnothing$，i，$j=1$，2，3，…，则有

$$P(A_1\cup A_2\cup\cdots\cup A_n\cup\cdots)=P(A_1)+P(A_2)+\cdots+P(A_n)+\cdots.$$

三、概率的性质

性质1 $P(\varnothing)=0$；

性质2 （有限可加性）若 A_1，A_2，…，A_n 是两两互不相容的事件，则有

$$P\left(\bigcup_{i=1}^{n}A_i\right)=\sum_{i=1}^{n}P(A_i)；$$

性质3 （逆事件概率）对任一事件 A，有 $P(\bar{A})=1-P(A)$；

性质4 设 A，B 是两个事件，若 $B\subset A$，则有

$$P(A-B)=P(A)-P(B),P(A)\geqslant P(B);$$

性质 5 （加法公式）对于任意的两个事件 A，B，有

$$P(A+B)=P(A)+P(B)-P(AB),$$

一般地，对于任意 n 个事件 A_1，A_2，…，A_n，则有

$$P\left(\bigcup_{i=1}^{n} A_i\right)=\sum_{i=1}^{n} P(A_i)-\sum_{1\leqslant i<j\leqslant n} P(A_iA_j)+\sum_{1\leqslant i<j<k\leqslant n} P(A_iA_jA_k)+\cdots+(-1)^{n-1}P\left(\bigcap_{i=1}^{n} A_i\right).$$

第三节 古典概型（等可能概型）

一、等可能试验

若随机试验具有以下两个特征，则称该随机试验为等可能试验：

（1）有限性：它的样本空间的元素只有有限个；

（2）等可能性：在每次试验中，每个基本事件发生的可能性相同．

二、概率的古典定义

若等可能试验 E 的样本空间 S 由 n 个基本事件构成，每个基本事件是否发生具有相同的可能性，事件 A 由其中 k 个基本事件组成，则

$$P(A)=\frac{k}{n}=\frac{A\text{ 所包含的基本事件数}}{S\text{ 所包含的基本事件总数}}.$$

第四节 条件概率及事件的独立性

一、条件概率

设 A，B 是两个事件，且 $P(B)>0$，则称 $P(A|B)=\dfrac{P(AB)}{P(B)}$为在事件 B 发生的条件下事件 A 发生的条件概率．

条件概率 $P(A|B)$ 符合概率定义中的三个条件，即：

（1）非负性：对任意的事件 A，有 $P(A|B)\geqslant 0$；

（2）规范性：对于必然事件 S，有 $P(S|B)=1$；

（3）可列可加性：设 A_1，A_2，…是两两互不相容的事件，则有

$$P\left(\bigcup_{i=1}^{\infty} A_i \,\middle|\, B\right)=\sum_{i=1}^{\infty} P(A_i\mid B).$$

二、乘法定理

设 $P(B)>0$ 或 $P(A)>0$，则有

$$P(AB)=P(B)P(A|B) \text{ 或 } P(AB)=P(A)P(B|A).$$

一般地，设 A_1，A_2，…，A_n 为 n 个事件，$n\geqslant 2$，且 $P(A_1A_2\cdots A_{n-1})>0$，则有

$$P(A_1A_2\cdots A_n)=P(A_1)P(A_2|A_1)P(A_3|A_1A_2)\cdots P(A_n|A_1A_2\cdots A_{n-1}).$$

三、全概率公式与贝叶斯公式

1. 全概率公式

（1）互斥事件完备组

设 S 是试验 E 的样本空间，B_1，B_2，…，B_n 为 E 的一组事件，若

1）$B_iB_j=\varnothing$，$i\neq j$，i，$j=1$，2，…，n；

2）$B_1\cup B_2\cup\cdots\cup B_n=S$，

则称 B_1，B_2，…，B_n 为样本空间 S 的一个划分，或称 B_1，B_2，…，B_n 为互斥事件完备组.

（2）全概率公式

设试验 E 的样本空间为 S，A 为 E 的事件，B_1，B_2，…，B_n 为 S 的一个划分，且 $P(B_i)>0$，$i=1$，2，…，n，则有

$$\begin{aligned}P(A)&=P(B_1)P(A|B_1)+P(B_2)P(A|B_2)+\cdots+P(B_n)P(A|B_n)\\&=\sum_{i=1}^{n}P(B_i)P(A|B_i).\end{aligned}$$

2. 贝叶斯公式

若 B_1，B_2，…，B_n 为 S 的一个划分，且 $\bigcup_{i=1}^{n}B_i=S$，其中 $P(B_i)>0$，$i=1$，2，…，n，则对任一事件 A，有

$$P(B_i|A)=\frac{P(B_i)P(A|B_i)}{\sum_{j=1}^{n}P(B_j)P(A|B_j)},\ i=1,2,\cdots,n.$$

一般地，$P(B_i)(i=1,2,\cdots,n)$ 通常称为先验概率，$P(B_i|A)(i=1,2,\cdots,n)$ 通常称为后验概率.

四、事件的独立性

1. 两个事件的独立性

设 A，B 是两事件，如果满足等式：$P(AB)=P(A)P(B)$，则称事件 A，B 相互独立，简称 A 与 B 独立.

若事件 A，B 相互独立，则 A 与 $\overline{B}$ 独立，$\overline{A}$ 与 B 独立，$\overline{A}$ 与 $\overline{B}$ 独立.

若 $P(A)>0$，$P(B)>0$，则 A，B 相互独立与 A，B 互不相容不能同时成立 .

2. 多个事件的独立性

设 A，B，C 是三个事件，如果有

$$\begin{cases}P(AB)=P(A)P(B),\\P(AC)=P(A)P(C),\\P(BC)=P(B)P(C),\end{cases}$$

则称 A，B，C 两两独立 .

若还有 $P(ABC)=P(A)P(B)P(C)$，则称 A，B，C 相互独立 .

一般地，n 个事件 A_1，A_2，…，A_n，对任意的 $1\leqslant i<j<k<\cdots\leqslant n$，如果以下等式均成立：

$$\begin{cases}P(A_iA_j)=P(A_i)P(A_j),\\P(A_iA_jA_k)=P(A_i)P(A_j)P(A_k),\\ \quad\vdots\\P(A_1A_2\cdots A_n)=P(A_1)P(A_2)\cdots P(A_n),\end{cases}$$

则称 A_1，A_2，…，A_n 相互独立 .

第 1 章教学基本要求

一、教学基本要求

1. 理解事件的定义，并熟练掌握事件的运算性质；

2. 了解事件频率的概念，理解概率的公理化定义，熟练掌握并能灵活运用概率的性质；

3. 掌握等可能概型中的概率计算方法；

4. 牢固掌握条件概率、乘法公式、全概率公式与贝叶斯公式；

5. 理解独立性的概念，并能运用独立性解决某些概率计算问题 .

二、教学重点

1. 等可能概型的定义及其计算；

2. 全概率公式与贝叶斯公式的定义及其计算 .

三、教学难点

1. 利用已知事件表达某些事件，正确判断试验的概型；

2. 全概率公式与贝叶斯公式的应用与计算 .

习题同步解析㊀

A

1. 试判断下列命题是否成立？

(1) $A-(B-C)=(A-B)\cup C$　　不成立

(2) 若 $AB\neq\varnothing$ 且 $A\subset C$，则 $BC\neq\varnothing$　　成立

(3) $(A\cup B)-B=A$　　不成立

(4) $(A-B)\cup B=A$　　不成立

通过集合的定义，利用图形做出判断．

2. 设事件 A，B，C 同时发生时，事件 D 一定发生．试证：$P(D)\geqslant P(A)+P(B)+P(C)-2$.

证　由题意得，$ABC\subset D$，以及概率的单调性可知

$$\begin{aligned}P(ABC)&=P(AB)+P(C)-P(AB\cup C)\\&\geqslant P(AB)+P(C)-1\\&=P(A)+P(B)-P(A\cup B)+P(C)-1\\&\geqslant P(A)+P(B)+P(C)-2,\end{aligned}$$

因此，$P(D)\geqslant P(ABC)\geqslant P(A)+P(B)+P(C)-2$.　　得证．

3. 100 件产品中有 10 件次品，现从中任取 5 件进行检验，试求所取的 5 件产品中至多有 1 件次品的概率．

解　A：5 件产品中至多有 1 件次品．由古典概型可得

$$P(A)=k/n\approx 0.9231.$$

4. 从 0，1，2，…，9 这 10 个数中任意取出 3 个不同的数，试求下列事件的概率：

(1) $A_1=\{3$ 个数中不含 0 和 $5\}$；

(2) $A_2=\{3$ 个数中不含 0 或 $5\}$；

(3) $A_3=\{3$ 个数中含 0 但不含 $5\}$.

解　(1) $k_1=C_8^3 P(A_1)=k_1/n=7/15$；

类似可得：

(2) $P(A_2)=14/15$；

(3) $P(A_3)=7/30$.

5. 在房间里有 10 个人，分别佩戴从 1 到 10 号的纪念章，现任取 3 人记录其纪念章的号码．试求：

(1) 最小号码为 5 的概率；

(2) 最大号码为 5 的概率．

解　(1) A：3 个号码中最小号码为 5.

$$k_1=C_5^2,\ P(A)=k_1/n=\frac{1}{12};$$

㊀ 此处题号与教材章后习题对应．

(2) B：3 个号码中最大号码为 5.

同（1）类似可得 $P(B)=k_2/n=\frac{1}{20}$.

6. 5 个人在第一层进入十一层的电梯，假如每个人以相同的概率走出任一层（从第二层开始），试求此 5 个人在不同层走出电梯的概率.

解 A：5 个人从不同层电梯走出，

$$k=\mathrm{A}_{10}^{5},\ P(A)=k/n=0.3024.$$

7. 将 3 个球随机地放入 4 个盒子中，试求盒子中球的最大个数分别为 1，2，3 的概率.

解 A_i：盒子中球的最大个数为 i，$i=1,2,3$，则

$$P(A_1)=3/8;\ P(A_2)=9/16;\ P(A_3)=1/16.$$

8. 设 10 件产品中有 2 件不合格品，现从中取两次，每次任取一件，取后不放回. 试求下列事件的概率：

（1）两次均取到合格品；

（2）在第一次取到合格品的条件下，第二次取到合格品；

（3）第二次取到合格品；

（4）两次中恰有一次取到合格品；

（5）两次中至少有一次取到合格品.

解 A_i：第 i 次取到的是合格品，$i=1,2$，

（1）由古典概型可算得 $P(A_1A_2)=\frac{28}{45}$；

（2）由条件概率可算得 $P(A_2|A_1)=\frac{P(A_1A_2)}{P(A_1)}=\frac{7}{9}$；

（3）由全概率公式可算得 $P(A_2)=P(A_1A_2)+P(\overline{A}_1A_2)=\frac{4}{5}$；

（4）由概率的性质可算得 $P(A_1\overline{A}_2\cup\overline{A}_1A_2)=\frac{16}{45}$；

（5）由（1）和（4）的结果可知 $P(A_1A_2)+P(A_1\overline{A}_2)+P(\overline{A}_1A_2)=\frac{44}{45}$.

9. 某人忘记了电话号码的最后一个数字，因而他随机地拨号，假设拨过了的数字不再重复. 试求下列事件的概率：

（1）拨号不超过 3 次而拨通电话；

（2）若已知最后一个数字是奇数，则拨号不超过 3 次而拨通电话；

（3）第 3 次拨号才拨通电话.

解 （1）A_i：第 i 次拨号拨通电话，$i=1,2,3$，

A：拨号不超过 3 次拨通电话，则有 $A=A_1\cup\overline{A}_1A_2\cup\overline{A}_1\overline{A}_2A_3$，

由概率性质及乘法定理可算得 $P(A)=\frac{1}{10}+\frac{1}{10}+\frac{1}{10}=\frac{3}{10}$；

（2）当已知最后一个数字是奇数时，所求概率为 $\frac{3}{5}$；

（3）由前面的计算可知 $P(\overline{A}_1\overline{A}_2A_3)=\frac{1}{10}$.

10. 口袋中有1个白球，1个黑球．现从中任取1个，若取出白球，则试验停止；若取出黑球，则把取出的黑球放回口袋的同时，再加入1个黑球．如此下去，直到取出的是白球为止．试求下列事件的概率：

（1）取到第 n 次，试验没有结束；

（2）取到第 n 次，试验恰好结束．

解 （1）A_i：第 i 次取出白球，$i=1, 2, \cdots, n$,

$$P(\overline{A_1}\,\overline{A_2}\cdots\overline{A_{n-1}}\,\overline{A_n})=\frac{n}{n+1}\cdot\frac{n-1}{n}\cdot\cdots\cdot\frac{1}{2}=\frac{1}{n+1};$$

（2）$P(\overline{A}_1\overline{A}_2\cdots\overline{A_{n-1}}A_n)=\frac{1}{n+1}\cdot\frac{n-1}{n}\cdot\cdots\cdot\frac{1}{2}=\frac{1}{n(n+1)}$.

11. 某人掉了一串钥匙，此串钥匙掉在宿舍里、掉在教室里、掉在路上的概率分别为40%，35%和25%，而掉在上述三处被找到的概率分别为0.8，0.3和0.1. 试求：找到此串钥匙的概率．

解 A：找到钥匙．

B_1：钥匙掉在宿舍；B_2：钥匙掉在教室；B_3：钥匙掉在路上；

由全概率公式可知 $P(A)=0.45$.

12. 已知男性中有5%是色盲患者，女性中有0.25%是色盲患者．现从男女人数相等的人群中随机地挑选一人，恰好是色盲患者，试问此人是男性的概率有多大？

解 A：选出的是男性；$\overline{A}$：选出的是女性；

H：选出的人是色盲患者；$\overline{H}$：选出的人不是色盲患者；

由贝叶斯公式可知 $P(A|H)=\frac{20}{21}$.

13. 某学生在做一道有4个选项的单项选择题时，如果他不知道问题的正确答案时，就做随机猜测．现从卷面上看此题是答对了．试在以下情况下求学生确实知道正确答案的概率：

（1）学生知道正确答案和胡乱猜测的概率都是0.5；

（2）学生知道正确答案的概率是0.2.

解 A：此题解对了；$\overline{A}$：此题解错了；

H：学生知道正确解案；$\overline{H}$：学生胡乱猜测的；

（1）由贝叶斯公式可知 $P(H|A)=\frac{4}{5}$；

（2）由贝叶斯公式可知 $P(H|A)=\frac{1}{2}$.

14. 有两箱同种类的零件，第一箱装 50 件，其中 10 件是一等品；第二箱装 30 件，其中 18 件是一等品．现从两箱中随意挑出一箱，然后从该箱中取零件两次，每次任取一件，做不放回抽样．试求：

（1）第一次取到的零件是一等品的概率；

（2）在第一次取到的零件是一等品的条件下，第二次取到的也是一等品的概率．

解　A_i：第 i 次从箱中取得的是一等品，不放回抽样，$i=1$，2.

H：从第一箱中取零件；$\overline{H}$：从第二箱中取零件．

（1）由全概率公式计算可得

$$P(A_1)=P(A_1|H)P(H)+P(A_1|\overline{H})P(\overline{H})=\frac{2}{5};$$

（2）由全概率公式计算可得 $P(A_1A_2)=0.1942$，

再由（1）的结果可得 $P(A_2|A_1)=\dfrac{P(A_1A_2)}{P(A_1)}=0.4855.$

15. 将两信息分别编码为 A 和 B 传递出去，接收站收到时，A 被误收作 B 的概率为 0.02，而 B 被误收作 A 的概率为 0.01. 信息 A 与信息 B 传送的频繁程度为 2∶1. 现若接收站收到的信息是 A，试求原发信息是 A 的概率．

解　D：将信息 A 传递出去；$\overline{D}$：将信息 B 传递出去；

R：接收到信息 A；　　$\overline{R}$：接收到信息 B.

由贝叶斯公式得到 $P(D|R)=\dfrac{196}{197}$.

16. 甲、乙文具盒内都有 2 支蓝色笔和 3 支红色笔．现从甲文具盒中任取 2 支笔放入乙文具盒，然后再从乙文具盒中任取 2 支笔．试求：最后取出的 2 支笔都是红色笔的概率．

解　设 A_1：从甲文具盒中取到 2 支蓝色笔；

A_2：从甲文具盒中取到 2 支红色笔；

A_3：从甲文具盒中取到 1 支蓝色笔和 1 支红色笔；

B：从乙文具盒中取到 2 支红色笔．

显然，A_1，A_2，A_3 构成一个互斥事件完备组，且

$$P(A_1)=C_2^2/C_5^2=\frac{1}{10};\ P(A_2)=C_3^2/C_5^2=\frac{3}{10};\ P(A_3)=C_2^1\cdot C_3^1/C_5^2=\frac{6}{10};$$

$$P(B|A_1)=C_3^2/C_7^2=\frac{3}{21};\ P(B|A_2)=C_5^2/C_7^2=\frac{10}{21};\ P(B|A_3)=C_4^2/C_7^2=\frac{6}{21}.$$

因此，

$$P(B)=\sum_{i=1}^{3}P(A_i)\cdot P(B|A_i)=\frac{1}{10}\times\frac{3}{21}+\frac{3}{10}\times\frac{10}{21}+\frac{6}{10}\times\frac{6}{21}=\frac{23}{70}$$

17. 设电路由 A, B, C 3个元件组成，若元件 A, B, C 发生故障的概率分别为0.3，0.2，0.2，且各元件独立工作，试在以下情况下求此电路发生故障的概率：

(1) A, B, C 3个元件串联；

(2) A, B, C 3个元件并联；

(3) 元件 A 与两个并联的元件 B 及 C 串联而成．

解 记 E：电路发生故障；E_A, E_B, E_C 分别代表元件 A, B, C 发生故障．

由题意知，$P(E_A)=0.3$，$P(E_B)=0.2$，$P(E_C)=0.2$，

(1) $E=E_A\cup E_B\cup E_C$，

$$\begin{aligned}P(E)&=P(E_A\cup E_B\cup E_C)\\&=P(E_A)+P(E_B)+P(E_C)-P(E_AE_B)-P(E_BE_C)-\\&\quad P(E_AE_C)+P(E_AE_BE_C)\\&=0.3+0.2+0.2-0.06-0.04-0.06+0.012\\&=0.552.\end{aligned}$$

(2) $E=E_AE_BE_C$，

$$P(E)=P(E_AE_BE_C)=0.3\times0.2\times0.2=0.012.$$

(3) $E=E_A\cup E_BE_C$，

$$\begin{aligned}P(E)&=P(E_A\cup E_BE_C)\\&=P(E_A)+P(E_BE_C)-P(E_AE_BE_C)\\&=0.3+0.2\times0.2-0.3\times0.2\times0.2\\&=0.328.\end{aligned}$$

18. 一射手对同一目标独立地进行4次射击，若至少命中一次的概率为80/81. 试求该射手进行1次射击的命中率．

解 记 p：该射手进行1次射击的命中率．

A：4次射击至少命中1次；$\overline{A}$：4次射击均未命中．

由概率的性质可算得 $p=\dfrac{2}{3}$.

B

19. 将分别写有字母 p，r，o，b，a，b，i，l，i，t，y 的卡片任意取出．试求按抽出的顺序恰好组成单词 probability 的概率；又任意抽出7张，恰好组成单词ability的概率．

解 (1) E：将11个字母随机排列，将11个字母中的两个b和两个i看成是可分辨的，则 $n_1=11!$．

A：排列结果为 probability，则 $k_1=4$，其中b和i各有两种取法．

因此，$P(A)=k_1/n_1=4/11!$．

(2) E：从11个字母中随机抽取7个字母依次排列，将11个字母中的两个b和两个i看成是可分辨的，则 $n_2=\mathrm{A}_{11}^4$.

B：排列结果为 ability，则 $k_2=4$，其中b和i各有两种取法．

因此，$P(B)=k_2/n_2=4/\mathrm{A}_{11}^7=4/1663200=1/415800$.

20. 将 n 个男孩、m 个女孩（$m\leqslant n+1$）随机地排成一排，试求任意两个女孩都不相邻的概率．

解 E：n 个男孩和 m 个女孩随机排列，共有 $n=(n+m)!$ 种排法．

A：任意两个女孩都不相邻．由 $m\leqslant n+1$，可以将 n 个男孩随机排列有 $n!$ 种排法，再将 m 个女孩随机插入 $n+1$ 个位置中，即共有 $k=n!\mathrm{C}_{n+1}^m$ 种．

因此，$P(A)=k/n=n!\cdot\mathrm{C}_{n+1}^m\cdot m!/(n+m)!=\mathrm{A}_{n+1}^m/\mathrm{A}_{n+m}^m$.

21. 50 个铆钉随机地取来用在 10 个部件上，其中有 3 个铆钉强度太弱，每个部件用 3 个铆钉．现若将 3 个强度太弱的铆钉都钉在 1 个部件上，则这个部件的强度就太弱．试求：发生一个部件强度太弱的概率．

解 将部件从 1 到 10 编号，A：1 个部件强度太弱，

A_i：第 i 号部件强度太弱，$i=1, 2, \cdots, 10$，

由事件的运算关系知 $A=A_1\cup A_2\cup\cdots\cup A_{10}$，

再由概率的性质可算得 $P(A)=1/1960$.

22. 甲、乙两人进行射击比赛，每回射击胜者得 1 分，且每回射击中甲胜的概率为 α，乙胜的概率为 β，$\alpha+\beta=1$，比赛进行到有一人比对方多 2 分时则结束，多 2 分者最终为获胜者．试求：甲最终获胜的概率．

解 方法 1 设 A_1：在第一、二回射击中甲均获胜；

A_2：在第一、二回射击中乙均获胜；

A_3：在第一、二回射击中甲、乙各获胜一次；

B：甲最终获胜．

由全概率公式可算得

$$P(B)=\sum_{i=1}^{3}P(A_i)\cdot P(B\mid A_i)=\alpha^2+2\alpha\beta\cdot P(B),$$

因此，$P(B)=\dfrac{\alpha^2}{1-2\alpha\beta}$.

方法 2 设 A：甲最终获胜．

A_i：比赛进行到第 i 轮甲获胜，$i=2, 4, 6, \cdots$，

$P(A_2)=\alpha^2$，$P(A_4)=2\alpha^3\beta$，

$P(A_6)=4\alpha^4\beta^2, \cdots, P(A_{2n})=2^{n-1}\alpha^{n+1}\beta^{n-1}, \cdots$，

故

$$\begin{aligned}P(A)&=P(A_2)+P(A_4)+P(A_6)+\cdots+P(A_{2n})+\cdots\\&=\alpha^2+2\alpha^3\beta+4\alpha^4\beta^2+\cdots+2^{n-1}\alpha^{n+1}\beta^{n-1}+\cdots\\&=\alpha^2/(1-2\alpha\beta).\end{aligned}$$

【注释】 此题的方法一利用了全概率公式的思想，计算更简洁清晰；方法二则是直接利用事件关系和概率的性质来计算．

23. 已知一个人的血型为 A，B，AB，O 型的概率分别为 0.37，0.21，0.08，0.34，现任意挑选 4 人，试求：

（1）此 4 人的血型全不相同的概率；

（2）此 4 人的血型全部相同的概率．

解　（1）记 H：4 人血型全不相同．

$P(H)=C_4^1C_3^1C_2^1\times0.37\times0.21\times0.08\times0.34\approx0.0507$；

（2）记 D：4 人血型全部相同．

$$P(D)=0.37^4+0.21^4+0.08^4+0.34^4\approx0.0341.$$

24. 设甲、乙、丙 3 人在同一办公室工作，办公室设有 3 部电话．据统计知，打给甲、乙、丙的电话的概率分别为 2/5，2/5，1/5．他们 3 人常因工作外出，甲、乙、丙 3 人外出的概率分别为 1/2，1/4，1/4．设 3 人的行动相互独立．试求：

（1）无人接电话的概率；

（2）被呼叫人在办公室的概率；

（3）若某一时间段打进 3 个电话，这 3 个电话是打给不同人的概率．

解　以 A，B，C 分别记甲、乙、丙 3 人在办公室，T_A，T_B，T_C 分别记有人打电话给甲、乙、丙，

（1）所求概率为 $P(\overline{A}\,\overline{B}\,\overline{C})=\dfrac{1}{32}$；

（2）所求概率为 $P(AT_A\cup BT_B\cup CT_C)=\dfrac{13}{20}$；

（3）所求的概率为 $p=3!\times\dfrac{4}{125}=\dfrac{24}{125}$.

25. 甲、乙两选手进行乒乓球单打比赛，已知在每局中甲胜的概率为 0.6，乙胜的概率为 0.4．比赛可采用三局两胜制或五局三胜制．试问：哪一种比赛制对甲更有利?

解　A：甲选手在三局两胜中获胜；B：甲选手在五局三胜中获胜；

$P(A)=C_3^2\times0.6^2\times0.4+C_3^3\times0.6^3=0.648$，

$P(B)=C_5^3\times0.6^3\times0.4^2+C_5^4\times0.6^4\times0.4+C_5^5\times0.6^5=0.68256$，

由此可以看出，五局三胜制对甲更有利．

26. 设一枚深水炸弹击沉一潜水艇的概率为 1/3，击伤一潜水艇的概率为 1/2，击不中的概率为 1/6．假设击伤两次也会导致潜水艇下沉．试求：投放 4 枚深水炸弹能击沉潜水艇的概率．（提示：先求出击不沉潜水艇的概率）

解　根据提示，先计算击不沉潜水艇的概率，这时仅有两种互不相容的可能情况：4 枚炸弹全击不中潜艇记为 A；一枚击伤潜艇而另 3 枚击不中潜艇记为 B，各枚炸弹袭击效果认为是相互独立的，

因此，

$$P(A)=\left(\frac{1}{6}\right)^4, P(B)=C_4^1\times\frac{1}{2}\times\left(\frac{1}{6}\right)^3,$$

题目所求的概率为

$$p=1-P(A\cup B)=1-[P(A)+P(B)]=1-\frac{13}{6^4}=\frac{1283}{1296}.$$

27. 将 A，B，C 3 个字母之一输入信道，输出为原字母的概率为 α，而输出为其他一字母的概率都为 $(1-\alpha)/2$，设信道传输各个字母的工作是相互独立的．今将字母串 AAAA，BBBB，CCCC 之一输入信道，输入字母串 AAAA，BBBB，CCCC 的概率分别为 p_1，p_2，$p_3(p_1+p_2+p_3=1)$，现已知输出为 ABCA. 试问：此时输入的是 AAAA 的概率是多少？

解 以 A，B，C 分别表示事件“输入 AAAA”“输入 BBBB”“输入 CCCC”，以 D 表示事件“输出 ABCA”．事件 A，B，C 两两互不相容，有

$$\begin{aligned}P(A\cup B\cup C)&=P(A)+P(B)+P(C)\\&=p_1+p_2+p_3=1,\end{aligned}$$

所求的概率为

$$P(A|D)=\frac{P(AD)}{P(D)}=\frac{P(D|A)P(A)}{P(D|A)P(A)+P(D|B)P(B)+P(D|C)P(C)}.$$

在输入为 AAAA、输出为 ABCA 时，有两个字母为原字母，另两个为其他字母，所以，

$$P(D|A)=\alpha^2\left(\frac{1-\alpha}{2}\right)^2,$$

同理，$P(D|B)=P(D|C)=\alpha\left(\frac{1-\alpha}{2}\right)^3$，

将结果代入上式得到 $P(A|D)=\dfrac{2\alpha p_1}{(3\alpha-1)p_1+1-\alpha}$.

28. 设某猎人在离猎物 100m 处对猎物打第一枪，命中猎物的概率为 0.5. 若第一枪未命中，则猎人继续打第二枪，此时猎物与猎人已相距 150m. 若第二枪仍未命中，则猎人继续打第三枪，此时猎物与猎人已相距 200m. 若第三枪还未命中，则猎物逃逸．假如该猎人命中猎物的概率与距离成反比，试求该猎物被击中的概率．

解 由题意知，记 A_i 为猎人在第 i 枪打中猎物；A 为该猎物被击中，由于命中的概率与距离成反比，则有

$P(A_1)=\dfrac{1}{2}$，$P(A_2)=\dfrac{1}{3}$，$P(A_3)=\dfrac{1}{4}$，最后可算得 $P(A)=\dfrac{3}{4}$.

典型例题解析

例1 甲、乙、丙3人各向靶子射击一次，设事件$A_i(i=1,2,3)$分别表示甲、乙、丙击中靶子．试用事件A_i表示如下事件．

（1）$B_1=\{$甲、乙至少一人击中，而丙未击中靶$\}$；

（2）$B_2=\{$靶上仅中两弹$\}$；

（3）$B_3=\{$至少两人击中靶$\}$；

（4）$B_4=\{$至多两人击中靶$\}$；

（5）$B_5=\{$甲、乙未击中，而丙击中靶$\}$．

【分析】 “至少”表示事件的并，“而”表示事件的交，“至多”一般用对立事件表示比较简单．

解（1）$B_1=(A_1\cup A_2)\overline{A}_3$；

（2）$B_2=A_1A_2\overline{A}_3\cup A_1\overline{A}_2A_3\cup\overline{A}_1A_2A_3$；

（3）$B_3=A_1A_2\cup A_1A_3\cup A_2A_3$，或$B_3=A_1A_2\overline{A}_3\cup A_1\overline{A}_2A_3\cup\overline{A}_1A_2A_3\cup A_1A_2A_3$；

（4）$B_4=\overline{A_1A_2A_3}$，或$B_4=A_1A_2\overline{A}_3\cup A_1\overline{A}_2A_3\cup\overline{A}_1A_2A_3\cup A_1\overline{A}_2\overline{A}_3\cup\overline{A}_1A_2\overline{A}_3\cup\overline{A}_1\overline{A}_2A_3\cup\overline{A}_1\overline{A}_2\overline{A}_3$；

（5）$B_5=\overline{A}_1\overline{A}_2A_3$．

例2 设A、B为两个任意事件，试化简下列各式：

（1）$(A+B)(A+\overline{B})$；

（2）$(A+B)(A+\overline{B})(\overline{A}+B)$；

（3）$(A+B)(A+\overline{B})(\overline{A}+B)(\overline{A}+\overline{B})$．

【分析】 正确使用分配律；并注意当两个事件有包含关系时，求和取“大”的，求积取“小”的，即若事件A，B满足$A\subset B$时，$A+B=B$，$AB=A$．

解（1）运用两次分配律可得

$$\begin{aligned}(A+B)(A+\overline{B})&=(A+B)A+(A+B)\overline{B}\\&=A+AB+A\overline{B}+B\overline{B}\\&=A+A(B+\overline{B})+B\overline{B},\end{aligned}$$

注意$B+\overline{B}=S$，$B\overline{B}=\varnothing$，故$A(B+\overline{B})=A$，即$(A+B)(A+\overline{B})=A$；

（2）注意运用（1）的结果可得AB；

（3）注意运用（2）的结果可得$\varnothing$．

例3 设 A, B 为两个随机事件，$P(A)=0.5$，$P(B)=0.7$，$P(A-B)=0.1$，试求：(1) $P(A+B)$；(2) $P(\overline{A}\overline{B})$.

【分析】 事件的概率计算中，有许多基本公式需要记住，并能灵活运用. 本例主要使用概率的加法公式、减法公式和概率的有限可加性.

解 (1) **方法1** 由已知得

$$0.1=P(A-B)=P(A)-P(AB)=0.5-P(AB),$$

$$P(AB)=0.5-0.1=0.4,$$

故

$$P(A+B)=P(A)+P(B)-P(AB)=0.8.$$

方法2 综合运用加法公式和减法公式，可得

$$P(A+B)=P(A)+P(B)-P(AB)=P(A)-P(AB)+P(B)$$
$$=P(A-B)+P(B)=0.8.$$

方法3 将事件 $A+B$ 分解为互斥的两个事件之和：

$$A+B=(A+B)S=(A+B)(\overline{B}+B)=(A+B)\overline{B}+(A+B)B$$
$$=(A-B)+B.$$

由概率的有限可加性公式得

$$P(A+B)=P(A-B)+P(B)=0.8.$$

(2) $P(\overline{A}\overline{B})=P(\overline{A+B})=1-P(A+B)=0.2.$

例4 设 $P(A)>0, P(B)>0$，将下列4个数：$P(A)$，$P(AB)$，$P(A\cup B)$，$P(A)+P(B)$，按由小到大的顺序排序，用符号≤联系它们，并指出在什么情况下可能有等式成立.

【分析】 综合使用事件的关系及概率的单调性质和加法公式不难得到正确的解答.

解 因为 $AB\subset A\subset A\cup B$，所以有

$$P(AB)\leqslant P(A)\leqslant P(A\cup B),$$

又因为 $P(AB)\geqslant 0$，所以有

$$P(A\cup B)=P(A)+P(B)-P(AB)\leqslant P(A)+P(B),$$

于是有 $P(AB)\leqslant P(A)\leqslant P(A\cup B)\leqslant P(A)+P(B)$.

当 $A\subset B$ 时，$AB=A$，则有 $P(AB)=P(A)$；

当 $B\subset A$ 时，$A\cup B=A$，则有 $P(A\cup B)=P(A)$；

当 $AB=\varnothing$ 时，$P(AB)=0$，则有 $P(A\cup B)=P(A)+P(B)$.

例5 证明：对任意事件 A, B，有 $P(A\cup B)P(AB)\leqslant P(A)P(B)$.

【分析】 注意灵活运用概率的有限可加性. 其中的关键在于对事件的分解.

证 因为 $A\cup B=(A-B)+(B-A)+(AB)$，且 $A-B$，$B-A$，AB 两两不相容，由概率的有限可加性知

$$P(A\cup B)=P(A-B)+P(B-A)+P(AB).$$

又同理可推出（或由减法公式）

$$P(A)=P(A-B)+P(AB),P(B)=P(B-A)+P(AB),$$

并注意到概率的非负性，便有

$$\begin{aligned}&P(A\cup B)P(AB)\\&=P(A-B)P(AB)+P(B-A)P(AB)+P(AB)P(AB)\\&\leqslant P(A-B)P(B-A)+P(A-B)P(AB)+P(B-A)P(AB)+P(AB)P(AB)\\&=[P(A-B)+P(AB)][P(B-A)+P(AB)]\\&=P(A)P(B),\end{aligned}$$

所以 $P(A\cup B)P(AB)\leqslant P(A)P(B)$.

例 6 两封信随机地投入 4 个邮筒中，试求：

(1) 前两个邮筒内都没有信的概率；

(2) 第一个邮筒内恰有一封信的概率.

【分析】 由于每封信被等可能地放入 4 个邮筒中的一个，故本题属于古典概型. 注意抓住问题的入手点，要从“信”入手，并用排列的方法来求解.

解 两封信投入 4 个邮筒中，第一封信有 4 个邮筒可以选择，有 4 种投法；第二封信也有 4 个邮筒可以选择，也有 4 种投法. 故投完两封信，共有 4×4 种投法. 其中，投完两封信的每一种结果（样本点）是可重复排列，故样本点总数为 $4\times4=16$ 个.

(1) 设事件 A 表示“前两个邮筒内都没有信”，即这两封信都只能投放在后两个邮筒中，故 A 所含的样本点只有 2×2 个，从而

$$P(A)=\frac{1}{4}.$$

(2) 设事件 B 表示“第一个邮筒内恰有一封信”，分两种情况讨论：第一个邮筒内的那一封信是第一封信，以及第一个邮筒内是第二封信. 在第一种情况中，第二封信只能放入余下的 3 个邮筒中，这样有 3 种投法. 同理第二种情况也有 3 种投法，由加法原理知 B 所含的样本点数为 $3+3=6$，所以

$$P(B)=\frac{3}{8}.$$

例 7 a，b，c，d，e 这 5 个人随意排成一排合影，试求下列事件的概率：

(1) $A=\{a$ 恰好坐在边上$\}$；

(2) $B=\{a$ 恰好坐在中间$\}$；

(3) $C=\{a$ 和 b 都坐在边上$\}$；

(4) $D=\{a$ 或 b 至少有一个人坐在边上$\}$；

(5) $E=\{a$ 和 b 都不坐在边上$\}$；

(6) $F=\{a$ 和 b 不相邻$\}$.

【分析】 本题仍然属于古典概型．所做的试验是5个人任意按次序排成一排，产生的样本点属于排列问题．

解 a，b，c，d，e 这5个人随意排成一排，每一种结果（样本点）是一个全排列，共有5！种排法．故该试验的样本点总数为5！（有限个）．

（1）由事件A的含义可知，先从特殊元素a入手．

第一步，让a先排，a坐在边上有2种排法；

第二步，其余4人可以在余下的4个位置上任意排列，共有4！种排法．

因此由乘法原理，事件A所含的样本点个数为$2\times4!$．事件A发生的概率为

$$P(A)=\frac{2\times4!}{5!}=\frac{2}{5}.$$

（2）$B=\{a$恰好坐在中间$\}$．同（1）类似，仍然从特殊元素a入手，事件B发生的概率为

$$P(B)=\frac{1\times4!}{5!}=\frac{1}{5}.$$

（3）$C=\{a$和b都坐在边上$\}$．仍然可以从特殊元素a，b入手，他们坐在边上的排法共有A_2^2种，然后，其余3人可以在余下的中间的3个位置上任意排列，共有3！种排法．所以，事件C所含的样本点数为$\mathrm{A}_2^2\times3!$．事件C发生的概率为

$$P(C)=\frac{\mathrm{A}_2^2\times3!}{5!}=\frac{1}{10}.$$

（4）设$D_1=\{b$恰好坐在边上$\}$，则$D=A\cup D_1$，与（1）类似，可得

$$P(D_1)=P(A)=\frac{2}{5},\ P(D)=P(A\cup D_1)=\frac{7}{10}.$$

（5）E与D是一对对立事件，故$P(E)=P(\overline{D})=1-P(D)=\dfrac{3}{10}$．

（6）本题可利用间接法先计算事件$\overline{F}$中的样本点数．

第一步，5个位置中相邻的两个位置共有4双，任取一双让a和b两人随意就坐，有$4\times2!$种排法；

第二步，余下的3个位置由余下的3个人任意就坐，有3！种任意排法．

所以，事件$\overline{F}=\{a$和b相邻$\}$所含的样本点个数为$4\times2!\times3!$，从而F所含的样本点个数为$5!-4\times2!\times3!$，故

$$P(F)=\frac{5!-4\times2!\times3!}{5!}=\frac{3}{5}.$$

例8 掷3个骰子，若已知没有两个相同的点数，试求至少

有 1 个一点的概率．

【分析】 条件概率通常有两种计算途径，一是根据条件概率的定义去计算，二是在缩减后的样本空间中去计算．根据问题的不同，选择不同的计算方法．有的问题两种方法都可以用，例如本题，选用了多种方法来计算；而有的问题只能用其中的一种方法，如例 9.

解　方法 1　样本空间 $S=\{6^3$ 个基本事件$\}$，设事件 A 表示“没有两个相同的点数”，事件 B 表示“至少有一个一点”．由 $P(A)=\frac{A_6^3}{6^3}$，$P(AB)=\frac{3A_5^2}{6^3}$，有

$$P(B|A)=\frac{P(AB)}{P(A)}=\frac{3A_5^2/6^3}{A_6^3/6^3}=\frac{1}{2}.$$

方法 2　缩减的样本空间 $S_A=\{A_6^3$ 个基本事件$\}$，则

$$P(B|A)=\frac{3A_5^2}{A_6^3}=\frac{1}{2}.$$

方法 3　事件 B 的对立事件 $\overline{B}$ 即为“3 个骰子都不出现一点”，故

$$P(A\overline{B})=\frac{A_5^3}{6^3},P(\overline{B}|A)=\frac{P(A\overline{B})}{P(A)}=\frac{A_5^3/6^3}{A_6^3/6^3},$$

则

$$P(B|A)=1-P(\overline{B}|A)=1-\frac{P(A\overline{B})}{P(A)}=\frac{1}{2}.$$

例 9　假设一批产品中一、二、三等品各占 60%，30%，10%，从中任取一件，结果不是三等品，求取到的是一等品的概率.

【分析】 此题适合用条件概率的定义来计算，不适合用缩减后的样本空间，因为已知条件中给定的是概率．

解　设事件 A_i 表示“取到的是 i 等品”（$i=1,2,3$），则

$$P(A_1|\overline{A}_3)=\frac{P(A_1\overline{A}_3)}{P(\overline{A}_3)},$$

其中 $\overline{A}_3=A_1\cup A_2$，于是 $P(\overline{A}_3)=P(A_1\cup A_2)=P(A_1)+P(A_2)=0.90$，又 $P(A_1\overline{A}_3)=P(A_1)=0.60$，则

$$P(A_1|\overline{A}_3)=\frac{P(A_1\overline{A}_3)}{P(\overline{A}_3)}=\frac{2}{3}.$$

例 10　已知 $P(A)=0.3$，$P(B)=0.4$，$P(A|B)=0.5$，试求：(1) $P(A-B|A+B)$；(2) $P(\overline{A}+\overline{B}|A+B)$.

【分析】 本题要综合利用概率的各种计算公式，同时应注意，无条件概率的所有基本公式在以同一事件发生为条件的条件概率中依然成立．

解 (1) 由已知及条件概率的定义 $P(A|B)=\dfrac{P(AB)}{P(B)}=0.5$，故 $P(AB)=P(B)P(A|B)=0.4\times0.5=0.2$. 从而

$$P(A+B)=P(A)+P(B)-P(AB)=0.5$$

$$P(A-B|A+B)=\frac{P[(A-B)(A+B)]}{P(A+B)}=\frac{P(A-B)}{P(A+B)}$$

$$=\frac{P(A)-P(AB)}{P(A+B)}=0.2.$$

(2)

$$P(\overline{A}+\overline{B}|A+B)=P(\overline{AB}|A+B)=1-P(AB|A+B)$$

$$=1-\frac{P[(AB)(A+B)]}{P(A+B)}=1-\frac{P(AB)}{P(A+B)}=0.6.$$

例 11 甲、乙两个城市位于长江下游，根据 100 多年来的气象记录知道：一年中雨天的比例甲市占 20%，乙市占 14%，两市同时下雨占 12%. 试求：

(1) 若已知某天甲市没有下雨，则由甲市开往乙市的货车要不要预先采取防雨措施？

(2) 若已知某天乙市没有下雨，则由乙市开往甲市的货车要不要预先采取防雨措施？

我们假定，只有当要去的城市下雨的概率小于 3%时，才不要预先采取防雨措施.

【分析】 本题属于条件概率的实际应用问题. 通过计算条件概率，预测货车要去城市的天气情况，并依据小概率事件的实际推断原理来做出决策. 至于概率小到什么程度才称为小概率事件，这要由问题本身的重要程度而定. 本例将概率小于 3%的事件理解为小概率事件.

解 设事件 A 表示"某天甲市在下雨"，事件 B 表示"某天乙市在下雨"，则由已知得 $P(A)=0.2$，$P(B)=0.14$，$P(AB)=0.12$.

(1) 已知某天甲市没有下雨的条件下，乙市却在下雨的概率为

$$P(B|\overline{A})=\frac{P(B\overline{A})}{P(\overline{A})}=\frac{P(B-A)}{1-P(A)}=\frac{P(B)-P(AB)}{1-P(A)}=0.025<3\%,$$

故由题意，这辆货车可以预先不用采取防雨措施.

(2) 同 (1) 类似可得 $P(A|\overline{B})\approx0.093>3\%$，故由题意，这辆货车要预先采取防雨措施.

例 12 某地区一工商银行的贷款范围内，有甲、乙两家同类企业，设一年内甲申请贷款的概率为 0.25，乙申请贷款的概率为 0.2，当甲未申请贷款时，乙向银行申请贷款的概率为 0.1. 求在乙未申请贷款时，甲向银行申请贷款的概率.

【分析】 本题仍为条件概率的实际应用问题，但其条件概率计算略显复杂一些，需要熟练掌握条件概率的定义及有关概率计算公式.

解 设事件 A 表示"甲向银行申请贷款"，事件 B 表示"乙向银行申请贷款"，由题意知

$$P(A)=0.25,\ P(B)=0.20,\ P(B|\overline{A})=0.1.$$

本题是求 $P(A|\overline{B})=P(A\overline{B})/P(\overline{B})$.

(1) 易知 $P(\overline{B})=1-P(B)=0.80$.

(2) 求 $P(A\overline{B})$.因为 $P(B-A)=P(B)-P(AB)$，所以得

$$P(AB)=P(B)-P(B-A)=P(B)-P(B\overline{A})=0.125,$$

$$P(A\overline{B})=P(A-B)=P(A)-P(AB)=0.125.$$

故 $P(A|\overline{B})=P(A\overline{B})/P(\overline{B})\approx 0.16$.

例 13 某专业研究生复试时，有 3 张考签，3 个考生应试，一个人抽一张后立即放回，第二个人再抽，如此 3 人各抽一次．求抽签结束后，至少有一张考签没有被抽到的概率．

【分析】 "至少"表示事件的和，这时首先考虑的是将所求事件分解为和事件，然后用概率的加法公式，这是概率的直接计算法．当直接计算某事件的概率比较复杂时，要转而考虑用对立事件的概率可计算，这种间接计算法会使计算大为简化．

解 方法 1 设事件 A_i 表示"第 i 张考签没有被抽到"，$i=1,2,3$. 事件 A 表示"至少有一张考签没有被抽到"，则 $A=A_1+A_2+A_3$，注意 A_1，A_2，A_3 可能相容，故由概率的加法公式得

$$P(A)=P(A_1)+P(A_2)+P(A_3)-P(A_1A_2)-P(A_2A_3)-P(A_1A_3)+P(A_1A_2A_3),$$

由题意知

$$P(A_i)=\frac{2^3}{3^3}=\frac{8}{27}\quad(i=1,2,3),$$

$$P(A_iA_j)=\frac{1}{3^3}=\frac{1}{27}\quad(i\neq j;i,j=1,2,3),$$

$$P(A_1A_2A_3)=0,$$

所以 $P(A)=\dfrac{7}{9}$.

方法 2 考虑 A 的对立事件 $\overline{A}$，因为 $\overline{A}$ 意即"三张考签都被抽到"，且易知

$$P(\overline{A})=\frac{3\times2\times1}{3^3}=\frac{2}{9},\ \text{所以}\ P(A)=1-P(\overline{A})=\frac{7}{9}.$$

例 14 设有 n 个盒子，k 个球（$k\geqslant n$），每个球等可能地落入一个盒子中．求每个盒子至少有一个球的概率．

【分析】 表示事件是解题的关键．"每个盒子中至少有一个

球”意味着没有空的盒子，直接表示这个事件比较困难，考虑逆事件，即“至少有一个盒子是空的”，而逆事件可以表示成 n 个事件的和事件，由加法公式求得逆事件的概率，进而得到问题的解．

解 设事件 A_i 表示“第 i 个盒子是空的（$i=1,2,\cdots,n$）”，事件 A 表示“每个盒子中至少有一个球”，则 $\overline{A}=\bigcup_{i=1}^{n}A_i$，故所求概率为

$$P(A)=1-P\left(\bigcup_{i=1}^{n}A_i\right).$$

由于

$$P(A_i)=\frac{(n-1)^k}{n^k}=\left(1-\frac{1}{n}\right)^k,i=1,\cdots,n,$$

$$P(A_iA_j)=\frac{(n-2)^k}{n^k}=\left(1-\frac{2}{n}\right)^k,1\leqslant i<j\leqslant n,$$

$$P(A_{i_1}A_{i_2}\cdots A_{i_{n-1}})=\frac{[n-(n-1)]^k}{n^k}=\left(1-\frac{n-1}{n}\right)^k,$$

所以由 n 个事件的概率加法公式，得

$$\begin{aligned}P(A)&=1-P\left(\bigcup_{i=1}^{n}A_i\right)\\&=1-\left[\sum_{i=1}^{n}P(A_i)-\sum_{1\leqslant i<j\leqslant n}P(A_iA_j)+\cdots+(-1)^{n-1}P(A_1A_2\cdots A_n)\right]\\&=1-\left[\mathrm{C}_n^1\left(1-\frac{1}{n}\right)^k-\mathrm{C}_n^2\left(1-\frac{2}{n}\right)^k+\cdots+(-1)^{n-2}\mathrm{C}_n^{n-1}\left(1-\frac{n-1}{n}\right)^k+0\right]\\&=1-\mathrm{C}_n^1\left(1-\frac{1}{n}\right)^k+\mathrm{C}_n^2\left(1-\frac{2}{n}\right)^k-\cdots+(-1)^{n-1}\mathrm{C}_n^{n-1}\left(1-\frac{n-1}{n}\right)^k.\end{aligned}$$

例 15 n 个人每人携带一件礼品参加联欢会．联欢会开始后，先把所有的礼品编号，然后每人任抽一个号码，按号码领取礼品．求所有参加联欢会的人都得到别人赠送的礼品的概率．

【分析】 本题与上例同属一个题型，即先把所考虑的事件的逆事件表示成和事件，再由 n 个事件的加法公式求得逆事件的概率，最后得到问题的解．不同点在于上例是由古典概型计算加法公式中每一个加项的概率，而本例是用乘法公式来计算．故本例综合运用了加法公式与乘法公式，有一定的难度．

解 设事件 A_i 表示“第 i 个人得到自己带来的礼品（$i=1,2,\cdots,n$）”，事件 A 表示“所有参加联欢会的人都得到别人赠送的礼品”，则 $\overline{A}=\bigcup_{i=1}^{n}A_i$，故所求概率为 $P(A)=1-P\left(\bigcup_{i=1}^{n}A_i\right)$．由古典概型和乘法公式知

$$P(A_i)=\frac{1}{n}(i=1,2,\cdots,n),$$

$$P(A_iA_j)=P(A_i)P(A_j|A_i)=\frac{1}{n}\cdot\frac{1}{n-1}=\frac{1}{n(n-1)}(1\leqslant i<j\leqslant n),$$

$$P(A_iA_jA_k)=P(A_i)P(A_j|A_i)P(A_k|A_iA_j)$$
$$=\frac{1}{n}\cdot\frac{1}{n-1}\cdot\frac{1}{n-2}=\frac{1}{n(n-1)(n-2)}(1\leqslant i<j<k\leqslant n),$$
$$\vdots$$
$$P\left(\bigcap_{i=1}^{n}A_i\right)=P(A_1)P(A_2\mid A_1)\cdots P(A_n\mid A_1A_2\cdots A_{n-1})$$
$$=\frac{1}{n}\cdot\frac{1}{n-1}\cdot\frac{1}{n-2}\cdot\cdots\cdot 1=\frac{1}{n!},$$

由此得

$$\sum_{i=1}^{n}P(A_i)=n\cdot\frac{1}{n}=1,$$
$$\sum_{1\leqslant i<j\leqslant n}P(A_iA_j)=C_n^2\cdot\frac{1}{n(n-1)}=\frac{1}{2!},$$
$$\sum_{1\leqslant i<j<k\leqslant n}P(A_iA_jA_k)=C_n^3\cdot\frac{1}{n(n-1)(n-2)}=\frac{1}{3!}.$$
$$\vdots$$

于是由概率加法公式得

$$P\left(\bigcup_{i=1}^{n}A_i\right)=1-\frac{1}{2!}+\frac{1}{3!}-\cdots+(-1)^{n-1}\frac{1}{n!}.$$

最后，由逆事件的概率公式有

$$P(A)=1-P\left(\bigcup_{i=1}^{n}A_i\right)=1-\left[1-\frac{1}{2!}+\frac{1}{3!}-\cdots+(-1)^{n-1}\frac{1}{n!}\right]$$
$$=1-\frac{1}{1!}+\frac{1}{2!}-\frac{1}{3!}+\cdots+(-1)^n\frac{1}{n!}.$$

由函数 e^x 的幂级数展开可知：当 n 充分大时，所求概率 $P(A)\approx e^{-1}\approx 0.368$.

例 16 $(m+n)$ 个人排队买游园门票，票价为 5 元．这些人中，m 个人持有 5 元的纸币，其余 n 个人持有 10 元的纸币 $(n\leqslant m)$．如果每人只买一张门票，并且售票处开始售票时没有 5 元纸币可找．求在买票过程中所有持有 10 元纸币的游客都不需要等候找钱的概率．

【分析】 “所有持有 10 元纸币的游客都不需要等候找钱”相当于每个持有 10 元纸币的游客都不需要等候找钱，这是积事件，故本例仍然使用乘法公式来计算概率．

解 设 $a_1, a_2, \cdots, a_m$ 是持有 5 元纸币的游客，$b_1, b_2, \cdots, b_n$ 是持有 10 元纸币的游客，下标号码分别表示他们排队的前后顺序，小号在前，大号在后．

又设事件 B_i 表示“第 i 个持有 10 元纸币的游客 b_i 不需要等候

找钱（$i=1,2,\cdots,n$）”，事件A表示所有持有10元纸币的游客都不需要等候找钱，则$A=B_1B_2\cdots B_n$. 事件B_1意味着，游客b_1与m个持有5元纸币的游客a_1，a_2，$\cdots$，a_m共（$m+1$）个人排队时，不应该排在最前面，他至少应排在a_1的后面，否则就要等候找钱了．因此游客b_1在（$m+1$）个位置中，除了不能排在第一个位置外，可以排在其余m个位置中的任意一个位置，所以有

$$P(B_1)=\frac{m}{m+1}.$$

在事件B_1发生的条件下，游客b_2与除了a_1外的其余（$m-1$）个持有5元纸币的游客a_2，a_3，$\cdots$，a_m共m个人排队时，不应该排在最前面，他至少应排在a_2的后面．这样游客b_2可以排在（$m-1$）个位置中任意一个位置，所以有

$$P(B_2|B_1)=\frac{m-1}{m}.$$

以此类推，在事件B_1，B_2，$\cdots$，B_{i-1}都已发生的条件下，游客b_i与其余（$m-i+1$）个持有5元纸币的游客a_i，a_{i+1}，$\cdots$，a_m共（$m-i+2$）个人排队时，不应排在最前面，他至少应排在$a_i(i=3,4,\cdots,n)$的后面．不难计算出

$$P(B_3|B_1B_2)=\frac{m-2}{m-1},$$

$$\vdots$$

$$P(B_n|B_1B_2\cdots B_{n-1})=\frac{m-n+1}{m-n+2}.$$

则由概率乘法公式得所求概率为

$$\begin{aligned}P(A)&=P(B_1B_2\cdots B_n)\\&=P(B_1)P(B_2|B_1)P(B_3|B_1B_2)\cdots P(B_n|B_1B_2\cdots B_{n-1})\\&=\frac{m}{m+1}\cdot\frac{m-1}{m}\cdot\frac{m-2}{m-1}\cdot\cdots\cdot\frac{m-n+1}{m-n+2}=\frac{m-n+1}{m+1}.\end{aligned}$$

例 17 设A，B，C是相互独立的3个随机事件，证明：$\overline{A}$，$\overline{B}$，$\overline{C}$也相互独立．

【分析】 本题和下一例题意在强化事件独立性的定义，同时证明独立性的一些性质，这些性质在概率计算中很有用．本题的结论可推广到n个事件的情形．

证 因为A，B，C相互独立，则A，B，C一定两两独立，同时$\overline{A}$与$\overline{B}$，$\overline{B}$与$\overline{C}$，$\overline{C}$与$\overline{A}$都独立，由此得$\overline{A}$，$\overline{B}$，$\overline{C}$两两独立，下面证明$\overline{A}$，$\overline{B}$，$\overline{C}$相互独立．

$$\begin{aligned}P(\overline{A}\ \overline{B}\ \overline{C})&=P(\overline{A\cup B\cup C})=1-P(A\cup B\cup C)\\&=1-P(A)-P(B)-P(C)+P(AB)+P(BC)+P(AC)-P(ABC)\end{aligned}$$

$$
\begin{aligned}
&=1-P(A)-P(B)-P(C)+P(A)P(B)+P(B)P(C)+\\
&\quad P(A)P(C)-P(A)P(B)P(C).
\end{aligned}
$$

$$
\begin{aligned}
P(\overline{A})P(\overline{B})P(\overline{C})&=[1-P(A)][1-P(B)][1-P(C)]\\
&=[1-P(A)][1-P(B)]-[1-P(A)][1-P(B)]P(C)\\
&=[1-P(A)][1-P(B)]+[1-P(A)]\cdot\\
&\quad[P(B)P(C)-P(C)]\\
&=1-P(A)-P(B)+P(A)P(B)-P(C)+P(A)P(C)+\\
&\quad P(B)P(C)-P(A)P(B)P(C).
\end{aligned}
$$

易知 $P(\overline{A}\ \overline{B}\ \overline{C})=P(\overline{A})P(\overline{B})P(\overline{C})$，根据独立性定义，知 $\overline{A}$，$\overline{B}$，$\overline{C}$ 相互独立．

例 18 设事件 A_1，A_2，…，A_n 相互独立，且 $P(A_i)=p_i$，$\sum_{i=1}^{n}p_i=1$，$i=1$，2，…，n，试求：

(1) 这些事件至少有一个不发生的概率；

(2) 这些事件均不发生的概率；

(3) 这些事件恰好发生一个的概率．

【分析】 本例要求熟练掌握事件独立性的有关性质、事件的表示及相关概率计算公式．

解 设事件 A 表示"这些事件至少有一个不发生"，事件 B 表示"这些事件均不发生"，事件 C 表示"这些事件恰好发生一个"．

(1) 因为 $A=\overline{A}_1\cup\overline{A}_2\cup\cdots\cup\overline{A}_n$，所以

$$
\begin{aligned}
P(A)&=P(\overline{A}_1\cup\overline{A}_2\cup\cdots\cup\overline{A}_n)=P(\overline{A_1A_2\cdots A_n})=1-P(A_1A_2\cdots A_n)\\
&=1-\prod_{i=1}^{n}P(A_i)=1-\prod_{i=1}^{n}p_i.
\end{aligned}
$$

(2) 因为 $B=\overline{A}_1\overline{A}_2\cdots\overline{A}_n$，又 $\overline{A}_1$，$\overline{A}_2$，…，$\overline{A}_n$ 相互独立，所以

$$
P(B)=P(\overline{A}_1\overline{A}_2\cdots\overline{A}_n)=\prod_{i=1}^{n}P(\overline{A}_i)=\prod_{i=1}^{n}(1-p_i).
$$

(3) 因为 $C=A_1\overline{A}_2\cdots\overline{A}_n+\overline{A}_1A_2\cdots\overline{A}_n+\cdots+\overline{A}_1\overline{A}_2\cdots A_n$，而这些事件互不相容，由加法公式及事件的独立性可知

$$
\begin{aligned}
P(C)&=P(A_1\overline{A}_2\cdots\overline{A}_n)+P(\overline{A}_1A_2\cdots\overline{A}_n)+\cdots+P(\overline{A}_1\overline{A}_2\cdots A_n)\\
&=p_1\prod_{j=2}^{n}(1-p_j)+p_2\prod_{\substack{j=1\\j\neq 2}}^{n}(1-p_j)+\cdots+p_n\prod_{j=1}^{n-1}(1-p_j)\\
&=\sum_{i=1}^{n}p_i\prod_{\substack{j=1\\j\neq i}}^{n}(1-p_j).
\end{aligned}
$$

例 19 某路口某月内有 10000 辆车通过．假设每一辆车通过时，发生事故的概率都是 0.0005，且每一辆车通过此路口是否发生事故互不影响．试求这个月在此路口发生事故的概率．

【分析】 在一些应用问题中，往往由问题的实际意义来判断一组事件是否相互独立．本例中，各个车辆在通过路口时发生事故与否互不影响，故每辆车通过此路口是否发生事故是相互独立的．另外，计算和事件的概率时，若这些事件相互独立，则概率计算会变得简捷高效．

解 设事件 A_i 表示“第 i 辆车通过此路口发生事故（$i=1,2,\cdots,10000$）”，事件 A 表示“这个月在此路口发生事故”，则

$$A=A_1+A_2+\cdots+A_{10000},\ \overline{A}=\overline{A}_1\,\overline{A}_2\cdots\overline{A}_{10000}.$$

由实际意义知 A_1，A_2，…，A_{10000} 相互独立，故 $\overline{A}_1$，$\overline{A}_2$，…，$\overline{A}_{10000}$ 也相互独立，则

$$\begin{aligned}P(A)&=1-P(\overline{A})=1-P(\overline{A}_1\,\overline{A}_2\cdots\overline{A}_{10000})\\&=1-P(\overline{A}_1)P(\overline{A}_2)\cdots P(\overline{A}_{10000})\\&=1-(1-0.0005)^{10000}\approx 99.33\%.\end{aligned}$$

【评注】 本例中，每辆车通过路口时发生事故的概率都很小，仅为0.0005，即车辆通过路口时发生事故是个小概率事件；但计算表明，大量的车辆通过路口时发生事故的概率却接近于1，这正说明了小概率事件在多次独立重复试验中几乎肯定是会发生的．这也提醒我们决不能忽视小概率事件，在生活中时时刻刻都要注意人身安全．

例 20 为了防止意外，在矿内同时设有两种警报系统 A 与 B，每种系统单独使用时，系统 A，B 有效的概率分别为0.92，0.93，在 A 失灵的条件下，B 有效的概率为0.85，试求：

（1）发生意外时这两个警报系统至少有一个有效的概率；

（2）B 失灵的条件下，A 有效的概率．

【分析】 本题为概率的乘法公式、减法公式、加法公式和条件概率公式综合运用．

解 设事件 C_1 表示“警报系统 A 有效”，事件 C_2 表示“警报系统 B 有效”，由题意

$$P(C_1)=0.92,P(C_2)=0.93,P(C_2|\overline{C}_1)=0.85,$$

则有

$$P(\overline{C}_1C_2)=P(\overline{C}_1)P(C_2|\overline{C}_1)=(1-0.92)\times0.85=0.068,$$

$$P(C_1C_2)=P(C_2)-P(\overline{C}_1C_2)=0.93-0.068=0.862,$$

$$P(C_1\overline{C}_2)=P(C_1)-P(C_1C_2)=0.92-0.862=0.058.$$

（1）所求为 $P(C_1\cup C_2)$，由加法公式

$$P(C_1\cup C_2)=P(C_1)+P(C_2)-P(C_1C_2)=0.988.$$

或由逆事件的概率公式

$$P(C_1\cup C_2)=1-P(\overline{C}_1\,\overline{C}_2)=1-P(\overline{C}_1)P(\overline{C}_2|\overline{C}_1)$$

$$=1-P(\overline{C}_1)[1-P(C_2|\overline{C}_1)]=0.988.$$

（2）所求为 $P(C_1|\overline{C}_2)$，由条件概率的定义知

$$P(C_1|\overline{C}_2)=\frac{P(C_1\overline{C}_2)}{P(\overline{C}_2)}\approx 0.829.$$

例 21 在空战中，甲机先向乙机开火，击落乙机的概率为 0.2；若乙机未被击落，就进行还击，此时击落甲机的概率为 0.3；若甲机未被击落，则再次进攻乙机，此时击落乙机的概率升为 0.4；若乙机仍未被击落，就再次进行还击，击落甲机的概率升为 0.5. 试求：

（1）甲机在这 4 个回合中被击落的概率；

（2）乙机在这 4 个回合中被击落的概率，并由此说明其中反映的军事策略 .

【分析】 首先把要求解的事件用已知的事件来表示，可以看出，它们都是若干个已知事件的积之和，再利用概率的有限可加性公式及乘法公式即可得结果 .

解 设事件 A_i 表示“甲机第 i 次击落乙机”（$i=1, 2$），事件 B_j 表示“乙机第 j 次击落甲机”（$j=1, 2$）. 事件 A 表示“甲机在这 4 个回合中被击落”，事件 B 表示“乙机在这 4 个回合中被击落”，则由题意

$P(A_1)=0.2$，$P(B_1|\overline{A}_1)=0.3$，$P(A_2|\overline{A}_1\overline{B}_1)=0.4$，$P(B_2|\overline{A}_1\overline{B}_1\overline{A}_2)=0.5$.

（1）事件 A 发生意味着，甲机有两种可能被乙机击落：第一回合甲机未击落乙机，第二回合乙机第一次反击，击落甲机；或前 3 个回合双方都没有得手，第 4 个回合乙机第二次反击，击落甲机 . 故 $A=\overline{A}_1B_1+\overline{A}_1\overline{B}_1\overline{A}_2B_2$. 因为事件 $\overline{A}_1B_1$ 与 $\overline{A}_1\overline{B}_1\overline{A}_2B_2$ 不相容，由概率的有限可加性公式得

$$P(A)=P(\overline{A}_1B_1+\overline{A}_1\overline{B}_1\overline{A}_2B_2)=P(\overline{A}_1B_1)+P(\overline{A}_1\overline{B}_1\overline{A}_2B_2).$$

再由概率的乘法公式可得

$$P(A)=P(\overline{A}_1)P(B_1|\overline{A}_1)+P(\overline{A}_1)P(\overline{B}_1|\overline{A}_1)P(\overline{A}_2|\overline{A}_1\overline{B}_1)P(B_2|\overline{A}_1\overline{B}_1\overline{A}_2)$$
$$=0.408.$$

（2）事件 B 发生意味着，乙机也有两种可能被甲机击落：第一回合甲机就击落乙机；或前两个回合双方都没有得手，第 3 回合甲机第二次进攻，击落乙机 . 故

$$B=A_1+\overline{A}_1\overline{B}_1A_2.$$

因为事件 A_1 与 $\overline{A}_1\overline{B}_1A_2$ 不相容，由概率的有限可加性公式得

$$P(B)=P(A_1+\overline{A}_1\overline{B}_1A_2)=P(A_1)+P(\overline{A}_1\overline{B}_1A_2),$$

由概率的乘法公式得

$$P(B)=P(A_1)+P(\overline{A}_1)P(\overline{B}_1|\overline{A}_1)P(A_2|\overline{A}_1\overline{B}_1)=0.424.$$

由计算可知，在这 4 个回合中，每架飞机都进攻 2 次，而且乙

机2次反击成功的概率都比甲机2次进攻的概率高，但这场空战的结果是，乙机被击落的概率却比甲机被击落的概率大．这表明，在战争中，先下手为强，把握先机十分重要，这样才能可以把握战争的主动权．

例22 射击运动中，一次射击最多能得10环．设某运动员在一次射击中得10环的概率为0.4，得9环的概率为0.3，得8环的概率为0.2. 求该运动员在5次独立射击中得到不少于48环的概率．

【分析】 本题首先要正确仔细地分析所求事件，进而将事件分解；再利用事件的独立性和概率加法公式求解．

解 设事件A表示“该运动员在5次独立射击中得到不少于48环”，则A可以分解为下列事件的并：

$$A=A_1+A_2+A_3+A_4.$$

其中 $A_1=\{5$次都得到10环,共得到50环$\}$；

$A_2=\{5$次有4次得到10环，1次9环，共得到49环$\}$；

$A_3=\{5$次有4次得到10环，1次8环，共得到48环$\}$；

$A_4=\{5$次有3次得到10环，2次9环，共得到48环$\}$．

又记一次射击中得10环、9环、8环的概率分别

$$p_1=0.4,\ p_2=0.3,\ p_3=0.2.$$

注意各次射击是独立进行的，由概率的乘法公式和加法公式不难算得

$$P(A_1)=0.4^5=0.01024,$$

$$P(A_2)=C_5^4\times0.4^4\times0.3^1=0.0384,$$

$$P(A_3)=C_5^4\times0.4^4\times0.2^1=0.0256,$$

$$P(A_4)=C_5^3\times0.4^3\times0.3^2=0.0576.$$

又A_1，A_2，A_3，A_4互不相容，由概率的有限可加性知

$$P(A)=P(A_1)+P(A_2)+P(A_3)+P(A_4)\approx0.132.$$

考研真题解析

例1 （2014年）

设随机事件A与B相互独立，且$P(B)=0.5$，$P(A-B)=0.3$，则$P(B-A)=$（　　）．

（A）0.1　　（B）0.2　　（C）0.3　　（D）0.4

【分析】 因为A与B相互独立，所以$P(AB)=P(A)P(B)$，

又 $P(A-B)=P(A)-P(AB)=P(A)-P(A)P(B)=0.3$，

故 $P(A)=0.6$，$P(AB)=0.3$，

因此 $P(B-A)=P(B)-P(AB)=0.2$，故选（B）.

例2 (2015年)

若 A, B 为任意两个随机事件，则(　　).

(A) $P(AB) \leqslant P(A)P(B)$　　(B) $P(AB) \geqslant P(A)P(B)$

(C) $P(AB) \leqslant \dfrac{P(A)+P(B)}{2}$　　(D) $P(AB) \geqslant \dfrac{P(A)+P(B)}{2}$

【分析】 由于 $AB \subset A$, $AB \subset B$，依概率的基本性质有

$$P(AB) \leqslant P(A),\ P(AB) \leqslant P(B),$$

从而 $P(AB) \leqslant \sqrt{P(A) \cdot P(B)} \leqslant \dfrac{P(A)+P(B)}{2}$，故选 (C).

例3 (2016年)

若 A, B 为两个随机事件，且 $0<P(A)<1$, $0<P(B)<1$，如果 $P(A|B)=1$，则(　　).

(A) $P(\overline{B}|\overline{A})=1$　　(B) $P(A|\overline{B})=0$

(C) $P(A \cup B)=1$　　(D) $P(B|A)=1$

【分析】 由于 $P(A|B)=\dfrac{P(AB)}{P(B)}=1$，所以 $P(AB)=P(B)$，因此

$$P(\overline{B}|\overline{A})=\frac{P(\overline{A}\overline{B})}{P(\overline{A})}=\frac{P(\overline{A\cup B})}{P(\overline{A})}=\frac{1-P(A\cup B)}{1-P(A)}=\frac{1-P(A)-P(B)+P(AB)}{1-P(A)}$$

$$=\frac{1-P(A)}{1-P(A)}=1.$$

故选 (A).

例4 (2016年)

设袋中有红、白、黑球各1个，从中有放回地取球，每次取1个，直到三种颜色的球都取到时停止，则取球次数恰好为4的概率为__________.

【分析】 取球4次的基本事件的总数为 $3^4=81$，而有利的基本事件的总数为 $6\times3=18$，事实上，假设前3次取球的颜色为红色和白色，则第4次必为黑色，且所有可能的情况为

(白，白，红，黑)；(白，红，白，黑)；(红，白，白，黑)；

(红，红，白，黑)；(红，白，红，黑)；(白，红，红，黑)；

因此所求概率为 $p=18/81=2/9$.

例5 (2017年)

设 A, B 为随机概率，若 $0<P(A)<1$, $0<P(B)<1$，则 $P(A|B)>P(A|\overline{B})$ 的充分必要条件是(　　).

(A) $P(B|A)>P(B|\overline{A})$　　(B) $P(B|A)<P(B|\overline{A})$

(C) $P(\overline{B}|A)>P(B|\overline{A})$　　(D) $P(\overline{B}|A)<P(B|\overline{A})$

【分析】 因为 $P(A|B)>P(A|\overline{B})$，所以

$$\frac{P(AB)}{P(B)}>\frac{P(\overline{AB})}{P(\overline{B})}=\frac{P(A)-P(AB)}{1-P(B)},$$

从而 $P(AB)>P(A)P(B)$，又

$$P(B|A)=\frac{P(AB)}{P(A)},\ P(B|\overline{A})=\frac{P(B)-P(AB)}{1-P(A)},$$

所以 $P(B|A)>P(B|\overline{A})$，故选（A）.

例 6　（2017 年）

设 A，B，C 为三个随机事件，且 A 与 C 相互独立，B 与 C 相互独立，则 $A\cup B$ 与 C 相互独立的充要条件是(　　).

（A）A 与 B 相互独立　　（B）A 与 B 互不相容

（C）AB 与 C 相互独立　　（D）AB 与 C 互不相容

【分析】　由 $A\cup B$ 与 C 独立可得

$$\begin{aligned}P((A+B)C)&=P(A+B)P(C)=P(AC+BC)\\&=P(AC)+P(BC)-P(ABC),\end{aligned}$$

又 $$\begin{aligned}P(A+B)P(C)&=(P(A)+P(B)-P(AB))P(C)\\&=P(A)P(C)+P(B)P(C)-P(AB)P(C),\end{aligned}$$

又因为 A 与 C 相互独立，B 与 C 相互独立，故由上式可得 $P(ABC)=P(AB)P(C)$，故选（C）.

例 7　（2018 年）

设随机事件 A，B 相互独立，A，C 相互独立，$BC=\varnothing$，若 $P(A)=P(B)=\frac{1}{2}$，$P(AC|AB\cup C)=\frac{1}{4}$，则 $P(C)=$________.

【分析】　因为 $BC=\varnothing$，从而 $ABC=\varnothing$ 所以 $P(AC|AB\cup C)=\frac{P(AC\cap(AB\cup C))}{P(AB\cup C)}=\frac{P(ABC\cup AC)}{P(AB\cup C)}=\frac{P(ABC)+P(AC)-P(ABC)}{P(AB)+P(C)-P(ABC)}=\frac{P(A)P(C)}{P(A)P(B)+P(C)}=\frac{1}{4}$，代入 $P(A)=P(B)=\frac{1}{2}$，则有 $\frac{\frac{1}{2}P(C)}{\frac{1}{4}+P(C)}=\frac{1}{4}$

$\Rightarrow P(C)=\frac{1}{4}$.

例 8　（2018 年）

已知事件 A，B，C 相互独立，且 $P(A)=P(B)=P(C)=\frac{1}{2}$，则 $P(AC|A\cup B)=$________.

【分析】　$P(AC|A\cup B)=\frac{P(AC\cap(A\cup B))}{P(A\cup B)}=\frac{P(AC\cup ABC)}{P(A\cup B)}=$

$$\frac{P(AC)+P(ABC)-P(ABC)}{P(A)+P(B)-P(AB)}=\frac{P(A)P(C)}{P(A)+P(B)-P(A)P(B)}=\frac{\frac{1}{4}}{\frac{1}{2}+\frac{1}{2}-\frac{1}{4}}=\frac{1}{3}.$$

例 9 (2019 年)

设 A, B 为随机事件, 则 $P(A)=P(B)$ 的充要条件是( ).

(A) $P(A\cup B)=P(A)+P(B)$　　(B) $P(AB)=P(A)P(B)$

(C) $P(A\overline{B})=P(\overline{A}B)$　　(D) $P(AB)=P(\overline{AB})$

【分析】 $P(A\cup B)=P(A)+P(B)\Leftrightarrow P(AB)=0$, 排除 (A); $P(AB)=P(A)P(B)\Leftrightarrow A,B$ 相互独立, 排除 (B);

$P(A\overline{B})=P(\overline{A}B)\Leftrightarrow P(A)-P(AB)=P(B)-P(AB)\Leftrightarrow P(A)=P(B)$, 故 (C) 选项正确; $P(AB)=P(\overline{AB})\Leftrightarrow P(AB)=P(\overline{A\cup B})=1-P(A\cup B)=1-P(A)-P(B)+P(AB)\Leftrightarrow 1=P(A)+P(B)$, 所以 (D) 选项排除, 故选 (C).

例 10 (2020 年)

设 A, B, C 为 3 个随机事件, 且 $P(A)=P(B)=P(C)=\frac{1}{4}$, $P(AB)=0$, $P(AC)=P(BC)=\frac{1}{12}$, 则 A, B, C 中恰有 1 个事件发生的概率为( ).

(A) $\frac{3}{4}$　　(B) $\frac{2}{3}$

(C) $\frac{1}{2}$　　(D) $\frac{5}{12}$

【分析】 $P(A\overline{BC})=P(A\overline{B\cup C})=P(A)-P(AB\cup AC)=P(A)-P(AB)-P(AC)+P(ABC)=\frac{1}{4}-0-\frac{1}{12}+0=\frac{1}{6}$, 同理可以计算 $P(\overline{A}B\overline{C})=\frac{1}{6}$, $P(\overline{A}\overline{B}C)=\frac{1}{12}$, 故 $P(A\overline{B}\overline{C}\cup\overline{A}B\overline{C}\cup\overline{A}\overline{B}C)=\frac{5}{12}$, 故选 (D).

例 11 (2021 年)

设 A, B 随机事件, 且 $0<P(B)<1$, 则下列命题不成立的是( ).

(A) 若 $P(A|B)=P(A)$, 则 $P(A|\overline{B})=P(A)$

(B) 若 $P(A|B)>P(A)$, 则 $P(\overline{A}|\overline{B})>P(\overline{A})$

(C) 若 $P(A|B)>P(A|\overline{B})$, 则 $P(A|B)>P(A)$

(D) 若 $P(A|A\cup B)>P(\overline{A}|A\cup B)$, 则 $P(A)>P(B)$

【分析】 由 $P(A|B)=P(A)$ 知 A, B 相互独立, 所以 $P(A|\overline{B})=$

$P(A)$，（A）选项正确；$P(A|B)>P(A)\Leftrightarrow P(AB)>P(A)P(B)$，而 $P(\bar{A}|\bar{B})>P(\bar{A})\Leftrightarrow\dfrac{1-P(A\cup B)}{1-P(B)}>1-P(A)\Leftrightarrow 1-P(A)-P(B)+P(AB)>1+P(A)P(B)-P(A)-P(B)\Leftrightarrow P(AB)>P(A)P(B)$，（B）选项正确；由 $P(A|B)>P(A|\bar{B})$ 知 $\dfrac{P(AB)}{P(B)}>\dfrac{P(A\bar{B})}{P(\bar{B})}=\dfrac{P(A)-P(AB)}{1-P(B)}$，故得 $P(AB)>P(A)P(B)$，即 $\dfrac{P(AB)}{P(B)}>P(A)$，所以 $P(A|B)>P(A)$ 成立，即（C）选项正确；由概率基本计算公式，得

$$P(A|A\cup B)=\frac{P(A(A\cup B))}{P(A\cup B)}=\frac{P(A)}{P(A)+P(B)-P(AB)},P(\bar{A}|A\cup B)=\frac{P(\bar{A}(A\cup B))}{P(A\cup B)}=\frac{P(\bar{A}B)}{P(A)+P(B)-P(AB)}=\frac{P(B)-P(AB)}{P(A)+P(B)-P(AB)},$$

因为若 $P(A|A\cup B)>P(\bar{A}|A\cup B)$，故 $P(A)>P(B)-P(AB)$，故（D）选项不成立，故选（D）.

例 12 （2022 年）

设 A，B，C 为随机事件，且 A 与 B 互不相容，A 与 C 互不相容，B 与 C 相互独立，$P(A)=P(B)=P(C)=\dfrac{1}{3}$，则 $P(B\cup C|A\cup B\cup C)=$ ________.

【分析】 $P(B\cup C|A\cup B\cup C)=\dfrac{P(B\cup C)}{P(A\cup B\cup C)}$，因为 $P(B\cup C)=P(B)+P(C)-P(BC)=P(B)+P(C)-P(B)P(C)=\dfrac{5}{9}$，$P(A\cup B\cup C)=P(A)+P(B)+P(C)-P(AB)-P(AC)-P(BC)+P(ABC)=P(A)+P(B)+P(C)-P(B)P(C)=1-\dfrac{1}{9}=\dfrac{8}{9}$，所以 $P(B\cup C|A\cup B\cup C)=\dfrac{5}{8}$.

模拟试题自测

1. 10 人中有 4 人是女生，问组成 4 人组中能组成 3 男 1 女的组合有多少种？

2. 现有 3 封不同的信，有 4 个信箱可供投递，共有多少种投信的方法？

3. 有 5 个白色珠子和 4 个黑色珠子，从中任取 3 个，问其中至少有 1 个是黑色的概率？

4. 某市共有 10000 辆自行车，其牌照号码从 00001 到 10000. 求偶然遇到的一辆自行车，其牌照号码中有数字 8 的概率.

5. 现有5把钥匙，只有1把能打开，如果某次打不开就去掉，求以下事件的概率.

(1) 第一次打开；(2) 第二次打开；(3) 第三次打开.

6. 有3个臭皮匠独立地解决1个问题，成功解决的概率分别为0.45，0.55，0.60. 问他们解决该问题的能力是否赶上诸葛亮（成功概率为0.9）?

7. 假设实验室器皿中产生A类细菌与B类细菌的可能性相同，且每个细菌的产生是相互独立的，若某次发现产生了n个细菌. 求其中至少有一个A类细菌的概率.

8. 有4组人，每组一男一女，从每组各取一人，问取出两男两女的概率?

9. 进行一系列独立的试验，每次试验成功的概率为p，则在成功2次之前已经失败3次的概率为(　　).

(A) $4p^2(1-p)^3$　　(B) $4p(1-p)^3$　　(C) $10p^2(1-p)^3$

(D) $p^2(1-p)^3$　　(E) $(1-p)^3$

10. 设A，B是任意两个随机事件，则$P((\overline{A}+B)(A+B)(\overline{A}+\overline{B})(A+\overline{B}))=$________.

11. 假设事件A和B满足$P(B|A)=1$，则(　　).

(A) A是必然事件　　(B) $A\supset B$

(C) $A\subset B$　　(D) $P(A\overline{B})=0$

12. 有两组数，都是$\{1,2,3,4,5,6\}$，现分别任意取出一个，求其中一个比另一个大2的概率?

13. 从0到9这10个数中任取一个数并且记下它的值，然后放回，再取一个数也记下它的值. 当两个值的和为8时，求出现5的概率.

14. 有5件产品，次品的比例为20%，从中抽查2件产品，没有次品则认为合格，问产品合格的概率是多少?

15. 设两两相互独立的三事件A，B，C，满足：$ABC=\varnothing, P(A)=P(B)=P(C)<\dfrac{1}{2}$，并且$P(A+B+C)=\dfrac{9}{16}$. 求事件$A$的概率.

16. 已知随机事件A的概率$P(A)=0.5$，随机事件B的概率$P(B)=0.6$及条件概率$P(B|A)=0.8$，则和事件$A\cup B$的概率$P(A\cup B)=$________.

17. 甲、乙两人独立地对同一目标射击一次，其命中率分别为0.6和0.5，现已知目标被命中，则它是甲射中的概率为________.

18. 设工厂A和工厂B的产品的次品率分别为1%和2%，现从由A厂和B厂的产品分别占60%和40%的一批产品中随机抽取一件，发现是次品，则该次品是A厂生产的概率是________.

19. 设$P(A)=0.4$，$P(A\cup B)=0.7$，那么

(1) 若A与B互不相容，则$P(B)=$ ________；

(2) 若A与B相互独立，则$P(B)=$ ________.

20. 设A，B为随机事件且$A\subset B$，$P(B)>0$，则下列选项必然成立的是(　　).

(A) $P(A)<P(A|B)$　　(B) $P(A)\leqslant P(A|B)$

(C) $P(A)>P(A|B)$　　(D) $P(A)\geqslant P(A|B)$

21. 设A，B，C是三个相互独立的随机事件，且$0<P(C)<1$. 则在下列给定的四对事件中不相互独立的是(　　).

(A) $\overline{A+B}$与C　　(B) $\overline{AC}$与C

(C) $\overline{A-B}$与$\overline{C}$　　(D) $\overline{AB}$与$\overline{C}$

22. 已知$P(A)=P(B)=P(C)=\dfrac{1}{4}$，$P(AB)=0$，$P(AC)=P(BC)=\dfrac{1}{16}$，则事件$A$，$B$，$C$全不发生的概率为 ________.

23. 设一批产品中一、二、三等品各占60%，30%，10%，现从中任取一件，结果不是三等品，则取到的是一等品的概率为 ________.

24. 设A,B，C这3个事件两两独立，则A，B，C相互独立的充分必要条件是(　　).

(A) A与BC独立　　(B) AB与$A\cup C$独立

(C) AB与AC独立　　(D) $A\cup B$与$A\cup C$独立

25. 对于任意两事件A和B,与$A\cup B=B$不等价的是(　　).

(A) $A\subset B$　　(B) $\overline{B}\subset\overline{A}$

(C) $A\overline{B}=\varnothing$　　(D) $\overline{A}B=\varnothing$

26. 将一枚硬币独立地掷两次,引进事件：

$A_1=\{$掷第一次出现正面$\}$，$A_2=\{$掷第二次出现正面$\}$

$A_3=\{$正、反面各出现一次$\}$，$A_4=\{$正面出现两次$\}$

则事件(　　).

(A) A_1，A_2，A_3相互独立　　(B) A_2，A_3，A_4相互独立

(C) A_1，A_2，A_3两两独立　　(D) A_2，A_3，A_4两两独立

27. 设A,B为随机事件，且$P(B)>0$，$P(A|B)=1$，则必有(　　).

(A) $P(A\cup B)>P(A)$　　(B) $P(A\cup B)>P(B)$

(C) $P(A\cup B)=P(A)$　　(D) $P(A\cup B)=P(B)$

28. 设事件A与事件B互不相容，则(　　).

(A) $P(\overline{A}\,\overline{B})=0$　　(B) $P(AB)=P(A)P(B)$

(C) $P(A)=1-P(B)$　　(D) $P(\overline{A}\cup\overline{B})=1$

29. 某人向同一目标独立重复射击，每次射击命中目标的概率为$p(0<p<1)$，则此人第 4 次射击恰好第 2 次命中目标的概率为(　　).

(A) $3p(1-p)^2$　　(B) $6p(1-p)^2$

(C) $3p^2(1-p)^2$　　(D) $6p^2(1-p)^2$

30. 设两个相互独立的事件 A 和 B 都不发生的概率为$\frac{1}{9}$，A 发生 B 不发生的概率与 B 发生 A 不发生的概率相等，则 $P(A)=$ ________.

31. 从数 1，2，3，4 中任意取一个数，记为 X，再从 1，2，…，X 中只能任取一个数，记为 Y，则 $P(Y=2)=$ ________.

32. 设 A，B，C 是随机事件，A，C 互不相容，则 $P(AB|\overline{C})=$ ________.

33. 设 A，B 是任意两事件，其中 A 的概率不等于 0 和 1. 证明：$P(B|A)=P(B|\overline{A})$ 是事件 A 与 B 独立的充分必要条件.

第 1 章模拟试题自测答案

1. $C_6^3 \cdot C_4^1$　**2.** 4^3　**3.** $1-\frac{C_5^3}{C_9^3}$　**4.** $1-\left(\frac{9}{10}\right)^4$

5. (1) $\frac{1}{5}$；(2) $\frac{1}{5}$；(3) $\frac{1}{5}$　**6.** 能够

7. $1-\left(\frac{1}{2}\right)^n$　**8.** $\left(\frac{1}{2}\right)^4 C_4^2$　**9.** (A)　**10.** 0　**11.** (D)

12. $\frac{2}{9}$　**13.** $\frac{2}{9}$　**14.** 0.6　**15.** $\frac{1}{4}$

16. 0.7　**17.** $\frac{3}{4}$　**18.** $\frac{3}{7}$　**19.** (1)0.3;(2)0.5

20. (B)　**21.** (B)　**22.** $\frac{3}{8}$　**23.** $\frac{2}{3}$

24. (A)　**25.** (D)　**26.** (C)　**27.** (C)

28. (D)　**29.** (C)　**30.** $\frac{2}{3}$　**31.** $\frac{13}{48}$

32. 3/4　**33.** 略

第 2 章 一维随机变量及其分布

内容提要与基本要求

第一节 随机变量

一、随机变量的定义

设随机试验的样本空间为 $S=\{e\}$，$X=X(e)$ 是定义在样本空间 S 上的实值单值函数，称 $X=X(e)$ 为随机变量．一般地，随机变量常用大写字母 X，Y，Z 等来表示，其取值用小写字母 x，y，z 等来表示．

二、随机变量的分类

1. 离散型随机变量

若随机变量 X 的所有可能取的值是有限个或可列个的，则称 X 为离散型随机变量．

2. 连续型随机变量

若随机变量 X 的所有可能取的值可以是整个数轴或至少有一部分取值是某些区间，则称 X 是连续型随机变量．

第二节 离散型随机变量及其分布

一、离散型随机变量的分布律

设离散型随机变量 X 所有可能取的值为 x_k（$k=1，2，\cdots$），X 取各个可能值的概率，即事件（$X=x_k$）的概率为 $P(X=x_k)=p_k$，$k=1，2，\cdots$，则称 $P(X=x_k)=p_k$ 为离散型随机变量 X 的概率分布律，简称为分布律．

离散型随机变量的分布律可列表表示：

X	x_1	x_2	x_3	$\cdots$	x_n	$\cdots$
p_k	p_1	p_2	p_3	$\cdots$	p_n	$\cdots$

离散型随机变量的分布律满足如下两条性质：

性质 1 $p_k \geqslant 0$，$k=1, 2, \cdots$（非负性）.

性质 2 $\sum_{k=1}^{\infty} p_k = 1$(完备性).

二、几种常见的离散型随机变量的分布

1. 0–1 分布

设若随机变量 X 只可能取 0 与 1 两个值，它的分布律为

$$P(X=k)=p^k(1-p)^{1-k},\ k=0,\ 1,\ 0<p<1,$$

则称随机变量 X 服从 0–1 分布或两点分布，记为 $X\sim(0,1)$.

0–1 分布的分布律可列表表示：

X	0	1
p_k	$1-p$	p

2. 二项分布

（1）伯努利概型

重复进行 n 次试验，若各次试验的结果互不影响，即每次试验结果出现的概率都不受其他各次试验结果的影响，则称这 n 次试验是相互独立的.

若在 n 次独立重复试验中，试验的结果只有两种可能的结果 A 与 $\overline{A}$，且 $P(A)=p$，$P(\overline{A})=1-p$，则称这样的 n 次独立重复试验为伯努利试验，这样的 n 次独立重复试验概型为 n 重伯努利概型.

一般地，设一次试验中事件 A 发生的概率为 $p(0<p<1)$，则在 n 次伯努利试验中事件 A 恰发生 k 次的概率为

$$P_n(k)=\mathrm{C}_n^k p^k(1-p)^{n-k},\ k=0,\ 1,\ 2,\ \cdots,\ n.$$

（2）二项分布

若用 X 表示 n 重伯努利概型中事件 A 发生的次数，它的分布律为

$$P_n(k)=\mathrm{C}_n^k p^k(1-p)^{n-k},\ k=0,\ 1,\ 2,\ \cdots,\ n,$$

则称 X 服从参数为 n，$p(0<p<1)$的二项分布，记为 $X\sim B(n,p)$.

3. 泊松分布

（1）泊松（Poisson）定理

设 $X\sim B(n,p)$，$\lambda>0$ 是一个常数，且 $\lambda=np_n$，则对任一固定的非负整数 k 有

$$\lim_{n\to\infty}P_n(k)=\frac{\lambda^k \mathrm{e}^{-\lambda}}{k!}.$$

（2）若随机变量 X 可能取值为 0，1，2，⋯，它的分布律为

$$P(X=k)=\frac{\lambda^k}{k!}\mathrm{e}^{-\lambda},\ k=0,\ 1,\ 2,\ \cdots,\ \text{其中 }\lambda>0\text{ 是常数},$$

则称 X 为服从参数为 λ 的泊松分布，记为 $X\sim P(\lambda)$.

第三节 随机变量的分布函数

一、随机变量分布函数的定义

设 X 是一个随机变量，x 是任意实数，称函数 $F(x)=P(X\leqslant x)$ 为 X 的分布函数.

一般地，对任意的实数 x_1，$x_2(x_1<x_2)$，有

$$P(x_1<X\leqslant x_2)=P(X\leqslant x_2)-P(X\leqslant x_1).$$

二、随机变量分布函数的性质

性质1 （单调性）$F(x)$是定义在整个实数轴（$-\infty,+\infty$）上的单调非减的函数，即对任意的 $x_1<x_2$，有 $F(x_1)\leqslant F(x_2)$.

性质2 （有界性）对任意的 x，有 $0\leqslant F(x)\leqslant 1$，且

$$\lim_{x\to-\infty}F(x)=0,\quad \lim_{x\to+\infty}F(x)=1.$$

性质3 （右连续性）$F(x)$是 x 的右连续函数，即对任意的 x_0，有 $\lim\limits_{x\to x_0^+}F(x)=F(x_0)$，即 $F(x_0+0)=F(x_0)$.

三、离散型随机变量的分布函数

若离散型随机变量 X 的分布律为 $P(X=x_k)=p_k$，$k=1,2,\cdots$，则其分布函数为 $F(x)=P(X\leqslant x)=\sum\limits_{x_k\leqslant x}P(X=x_k)$.

在离散型随机变量中，一般有 $p_k=P(X=x_k)\geqslant 0$.

第四节 连续型随机变量及其分布

一、连续型随机变量的概率密度

1. 连续型随机变量的定义

若对于随机变量 X 的分布函数，存在非负函数 $f(x)$，使得对于任意实数 x 有 $F(x)=\int_{-\infty}^{x}f(t)\mathrm{d}t$，则称 X 为连续型随机变量，其中 $f(x)$称为 X 的概率密度函数.

2. 概率密度函数的基本性质

（1）非负性：$f(x)\geqslant 0$；

（2）正则性：$\int_{-\infty}^{+\infty}f(x)\mathrm{d}x=1$；

（3）若$f(x)$在点 x 处连续，则有 $F'(x)=f(x)$；

（4）对任意实数 x_1，$x_2(x_1\leqslant x_2)$，有

$$P(x_1<X\leqslant x_2)=F(x_2)-F(x_1)=\int_{x_1}^{x_2}f(x)\,\mathrm{d}x.$$

二、连续型随机变量的分布函数

若定义在（$-\infty$，$+\infty$）上的可积函数 $f(x)$ 满足：(1) $f(x)\geqslant 0$，(2) $\int_{-\infty}^{+\infty}f(x)\,\mathrm{d}x=1$，则称 $F(x)=\int_{-\infty}^{x}f(t)\,\mathrm{d}t$ 为连续型随机变量 X 的分布函数.

一般地，$F(x)$ 具备了分布函数的三条性质：

(1) $F(x)$ 是不减的函数；

(2) $0\leqslant F(x)\leqslant 1$；

(3) $F(x)$ 是（右）连续的.

连续型随机变量 X 在（$-\infty$，$+\infty$）上任一点 a 处的概率恒为0，即

$$P(X=a)=\int_a^a f(x)\,\mathrm{d}x=0,$$

从而有 $P(a<X\leqslant b)=P(a\leqslant X\leqslant b)=P(a<X<b)$.

三、几种常见的连续型随机变量的分布

1. 均匀分布

若连续型随机变量 X 具有概率密度 $f(x)$ 为

$$f(x)=\begin{cases}\dfrac{1}{b-a}, & a<x<b,\\ 0, & \text{其他},\end{cases}$$

则称 X 在区间（a,b）上服从均匀分布（或等概率分布），记为 $X\sim U(a,b)$.

若 X 服从均匀分布，则 X 落在区间（a,b）中任意等长度的子区间的可能性是相同的．所以均匀分布描述的是“等可能”概率模型.

若 X 服从均匀分布，则 X 的分布函数为

$$F(x)=\begin{cases}0, & x<a,\\ \dfrac{x-a}{b-a}, & a\leqslant x<b,\\ 1, & x\geqslant b.\end{cases}$$

2. 指数分布

若连续型随机变量 X 具有概率密度 $f(x)$ 为

$$f(x)=\begin{cases}\dfrac{1}{\theta}\mathrm{e}^{-\frac{x}{\theta}}, & x>0,\\ 0, & \text{其他},\end{cases}$$

其中 $\theta>0$ 为常数，则称 X 服从参数为 θ 的指数分布，记为 $X\sim\mathrm{Exp}(\theta)$.

若 X 服从指数分布，则对任意 s，$t>0$，有

$$P(X>s+t \mid X>s)=P(X>t).$$

若 X 服从指数分布，则 X 的分布函数为

$$F(x)=\begin{cases}1-\mathrm{e}^{-x/\theta}, & x>0, \\ 0, & \text{其他}.\end{cases}$$

3. 正态分布

(1) 正态分布的密度函数和分布函数

若连续型随机变量 X 具有概率密度 $f(x)$ 为

$$f(x)=\frac{1}{\sqrt{2\pi}\sigma}\mathrm{e}^{-\frac{(x-\mu)^2}{2\sigma^2}}, -\infty<x<+\infty,$$

其中 μ，$\sigma(\sigma>0)$ 为常数，则称 X 服从参数为 μ，σ^2 的正态分布，记为 $X\sim N(\mu,\sigma^2)$.

若 $X\sim N(\mu,\sigma^2)$，则 X 的分布函数为

$$F(x)=\frac{1}{\sqrt{2\pi}\sigma}\int_{-\infty}^{x}\mathrm{e}^{-\frac{(t-\mu)^2}{2\sigma^2}}\mathrm{d}t, \quad -\infty<x<+\infty.$$

(2) 标准正态分布

称 $\mu=0$，$\sigma=1$ 时的正态分布为标准正态分布，记为 $X\sim N(0,1)$，其概率密度函数和分布函数分别用 $\varphi(x)$，$\Phi(x)$ 表示，即有

$$\varphi(x)=\frac{1}{\sqrt{2\pi}}\mathrm{e}^{-\frac{x^2}{2}}, \quad -\infty<x<+\infty,$$

$$\Phi(x)=\frac{1}{\sqrt{2\pi}}\int_{-\infty}^{x}\mathrm{e}^{-\frac{t^2}{2}}\mathrm{d}t, \quad -\infty<x<+\infty,$$

$\Phi(x)$ 的值可以查表得到.

一般地有

$$\Phi(-x)=1-\Phi(x), \ P(X>x)=1-\Phi(x),$$
$$P(a<X<b)=\Phi(b)-\Phi(a), \ P(|X|<c)=2\Phi(c)-1.$$

(3) 一般正态分布的标准化

若 $X\sim N(\mu,\sigma^2)$，则 $Z=\dfrac{X-\mu}{\sigma}\sim N(0,1)$.

若 $X\sim N(\mu,\sigma^2)$，则有

$$P(X\leqslant c)=\Phi\left(\frac{c-\mu}{\sigma}\right),$$

$$P(a<X\leqslant b)=\Phi\left(\frac{b-\mu}{\sigma}\right)-\Phi\left(\frac{a-\mu}{\sigma}\right).$$

(4) 正态分布的 3σ 原则

当 $X\sim N(0,1)$ 时，有

$$P(|X|\leqslant 1)=2\Phi(1)-1=0.6826, P(|X|\leqslant 2)=2\Phi(2)-1=0.9544,$$
$$P(|X|\leqslant 3)=2\Phi(3)-1=0.9974.$$

在一般的正态分布中，当 $Y\sim N(\mu,\sigma^2)$ 时，有

$$P(|Y-\mu|\leqslant\sigma)=0.6826, P(|Y-\mu|\leqslant 2\sigma)=0.9544,$$

$$P(|Y-\mu|\leqslant 3\sigma)=0.9974.$$

（5）正态分布的上 α 分位点

设 $X\sim N(0,1)$，若 z_α 满足条件：$P(X>z_\alpha)=\alpha$，$0<\alpha<1$，则称点 z_α 为标准正态分布的上 α 分位点．由上 α 分位点的定义可知

$$\Phi(z_\alpha)=\int_{-\infty}^{z_\alpha} f(x)\,\mathrm{d}x=1-\alpha.$$

设 $X\sim N(0,1)$，若 z_α 满足条件：$P(|X|>z_{\frac{\alpha}{2}})=\alpha$，$0<\alpha<1$，则称点 $z_{\frac{\alpha}{2}}$ 为标准正态分布的双侧 α 分位点．

第五节 随机变量函数的分布

一、随机变量函数的定义

设 $g(x)$ 是定义在随机变量 X 的一切可能取值 x 的集合上的函数，如果对于 X 的每一个可能的取值 x，有另一个随机变量 Y 的相应取值 $y=g(x)$，则称 Y 为 X 的函数，记为 $Y=g(X)$.

二、离散型随机变量函数的分布

设随机变量 X 的分布律为 $P(X=x_k)=p_k$，$k=1,2,\cdots$，$Y=g(X)$，Y 的取值为 y_j，$j=1,2,\cdots$，则 Y 的分布律为 $P(Y=y_j)=q_j$，$j=1,2,\cdots$，其中 q_j 是所有满足 $g(x_k)=y_j$ 的 x_k 对应的 X 的概率 $P(X=x_k)$ 的和，即

$$P(Y=y_j)=q_j=\sum_{g(x_k)=y_j} P(X=x_k).$$

三、连续型随机变量函数的分布

设随机变量 X 的概率密度为 $f_X(x)$，$-\infty<x<+\infty$，则 $Y=g(X)$ 的分布函数为

$$F_Y(y)=P(Y\leqslant y)=P(g(X)\leqslant y)=\int_{g(X)\leqslant y} f_X(x)\,\mathrm{d}x.$$

而 Y 的概率密度为 $f_Y(y)=\dfrac{\mathrm{d}F_Y(y)}{\mathrm{d}y}$.

特别地，当 $y=g(x)$ 为严格单调函数时，在这种情况下有如下的一般结论：

$$f_Y(y)=\begin{cases} f_X[h(y)]\,|h'(y)|, & \alpha<y<\beta,\\ 0, & \text{其他}, \end{cases}$$

其中 $\alpha=\min\{g(-\infty),g(+\infty)\}$，$\beta=\max\{g(-\infty),g(+\infty)\}$，$h(y)$ 是 $g(x)$ 的反函数．

第2章教学基本要求

一、教学基本要求

1. 理解随机变量及其分布函数的概念，掌握分布函数的性质；

2. 掌握离散型随机变量及其分布律的概念，掌握连续型随机变量及其概率密度的概念；

3. 熟练掌握随机变量6种常见分布：0-1分布、二项分布、泊松分布、均匀分布、指数分布、正态分布，并能运用有关结论解决具体的概率计算问题；

4. 掌握已知随机变量X的分布求其函数$Y=g(X)$的分布的方法（分布函数法），会应用当$y=g(x)$为严格单调函数时，求$Y=g(X)$的概率密度函数的公式．

二、教学重点

1. 随机变量及其分布函数的概念；

2. 二项分布与正态分布的概念及其应用；

3. 随机变量的函数的分布．

三、教学难点

1. 二项分布的判定；

2. α分位点的概念；

3. 随机变量函数的分布．

习题同步解析

A

1. 口袋中有5个球，编号为1，2，3，4，5. 现从中任取3个，以随机变量X表示取出的3个球中的最大号码．

（1）写出X的分布律；（2）画出分布律的图形．

解　(1) 以X表示三个数中的最大值，X的可能值为3，4，5. 由古典概型可算得

$$P(X=3)=\frac{1}{10};\ P(X=4)=\frac{3}{10};\ P(X=5)=\frac{6}{10}.$$

X的分布律为

X	3	4	5
p_k	0.1	0.3	0.6

（2）图略．

2. 某射手参加射击比赛，共有 4 发子弹，设该射手的命中率为 p，各次射击是相互独立的．试求：该射手直至命中目标为止时的射击次数的分布律．

解 以 X 表示射手的射击次数；X 的可能取值为 1，2，3，4.

$$P(X=1)=p; \quad P(X=2)=p(1-p);$$
$$P(X=3)=p(1-p)^2; \quad P(X=4)=p(1-p)^3.$$

X 的分布律为

X	1	2	3	4
p_k	p	$(1-p)\ p$	$(1-p)^2p$	$(1-p)^3p$

3. 一盒子中有 7 个白球，3 个黄球．

（1）每次从中任取一个不放回，求首次取出白球的取球次数 X 的分布律；

（2）如果取出的是黄球则不放回，而另外放入一个白球，求此时 X 的分布律．

解 （1）以 X 表示首次取出白球的取球次数；X 的可能取值为 1，2，3，4.

由乘法定理可算得

$$P(X=1)=\frac{7}{10};\ P(X=2)=\frac{7}{30};\ P(X=3)=\frac{7}{120};\ P(X=4)=\frac{1}{120}.$$

X 的分布律为

X	1	2	3	4
p_k	7/10	7/30	7/120	1/120

（2）X 的分布律为

X	1	2	3	4
p_k	7/10	6/25	27/500	3/500

4. 一批产品共有 100 件，其中 10 件是不合格品．根据验收规则，从中任取 5 件产品进行质量检验，假如 5 件中无不合格品，则这批产品被接收，否则就要对这批产品进行逐个检验．

（1）试求 5 件中不合格品数 X 的分布律；

（2）试问需要对这批产品进行逐个检验的概率是多少？

解 （1）以 X 表示 5 件中不合格品的数量，

$$P(X=i)=\mathrm{C}_{10}^{i}\mathrm{C}_{90}^{5-i}/\mathrm{C}_{100}^{5},\ i=0,1,2,3,4,5.$$

（2）对这批产品进行逐个检验即为 5 件中有不合格品，则所求概率为

$$p=1-\mathrm{C}_{90}^{5}/\mathrm{C}_{100}^{5}\approx 0.4162.$$

5. 一大楼装有 5 个同类型的供电设备．调查表明，在任一时刻 t 每个设备被使用的概率为 0.1，试求在同一时刻，

（1）恰有 2 个设备被使用的概率；

（2）至少有 3 个设备被使用的概率；

（3）至多有 3 个设备被使用的概率．

解 以 X 表示同一时刻被使用的设备的个数，则 $X\sim B(5,0.1)$.

（1）所求的概率为 $P(X=2)=0.0729$.

（2）所求的概率为

$$P(X\geqslant 3)=P(X=3)+P(X=4)+P(X=5)=0.00856.$$

（3）所求的概率为

$$P(X\leqslant 3)=1-P(X=4)-P(X=5)=0.99954.$$

6. 据经验表明，预定餐厅座位而不来就餐的顾客比例为 20%. 现某餐厅有 50 个座位，但预定给了 52 个顾客．试求预订座位的顾客来到餐厅时没有座位的概率．

解 以 X 表示预定顾客来餐厅的个数，则 $X\sim B$（52，1-0.2），所求的概率为

$$\begin{aligned}P(X>50)&=P(X=51)+P(X=52)\\&=C_{52}^{51}\times 0.8^{51}\times 0.2+0.8^{52}\approx 0.0001279.\end{aligned}$$

7. 设随机变量 X 的密度函数为

$$f(x)=\begin{cases}1-|x|, & -1\leqslant x\leqslant 1,\\ 0, & \text{其他},\end{cases}$$

试求 X 的分布函数．

解 $\forall x\in\mathbf{R}$，$F(x)=\int_{-\infty}^{x}f(t)\,\mathrm{d}t$，由 X 的密度函数图像（见图 2-1）可以得出，

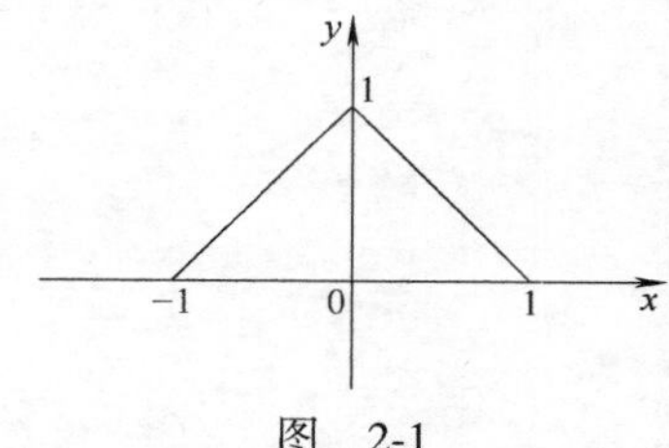

图 2-1

当 $x<-1$ 时，$F(x)=\int_{-\infty}^{x}0\mathrm{d}t=0$；

当 $-1\leqslant x<0$ 时，$F(x)=\int_{-\infty}^{-1}0\mathrm{d}t+\int_{-1}^{x}(1+t)\mathrm{d}t=\left(t+\frac{1}{2}t^2\right)\Big|_{-1}^{x}$

$$=\frac{1}{2}x^2+x+\frac{1}{2};$$

当 $0\leqslant x<1$ 时，

$$\begin{aligned}F(x)&=\int_{-\infty}^{-1}0\mathrm{d}t+\int_{-1}^{0}(1+t)\mathrm{d}t+\int_{0}^{x}(1-t)\mathrm{d}t\\&=\left(t+\frac{1}{2}t^2\right)\Big|_{-1}^{0}+\left(t-\frac{1}{2}t^2\right)\Big|_{0}^{x}\\&=-\frac{1}{2}x^2+x+\frac{1}{2};\end{aligned}$$

当 $x\geqslant 1$ 时，

$$\begin{aligned}F(x)&=\int_{-\infty}^{-1}0\mathrm{d}t+\int_{-1}^{0}(1+t)\mathrm{d}t+\int_{0}^{1}(1-t)\mathrm{d}t+\int_{1}^{+\infty}0\mathrm{d}t\\&=\left(t+\frac{1}{2}t^2\right)\Big|_{-1}^{0}+\left(t-\frac{1}{2}t^2\right)\Big|_{0}^{1}=\frac{1}{2}+\frac{1}{2}=1.\end{aligned}$$

因此，X 的分布函数为

$$F(x)=\begin{cases}0, & x<-1,\\ x^2/2+x+1/2, & -1\leqslant x<0,\\ -x^2/2+x+1/2, & 0\leqslant x<1,\\ 1, & x\geqslant 1.\end{cases}$$

8. 设随机变量 X 的分布函数为 $F(x)=\begin{cases}a, & x\leqslant 1,\\ bx\ln x+cx+d, & 1<x\leqslant \mathrm{e},\\ d, & x>\mathrm{e},\end{cases}$

试求：(1) 常数 a，b，c，d；

(2) X 的密度函数.

解 (1) 由分布函数的性质可求得 $a=0$，$b=1$，$c=-1$，$d=1$；

(2) 由 (1) 可知，$F(x)=\begin{cases}0, & x\leqslant 1,\\ x\ln x-x+1, & 1<x\leqslant \mathrm{e},\\ 1, & x>\mathrm{e},\end{cases}$

注意到，$f(x)=F'(x)$，有 $f(x)=\begin{cases}\ln x, & 1<x\leqslant \mathrm{e},\\ 0, & 其他.\end{cases}$

9. 设连续型随机变量 X 的密度函数为 $f(x)=\begin{cases}2x, & 0\leqslant x<1/2,\\ 1, & 1/2\leqslant x<1,\\ 3-2x, & 1\leqslant x<3/2,\\ 0, & 其他.\end{cases}$

试求 X 的分布函数 $F(x)$，并画出 $f(x)$，$F(x)$ 的图形.

解 由分布函数的定义为

$$F(x)=\int_{-\infty}^{x}f(t)\,\mathrm{d}t=\begin{cases}0, & x<0,\\ x^2, & 0\leqslant x<1/2,\\ x-1/4, & 1/2\leqslant x<1,\\ -x^2+3x-5/4, & 1\leqslant x<3/2,\\ 1, & x\geqslant 3/2.\end{cases}$$

$f(x)$，$F(x)$ 的图形略.

10. 设某一学生完成一个试验的时间 X 是一个随机变量，单位为 h，它的密度函数

$$f(x)=\begin{cases}cx^2+x, & 0\leqslant x\leqslant 0.5,\\ 0, & 其他.\end{cases}$$

试求：(1) 常数 c；

(2) X 的分布函数；

(3) 在 20min 内完成一个试验的概率；

(4) 在 10min 内完成一个试验的概率.

解 (1) 根据概率密度函数的性质，有 $c=21$；

(2) 由分布函数的定义，有

$$F(x)=\int_{-\infty}^{x}f(t)\,\mathrm{d}t=\begin{cases}0, & x<0,\\ 7x^3+\dfrac{1}{2}x^2, & 0\leqslant x<0.5,\\ 1, & x\geqslant 0.5;\end{cases}$$

（3）题意所求的概率为 $P\left(X<\dfrac{1}{3}\right)=\dfrac{17}{54}$；

（4）题意所求的概率为 $P\left(X<\dfrac{1}{6}\right)=\dfrac{103}{108}$.

11. 设随机变量 Y 服从参数为 $\theta=2$ 的指数分布．试求 x 的方程

$$x^2+Yx+2Y-3=0$$

没有实根的概率．

解 记 Y 的分布函数为 $F(x)$，根据题意可知，所求的概率为

$$P(Y^2-4(2Y-3)<0)=P(2<Y<6)=F(6)-F(2)$$

$$=\int_0^6\frac{1}{2}\mathrm{e}^{-\frac{1}{2}t}\mathrm{d}t-\int_0^2\frac{1}{2}\mathrm{e}^{-\frac{1}{2}t}\mathrm{d}t=\mathrm{e}^{-1}-\mathrm{e}^{-3}.$$

12. 设 $X\sim N(3,2^2)$，试求：

（1）$P(2<X\leqslant5)$，$P(-4<X\leqslant10)$，$P(|X|\geqslant2)$，$P(X>3)$；

（2）确定 c，使得 $P(X>c)=P(X\leqslant c)$；

（3）设 d 满足 $P(X>d)\geqslant0.9$，则 $d=$？

解 （1）因 $X\sim N(3,2^2)$，根据如下计算公式

$$P(a<X\leqslant b)=P\left\{\frac{a-3}{2}<\frac{X-3}{2}\leqslant\frac{b-3}{2}\right\}=\Phi\left(\frac{b-3}{2}\right)-\Phi\left(\frac{a-3}{2}\right),$$

可算得，$P(2<X\leqslant5)=0.5328$，

$P(-4<X\leqslant10)=0.9996$，

$P(|X|\geqslant2)=1-P(|X|<2)=1-P(-2<X<2)=0.6977$，

$P(X>3)=1-P(X\leqslant3)=0.5$；

（2）由 $P(X>c)=P(X\leqslant c)$ 得 $P(X\leqslant c)=\dfrac{1}{2}$；

进一步可算得 $c=3$；

（3）由 $P(X>d)\geqslant0.9$ 可得 $\Phi\left(-\dfrac{d-3}{2}\right)\geqslant0.9$，

查表可得 $d\leqslant0.436$.

13. 已知 X 的分布律为

X	-1	0	1	2
p	0.1	0.2	0.3	0.4

试求 $Y=2X^2+1$ 的分布律．

解 由 $Y=2X^2+1$ 可知，

X	-1	0	1	2
Y	3	1	3	5
p	0.1	0.2	0.3	0.4

因此，Y 的分布律为

Y	1	3	5
p	0.2	0.4	0.4

14. 设随机变量 X 服从 $(0,1)$ 上的均匀分布，试求以下随机变量 Y 的概率密度函数：

（1）$Y=-2\ln X$；　（2）$Y=3X+1$；

（3）$Y=e^X$；　（4）$Y=|\ln X|$.

解　X 的概率密度为 $f(x)=\begin{cases}1, & 0<x<1,\\ 0, & 其他,\end{cases}$

记 X，Y 的分布函数分别为 $F_X(x)$，$F_Y(y)$. 用分布函数法进行计算.

（1）先求 Y 的分布函数 $F_Y(y)$，由于 $Y=-2\ln X$，则有 $0<x<1$ 时，$0<y<\infty$，$F_Y(y)=P(Y\leqslant y)=1-P(X<e^{-\frac{1}{2}y})=1-F_X(e^{-\frac{1}{2}y})$，

求导可得 $f_Y(y)=\begin{cases}\dfrac{1}{2}e^{-\frac{1}{2}y}, & y>0,\\ 0, & 其他.\end{cases}$

（2）先求 Y 的分布函数 $F_Y(y)$，由于 $Y=3X+1$，

$$F_Y(y)=P\{Y\leqslant y\}=F_X\left(\frac{y-1}{3}\right),$$

将上式关于 y 求导，得

$$f_Y(y)=\begin{cases}1/3, & 1<y<4,\\ 0, & 其他.\end{cases}$$

（3）由于 $Y=e^X>0$，易知 $y\leqslant 0$ 时，$f_Y(y)=0$，

$y>0$ 时，$F_Y(y)=F_X(\ln y)$，

将上式关于 y 求导可得 $f_Y(y)=\begin{cases}1/y, & 1<y<e,\\ 0, & 0<y<1 或 y>e,\end{cases}$

因此，Y 的概率密度函数为

$$f_Y(y)=\begin{cases}1/y, & 1<y<e,\\ 0, & 其他.\end{cases}$$

（4）由于 $Y=|\ln X|$，易知 $y\leqslant 0$ 时，$f_Y(y)=0$，

$y>0$ 时，$F_Y(y)=P(-y\leqslant \ln X\leqslant y)$，

由于 $0<x<1$，有 $\ln X<0$，则上式为 $F_Y(y)=-F_X(e^{-y})$，

将上式关于 y 求导可得 $f_Y(y)=\begin{cases}e^{-y}, & y>0,\\ 0, & 其他,\end{cases}$

因此，Y 的概率密度函数为

$$f_Y(y)=\begin{cases}e^{-y}, & y>0,\\ 0, & 其他.\end{cases}$$

此题中的 4 个问题还可以利用书中的公式直接进行计算 .

15. 设随机变量 X 的密度函数为 $f_X(x)=\begin{cases}\dfrac{3}{2}x^2, & -1<x<1,\\ 0, & \text{其他},\end{cases}$

试求以下随机变量 Y 的概率密度函数:

(1) $Y=3X$; (2) $Y=3-X$; (3) $Y=X^2$.

解 用分布函数法来计算 .

(1) $\forall y$, $F_Y(y)=P(Y<y)=F_X\left(\dfrac{y}{3}\right)$,

将上式关于 y 求导, 得 Y 的概率密度函数为

$$f_Y(y)=\begin{cases}y^2/18, & -3<y<3,\\ 0, & \text{其他}.\end{cases}$$

(2) $\forall y$, $F_Y(y)=P(Y<y)=1-F_X(3-y)$,

将上式关于 y 求导, 得 Y 的概率密度函数为

$$f_Y(y)=\begin{cases}\dfrac{3}{2}(3-y)^2, & 2<y<4,\\ 0, & \text{其他}.\end{cases}$$

(3) 由于 $Y=X^2$, 则易知 $\forall y\leqslant 0$, $f_Y(y)=0$,

且有当 $-1<x<1$ 时, $0<y<1$,

$F_Y(y)=P(Y<y)=F_X(\sqrt{y})-F_X(-\sqrt{y})$,

将上式关于 y 求导, Y 的概率密度函数为

$$f_Y(y)=\begin{cases}\dfrac{3}{2}\sqrt{y}, & 0<y<1,\\ 0, & \text{其他}.\end{cases}$$

16. 设随机变量 X 的分布函数为 $F_X(x)=\begin{cases}0, & x<0,\\ 1-\mathrm{e}^{-\frac{1}{5}x}, & 0\leqslant x<2,\\ 1, & x\geqslant 2.\end{cases}$

试求随机变量 $Y=\mathrm{e}^X$ 的分布函数, 并判断 Y 是否为连续型随机变量 .

解 用分布函数法 .

因 $Y=\mathrm{e}^x>0$, 故易知 $y\leqslant 0$, $f_Y(y)=0$,

$\forall y>0$, $F_Y(y)=P(Y<y)=F_X(\ln y)$,

因此, 随机变量 $Y=\mathrm{e}^X$ 的分布函数为 $F_Y(y)=\begin{cases}0, & y<1,\\ 1-\mathrm{e}^{-\frac{1}{5}\ln y}, & 1\leqslant y<\mathrm{e}^2,\\ 1, & y\geqslant \mathrm{e}^2,\end{cases}$

显然, $F_y(y)$ 在 $y=\mathrm{e}^2$ 处不连续, 即 Y 不是连续型随机变量 .

B

17. 在装有红、白、黑 3 个球的口袋中随机地取球, 每次取 1 个, 取后放回, 直到各色球均取到为止 . 试求:

（1）取球次数的分布律；

（2）取球次数至少为 5 次的概率．

解 （1）记 X：取球次数，$X=3,4,5,\cdots,k,\cdots$.

$$P(X=k)=\sum_{i=1}^{k-1}C_3^1\cdot C_{k-1}^i\cdot\left(\frac{1}{3}\right)^i\cdot\left(\frac{1}{3}\right)^{k-1-i}\cdot\frac{1}{3}$$

$$=\sum_{i=1}^{k-2}C_{k-1}^i\cdot\frac{1}{3^{k-1}}=\frac{1}{3^{k-1}}\cdot\sum_{i=1}^{k-2}C_{k-1}^i,\ k=3,4,5,\cdots.$$

（2）所求的概率为

$$P\left[\bigcup_{k=5}^{\infty}(X=k)\right]=1-P(X=3)-P(X=4)=\frac{5}{9}.$$

18. 甲、乙两人进行射击比赛，已知两人的命中率分别为 0.6 与 0.7，现各射击 3 次．试求：

（1）两人命中次数相等的概率；

（2）甲比乙命中次数多的概率．

解 记 X：甲命中的次数；Y：乙命中的次数；且 $X\sim B(3,0.6)$；$Y\sim B(3,0.7)$.

（1）题意所指的事件（$X=Y$）是由 4 个两两互不相容的事件之和组成的．

因此，所求的概率为

$$P(X=Y)=\sum_{i=0}^{3}P[(X=i)\cap(Y=i)]=\sum_{i=0}^{3}P(X=i)P(Y=i)$$

$$=(1-0.6)^3(1-0.7^3)+C_3^1\times0.6\times(1-0.6)^2\times C_3^1\times0.7\times(1-0.7)^2+C_3^2\times0.6^2\times(1-0.6)\times C_3^2\times0.7^2\times(1-0.7)+0.6^3\times0.7^3$$

$$=0.00173+0.05443+0.19051+0.07401\approx0.321.$$

（2）题意所指的事件为

$$(X>Y)=[(X=1)\cap(Y=0)]\cup[(X=2)\cap(Y\leqslant1)]\cup[(X=3)\cap(Y\leqslant2)],$$

因此，

$$P(X>Y)=P((X=1)\cap(Y=0))+P((X=2)\cap(Y\leqslant1))+P((X=3)\cap(Y\leqslant2))$$

$$=P(X=1)P(Y=0)+P(X=2)P(Y\leqslant1)+P(X=3)P(Y\leqslant2)$$

$$=P(X=1)P(Y=0)+P(X=2)(P(Y=0)+P(Y=1))+P(X=3)(1-P(Y=3))$$

$$=0.00778+0.09331+0.14191$$

$$\approx0.243.$$

19. 从 1，2，3，4，5 五个数中任取三个，按大小排列记为 $x_1<x_2<x_3$，令 $X=x_2$. 试求：

（1）X 的分布函数；

（2）$P(X<2)$ 及 $P(X>4)$.

解 （1）由题意知，X 的可能取值为 2，3，4，则由古典概型

可算得

$$P(X=2)=\frac{3}{10};\ P(X=3)=\frac{4}{10};\ P(X=4)=\frac{3}{10}.$$

因此，根据分布函数的定义可得

$$F(x)=\begin{cases}0, & x<2,\\ 3/10, & 2\leqslant x<3,\\ 7/10, & 3\leqslant x<4,\\ 1, & x\geqslant 4.\end{cases}$$

（2）由（1）可知，

$$P(X<2)=0, P(X>4)=0.$$

20. 已知随机变量 X 的密度函数为 $f(x)=\begin{cases}1/3, & 0\leqslant x\leqslant 1,\\ 2/9, & 3\leqslant x\leqslant 6,\\ 0, & 其他,\end{cases}$ 若 $P(X\geqslant k)=2/3$，试求 k 的范围．

解 由题意可知，$P(X<k)=1-P(X\geqslant k)=1-\frac{2}{3}=\frac{1}{3}$，

则有 $P(X<k)=\int_{-\infty}^{k} f(t)\,\mathrm{d}t$，

当 $k<0$ 时，$P(X<k)=0$，

当 $0\leqslant k\leqslant 1$ 时，$P(X<k)=\int_0^k \frac{1}{3}\mathrm{d}t=\frac{k}{3}$，得 $k=1$，

当 $1<k<3$ 时，$P(X<k)=\int_0^1 \frac{1}{3}\mathrm{d}t+\int_1^k 0\mathrm{d}t=\frac{1}{3}$，

当 $3\leqslant k\leqslant 6$ 时，$P(X<k)=\int_0^1 \frac{1}{3}\mathrm{d}t+\int_3^k \frac{2}{9}\mathrm{d}t=\frac{1}{3}+\frac{2}{9}(k-3)$，得 $k=3$，

因此，满足条件的 k 的范围是 $1\leqslant k\leqslant 3$.

21. 设随机变量 X 服从区间（2,5）上的均匀分布，求对 X 进行 3 次独立观测中，至少有 2 次的观测值大于 3 的概率．

解 记 Y：观测值大于 3 的次数，则 $Y\sim B(3,p)$，其中，$p=P(X>3)=\frac{2}{3}$. 所求的概率为 $P(Y\geqslant 2)=\frac{20}{27}$.

22. 某急救中心在长度为 t 的时间间隔内收到紧急呼救的次数 X 服从参数为 $t/2$ 的泊松分布，而与时间间隔的起点无关（时间以 h 为单位）. 试求：

（1）某一天中午 12 时至下午 3 时没有收到紧急呼救的概率；

（2）某一天中午 12 时至下午 5 时至少收到 1 次紧急呼救的概率．

解 由题意可知，$X\sim P\left(\frac{t}{2}\right)$，

（1）$t=3$，所求的概率为

$$P(X=0)=\mathrm{e}^{-\frac{3}{2}}\approx 0.2231.$$

（2）$t=5$，所求的概率为

$$P(X\geqslant 1)=1-P(X=0)=1-\mathrm{e}^{-\frac{5}{2}}\approx 0.9179.$$

23. 设随机变量 X 服从参数为（$2,p$）的二项分布，随机变量 Y 服从参数为（$3,p$）的二项分布，若 $P(X\geqslant 1)=5/9$，试求：$P(Y\geqslant 1)$.

解 由 $P(X\geqslant 1)=\dfrac{5}{9}$可算出，$p=\dfrac{1}{3}$，

因此，$P(Y\geqslant 1)=1-(1-p)^3=\dfrac{19}{27}$.

24. 某地区成年男子的体重 X(kg)服从正态分布 $N(\mu,\sigma^2)$，若已知

$$P(X\leqslant 70)=0.5,P(X\leqslant 60)=0.25.$$

（1）求 μ 与 σ；

（2）若在这个地区随机地选出 5 名成年男子，问其中至少有两人体重超过65kg的概率是多少？

解 （1）由 $X\sim N(\mu,\sigma^2)$，则有$\dfrac{X-\mu}{\sigma}\sim N(0,1)$，

由 $P(X\leqslant 70)=0.5$ 可算出 $\mu=70$，

由 $P(X\leqslant 60)=0.25$ 可算出 $\sigma=10/0.675\approx 14.81$.

（2）由（1）可知，

$$P(X>65)=1-P(X\leqslant 65)=0.6331.$$

记 Y：5 人中体重超过 65kg 的人数，且 $Y\sim B(5,p)$，其中 $p=0.6331$，所求的概率为

$$P(Y\geqslant 2)=1-P(Y=0)-P(Y=1)=0.93599\approx 0.94.$$

25. 设顾客在某银行的窗口等待服务的时间 X（以 min 计）服从指数分布，其概率密度为$f_X(x)=\begin{cases}\dfrac{1}{5}\mathrm{e}^{-\frac{x}{5}}, & x>0,\\ 0, & \text{其他}.\end{cases}$

设顾客在窗口等待服务，若超过 10min，他就离开．该顾客一个月要到银行 5 次．现以 Y 表示一个月内他未等到服务而离开窗口的次数．试写出 Y 的分布律并求 $P(Y\geqslant 1)$.

解 顾客在窗口等待服务超过 10min 的概率为

$$p=\int_{10}^{+\infty}f_X(x)\,\mathrm{d}x=\mathrm{e}^{-2},$$

则 $Y\sim B(5,p)$，其中 $p=\mathrm{e}^{-2}$，则 Y 的分布律为

$$P(Y=k)=\mathrm{C}_5^k(\mathrm{e}^{-2})^k(1-\mathrm{e}^{-2})^{5-k},k=0,1,2,3,4,5,$$

$$P(Y\geqslant 1)=1-P(Y=0)=1-(1-\mathrm{e}^{-2})^5=0.5167.$$

26. 已知某商场一天内来 k 个顾客的概率为 $\lambda^k\mathrm{e}^{-\lambda}/k!$，$k=0$，1，…，其中 $\lambda>0$. 又设每个到达商场的顾客购买商品是相互独立的，其概率为 p. 试证：这个商场一天内有 r 个顾客购买商品的概率

为 $(\lambda p)^r e^{-\lambda p}/r!$.

证 记 B_k：一天内到达商场 k 个顾客，$k=0, 1, \cdots$，

A：到达商场的顾客中有 r 个购买商品，

$$P(B_k)=\lambda^k e^{-\lambda}/k!,\ k=0,\ 1,\ \cdots,$$

$$P(A|B_k)=C_k^r p^r(1-p)^{k-r},\ k=r,\ r+1,\ \cdots,$$

由全概率公式可得

$$P(A)=\sum_{k=r}^{\infty}P(B_k)P(A\mid B_k)=\sum_{k=r}^{\infty}\frac{\lambda^k e^{-\lambda}}{k!}C_k^r p^r(1-p)^{k-r}$$

$$=\sum_{k=r}^{\infty}\frac{\lambda^k e^{-\lambda}}{k!}\frac{k!}{r!\ (k-r)!}p^r(1-p)^{k-r}=\frac{\lambda^r p^r e^{-\lambda}}{r!}\sum_{k=r}^{\infty}\frac{[(1-p)\lambda]^{k-r}}{(k-r)!}$$

令 $t=k-r$ 代入上式，得

$$P(A)=\frac{\lambda^r p^r e^{-\lambda}}{r!}\sum_{t=0}^{\infty}\frac{[(1-p)\lambda]^t}{t!}=\frac{\lambda^r p^r e^{-\lambda}}{r!}e^{(1-p)\lambda}=\frac{(\lambda p)^r e^{-\lambda p}}{r!}.$$

典型例题解析

例 1 投掷两颗均匀的骰子，设 X 为两颗骰子中出现的点数的最大者．求 X 的分布律及事件“最少有一颗骰子出现的点数大于4”的概率．

【分析】 X 可能的取值是 1，2，3，4，5，6. 当 $X=k(k=1,\cdots,6)$ 时，包含 3 种情形：两颗骰子的点数都为 k；第一颗骰子点数为 k，第二颗骰子的点数小于 k；第二颗骰子的点数为 k，第一颗骰子的点数小于 k. 求其对应的概率，就得到 X 的分布律．求“最少有一颗骰子出现的点数大于4”的概率，即求事件 $(X=5)\cup(X=6)$ 的概率．

解 设事件 A_i 表示“第一颗骰子出现 i 点”$(i=1,2,\cdots,6)$，事件 B_j 表示“第二颗骰子出现 j 点”$(j=1,2,\cdots,6)$，则 A_i 和 B_j 是相互独立的，且

$$P(A_i)=\frac{1}{6},\ P(B_j)=\frac{1}{6},\ i=1,\ 2,\ \cdots,\ 6;\ j=1,\ 2,\ \cdots,\ 6,$$

由于 $(X=1)=A_1B_1$，所以

$$P(X=1)=P(A_1B_1)=P(A_1)P(B_1)=\frac{1}{6^2}=\frac{1}{36},$$

同理，

$$P(X=k)=\sum_{1\leqslant i<k}P(A_iB_k)+\sum_{1\leqslant j<k}P(A_kB_j)+P(A_kB_k)$$

$$=\sum_{1\leqslant i<k}P(A_i)P(B_k)+\sum_{1\leqslant j<k}P(A_k)P(B_j)+P(A_kB_k)$$

$$=\frac{k-1}{6^2}+\frac{k-1}{6^2}+\frac{1}{6^2}=\frac{2k-1}{36},\ k=2,\ 3,\ 4,\ 5,\ 6,$$

于是，得到 X 的分布律为

X	1	2	3	4	5	6
p	$\frac{1}{36}$	$\frac{3}{36}$	$\frac{5}{36}$	$\frac{7}{36}$	$\frac{9}{36}$	$\frac{11}{36}$

因为事件“最少有一颗骰子出现的点数大于4”即为$\{X=5\}\cup\{X=6\}$，故所求概率为

$$p=P(X=5)+P(X=6)=\frac{9}{36}+\frac{11}{36}=\frac{5}{9}.$$

例2 设1h内，从放射源释放出的粒子数$X\sim P(\lambda)$. 已知仪器在记录放射的粒子时有漏记的可能，且设每一粒子被漏记的概率为p. 求在1h内该仪器记录的粒子数的概率分布.

【分析】 本题有两个随机性因素，从放射源释放出的粒子数和漏记的粒子数，而后者与前者密切相关，故本题使用全概率公式求解，释放出粒子数的各种情形是样本空间的一个划分，完备事件组的个数是可列个.

解 记Y为1h内该仪器记录的粒子数，Y的可能取值为0，1，2，…，

由条件$X\sim P(\lambda)$，即$P(X=k)=\frac{\lambda^k}{k!}e^{-\lambda}$，$k=0$，1，2，…，则有

$$\begin{aligned}P(Y=i)&=\sum_{k=0}^{\infty}P(X=k,\ Y=i)=\sum_{k=i}^{\infty}P(X=k,\ Y=i)\\&=\sum_{k=i}^{\infty}P(X=k)P(Y=i\mid X=k)\\&=\sum_{k=i}^{\infty}\frac{\lambda^k}{k!}e^{-\lambda}C_k^i(1-p)^ip^{k-i}\\&=\sum_{k=i}^{\infty}\frac{\lambda^k}{k!}e^{-\lambda}\frac{k!}{i!\,(k-i)!}(1-p)^ip^{k-i}\\&=\frac{(\lambda(1-p))^i}{i!}e^{-\lambda(1-p)},i=0,1,2,\cdots,\end{aligned}$$

即$Y\sim P(\lambda(1-p))$.

例3 已知20mL的微生物溶液中含有4只微生物. 今从中随意抽取5mL的溶液，试求抽取的这5mL的溶液中，至少含有2只微生物的概率.

【分析】 本题关键是从哪里入手，是20mL的微生物溶液还是4只微生物？对于此类问题，初学者往往感到迷茫. 我们看到其中的哪一种单位或个体只考虑两种状态. 显然，只有4只微生物中的每一只要么被抽取到的这5mL的溶液中，要么没有，而每一只是否被抽取到这5mL的溶液中是相互独立的，故观察4只微生物中有多少只被抽取就是做4重伯努利试验. 其中的概率计算可利用二项概率公式.

解 由于只考虑4只微生物中的每一只是否被抽取到这5mL的溶液中，而它们是否被抽到是相互独立的，由每一只微生物停留在

这 20mL 的微生物溶液中任一位置的随机性，它们被抽取的概率都是 $p=1/4$，故观察 4 只微生物中有多少只被抽取就是做 4 重伯努利试验．故这 5mL 的溶液中至少含有 2 只微生物的概率为

$$C_4^2\left(\frac{1}{4}\right)^2\times\left(1-\frac{1}{4}\right)^2+C_4^3\left(\frac{1}{4}\right)^3\times\left(1-\frac{1}{4}\right)^1+C_4^4\left(\frac{1}{4}\right)^4\times\left(1-\frac{1}{4}\right)^0=\frac{67}{256}.$$

例 4 每次试验事件 A 发生的概率是 0.3，现进行 4 次独立重复试验，如果 A 一次也不发生，则事件 B 也不发生；如果 A 发生一次，则事件 B 发生的概率为 0.6；如果 A 发生两次或两次以上，则事件 B 一定发生．试求事件 B 发生的概率．

【分析】 本题综合运用了全概率公式和二项分布，入手点是样本空间的划分．

解 设 X 表示事件 A 发生的次数，易知 X 服从二项分布 $B(4,0.3)$，由题意，$X=0$，$X=1$，$X>1$ 是样本空间的一个划分，因为

$$P(X=0)=C_4^0(0.3)^0(0.7)^4=0.2401,$$

$$P(X=1)=C_4^1(0.3)(0.7)^3=0.4116,$$

$$P(X>1)=1-P(X=0)-P(X=1)=0.3483.$$

又 $P(B|X=0)=0$，$P(B|X=1)=0.6$，$P(B\mid X>1)=1$，由全概率公式，得

$$P(B)=P(X=0)P(B|X=0)+P(X=1)(B|X=1)+P(X>1)P(B|X>1)=0.59526.$$

例 5 甲袋中有 1 个黑球，2 个白球，乙袋中有 3 个白球，每次从两袋中各任取一球交换放入对方袋中．试求 n 次交换后，黑球仍在甲袋中的概率．

【分析】 由于在每次取球时，不管黑球在哪一个袋中，都是从 1 个黑球，2 个白球中取球，故可视为独立重复试验，所以这是一个伯努利概型，n 次取球中取到黑球的次数服从二项分布．

解 设 X 表示 n 次取球中取到黑球的次数，则每次取到黑球的概率均为$\frac{1}{3}$，且各次是否取到黑球相互独立，因此 $X\sim B\left(n,\ \frac{1}{3}\right)$，且黑球仍在甲袋中的概率即为取偶数值的概率，于是所求概率为

$$q=C_n^0p^0(1-p)^n+C_n^2p^2(1-p)^{n-2}+\cdots+C_n^ip^i(1-p)^{n-i},$$

其中 $p=1/3$，i 为不超过 n 的最大偶数，由于

$$\sum_{k=0}^{n}C_n^kp^k(1-p)^{n-k}=1,\tag{1}$$

$$\sum_{k=0}^{n}C_n^k(-p)^k(1-p)^{n-k}=(1-2p)^n,\tag{2}$$

于是式（1）+式（2）得

$$q=\frac{1}{2}[1+(1-2p)^n]=\frac{1}{2}\left(1+\frac{1}{3^n}\right).$$

例 6 设 $F(x)$ 为连续型随机变量的分布函数，而且 $F(0)=0$. 试证明：$G(x)=\begin{cases}F(x)-F\left(\dfrac{1}{x}\right), & x\geqslant 1,\\ 0, & x<1\end{cases}$ 是分布函数.

【分析】 即验证 $G(x)$ 满足分布函数的三条性质：有界性、单调不减和右连续性.

证 （1）显然有 $0\leqslant G(x)\leqslant 1$，且 $G(-\infty)=0$，$G(+\infty)=F(+\infty)-F(0)=1$.

（2）$G(x)$ 单调不减，因为

当 $x_1<x_2<1$ 时，$G(x_1)=G(x_2)=0$；

当 $x_1<1\leqslant x_2$ 时，$\dfrac{1}{x_2}\leqslant 1\leqslant x_2$，从而 $F(x_2)\geqslant F\left(\dfrac{1}{x_2}\right)$，所以

$$G(x_1)=0\leqslant F(x_2)-F\left(\frac{1}{x_2}\right)=G(x_2),$$

当 $1\leqslant x_1<x_2$ 时，$\dfrac{1}{x_2}<\dfrac{1}{x_1}$，于是 $F(x_1)\leqslant F(x_2)$，$F\left(\dfrac{1}{x_2}\right)\leqslant F\left(\dfrac{1}{x_1}\right)$，故

$$G(x_1)=F(x_1)-F\left(\frac{1}{x_1}\right)\leqslant F(x_2)-F\left(\frac{1}{x_2}\right)=G(x_2),$$

即在整个数轴上 $G(x)$ 单调不减.

（3）$G(x)$ 右连续. 因为

当 $x_0<1$ 时，$\lim\limits_{x\to x_0^+}G(x)=0=G(x_0)$；

当 $x_0\geqslant 1$ 时，由 $F(x)$ 为连续型随机变量的分布函数，从而为连续函数，于是

$$\lim_{x\to x_0^+}G(x)=\lim_{x\to x_0^+}\left[F(x)-F\left(\frac{1}{x}\right)\right]=F(x_0)-F\left(\frac{1}{x_0}\right)=G(x_0),$$

故在任意点 x_0，$G(x)$ 右连续. 综上所述，$G(x)$ 确为随机变量的分布函数.

例 7 设随机变量 X 的绝对值不大于 1，$P(X=-1)=1/8$，$P(X=1)=1/4$，在事件 $(-1<X<1)$ 出现的条件下，X 在 $(-1,1)$ 内的任一子区间上取值的条件概率与该子区间长度成正比. 试求：

（1）X 的分布函数 $F(x)$；

（2）X 取负值的概率 p.

【分析】 分布函数的计算一般均按定义进行，且通常要分段计算.

解 （1）因为 $P(|X|\leqslant 1)=1$，于是

$$P(|X|<1)=1-P(X=-1)-P(X=1)=1-\frac{1}{8}-\frac{1}{4}=\frac{5}{8}.$$

当 $x<-1$ 时，$F(x)=0$；

当 $x\geqslant 1$ 时，$F(x)=1$；

当 $-1\leqslant x<1$ 时，

$$
\begin{aligned}
F(x) &= P(X \leqslant -1) + P(-1 < X \leqslant x) \\
&= P(X=-1) + P(-1 < X \leqslant x, -1 < X < 1) \\
&= \frac{1}{8} + P(|X|<1) P(-1 < X \leqslant x \mid |X|<1) \\
&= \frac{5}{16}x + \frac{7}{16},
\end{aligned}
$$

即

$$
F(x)=\begin{cases}0, & x<-1, \\ \dfrac{5}{16}x+\dfrac{7}{16}, & -1 \leqslant x<1, \\ 1, & x \geqslant 1.\end{cases}
$$

（2）X 取负值的概率为

$$
p=P(X<0)=F(0-0)=\lim_{x \to 0^-} F(x)=F(0)=\frac{7}{16}.
$$

【评注】 $F(x)$ 为既非离散型，也非连续型随机变量的分布函数.

例 8 假设一电路装有 3 个同种电气元件，其工作状态相互独立，且无故障工作时间都服从参数为 $\lambda>0$ 的指数分布，当 3 个元件都无故障时，电路正常工作，否则整个电路不能正常工作. 试求电路正常工作时间 T 的分布函数.

解 设 X_i（$i=1, 2, 3$）表示第 i 个元件无故障工作时间，则 X_1，X_2，X_3 独立同分布，其分布函数为

$$
F(x)=\begin{cases}1-\mathrm{e}^{-\lambda x}, & x>0, \\ 0, & x \leqslant 0.\end{cases}
$$

设 $G(t)$ 是 T 的分布函数，则

当 $t \leqslant 0$ 时，$G(t)=0$；

当 $t>0$ 时，事件“$T>t$”意味着 3 个元件无故障时间都大于 t，再由独立性知

$$
\begin{aligned}
G(t) &= P(T \leqslant t) = 1-P(T>t) = 1-P(X_1>t, X_2>t, X_3>t) \\
&= 1-P(X_1>t)P(X_2>t)P(X_3>t) \\
&= 1-[1-F(t)]^3 = 1-\mathrm{e}^{-3\lambda t},
\end{aligned}
$$

所以 $G(t)=\begin{cases}1-\mathrm{e}^{-3\lambda t}, & t>0, \\ 0, & t \leqslant 0,\end{cases}$ 即 T 服从参数为 3λ 的指数分布.

例 9 设 X 的分布函数为

$$
F(x)=\begin{cases}0, & x<0, \\ \dfrac{x}{2}, & 0 \leqslant x<1, \\ x-\dfrac{1}{2}, & 1 \leqslant x<1.5, \\ 1, & x \geqslant 1.5,\end{cases}
$$

求概率 $P(0.4<X\leqslant 1.3)$，$P(X>0.5)$，$P(1.7<X\leqslant 2)$ 以及概率密度 $f(x)$.

【分析】 利用分布函数求概率时，要注意随机点落入哪一个区间，以及区间的开与闭．此外，由于改变概率密度 $f(x)$ 在个别点的函数值，不影响分布函数 $F(x)$ 的取值．因此，概率密度在个别点的函数值可以是随意指定的有限值．

解 计算得各个概率为

$$P(0.4<X\leqslant 1.3)=F(1.3)-F(0.4)=0.6,$$
$$P(X>0.5)=1-P(X\leqslant 0.5)=1-F(0.5)=0.75,$$
$$P(1.7<X\leqslant 2)=F(2)-F(1.7)=0,$$

概率密度为

$$f(x)=\begin{cases}\dfrac{1}{2}, & 0<x<1,\\ 1, & 1\leqslant x<1.5,\\ 0, & \text{其他}.\end{cases}$$

例 10 设 X 在区间 $[0,1]$ 上服从均匀分布．试求方程组 $\begin{cases}Z+Y=2X+1,\\ Z-Y=X\end{cases}$ 的解 Z，Y 各自落在 $[0,1]$ 上的概率．

【分析】 对于连续型随机变量，其取值的概率计算通常采用对其密度进行积分，这时要明确对哪个密度函数在哪个区间上做积分.

解 由已知，随机变量 X 的概率密度为

$$f(x)=\begin{cases}1, & 0\leqslant x\leqslant 1,\\ 0, & \text{其他},\end{cases}$$

解方程组 $\begin{cases}Z+Y=2X+1,\\ Z-Y=X,\end{cases}$ 得 $\begin{cases}Z=\dfrac{3X+1}{2},\\ Y=\dfrac{X+1}{2},\end{cases}$ 则

$$P(0\leqslant Z\leqslant 1)=P\left(0\leqslant\frac{3X+1}{2}\leqslant 1\right)=P\left(-\frac{1}{3}\leqslant X\leqslant\frac{1}{3}\right)$$
$$=\int_{-\frac{1}{3}}^{\frac{1}{3}}f(x)\,\mathrm{d}x=\int_{0}^{\frac{1}{3}}\mathrm{d}x=\frac{1}{3},$$
$$P(0\leqslant Y\leqslant 1)=P\left(0\leqslant\frac{X+1}{2}\leqslant 1\right)=P(-1\leqslant X\leqslant 1)$$
$$=\int_{-1}^{1}f(x)\,\mathrm{d}x=\int_{0}^{1}\mathrm{d}x=1.$$

例 11 设 $\ln X\sim N(1,2^2)$，试求 $P\left(\dfrac{1}{2}<X<2\right)$ （$\ln 2=0.693$）.

【分析】 对于正态随机变量，其概率计算的主要方法是查表，本题给出两种解法．

解　方法 1

$$P\left(\frac{1}{2}<X<2\right)=P(-\ln 2<\ln X<\ln 2)=\int_{-\ln 2}^{\ln 2}\frac{1}{2\sqrt{2\pi}}e^{-\frac{(x-1)^2}{2\times 2^2}}dx$$

$$\xlongequal{令 t=\frac{x-1}{2}}\int_{\frac{-\ln 2-1}{2}}^{\frac{\ln 2-1}{2}}\frac{1}{\sqrt{2\pi}}e^{-\frac{t^2}{2}}dt=\int_{-0.8465}^{-0.1535}\frac{1}{\sqrt{2\pi}}e^{-\frac{t^2}{2}}dt$$

$$=\int_{0.1535}^{0.8465}\frac{1}{\sqrt{2\pi}}e^{-\frac{t^2}{2}}dt$$

$$=\Phi(0.8465)-\Phi(0.1535)=0.2403.$$

方法 2

$$P\left(\frac{1}{2}<X<2\right)=P\ (-\ln 2<\ln X<\ln 2)$$

$$=P\left(\frac{-\ln 2-1}{2}<\frac{\ln X-1}{2}<\frac{\ln 2-1}{2}\right)$$

$$=\Phi\left(\frac{\ln 2-1}{2}\right)-\Phi\left(\frac{-\ln 2-1}{2}\right)$$

$$=\Phi(-0.1535)-\Phi(-0.8465)$$

$$=\Phi(0.8465)-\Phi(0.1535)=0.2403.$$

例 12　某次高等数学考试的成绩 X 近似服从正态分布，满分为 100 分，平均分为 75 分．已知 95 分以上的考生数占全体考生总数的 2.3%，求这次高等数学考试的不及格率（60 分以上为及格）．

【分析】　设这次高等数学考试的成绩 $X\sim N(\mu,\sigma^2)$，因为平均分为 75 分，所以 $\mu=75$，但 σ 为未知参数．已知 95 分以上的考生数占全体考生总数的 2.3%，即 $P(X\geqslant 95)=0.023$，由此可以求得 σ 的值，然后不难计算所求概率 $P(X<60)$．

解　设 X 表示这次高等数学考试的成绩，由题意 $X\sim N(75,\sigma^2)$，则

$$P(X\geqslant 95)=1-P(X<95)=1-\Phi\left(\frac{95-75}{\sigma}\right)$$

$$=1-\Phi\left(\frac{20}{\sigma}\right)=0.023,$$

由此得

$$\Phi\left(\frac{20}{\sigma}\right)=0.977,$$

查表得 $\Phi(2)=0.9772$，所以 $\frac{20}{\sigma}\approx 2$，即 $\sigma\approx 10$．于是

$$P(X<60)=\Phi\left(\frac{60-75}{10}\right)=\Phi(-1.5)$$

$$=1-\Phi(1.5)=1-0.9332=0.0668.$$

所以，这次高等数学考试的不及格率约为 6.7%.

例 13 在电源电压不超过 200V、为 200～240V 和超过 240V 的 3 种情况下，某种电子元件损坏的概率分别为 0.1，0.001 和 0.2. 假设电源电压 X 服从正态分布 $N(220,25^2)$. 试求该电子元件损坏的概率 α.

【分析】 由于该电子元件损坏与 3 种电压状态有关，故可以利用全概率公式求解 .

解 设事件 B_1 表示“电源电压不超过 200V”，

事件 B_2 表示“电源电压为 200～240V”，

事件 B_3 表示“电源电压超过 240V”，

事件 A 表示“电子元件损坏”，

则事件组 B_1，B_2，B_3 构成一完备事件组，且

$$P(B_1)=P(X<200)=\Phi\left(\frac{200-220}{25}\right)=\Phi(-0.8)=0.212,$$

$$P(B_2)=P(200\leqslant X\leqslant 240)=\Phi\left(\frac{240-220}{25}\right)-\Phi\left(\frac{200-220}{25}\right)$$
$$=\Phi(0.8)-\Phi(-0.8)=2\Phi(0.8)-1=0.576,$$

$$P(B_3)=P\{X>240\}=1-P\{X\leqslant 240\}=1-\Phi\left(\frac{240-220}{25}\right)$$
$$=1-\Phi(0.8)=0.212,$$

由题意：$P(A|B_1)=0.1$，$P(A|B_2)=0.001$，$P(A|B_3)=0.2$，于是由全概率公式，有

$$\alpha=P(A)=\sum_{i=1}^{3}P(B_i)P(A\mid B_i)=0.0642.$$

例 14 已知随机变量 X 的分布律为

$$P(X=n)=\frac{2}{3^n},n=1,2,3,\cdots,$$

试求 $Y=1+(-1)^X$ 的分布律 .

解 Y 的可能取值为 0，2，而且

$$P(Y=0)=P[1+(-1)^X=0]=\sum_{k=1}^{\infty}P(X=2k-1)$$
$$=\sum_{k=1}^{\infty}\frac{2}{3^{2k-1}}=\frac{\frac{2}{3}}{1-\frac{1}{3^2}}=\frac{3}{4},$$

$$P(Y=2)=P[1+(-1)^X=2]=\sum_{k=1}^{\infty}P(X=2k)$$
$$=\sum_{k=1}^{\infty}\frac{2}{3^{2k}}=\frac{\frac{2}{3^2}}{1-\frac{1}{3^2}}=\frac{1}{4},$$

故 Y 的分布律为

Y	0	2
p	$\frac{3}{4}$	$\frac{1}{4}$

例 15 设随机变量 X 服从参数为 $\lambda=2$ 的指数分布，即 X 具有概率密度

$$f_X(x)=\begin{cases}2e^{-2x}, & x>0,\\ 0, & x\leqslant 0,\end{cases}$$

令 $Y=\begin{cases}0, & X\leqslant 2,\\ 1, & X>2,\end{cases}$ 试求随机变量 Y 的分布律．

解 Y 可能的取值为 0，1，因而是离散型随机变量，因为

$$P(Y=0)=P(X\leqslant 2)=\int_{-\infty}^{2} f_X(x)\,dx$$

$$=\int_{-\infty}^{0} f_X(x)\,dx+\int_{0}^{2} f_X(x)\,dx=0+\int_{0}^{2} 2e^{-2x}\,dx=1-e^{-4},$$

$$P(Y=1)=P(X>2)=\int_{2}^{+\infty} f_X(x)\,dx=\int_{2}^{+\infty} 2e^{-2x}\,dx=e^{-4},$$

所以随机变量 Y 的分布律为

Y	0	1
p	$1-e^{-4}$	e^{-4}

例 16 在半径为 R、中心在坐标原点的圆周上任取一点 [即该点的极角为服从 $(-\pi,\pi)$ 上的均匀分布的随机变量]. 求：

(1) 该点的直角坐标的分布密度函数；

(2) 连接该点与 $(-R,0)$ 所成的弦的长度的分布密度函数．

解 (1) 设极角为 θ，该点的横坐标 $X=R\cos\theta$，$|X|\leqslant R$. 设 $-R\leqslant x\leqslant R$，则

$$F_X(x)=P(X\leqslant x)=P(R\cos\theta\leqslant x)$$

$$=P\left(-\pi<\theta\leqslant-\arccos\frac{x}{R}\right)+P\left(\arccos\frac{x}{R}<\theta\leqslant\pi\right)$$

$$=\left(\pi-\arccos\frac{x}{R}\right)\Big/\pi,$$

所以 X 的密度函数为

$$f_X(x)=\begin{cases}\dfrac{1}{\pi\sqrt{R^2-x^2}}, & -R\leqslant x\leqslant R,\\ 0, & \text{其他}.\end{cases}$$

同理可得该点纵坐标 $Y=R\sin\theta$ 的密度函数为

$$f_Y(y)=\begin{cases}\dfrac{1}{\pi\sqrt{R^2-y^2}}, & -R\leqslant y\leqslant R,\\ 0, & \text{其他}.\end{cases}$$

(2) 该点与 $(-R,0)$ 所成的弦的长度 $Z=2R\cos\dfrac{\theta}{2}$，当 $0\leqslant z\leqslant 2R$ 时，有

$$F_Z(z)=P(Z\leqslant z)=P\left(2R\cos\frac{\theta}{2}\leqslant z\right)$$
$$=P\left(-\pi<\theta\leqslant -2\arccos\frac{z}{2R}\right)+P\left(2\arccos\frac{z}{2R}<\theta\leqslant\pi\right)$$
$$=\left(\pi-2\arccos\frac{z}{2R}\right)\Big/\pi,$$

所以 Z 的密度函数为

$$f_Z(z)=\begin{cases}\dfrac{2}{\pi\sqrt{4R^2-z^2}}, & 0\leqslant z\leqslant 2R,\\ 0, & \text{其他}.\end{cases}$$

例 17 设一设备开机后无故障工作的时间 X 服从指数分布 Exp(1/5)(单位：h)，出现故障时自动关机，而在无故障的情况下工作 2h 便关机．试求该设备每次开机无故障工作时间 Y 的分布函数．

解 由题意设 $Y=\min\{X,2\}$，则

当 $y<0$ 时，$F_Y(y)=0$；

当 $y\geqslant 2$ 时，$F_Y(y)=1$；

当 $0\leqslant y<2$ 时，

$$F_Y(y)=P(Y\leqslant y)=P(\min\{X,2\}\leqslant y)$$
$$=P(X\leqslant y)=F_X(y)$$
$$=1-\mathrm{e}^{-\frac{y}{5}},$$

所以 Y 的分布函数为

$$F_Y(y)=\begin{cases}0, & y<0,\\ 1-\mathrm{e}^{-\frac{y}{5}}, & 0\leqslant y<2,\\ 1, & y\geqslant 2.\end{cases}$$

例 18 设随机变量 X 具有严格单调增加连续分布函数 $F(x)$，则

(1) $Y=F(X)$ 是否为随机变量？为什么？

(2) 若为随机变量，Y 服从何分布？

解 (1) 因为 X 为随机变量，Y 为 X 的函数，故 Y 亦为随机变量.

(2) 设 Y 的分布函数为 $F_Y(x)$，由随机变量的性质知 $0\leqslant Y\leqslant 1$，则

当 $x<0$ 时，$F_Y(x)=P(Y\leqslant x)=P(\varnothing)=0$；

当 $0\leqslant x<1$ 时，由于 $F(x)$ 为严格单调增，故反函数存在．有

$$F_Y(x)=P(Y\leqslant x)=P[F(X)\leqslant x]=P[X\leqslant F^{-1}(x)]$$
$$=F(F^{-1}(x))=x;$$

当 $x\geqslant 1$ 时，$F_Y(x)=1$.

故 Y 的分布函数为

$$F_Y(x)=\begin{cases}0, & x<0,\\ x, & 0\leqslant x<1,\\ 1, & x\geqslant 1.\end{cases}$$

即 $Y\sim U[0,1]$.

例 19 设连续型随机变量 X 的分布函数为 $F(x)$，并且 $F(x)$ 是严格单调增加函数，试求 $Y=-2\ln F(X)$ 的概率密度.

解 方法 1 由例 18 知，$Z=F(X)$ 在 $[0,1]$ 上服从均匀分布，即 Z 的概率密度为

$$f_Z(z)=\begin{cases}1, & 0\leqslant z\leqslant 1,\\ 0, & \text{其他}.\end{cases}$$

$Y=-2\ln Z$ 是 Z 的严格单调减少函数，其反函数为 $Z=\mathrm{e}^{-\frac{Y}{2}}$，又 $\frac{\mathrm{d}Z}{\mathrm{d}Y}=-\frac{1}{2}\mathrm{e}^{-\frac{Y}{2}}$，当 $Y>0$ 时，

$$f_Y(y)=\left|-\frac{1}{2}\mathrm{e}^{-\frac{y}{2}}\right|=\frac{1}{2}\mathrm{e}^{-\frac{y}{2}},$$

则 Y 的概率密度为

$$f_Y(y)=\begin{cases}\frac{1}{2}\mathrm{e}^{-\frac{y}{2}}, & y>0,\\ 0, & \text{其他},\end{cases}$$

由此可知 Y 服从参数为 $\lambda=\frac{1}{2}$ 的指数分布.

方法 2 设 $F_Y(y)$ 为 Y 的分布函数，注意到 $Y\geqslant 0$，且 $Z=F(x)\sim U[0,1]$，则

当 $y<0$ 时，

$$\begin{aligned}F_Y(y)&=P(Y\leqslant y)\\&=P(\varnothing)=0;\end{aligned}$$

当 $y\geqslant 0$ 时，

$$\begin{aligned}F_Y(y)&=P(Y\leqslant y)\\&=P[-2\ln F(X)\leqslant y]\\&=P(-2\ln Z\leqslant y)\\&=P(Z\geqslant \mathrm{e}^{-\frac{y}{2}})\\&=\int_{\mathrm{e}^{-\frac{y}{2}}}^{1}\mathrm{d}u=1-\mathrm{e}^{-\frac{y}{2}}.\end{aligned}$$

则 Y 的概率密度为

$$f_Y(y)=\begin{cases}\frac{1}{2}\mathrm{e}^{-\frac{y}{2}}, & y>0,\\ 0, & \text{其他}.\end{cases}$$

考研真题解析

例 1 (2016 年)

设随机变量 $X \sim N(\mu, \sigma^2)(\sigma>0)$，记 $p=P(X \leqslant \mu+\sigma^2)$，则( ).

(A) p 随 μ 的增加而增加 (B) p 随 σ 的增加而增加

(C) p 随 μ 的增加而减少 (D) p 随 σ 的增加而减少

【分析】 由于 $p=P(X\leqslant\mu+\sigma^2)=\Phi\left(\dfrac{\mu+\sigma^2-\mu}{\sigma}\right)=\Phi(\sigma)$，从而可知，$p$ 随 σ 的增加而增加，故选 (B).

例 2 (2017 年)

设随机变量 X，Y 相互独立，且 X 的概率分布为 $P(X=0)=P(X=2)=\dfrac{1}{2}$，$Y$ 的概率密度为

$$f(y)=\begin{cases}2y, & 0<y<1, \\ 0, & \text{其他}.\end{cases}$$

(1) 求 $P(Y\leqslant EY)$；

(2) 求 $Z=X+Y$ 的概率密度 .

【分析】 (1) 由数字特征的计算公式可知

$$EY=\int_{-\infty}^{+\infty} yf(y)\,\mathrm{d}y=\int_0^1 2y^2\,\mathrm{d}y=\frac{2}{3},$$

则 $$P(Y\leqslant EY)=P\left(Y\leqslant\frac{2}{3}\right)=\int_{-\infty}^{\frac{2}{3}} f(y)\,\mathrm{d}y=\int_0^{\frac{2}{3}} 2y\,\mathrm{d}y=\frac{4}{9}.$$

(2) 先求 Z 的分布函数，由分布函数的定义可知

$$F_z(z)=P(Z\leqslant z)=P(X+Y\leqslant z),$$

由于 X 为离散型随机变量，则由全概率公式知

$$\begin{aligned}F_z(z)&=P(X+Y\leqslant z)\\&=P(X=0)P(X+Y\leqslant z|X=0)+P(X=2)P(X+Y\leqslant z|X=2)\\&=\frac{1}{2}P(Y\leqslant z)+\frac{1}{2}P(Y\leqslant z-2)=\frac{1}{2}F_Y(z)+\frac{1}{2}F_Y(z-2),\end{aligned}$$

其中 $F_Y(z)$ 为 Y 的分布函数：$F_Y(z)=P(Y\leqslant z)$，

则 Z 的概率密度为

$$f_z(z)=\frac{1}{2}f(z)+\frac{1}{2}f(z-2)=\begin{cases}z, & 0<z<1, \\ z-2, & 2\leqslant z<3, \\ 0, & \text{其他}.\end{cases}$$

例 3 (2018 年)

设 $f(x)$ 为某分布的概率密度函数，$f(1+x)=f(1-x)$，$\int_0^2 f(x)\,\mathrm{d}x=$

0.6，则 $P\{X<0\}=($　　$)$.

(A) 0.2　　(B) 0.3　　(C) 0.4　　(D) 0.6

【分析】 由于概率密度函数在 $(-\infty,+\infty)$ 上的积分为 1，另外由 $f(1+x)=f(1-x)$，可知函数关于 $x=1$ 对称，所以有 $\int_1^{+\infty}f(x)\,dx=\int_{-\infty}^1 f(x)\,dx=0.5$，$\int_0^1 f(x)\,dx=\int_1^2 f(x)\,dx=0.3$，由此可得 $\int_{-\infty}^0 f(x)\,dx=\int_{-\infty}^1 f(x)\,dx-\int_0^1 f(x)\,dx=0.2$，故选 (A).

例 4　(2017 年)

设随机变量 X，Y 相互独立，且 X 的概率分布为 $P(X=0)=P(X=2)=\frac{1}{2}$，$Y$ 的概率密度为 $f(y)=\begin{cases}2y, & 0<y<1,\\ 0, & \text{其他}.\end{cases}$

(1) 求 $P(Y\leqslant EY)$；

(2) 求 $Z=X+Y$ 的概率密度.

【分析】 (1)由数字特征的计算公式可知 $E(Y)=\int_{-\infty}^{+\infty}yf(y)\,dy=\int_0^1 2y^2\,dy=\frac{2}{3}$，则 $P[Y\leqslant E(Y)]=P(Y\leqslant\frac{2}{3})=\int_0^{\frac{2}{3}}2y\,dy=\frac{4}{9}$.

(2) 先求 Z 的分布函数，由分布函数的定义可知 $F_Z(z)=P(Z\leqslant z)=P(X+Y\leqslant z)$，由于 X 为离散型随机变量，则由全概率公式知 $F_Z(z)=P(X+Y\leqslant z)=P(X=0)P(X+Y\leqslant z|X=0)+P(X=2)P(X+Y\leqslant z|X=2)=\frac{1}{2}P(Y\leqslant z)+\frac{1}{2}P(Y\leqslant z-2)=\frac{1}{2}F_Y(z)+\frac{1}{2}F_Y(z-2)$，其中 $F_Y(z)$ 为 Y 的分布函数：$F_Y(z)=P(Y\leqslant z)$，则 Z 的概率密度为

$$f_Z(z)=\frac{1}{2}f(z)+\frac{1}{2}f(z-2)=\begin{cases}z, & 0<z<1,\\ z-2, & 2\leqslant z<3,\\ 0, & \text{其他}.\end{cases}$$

例 5　(2019 年)

设随机变量 X，Y 相互独立，且都服从正态分布 $N(\mu,\sigma^2)$，则 $P\{|X-Y|<1\}$(　　).

(A) 与 μ 无关，与 σ^2 有关　　(B) 与 μ 有关，与 σ^2 无关

(C) 与 μ，σ^2 都有关　　(D) 与 μ，σ^2 都无关

【分析】 X，Y 相互独立，服从正态分布，则 $Z=X-Y\sim N(0,2\sigma^2)$，所以 $P\{|X-Y|<1\}=P\left\{\frac{|X-Y|}{\sqrt{2}\sigma}<\frac{1}{\sqrt{2}\sigma}\right\}=P\left\{-\frac{1}{\sqrt{2}\sigma}<\frac{Z}{\sqrt{2}\sigma}<\frac{1}{\sqrt{2}\sigma}\right\}=\Phi\left(\frac{1}{\sqrt{2}\sigma}\right)-\Phi\left(-\frac{1}{\sqrt{2}\sigma}\right)=2\Phi\left(\frac{1}{\sqrt{2}\sigma}\right)-1$，故概率与 μ 无关，与 σ^2 有关，故选 (A).

例 6 （2019 年）

设随机变量 X 的概率密度函数为 $f(x)=\begin{cases}\dfrac{x}{2}, & 0<x<2,\\ 0, & 其他,\end{cases}$ $F(x)$ 为 X 的分布函数，$E(X)$ 为 X 的数学期望，则 $P\{F(X)>E(X)-1\}=$________.

【分析】 因为 $f(x)=\begin{cases}\dfrac{x}{2}, & 0<x<2,\\ 0, & 其他,\end{cases}$ 故 $E(X)=\int_0^2\dfrac{x^2}{2}\mathrm{d}x=\dfrac{4}{3}$，

$F(x)=\int_{-\infty}^{x}f(t)\mathrm{d}t=\begin{cases}0, & x<0,\\ \dfrac{x^2}{4}, & 0\leqslant x<2,\\ 1, & x\geqslant 2.\end{cases}$ 于是可得 $P\{F(X)>E(X)-1\}$

$=P\left\{F(X)>\dfrac{1}{3}\right\}=P\left\{x\geqslant 2\cup\left[(0\leqslant x<2)\cap\left(\dfrac{x^2}{4}>3\right)\right]\right\}=P\left(x>\dfrac{2}{\sqrt{3}}\right)=\int_{\frac{2}{\sqrt{3}}}^{2}\dfrac{x}{2}\mathrm{d}x=\dfrac{2}{3}.$

模拟试题自测

1. 设离散型随机变量 X 的分布律为

X	-1	0	1	2
p	$\frac{1}{8}$	$\frac{1}{8}$	$\frac{1}{4}$	$\frac{1}{2}$

求 X 的分布函数，并求 $P\left(X\leqslant\dfrac{1}{2}\right)$，$P\left(1<X\leqslant\dfrac{3}{2}\right)$，$P\left(1\leqslant X\leqslant\dfrac{3}{2}\right)$.

2. 设随机变量 ξ 在区间 $(1,6)$ 上服从均匀分布，则方程 $x^2+\xi x+1=0$ 有实根的概率是________.

3. 已知随机变量 $X\sim f(x)=\dfrac{1}{x(1+x^2)}$，求 $Y=2X+3$ 的密度函数 $f_Y(y)$.

4. 若有彼此独立工作的同类设备 90 台，每台发生故障的概率为 0.01. 现配备 3 名修理工人，每人分配包修 30 台，求设备发生故障而无人修理的概率. 若 3 人共同负责维修 90 台，这时设备发生故障而无人修理的概率是多少？

5. 设随机变量 X 的概率密度为 $\phi(x)=\dfrac{1}{2}\mathrm{e}^{-|x|}(-\infty<x<+\infty)$，则其分布函数 $F(x)$ 是（　　）.

(A) $F(x)=\begin{cases}\frac{1}{2}e^{x}, & x<0,\\ 1, & x\geqslant 0\end{cases}$

(B) $F(x)=\begin{cases}\frac{1}{2}e^{x}, & x<0,\\ 1-\frac{1}{2}e^{-x}, & x\geqslant 0\end{cases}$

(C) $F(x)=\begin{cases}1-\frac{1}{2}e^{-x}, & x<0,\\ 1, & x\geqslant 0\end{cases}$

(D) $F(x)=\begin{cases}\frac{1}{2}e^{-x}, & x<0,\\ 1-\frac{1}{2}e^{-x}, & 0\leqslant x<1,\\ 1, & x\geqslant 1\end{cases}$

6. 设 X 的分布函数 $F(x)$ 是连续函数．证明：随机变量 $Y=F(X)$ 在区间（0,1）上服从均匀分布．

7. 设随机变量 X 服从均值为 10、均方差为 0.02 的正态分布．已知 $\Phi(x)=\int_{-\infty}^{x}\frac{1}{\sqrt{2\pi}}e^{-\frac{u^2}{2}}du$，$\Phi(2.5)=0.9938$，则 X 落在区间（9.95，10.05）内的概率为________．

8. 已知随机变量 X 的概率分布为 $P(X=1)=0.2$，$P(X=2)=0.3$，$P(X=3)=0.5$，试写出其分布函数 $F(x)$．

9. 设随机变量 X 在区间（1,2）上服从均匀分布．试求随机变量 $Y=e^{2X}$ 的概率密度 $f(y)$．

10. 设随机变量 X 的概率密度为 $f_X(x)=\begin{cases}e^{-x}, & x\geqslant 0,\\ 0, & x<0,\end{cases}$ 求随机变量 $Y=e^{X}$ 的概率密度 $f_Y(y)$．

11. 设 $X\sim N(0,1)$，求 $Y=2X^2+1$ 的密度函数．

12. 某工厂生产的电子元件的寿命 X（以 h 计）服从正态分布 $N(160,\sigma^2)$，若要求 $P(120<X<200)=0.80$，允许 σ 最大为多少？

13. 设 X_1 和 X_2 是任意两个相互独立的连续型随机变量，它们的概率密度分别为 $f_1(x)$ 和 $f_2(x)$，分布函数分别为 $F_1(x)$ 和 $F_2(x)$，则（　　）．

(A) $f_1(x)+f_2(x)$ 必为某一随机变量的概率密度

(B) $f_1(x)\cdot f_2(x)$ 必为某一随机变量的概率密度

(C) $F_1(x)+F_2(x)$ 必为某一随机变量的分布函数

(D) $F_1(x)\cdot F_2(x)$必为某一随机变量的分布函数

14. 设随机变量 X 服从正态分布 $N(0,1)$，对给定的 $\alpha\in(0,1)$，数 u_α 满足 $P(X>u_\alpha)=\alpha$，若 $P(|X|<x)=\alpha$，则 x 等于(　　).

(A) $u_{\frac{\alpha}{2}}$　　(B) $u_{1-\frac{\alpha}{2}}$　　(C) $u_{\frac{1-\alpha}{2}}$　　(D) $u_{1-\alpha}$

15. 设随机变量 X 服从正态分布 $N(\mu_1,\sigma_1^2)$，Y 服从正态分布 $N(\mu_2,\sigma_2^2)$，且$P(|X-\mu_1|<1)>P(|Y-\mu_2|<1)$，则(　　).

(A) $\sigma_1<\sigma_2$　　(B) $\sigma_1>\sigma_2$　　(C) $\mu_1<\mu_2$　　(D) $\mu_1>\mu_2$

16. 某人向同一目标独立重复射击,每次射击命中目标的概率为 $p(0<p<1)$，则此人第 4 次射击恰好第 2 次命中目标的概率为(　　).

(A) $3p(1-p)^2$　　(B) $6p(1-p)^2$

(C) $3p^2(1-p)^2$　　(D) $6p^2(1-p)^2$

17. 设$f_1(x)$为标准正态分布的概率密度，$f_2(x)$为 $[-1,\ 3]$ 上均匀分布的概率密度，若$f(x)=\begin{cases}af_1(x), & x\leqslant 0,\\ bf_2(x), & x>0\end{cases}$ $(a>0,\ b>0)$ 为概率密度，则 a，b 应满足(　　).

(A) $2a+3b=4$　　(B) $3a+2b=4$

(C) $a+b=1$　　(D) $a+b=2$

18. 设随机变量 X 的分布函数 $F(x)=\begin{cases}0, & x<0,\\ \dfrac{1}{2}, & 0\leqslant x<1,\\ 1-\mathrm{e}^{-x}, & x\geqslant 1,\end{cases}$ 则$P(X=1)=$(　　).

(A) 0　　(B) $\dfrac{1}{2}$　　(C) $\dfrac{1}{2}-\mathrm{e}^{-1}$　　(D) $1-\mathrm{e}^{-1}$

19. 设 $F_1(x)$，$F_2(x)$为两个分布函数，其相应的概率密度 $f_1(x)$，$f_2(x)$是连续函数，则必为概率密度的是(　　).

(A) $f_1(x)f_2(x)$　　(B) $2f_2(x)F_1(x)$

(C) $f_1(x)F_2(x)$　　(D) $f_1(x)F_2(x)+f_2(x)F_1(x)$

20. 设 X_1，X_2，X_3 是随机变量，且 $X_1\sim N(0,1)$，$X_2\sim N(0,2^2)$，$X_3\sim N(5,3^2)$，$p_i=P(-2\leqslant X_i\leqslant 2)$　$(i=1,2,3)$，则(　　).

(A) $p_1>p_2>p_3$　　(B) $p_2>p_1>p_3$

(C) $p_3>p_1>p_2$　　(D) $p_1>p_3>p_2$

21. 设随机变量 X 的概率密度为$f(x)=\begin{cases}\dfrac{1}{3}, & x\in[0,1],\\ \dfrac{2}{9}, & x\in[3,6],\\ 0, & 其他,\end{cases}$ 若 k 使

得$P(X\geqslant k)=\dfrac{2}{3}$，则 k 的取值范围是________.

22. 设随机变量 X 服从正态分布 $N(\mu,\sigma^2)(\sigma>0)$，且二次方程 $y^2+4y+X=0$ 无实根的概率为$\dfrac{1}{2}$，则 $\mu=$________.

23. 设随机变量 X 与 Y 相互独立，且均服从区间 $[0,3]$ 上的均匀分布，则 $P(\max\{X,Y\}\leqslant 1)=$________.

24. 设随机变量 Y 服从参数为1的指数分布，a 为常数且大于零，则 $P(Y\leqslant a+1\mid Y>a)=$________.

25. 设随机变量 X 的概率密度为 $f(x)=\begin{cases}\dfrac{1}{3\sqrt[3]{x^2}}, & 1\leqslant x\leqslant 8,\\ 0, & \text{其他},\end{cases}$ $F(x)$ 是 X 的分布函数. 求随机变量 $Y=F(X)$ 的分布函数.

26. 设随机变量 X 的概率密度为 $f(x)=\begin{cases}\dfrac{1}{9}x^2, & 0<x<3,\\ 0, & \text{其他},\end{cases}$ 令随机变量 $Y=\begin{cases}2, & x\leqslant 1,\\ X, & 1<x<2,\\ 1, & x\geqslant 2.\end{cases}$

（1）求 Y 的分布函数；

（2）求概率 $P(X\leqslant Y)$.

第 2 章模拟试题自测答案

1. $F(x)=\begin{cases}0, & x<-1,\\ \dfrac{1}{8}, & -1\leqslant x<0,\\ \dfrac{1}{4}, & 0\leqslant x<1,\\ \dfrac{1}{2}, & 1\leqslant x<2,\\ 1, & x\geqslant 2;\end{cases}$ $\dfrac{1}{4}$，0，$\dfrac{1}{4}$

2. $\dfrac{4}{5}$　　**3.** $\dfrac{1}{2}\cdot\dfrac{1}{\dfrac{y-3}{2}\cdot\left[1+\left(\dfrac{y-3}{2}\right)^2\right]}$

4. 0.1067，0.0135

5. (B)　　**6.** $F_Y(y)=\begin{cases}0, & y<0,\\ y, & 0\leqslant y<1,\\ 1, & 1\leqslant y\end{cases}$　　**7.** 0.9876

8. $F(x)=\begin{cases}0, & x<1,\\ 0.2, & 1\leqslant x<2,\\ 0.5, & 2\leqslant x<3,\\ 1, & x\geqslant 3\end{cases}$

9. $f(y)=\begin{cases}\dfrac{1}{2y}, & \mathrm{e}^2<y<\mathrm{e}^4,\\ 0, & \text{其他}\end{cases}$

10. $f_Y(y)=\begin{cases}\dfrac{1}{y^2}, & y>1,\\ 0, & y\leqslant 1\end{cases}$

11. $f_Y(y)=\begin{cases}0, & y\leqslant 1,\\ \dfrac{1}{\sqrt{2(y-1)}}\varphi\left(\sqrt{\dfrac{y-1}{2}}\right), & y>1\end{cases}$

12. $\max\sigma=31.25$

13. (D)　14. (C)　15. (A)　16. (C)　17. (A)

18. (C)　19. (D)　20. (A)　21. [1,3]

22. 4　23. $\dfrac{1}{9}$　24. $1-\dfrac{1}{\mathrm{e}}$　25. $G(y)=\begin{cases}0, & y<0,\\ y, & 0\leqslant y<1,\\ 1, & y\geqslant 1\end{cases}$

26. (1) $F(y)=\begin{cases}0, & y<1,\\ \dfrac{1}{27}(y^3+18), & 1\leqslant y<2,\\ 1, & y\geqslant 2\end{cases}$　(2) $\dfrac{8}{27}$

第3章 多维随机变量及其分布

内容提要与基本要求

第一节 二维随机变量及其联合分布函数

一、二维随机变量及分布函数的概念

1. 二维随机变量

设 $S=\{e\}$ 是随机试验 E 的样本空间，$X=X\{e\}$，$Y=Y\{e\}$ 是定义在 S 上的随机变量，由它们构成的一个向量 (X,Y) 称为二维随机变量或二维随机向量.

二维随机变量 (X,Y) 是一个整体，它的性质不仅与 X，Y 有关，而且还依赖于这两个随机变量的相互关系.

2. 二维随机变量的分布函数

设 (X,Y) 是二维随机变量，对于任意的实数 (x,y)，二元函数

$$F(x,y)=P(X\leqslant x,Y\leqslant y)$$

称为二维随机变量 (X,Y) 的分布函数或称为二维随机变量 (X,Y) 的联合分布函数.

二维随机变量联合分布函数 $F(x,y)$ 的性质:

性质1 （单调性）$F(x,y)$ 分别对 x 或对 y 是单调不减的，即

当 $x_1<x_2$ 时，有 $F(x_1,y)\leqslant F(x_2,y)$；

当 $y_1<y_2$ 时，有 $F(x,y_1)\leqslant F(x,y_2)$.

性质2 （有界性）对任意的 x 和 y，有 $0\leqslant F(x,y)\leqslant 1$，且:

$$F(-\infty,y)=\lim_{x\to-\infty}F(x,y)=0,\qquad F(x,-\infty)=\lim_{y\to-\infty}F(x,y)=0,$$

$$F(-\infty,-\infty)=\lim_{x,y\to-\infty}F(x,y)=0,\qquad F(+\infty,+\infty)=\lim_{x,y\to+\infty}F(x,y)=1.$$

性质3 （右连续性）对每个变量都是右连续的，即

$$F(x+0,y)=F(x,y),F(x+0,y+0)=F(x,y).$$

性质4 （非负性）对任意的 $a<b$，$c<d$ 有

$$P(a<X\leqslant b,c<Y\leqslant d)=F(b,d)-F(a,d)-F(b,c)+F(a,c)\geqslant 0.$$

二、二维离散型随机变量及其分布

1. 二维离散型随机变量的定义

如果随机变量 X，Y 的取值(x,y)只能是有限对或可列无限多对，则称（X,Y）为二维离散型随机变量．

2. 二维离散型随机变量的联合分布律

设二维离散型随机变量（X,Y）的所有可能取的值为（x_i,y_j），i，j=1，2，…，其相应的概率为$p_{ij}=P(X=x_i,Y=y_j)$，i，j=1，2，…为二维离散型随机变量（X,Y）的概率分布或分布律，或称为联合分布律．

二维离散型随机变量的联合分布律具有两条基本性质：

（1）非负性：$p_{ij}\geqslant 0$；

（2）正则性：$\sum\limits_{i=1}^{+\infty}\sum\limits_{j=1}^{+\infty}p_{ij}=1$.

3. 二维离散型随机变量的联合分布函数

若（X,Y）是离散型随机变量，则其联合分布函数为

$$P(X\leqslant x,\ Y\leqslant y)=F(x,y)=\sum_{\substack{x_i\leqslant x\\ y_j\leqslant y}}p_{ij},$$

其中和式是对一切满足 $x_i\leqslant x$，$y_j\leqslant y$ 的 i，j 求和．

三、二维连续型随机变量及其分布

1. 二维连续型随机变量的定义

如果随机变量（X,Y）的取值(x,y)不能一一列出，而是连续的，则称（X,Y）为二维连续型随机变量．

2. 二维连续型随机变量的概率密度

若存在非负的二元函数$f(x,y)$，对任意的 x，y 有 $F(x,y)=\int_{-\infty}^{x}\int_{-\infty}^{y}f(x,y)\mathrm{d}x\mathrm{d}y$，则称（$X,Y$）是连续型的二维随机变量，$f(x,y)$为（$X,Y$）的联合概率密度；$F(x,y)$ 为（X,Y）的联合分布函数．

二维连续型随机变量的联合概率密度$f(x,y)$ 满足以下四条基本性质：

（1）非负性：$f(x,y)\geqslant 0$；

（2）规范性：$\int_{-\infty}^{+\infty}\int_{-\infty}^{+\infty}f(x,y)\mathrm{d}x\mathrm{d}y=1$；

（3）若$f(x,y)$ 在点(x,y) 处连续，则$\dfrac{\partial^2 F(x,y)}{\partial x\partial y}=f(x,y)$；

（4）设 G 是 xOy 平面上的一个区域，则点（X,Y）落在 G 内的概率为

$$P((X,Y)\in G)=\iint_G f(x,y)\mathrm{d}x\mathrm{d}y.$$

3. 二维连续型随机变量的常用分布有：

(1) 若$f(x,y)=\begin{cases}\dfrac{1}{(b_1-a_1)(b_2-a_2)}, & a_1\leqslant x\leqslant b_1,\ a_2\leqslant y\leqslant b_2,\\ 0, & \text{其他},\end{cases}$则称$(X,Y)$服从（二维）均匀分布.

(2) 若$f(x,y)=\begin{cases}\lambda e^{-\lambda(x+y)}, & x>0,\ y>0,\\ 0, & \text{其他},\end{cases}$则称$(X,Y)$服从参数为$\lambda$的（二维）指数分布.

(3) 若$f(x,y)=\dfrac{1}{2\pi\sigma_1\sigma_2\sqrt{1-\rho^2}}e^{-\frac{1}{2(1-\rho^2)}\left[\frac{(x-\mu_1)^2}{\sigma_1^2}-2\rho\frac{(x-\mu_1)(y-\mu_2)}{\sigma_1\sigma_2}+\frac{(y-\mu_2)^2}{\sigma_2^2}\right]}$，其中$\mu_1$，$\mu_2$，$\sigma_1^2$，$\sigma_2^2$，$\rho$为5个常数，则称$(X,Y)$服从参数为$\mu_1$，$\mu_2$，$\sigma_1^2$，$\sigma_2^2$，$\rho$的（二维）正态分布，记为$(X,Y)\sim N(\mu_1,\mu_2,\sigma_1^2,\sigma_2^2,\rho)$.

四、n维连续型随机变量及其分布

1. n维随机变量

$X_1=X_1(e)$，$X_2=X_2(e)$，…，$X_n=X_n(e)$是定义在S上的随机变量，由它们构成的一个n维向量$(X_1,X_2,\cdots,X_n)$称为n维随机向量或n维随机变量.

2. n维随机变量的分布函数

$F(x_1,x_2,\cdots,x_n)=P(X_1\leqslant x_1,X_2\leqslant x_2,\cdots,X_n\leqslant x_n)$为$n$维随机变量的联合分布函数.

第二节 边缘分布及条件分布

一、边缘分布

设$F(x,y)$为(X,Y)的联合分布函数，则$F_X(x)=F(x,+\infty)$与$F_Y(y)=F(+\infty,y)$分别称为二维随机变量(X,Y)关于X和关于Y的边缘分布函数.

1. 二维离散型随机变量的边缘分布

已知二维离散型随机变量(X,Y)的联合分布律为$P(X=x_i,Y=y_j)=p_{ij}$，则随机变量X的边缘分布律为

$$P_{i\cdot}=P(X=x_i)=\sum_{j=1}^{+\infty}p_{ij},\ i=1,\ 2,\ \cdots,$$

边缘分布函数为

$$F_X(x)=F(x,+\infty)=\sum_{x_i\leqslant x}\sum_{j=1}^{+\infty}p_{ij}.$$

同样随机变量Y的边缘分布律为

$$P_{\cdot j}=P(Y=y_j)=\sum_{i=1}^{+\infty}p_{ij},\ j=1,\ 2,\ \cdots,$$

边缘分布函数为

$$F_Y(y)=F(+\infty,\ y)=\sum_{y_j\leqslant y}\sum_{i=1}^{+\infty}p_{ij}.$$

其中 $P_{i\cdot}$ 表示是由 p_{ij} 关于 j 求和得到；$P_{\cdot j}$ 表示是由 p_{ij} 关于 i 求和得到.

2. 二维连续型随机变量的边缘分布

已知二维连续型随机变量 (X,Y) 的联合概率密度与分布函数为 $f(x,y)$ 与 $F(x,y)$，则随机变量 X 的边缘概率密度为

$$f_X(x)=\int_{-\infty}^{+\infty}f(x,y)\,\mathrm{d}y,$$

边缘分布函数为

$$F_X(x)=F(x,\ +\infty)=\int_{-\infty}^{x}\left[\int_{-\infty}^{+\infty}f(x,y)\,\mathrm{d}y\right]\mathrm{d}x.$$

同样随机变量 Y 的边缘概率密度为

$$f_Y(y)=\int_{-\infty}^{+\infty}f(x,y)\,\mathrm{d}x,$$

边缘分布函数为

$$F_Y(y)=F(+\infty,\ y)=\int_{-\infty}^{y}\left[\int_{-\infty}^{+\infty}f(x,y)\,\mathrm{d}x\right]\mathrm{d}y.$$

二、条件分布

1. 二维离散型随机变量的条件分布

（1）二维离散型随机变量的条件分布律

已知二维离散型随机变量 (X,Y) 的联合分布律为 $P(X=x_i,Y=y_j)=p_{ij}$，(X,Y) 关于 X 和 Y 的边缘分布律分别为 $P_{i\cdot}=P(X=x_i)$ 与 $P_{\cdot j}=P(Y=y_j)$，且 $P_{i\cdot}>0$，$P_{\cdot j}>0$，则在事件 $(Y=y_j)$ 已发生的条件下事件 $(X=x_i)$ 发生的概率为

$$P\ (X=x_i\mid Y=y_j)=\frac{P\ (X=x_i,\ Y=y_j)}{P\ (Y=y_j)}=\frac{p_{ij}}{P_{\cdot j}},\ i=1,\ 2,\ \cdots,$$

亦称为随机变量 X 在 $(Y=y_j)$ 下的条件分布律.

同理，随机变量 Y 在 $(X=x_i)$ 下的条件分布律为

$$P\ (Y=y_j\mid X=x_i)=\frac{P\ (X=x_i,\ Y=y_j)}{P\ (X=x_i)}=\frac{p_{ij}}{P_{i\cdot}},\ j=1,\ 2,\ \cdots.$$

二维离散型随机变量的条件分布律满足两条基本性质：

1）非负性：$P(X=x_i|Y=y_j)\geqslant 0$ 或 $P(Y=y_j|X=x_i)\geqslant 0$；

2）规范性：$\sum_{i=1}^{+\infty}P(X=x_i\mid Y=y_j)=1$ 或 $\sum_{j=1}^{+\infty}P(Y=y_j\mid X=x_i)=1$.

（2）二维离散型随机变量的条件分布函数

随机变量 X 在 $(Y=y_j)$ 下的条件分布函数为

$$F(x\mid y_j)=\sum_{x_i\leqslant x}P(X=x_i\mid Y=y_j)=\sum_{x_i\leqslant x}P_{i|j}.$$

随机变量 Y 在 $(X=x_i)$ 下的条件分布函数为

$$F(y \mid x_i)=\sum_{y_j \leqslant y} P(Y=y_j \mid X=x_i)=\sum_{y_j \leqslant y} P_{j|i}.$$

2. 二维连续型随机变量的条件分布

（1）二维连续型随机变量的条件分布函数

给定 y，设对于任意的正数 $\varepsilon>0$，$P(y-\varepsilon<Y\leqslant y+\varepsilon)>0$，且对任意实数 x，极限

$$\lim_{\varepsilon\to 0^+} P(X\leqslant x \mid y-\varepsilon<Y\leqslant y+\varepsilon)=\lim_{\varepsilon\to 0^+}\frac{P(X\leqslant x, y-\varepsilon<Y\leqslant y+\varepsilon)}{P(y-\varepsilon<Y\leqslant y+\varepsilon)}$$

存在，则称此极限为在条件 $Y=y$ 下随机变量 X 的条件分布函数，记为

$$F_{X|Y}(x|y)=P(X\leqslant x|Y=y).$$

同理，

$$F_{Y|X}(y|x)=P(Y\leqslant y|X=x)$$

为在条件 $X=x$ 下随机变量 Y 的条件分布函数.

（2）二维连续型随机变量的条件密度函数

设随机变量 (X,Y) 的联合分布函数为 $F(x,y)$，概率密度函数为 $f(x,y)$，若在点 (x,y) 处 $f(x,y)$ 及边缘概率密度 $f_Y(y)$ 连续，且 $f_Y(y)>0$，则

$$f_{X|Y}(x|y)=\frac{f(x,y)}{f_Y(y)}$$

为在条件 $Y=y$ 下随机变量 X 的条件密度函数. 同理，

$$f_{Y|X}(y|x)=\frac{f(x,y)}{f_X(x)}$$

为在条件 $X=x$ 下随机变量 Y 的条件密度函数.

第三节 相互独立的随机变量

一、随机变量相互独立的定义

设 (X,Y) 的联合分布函数及边缘分布函数为 $F(x,y)$ 及 $F_X(x)$，$F_Y(y)$，若对任意 x，y 有 $P(X\leqslant x,Y\leqslant y)=P(X\leqslant x)\cdot P(Y\leqslant y)$，即有

$$F(x,y)=F_X(x)\cdot F_Y(y),$$

则称随机变量 X 和 Y 是相互独立的.

二、二维离散型随机变量的相互独立

设 (X,Y) 为离散型随机变量，如果对于 (X,Y) 的所有取值 $(x_i,\ y_j)$ 有

$$P(X=x_i,Y=y_j)=P(X=x_i)\cdot P(Y=y_j),$$

则称随机变量 X 和 Y 是相互独立的.

三、二维连续型随机变量的相互独立

设 (X,Y) 为连续型随机变量，$f(x,y)$，$f_X(x)$，$f_Y(y)$ 分别为 (X,Y) 的联合概率密度和边缘概率密度，如果对任意 x，y 有 $f(x,y)=f_X(x)\cdot f_Y(y)$，则称随机变量 X 和 Y 是相互独立的.

四、n 个随机变量相互独立的概念

1. 若对所有的 X_1，X_2，$\cdots$，X_n 有

$$F(x_1,x_2,\cdots,x_n)=F_{X_1}(x_1)\cdot F_{X_2}(x_2)\cdot\cdots\cdot F_{X_n}(x_n),$$

则称 n 个随机变量 X_1，X_2，$\cdots$，X_n 是相互独立的.

2. 若对所有的 X_1，X_2，$\cdots$，X_m；Y_1，Y_2，$\cdots$，Y_n 有

$$F(x_1,x_2,\cdots,x_m,y_1,y_2,\cdots,y_n)=F_1(x_1,x_2,\cdots,x_m)\cdot F_2(y_1,y_2,\cdots,y_n),$$

其中 F，F_1，F_2 依次为随机变量 $(X_1,X_2,\cdots,X_m;\ Y_1,Y_2,\cdots,Y_n)$ 与 $(X_1,X_2,\cdots,X_m)$ 及 $(Y_1,Y_2,\cdots,Y_n)$ 的分布函数，则称 $(X_1,X_2,\cdots,X_m)$ 与 $(Y_1,Y_2,\cdots,Y_n)$ 是相互独立的.

第四节 两个随机变量函数分布

一、$Z=X+Y$ 的分布（和的分布）

设 (X,Y) 的概率密度为 $f(x,y)$，则 $Z=X+Y$ 的分布函数为

$$F_Z(z)=P(Z\leqslant z)=\iint\limits_{x+y\leqslant z}f(x,y)\,\mathrm{d}x\mathrm{d}y,$$

Z 的概率密度函数为

$$f_Z(z)=\int_{-\infty}^{+\infty}f(z-y,\ y)\,\mathrm{d}y,$$

或

$$f_Z(z)=\int_{-\infty}^{+\infty}f(x,z-x)\,\mathrm{d}x.$$

当 X，Y 相互独立时，则有卷积公式：

$$f_X*f_Y=\int_{-\infty}^{+\infty}f_X(z-y)\cdot f_Y(y)\,\mathrm{d}y=\int_{-\infty}^{+\infty}f_Y(z-x)\cdot f_X(x)\,\mathrm{d}x.$$

当 X，Y 相互独立时，关于 $Z=X+Y$ 有四个常用的结论：

(1) 若 X，Y 分别服从正态分布 $N(\mu_1,\sigma_1^2)$ 与 $N(\mu_2,\sigma_2^2)$，则 Z 服从正态分布 $N(\mu_1+\mu_2,\sigma_1^2+\sigma_2^2)$.

(2) 若 X，Y 分别服从 Γ 分布 $Ga(\alpha_1,\beta)$ 与 $Ga(\alpha_2,\beta)$，则 Z 服从 Γ 分布 $Ga(\alpha_1+\alpha_2,\beta)$.

(3) 若 X，Y 分别服从泊松分布 $P(\lambda_1)$ 与 $P(\lambda_2)$，则 Z 服从泊松分布 $P(\lambda_1+\lambda_2)$.

(4) 若 X，Y 分别服从二项分布 $B(n_1,p)$ 与 $B(n_2,p)$，则 Z 服从

二项分布$B(n_1+n_2,p)$.

二、$Z=X/Y$的分布（商的分布）

设（X,Y）的概率密度为$f(x,y)$，则$Z=X/Y$的分布函数为

$$F_Z(z)=P(Z\leqslant z)=\iint\limits_{x/y\leqslant z} f(x,y)\,\mathrm{d}x\mathrm{d}y,$$

随机变量Z的概率密度函数为

$$f_Z(z)=\int_0^{+\infty} yf(yz,\ y)\,\mathrm{d}y-\int_{-\infty}^{0} yf(yz,\ y)\,\mathrm{d}y=\int_{-\infty}^{+\infty} |y| f(yz,\ y)\,\mathrm{d}y,$$

当X，Y相互独立时，则有

$$f_Z(z)=\int_{-\infty}^{+\infty} |y| f_X(yz)\cdot f_Y(y)\,\mathrm{d}y,$$

其中$f_X(yz)$，$f_Y(y)$分别为（X,Y）关于X和关于Y的边缘概率密度.

三、$M=\max\{X,Y\}$与$N=\min\{X,Y\}$的分布

设X，Y是两个相互独立的随机变量，它们的分布函数分别为$F_X(x)$与$F_Y(y)$.

1. $M=\max\{X,Y\}$的分布函数为

$$F_M(m)=F_X(m)\cdot F_Y(m).$$

2. $N=\min\{X,Y\}$的分布函数为

$$F_N(n)=1-[1-F_X(n)]\cdot[1-F_Y(n)].$$

第3章教学基本要求

一、教学基本要求

1. 理解多维随机变量及其分布函数的概念，掌握二维随机变量及其分布函数的概念与性质；

2. 掌握二维离散型随机变量联合分布律与边缘分布律的概念，会求联合分布律与边缘分布律；

3. 掌握二维连续型随机变量联合概率密度与边缘概率密度的概念及性质；掌握用联合概率密度计算概率的方法，会求边缘概率密度；

4. 了解随机变量的条件分布的相关概念及性质；

5. 理解随机变量独立性的概念及其常用的充要条件，熟练掌握判别随机变量独立性的方法，并会用于解决具体问题；

6. 理解两个随机变量和的函数的概念，掌握两个随机变量的概率密度的求法，掌握确定两个随机变量函数的分布的一般性方法(分布函数法).

二、教学重点

1. 二维随机变量联合分布与边缘分布的相关概念与性质;

2. 两个随机变量和的函数的分布.

三、教学难点

1. 用随机变量独立性的方法解决实际问题;

2. 两个随机变量和的概率密度的求法.

习题同步解析

A

1. 将一枚均匀硬币连掷3次，以X表示3次实验中出现正面的次数，Y表示出现正面的次数与出现反面的次数的差的绝对值．求(X,Y)的联合分布律.

解 X：0，1，2，3，$X \sim B\left(3,\ \frac{1}{2}\right)$；$Y$：1，3；

$(X,Y):(0,1),(1,1),(2,1),(3,1),(0,3),(1,3),(2,3),(3,3).$

$P(X=0,Y=1)=P(\varnothing)=0,$

$P(X=1,Y=1)=P(X=1)=C_3^1\frac{1}{2}\left(\frac{1}{2}\right)^2=\frac{3}{8},$

$P(X=2,Y=1)=P(X=2)=C_3^2\left(\frac{1}{2}\right)^2\frac{1}{2}=\frac{3}{8},$

$P(X=3,Y=1)=P(\varnothing)=0$；同理得到

Y	X				合计
	0	1	2	3	
1	0	3/8	3/8	0	6/8
3	1/8	0	0	1/8	2/8
	1/8	3/8	3/8	1/8	1

2. 设随机变量(X,Y)的联合密度函数为

$$f(x,y)=\begin{cases}k\ (6-x-y), & 0<x<2,\ 2<y<4,\\ 0, & \text{其他}.\end{cases}$$ 试求：

(1) 常数k； (2) $P(X<1,Y<3)$；

(3) $P(X<1.5)$； (4) $P(X+Y\leqslant 4)$.

解 (1) 由$\int_{-\infty}^{+\infty}\int_{-\infty}^{+\infty}f(x,y)\,\mathrm{d}x\mathrm{d}y=1$，得$k=\frac{1}{8}$；

(2) $P(X<1,\ Y<3)=\int_2^3\mathrm{d}y\int_0^1\frac{1}{8}(6-x-y)\,\mathrm{d}x=\frac{3}{8}$；

（3）$P(X<1.5)=\int_2^4 \mathrm{d}y\int_0^{1.5}\frac{1}{8}(6-x-y)\mathrm{d}x=\frac{27}{32}$；

（4）在 $f(x,y)\neq 0$ 的区域上作直线 $x+y=4$ 得到 G：$0\leqslant x\leqslant 2$，$2\leqslant y\leqslant 4-x$，则有

$$P(X+Y\leqslant 4)=\iint_{x+y\leqslant 4} f(x,y)\mathrm{d}x\mathrm{d}y=\int_2^4 \mathrm{d}y\int_0^{4-y}\frac{1}{8}(6-x-y)\mathrm{d}x=\frac{2}{3}.$$

3. 设二维随机变量（X,Y）的分布函数为

$$F(x,y)=A\ (B+\arctan x/2)\ (C+\arctan y/3).$$

试求：（1）常数 A，B，C 的值；（2）（X,Y）的联合密度函数．

解 （1）由联合分布函数的性质，可解得 $A=\frac{1}{\pi^2}$，$B=C=\frac{\pi}{2}$.

（2）由（1）知，$F(x,y)=\frac{1}{\pi^2}\left(\frac{\pi}{2}+\arctan\frac{x}{2}\right)\left(\frac{\pi}{2}+\arctan\frac{y}{3}\right)$，

$$f(x,y)=\frac{\partial^2 F(x,y)}{\partial x\partial y}=\frac{6}{\pi^2\ (4+x^2)\ (9+y^2)}.$$

4. 设二维随机变量（X,Y）的联合密度函数为

$$f(x,y)=\begin{cases}x^2+\dfrac{xy}{3}, & 0<x<1,\ 0<y<2,\\ 0, & \text{其他},\end{cases}$$ 试求 $P(X+Y\geqslant 1)$.

解 $P(X+Y\geqslant 1)=\int_0^1 \mathrm{d}x\int_{1-x}^2\left(x^2+\frac{xy}{3}\right)\mathrm{d}y=\frac{65}{72}.$

5. 把 3 个相同的球等可能地放入编号为 1，2，3 的 3 个盒子中，记落入第 1 号盒子中球的个数为 X，落入第 2 号盒子中球的个数为 Y. 试求：

（1）（X,Y）的联合分布律；

（2）（X,Y）关于 X 和关于 Y 的边缘分布律．

解 （1）X 的可能取值：0，1，2，3；Y 的可能取值：0，1，2，3.

根据古典概型可知

$$P(X=i,Y=j)=\mathrm{C}_3^i\left(\frac{1}{3}\right)^i\mathrm{C}_{3-i}^j\left(\frac{1}{3}\right)^j\left(\frac{1}{3}\right)^{3-i-j}=\mathrm{C}_3^i\mathrm{C}_{3-i}^j\left(\frac{1}{3}\right)^3,$$

其中 $i=0$，1，2，3；$j=0$，1，2，3；$i+j\leqslant 3$，

因此得到，（X,Y）的联合分布律

X	Y			
	0	1	2	3
0	1/27	1/9	1/9	1/27
1	1/9	2/9	1/9	0
2	1/9	1/9	0	0
3	1/27	0	0	0

(2) 由于 $P(X=i)=\sum_{j=0}^{3}P(X=i,\ Y=j)$，可得关于 X 的边缘分布律为

X	0	1	2	3
$p_{i\cdot}$	8/27	4/9	2/9	1/27

同理可得，关于 Y 的边缘分布律为

Y	0	1	2	3
$p_{\cdot j}$	8/27	4/9	2/9	1/27

6. 设二维随机变量 (X,Y) 的概率密度为 $f(x,y)=\begin{cases}cx^2y, & x^2\leqslant y\leqslant 1,\\ 0, & \text{其他}.\end{cases}$

试求：(1) 常数 c；(2) (X,Y) 的边缘概率密度.

解 (1) 由 $\int_{-\infty}^{+\infty}\int_{-\infty}^{+\infty}f(x,y)\,\mathrm{d}x\mathrm{d}y=1$ 可得 $c=\dfrac{21}{4}$；

(2) $f_X(x)=\int_{-\infty}^{+\infty}f(x,y)\,\mathrm{d}y=\begin{cases}\dfrac{21}{8}x^2(1-x^4), & -1<x<1,\\ 0, & \text{其他},\end{cases}$

$$f_Y(y)=\int_{-\infty}^{+\infty}f(x,y)\,\mathrm{d}x=\begin{cases}\dfrac{7}{2}y^{\frac{5}{2}}, & 0<y<1,\\ 0, & \text{其他}.\end{cases}$$

7. 在第 1 题中，求在 $X=1$ 时 Y 的条件分布，以及在 $Y=3$ 时 X 的条件分布.

解 在 $X=1$ 时 Y 的条件分布律为

$Y\mid X=1$	1	3
p	1	0

在 $Y=3$ 时 X 的条件分布律为

$X\mid Y=3$	0	1	2	3
p	1/2	0	0	1/2

8. 设 (X,Y) 在 D 上服从均匀分布，D 由 $x-y=0$，$x+y=2$ 与 $y=0$围成.

求：(1) 边缘密度 $f_X(x)$；(2) $f_{X|Y}(x\mid y)$.

解 (1) (X,Y) 的概率密度为 $f(x,y)=\begin{cases}1, & (x,y)\in D,\\ 0, & \text{其他},\end{cases}$

$$f_X(x)=\int_{-\infty}^{+\infty}f(x,y)\,\mathrm{d}y=\begin{cases}x, & 0<x<1,\\ 2-x, & 1\leqslant x\leqslant 2,\\ 0, & \text{其他}.\end{cases}$$

(2) $f_Y(y)=\int_{-\infty}^{+\infty}f(x,y)\,\mathrm{d}x=\begin{cases}2-2y, & 0\leqslant y\leqslant 1,\\ 0, & \text{其他},\end{cases}$

故 $$f_{X|Y}(x\mid y)=\frac{f(x,y)}{f_Y(y)}=\begin{cases}\dfrac{1}{2-2y}, & (x,y)\in D,\\ 0, & 其他.\end{cases}$$

9. 设随机变量 X 和 Y 独立同分布，且

$$P(X=-1)=P(Y=-1)=P(X=1)=P(Y=1)=1/2.$$

试求 $P(X=Y)$.

解 由已知可得 $P(X=Y)=P(X=-1,Y=-1)+P(X=1,Y=1)$.

由于随机变量 X 和 Y 独立，则有

$$P(X=Y)=P(X=-1)P(Y=-1)+P(X=1)P(Y=1)$$
$$=\frac{1}{2}\times\frac{1}{2}+\frac{1}{2}\times\frac{1}{2}=\frac{1}{2}.$$

10. 设随机变量 X 和 Y 相互独立，其联合分布律为

X	Y		
	y_1	y_2	y_3
x_1	a	1/9	c
x_2	1/9	b	1/3

试求常数 a，b，c.

解 由联合分布律和边缘分布律的关系及随机变量 X 和 Y 相互独立，可算得 $a=1/18$，$b=2/9$，$c=1/6$.

11. 设 X 和 Y 是两个相互独立的随机变量，其相应的概率密度为

$$f_X(x)=\begin{cases}1, & 0<x<1,\\ 0, & 其他,\end{cases}\quad f_Y(y)=\begin{cases}e^{-y}, & y>0,\\ 0, & 其他.\end{cases}$$

试求：(1) X 和 Y 的联合密度函数；

(2) $P\ (Y\leqslant X)$；

(3) $P\ (X+Y\leqslant 1)$.

解 (1) 已知 X 和 Y 是两个相互独立的随机变量，则有

$$f(x,y)=f_X(x)f_Y(y)=\begin{cases}e^{-y}, & 0<x<1,\ y>0,\\ 0, & 其他；\end{cases}$$

(2) $P(Y\leqslant X)=\int_0^1 dx\int_0^x e^{-y}dy=e^{-1}$；

(3) $P(X+Y\leqslant 1)=\int_0^1 dx\int_0^{1-x} e^{-y}dy=e^{-1}$.

12. 设 X 和 Y 是两个相互独立的随机变量，其概率密度分别为

$$f_X(x)=\begin{cases}1, & 0\leqslant x\leqslant 1,\\ 0, & 其他,\end{cases}\quad f_Y(y)=\begin{cases}1, & 0\leqslant y\leqslant 1,\\ 0, & 其他,\end{cases}$$

试求随机变量 $Z=X+Y$ 的概率密度.

解 $\forall z$，$f_{X+Y}(z)=\int_{-\infty}^{+\infty}f_X(x)f_Y(z-x)\,dx$，

$$0<z<1,\ f_{X+Y}(z)=\int_0^z 1\mathrm{d}x=z,$$

$$1\leqslant z<2,\ f_{X+Y}(z)=\int_{z-1}^1 1\mathrm{d}x=2-z,$$

故
$$f_Z(z)=\begin{cases}z, & 0\leqslant z<1,\\ 2-z, & 1\leqslant z<2,\\ 0, & 其他.\end{cases}$$

13. 设 X 与 Y 的联合密度函数为 $f(x,y)=\begin{cases}3x, & 0<x<1,\ 0<y<x,\\ 0, & 其他,\end{cases}$ 试求 $Z=X-Y$ 的密度函数.

解 $\forall z,\ F_{X-Y}(z)=P(X-Y\leqslant z)=\iint\limits_{x-y\leqslant z} f(x,y)\mathrm{d}x\mathrm{d}y=\iint\limits_{\substack{x-y\leqslant z\\ 0<x<1\\ 0<y<x}} 3x\mathrm{d}x\mathrm{d}y.$

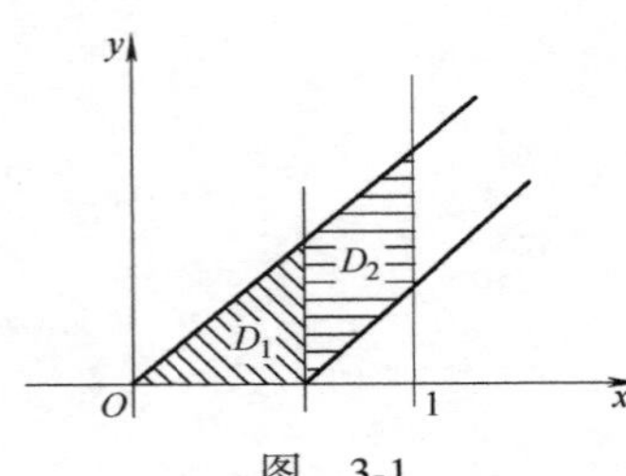

图 3-1

由图 3-1 可看出，记左边的阴影部分为 D_1；右边的阴影部分为 D_2；则当 $0<z<1$ 时，

$$F_{X-Y}(z)=\iint\limits_{D_1}3x\mathrm{d}x\mathrm{d}y+\iint\limits_{D_2}3x\mathrm{d}x\mathrm{d}y=\int_0^z\mathrm{d}x\int_0^x 3x\mathrm{d}y+\int_z^1\mathrm{d}x\int_{x-z}^x 3x\mathrm{d}y$$
$$=\int_0^z 3x^2\mathrm{d}x+\int_z^1 3xz\mathrm{d}x=\frac{3}{2}z-\frac{1}{2}z^3,$$

当 $z\geqslant 1$ 时，$\qquad F_Z(z)=\int_0^1\mathrm{d}x\int_0^x 3x\mathrm{d}y=1.$

因此可以得到
$$F_Z(z)=\begin{cases}0, & z\leqslant 0,\\ \frac{3}{2}z-\frac{1}{2}z^3, & 0<z<1,\\ 1, & z\geqslant 1,\end{cases}$$

从而 $Z=X-Y$ 的密度函数为

$$f_Z(z)=\begin{cases}\frac{3}{2}(1-z^2), & 0<z<1,\\ 0, & 其他.\end{cases}$$

14. 设 X 和 Y 分别表示两个不同零件的寿命（以 h 计），并设 X 和 Y 相互独立，且服从同一分布，其概率密度为

$$f(x)=\begin{cases}\frac{1000}{x^2}, & x>1000,\\ 0, & 其他.\end{cases}$$

试求 $Z=X/Y$ 的密度函数.

解 因为 X 与 Y 相互独立，所以 $f_Z(z)=\int_{-\infty}^{+\infty}|y|\cdot f_X(yz)\cdot f_Y(y)\mathrm{d}y.$

（1）当 $z\leqslant 0$ 时，$f_X(yz)\cdot f_Y(y)=0\Rightarrow f_Z(z)=0$；

（2）当 $0<z<1$ 时，$f_Z(z)=\int_{\frac{1000}{z}}^{+\infty}|y|\dfrac{(1000)^2}{y^2z^2y^2}\mathrm{d}y=\dfrac{1}{2}$；

(3) 当 $z\geqslant 1$ 时，$f_Z(z)=\int_{1000}^{+\infty}|y|\frac{(1000)^2}{y^2z^2y^2}\mathrm{d}y=\frac{1}{2z^2}$.

因此，$Z=X/Y$ 的概率密度为

$$f_Z(z)=\begin{cases}0, & z\leqslant 0,\\ \frac{1}{2}, & 0<z<1,\\ \frac{1}{2z^2}, & z\geqslant 1.\end{cases}$$

15. 设相互独立的两个随机变量 X，Y 具有同一分布律，且 X 的分布律为

X	0	1
p	$\frac{1}{2}$	$\frac{1}{2}$

试求 $Z=\max\{X,Y\}$ 的分布律.

解　$Z=\max\{X,Y\}$ 的可能取值为 0，1.

$$P(Z=0)=P(X=0,Y=0)=\frac{1}{4};\ P(Z=1)=1-P(X=0,Y=0)=\frac{3}{4},$$

即 Z 的分布律为

Z	0	1
p	$\frac{1}{4}$	$\frac{3}{4}$

16. 设二维随机变量 (X,Y) 的联合分布律为

X	Y		
	1	2	3
0	0.05	0.15	0.20
1	0.07	0.11	0.22
2	0.04	0.07	0.09

试分别求 $U=\max\{X,Y\}$ 和 $V=\min\{X,Y\}$ 的分布律.

解　由题意可知，U 的可能取值为 1，2，3，

V 的可能取值为 0，1，2，

则有 U 的分布律为

U	1	2	3
p	0.12	0.37	0.51

V 的分布律为

V	0	1	2
p	0.40	0.44	0.16

17. 设随机变量 (X,Y) 的概率密度为

$$f(x,y)=\begin{cases} be^{-(x+y)}, & 0<x<1,\ 0<y<+\infty, \\ 0, & 其他. \end{cases}$$

(1) 试确定常数 b;

(2) 求边缘概率密度 $f_X(x)$, $f_Y(y)$;

(3) 求函数 $U=\max\{X,Y\}$ 的分布函数.

解 (1) 由 $\int_{-\infty}^{+\infty}\int_{-\infty}^{+\infty} f(x,y)\,\mathrm{d}x\mathrm{d}y=1$ 可知, $b=\dfrac{1}{1-\mathrm{e}^{-1}}$;

(2) 由 (1) 知, (X,Y) 的概率密度为

$$f(x,y)=\begin{cases} \dfrac{\mathrm{e}^{-(x+y)}}{1-\mathrm{e}^{-1}}, & 0<x<1,\ 0<y<\infty, \\ 0, & 其他, \end{cases}$$

则边缘概率密度为

$$f_X(x)=\begin{cases} \dfrac{\mathrm{e}^{-x}}{1-\mathrm{e}^{-1}}, & 0<x<1, \\ 0, & 其他, \end{cases} \quad f_Y(y)=\begin{cases} \mathrm{e}^{-y}, & y>0, \\ 0, & 其他; \end{cases}$$

(3) 由 (2) 可证明, $f(x,y)=f_X(x)\cdot f_Y(y)$, 即随机变量 X, Y 相互独立. 从而有

$$F_X(x)=\begin{cases} 0, & x\leqslant 0, \\ \dfrac{1-\mathrm{e}^{-x}}{1-\mathrm{e}^{-1}}, & 0<x<1, \\ 1, & x\geqslant 1, \end{cases}$$

$$F_Y(y)=\begin{cases} 0, & y\leqslant 0, \\ \int_0^y \mathrm{e}^{-t}\mathrm{d}t=1-\mathrm{e}^{-y}, & 0<y<\infty, \end{cases}$$

$$F_U(u)=P(U\leqslant u)=\begin{cases} 0, & u\leqslant 0, \\ \dfrac{(1-\mathrm{e}^{-u})^2}{1-\mathrm{e}^{-1}}, & 0<u<1, \\ 1-\mathrm{e}^{-u}, & u\geqslant 1. \end{cases}$$

18. 设某一设备装有3个同类的电器元件, 元件工作相互独立, 且工作时间都服从参数为 λ 的指数分布. 当3个元件都正常工作时, 设备才正常工作. 试求设备正常工作时间 T 的概率分布.

解 由题意知, 记 T_i: 第 i 个电器元件的工作时间, $i=1, 2, 3$; 则 $T=\min\{T_1, T_2, T_3\}$, T 的分布函数为

$$\begin{aligned} F_T(t)&=P(T\leqslant t)=P(\min\{T_1,T_2,T_3\}\leqslant t)=1-P(\min\{T_1,T_2,T_3\}>t) \\ &=1-P(T_1>t)P(T_2>t)P(T_3>t) \\ &=1-(1-P(T_1\leqslant t))(1-P(T_2\leqslant t))(1-P(T_3\leqslant t)) \\ &=1-(1-F_{T_1}(t))^3=\begin{cases} 1-[1-(1-\mathrm{e}^{-\lambda t})]^3, & t>0, \\ 0, & 其他 \end{cases} \end{aligned}$$

$$=\begin{cases}1-e^{-3\lambda t}, & t>0,\\ 0, & 其他.\end{cases}$$

因此，T 的密度函数为

$$f_T(t)=\begin{cases}3\lambda e^{-3\lambda t}, & t>0,\\ 0, & t\leqslant 0.\end{cases}$$

B

19. 一批产品中有一等品 50%，二等品 30%，三等品 20%，现从中有放回地抽取 5 件，以 X，Y 分别表示取出的 5 件中一等品、二等品的件数．求 (X,Y) 的联合分布律．

解 由题意知，X，Y 的取值分别为

$$X: 0, 1, 2, 3, 4, 5;$$
$$Y: 0, 1, 2, 3, 4, 5;$$

且 $X+Y\leqslant 5$. 则有

$$P(X=i,Y=j)=C_5^i(0.5)^iC_{5-i}^j(0.3)^j(0.2)^{5-i-j}$$
$$=\frac{5!}{i!\ j!\ (5-i-j)!}(0.5)^i(0.3)^j(0.2)^{5-i-j},$$
$$i=0,1,\cdots,5,j=0,1,\cdots,5,i+j\leqslant 5.$$

20. 设二维随机变量 (X,Y) 的联合密度函数为

$$f(x,y)=\begin{cases}4xy, & 0<x<1,0<y<1,\\ 0, & 其他.\end{cases}$$

试求 (X,Y) 的联合分布函数．

解 $F(x,y)=\int_{-\infty}^{y}\int_{-\infty}^{x}f(x,y)\mathrm{d}x\mathrm{d}y$

$$=\begin{cases}0, & x\leqslant 0,\ y\leqslant 0,\\ \int_0^y\int_0^x 4xy\mathrm{d}x\mathrm{d}y, & 0<x<1,\ 0<y<1,\\ \int_0^1\int_0^x 4xy\mathrm{d}x\mathrm{d}y, & 0<x<1,\ y\geqslant 1,\\ \int_0^y\int_0^1 4xy\mathrm{d}x\mathrm{d}y, & x\geqslant 1,\ 0<y<1,\\ \int_0^1\int_0^1 4xy\mathrm{d}x\mathrm{d}y, & x\geqslant 1,\ y\geqslant 1\end{cases}$$

$$=\begin{cases}0, & x<0 或 y<0,\\ x^2y^2, & 0\leqslant x<1,\ 0\leqslant y<1,\\ x^2, & 0\leqslant x<1,\ 1\leqslant y,\\ y^2, & 1\leqslant x,\ 0\leqslant y<1,\\ 1, & x\geqslant 1,\ y\geqslant 1.\end{cases}$$

21. 一射手对同一目标进行射击，每次击中目标的概率为 $p(0<p<1)$，射击进行到第二次击中目标为止．设 X 表示第一次击中目标时所进行的射击次数，Y 表示第二次击中目标时所进行的射击

次数．试求 (X,Y) 的联合分布律以及 X 和 Y 各自的条件分布律．

解 依题意，$Y=n$ 表示第 n 次射击时击中目标，并且在第1次，第2次，…，第 $(n-1)$ 次射击中恰有一次击中目标，已知各次射击是相互独立的，于是对于任意 $m<n$，都有

$$P(X=m,Y=n)=p\cdot p\cdot q^{n-2},q=1-p.$$

因此，(X,Y) 的联合分布律为

$$P(X=m,Y=n)=p^2q^{n-2},m=1,2,\cdots,n-1;\ n=2,3,\cdots,$$

由此可以得到边缘分布律：

$$P(X=m)=\sum_{n=m+1}^{\infty}p^2q^{n-2}=p^2q^{m-1},\ m=1,\ 2,\ \cdots,$$

$$P(Y=n)=\sum_{m=1}^{n-1}p^2q^{n-2}=(n-1)p^2q^{n-2},\ n=2,\ 3,\ \cdots,$$

从而得到条件分布律：

$$P(X=m|Y=n)=\frac{1}{n-1},m=1,2,\cdots,n-1;\ n=2,3,\cdots,$$

$$P(Y=n|X=m)=pq^{n-m-1},m=1,2,\cdots,n-1;\ n=2,3,\cdots.$$

22. 以 X 记某商场一天售出某种商品的个数，Y 记其中优质品的个数，设 X 和 Y 的联合分布律为

$$P(X=n,Y=m)=\frac{e^{-14}7.14^m6.86^{n-m}}{m!(n-m)!},m=0,1,2,\cdots,n,n=0,1,2,\cdots.$$

（1）求边缘分布律；

（2）求条件分布律；

（3）求当 $X=20$ 时，Y 的条件分布律．

解 (1) $P(X=n)=\sum_{m=0}^{n}P(X=n,\ Y=m)=\frac{14^ne^{-14}}{n!}$，$n=0,\ 1,\ 2,\ \cdots$，

$$P(Y=m)=\sum_{n=m}^{\infty}P(X=n,\ Y=m)=\frac{7.14^me^{-7.14}}{m!},\ m=0,\ 1,\ 2,\ \cdots,$$

即 $X\sim P(14)$，$Y\sim P(7.14)$．

（2）对于 $m=0,\ 1,\ 2,\ \cdots$，

$$P(X=n|Y=m)=\frac{P(X=n,Y=m)}{P(Y=m)}=\frac{6.86^{n-m}}{(n-m)!}e^{-6.86},n=m,m+1,\cdots,$$

对于 $n=0,\ 1,\ 2,\ \cdots$，

$$P(Y=m|X=n)=\frac{P(X=n,Y=m)}{P(X=n)}=C_n^m\cdot 0.51^m\cdot 0.49^{n-m},m=0,1,\cdots,n.$$

（3）当 $X=20$ 时，

$$P(Y=m|X=20)=C_{20}^m\cdot 0.51^m\cdot 0.49^{20-m},m=0,1,\cdots,20.$$

23. 设随机变量 X 在1，2，3，4 4个整数中等可能地取一个值，另一个随机变量 Y 在 $1\sim X$ 中等可能地取一整数值．试求条件分布律

$P(Y=k|X=i)$.

解 由题意可知，

$$P(X=i)=\frac{1}{4},P(X=i,Y=k)=\frac{1}{4}\cdot\frac{1}{i}=\frac{1}{4i},\ i=1,2,3,4;\ 1\leqslant k\leqslant i.$$

则 $P(Y=k|X=i)=\dfrac{P(X=i,Y=k)}{P(X=i)}=\dfrac{1/4i}{1/4}=\dfrac{1}{i},\ i=1,2,3,4;\ 1\leqslant k\leqslant i.$

即条件分布律 $P(Y=k|X=i)$ 为

k	1
$P(Y=k\mid X=1)$	1

k	1	2
$P(Y=k\mid X=2)$	1/2	1/2

k	1	2	3
$P(Y=k\mid X=3)$	1/3	1/3	1/3

k	1	2	3	4
$P(Y=k\mid X=4)$	1/4	1/4	1/4	1/4

24. 假设随机变量 U 在区间 $[-2,2]$ 上服从均匀分布，随机变量

$$X=\begin{cases}-1, & 若\ U\leqslant -1,\\ 1, & 若\ U>-1,\end{cases}\quad Y=\begin{cases}-1, & 若\ U\leqslant 1,\\ 1, & 若\ U>1.\end{cases}$$

试求 (X,Y) 的联合概率分布，并判断 X 与 Y 是否相互独立.

解 由题意可得 (X,Y) 的联合概率分布为

X	Y	
	−1	1
−1	1/4	0
1	1/2	1/4

又由题意可得 X，Y 的分布律为

$$P(X=-1)=\frac{1}{4},P(X=1)=\frac{3}{4};\ P(Y=-1)=\frac{3}{4},\ P(Y=-1)=\frac{1}{4}.$$

则有 $P(X=-1,Y=-1)=\dfrac{1}{4}\neq P(X=-1)P(Y=-1)=\dfrac{3}{16}$,

因此，X 与 Y 不相互独立.

25. 设 k_1，k_2 分别是掷一枚骰子两次先后出现的点数．试求方程 $x^2+k_1x+k_2=0$ 有实根的概率 p 和有重根的概率 q.

解 由题意可知，k_1，k_2 相互独立，且都服从分布律：

$$P(X=i)=\frac{1}{6},\ i=1,2,3,4,5,6.$$

则 $P(k_1=i,k_2=j)=\dfrac{1}{36},\ i=1,2,3,4,5,6;\ j=1,2,3,4,5,6.$

要使方程 $x^2+k_1x+k_2=0$ 有实根，即要满足：$k_1^2-4k_2\geqslant 0$，$k_1^2\geqslant 4k_2$，

由此可得，所求的概率为

$$p=P(k_1^2\geqslant 4k_2)=\sum_{i=1}^{6}\sum_{j=1}^{i^2/4}\frac{1}{36}=\frac{19}{36}.$$

要使方程 $x^2+k_1x+k_2=0$ 有重根，即要满足：$k_1^2-4k_2=0$，$k_1^2=4k_2$，所求的概率为

$$q=P(k_1^2=4k_2)=P(k_1=2,k_2=1)+P(k_1=4,k_2=4)=\frac{1}{18}.$$

26. 某种商品一周的需求量 X 是一个随机变量，其概率密度为

$$f(x)=\begin{cases}xe^{-x}, & x>0,\\ 0, & 其他,\end{cases}$$

假设各周的需求量相互独立，以 U_k 表示 k 周的总需求量．试求：

（1）U_2，U_3 的概率密度；

（2）接连三周中的周最大需求量的概率密度．

解 （1）记 X_i：第 i 周的需求量，$i=1,2,3$，

两周的需求量为 $U_2=X_1+X_2$，用卷积公式可得

$$f_{U_2}(y)=\int_{-\infty}^{+\infty}f_{X_1}(x_1)f_{X_2}(y-x_1)\,dx_1=\begin{cases}\frac{1}{6}y^3e^{-y}, & y>0,\\ 0, & y\leqslant 0.\end{cases}$$

三周的需求量为 $U_3=U_2+X_3$，用卷积公式同理可得

$$f_{U_3}(z)=\int_{-\infty}^{+\infty}f_{U_2}(y)f_{X_3}(z-y)\,dy=\begin{cases}\frac{1}{120}z^5e^{-z}, & z>0,\\ 0, & z\leqslant 0.\end{cases}$$

（2）Y：三周中的周最大需求量，$Y=\max\{X_1,X_2,X_3\}$；

$$F_Y(y)=P(Y\leqslant y)=F_X^3(y),$$

则对上式求导得 $f_Y(y)=\begin{cases}3ye^{-y}(1-e^{-y}-ye^{-y})^2, & y>0,\\ 0, & 其他.\end{cases}$

27. 设 X，Y 是相互独立的随机变量，$X\sim B(n_1,p)$，$Y\sim B(n_2,p)$．证明：$Z=X+Y\sim B(n_1+n_2,p)$．

证 因为 $X\sim B(n_1,p)$，$Y\sim B(n_2,p)$，有

$$p(k)=P(X=k)=C_{n_1}^k p^k(1-p)^{n_1-k},k=0,1,\cdots,n_1;$$

$$q(k)=P(Y=k)=C_{n_2}^k p^k(1-p)^{n_2-k},k=0,1,\cdots,n_2;$$

而 $Z=X+Y$ 可能的取值为 $0,1,2,\cdots,n_1+n_2$，且 X，Y 相互独立，则

$$\begin{aligned}P(Z=i)&=\sum_{k=0}^{i}P(X=k)P(Y=i-k)\\&=\sum_{k=0}^{i}C_{n_1}^k p^k(1-p)^{n_1-k}C_{n_2}^{i-k}p^{i-k}(1-p)^{n_2-i+k}\end{aligned}$$

$$= \left[\sum_{k=0}^{i} C_{n_1}^{k} C_{n_2}^{i-k} \right] p^i (1-p)^{n_1+n_2-i},\ i = 0,\ 1,\ \cdots,\ n_1 + n_2,$$

又 $[p + (1-p)]^{n_1+n_2} = [p + (1-p)]^{n_1} [p + (1-p)]^{n_2}$

$$= \left[\sum_{k=0}^{n_1} C_{n_1}^{k} p^k (1-p)^{n_1-k} \right] \left[\sum_{s=0}^{n_2} C_{n_2}^{s} p^s (1-p)^{n_2-s} \right],$$

比较上式两边展开式中 $p^i\ (1-p)^{n_1+n_2-i}$ 这一项的系数，得

$$C_{n_1+n_2}^{i} = \sum_{k=0}^{i} C_{n_1}^{k} C_{n_2}^{i-k},$$

因此，$P(Z=i) = C_{n_1+n_2}^{i} p^i (1-p)^{n_1+n_2-i}, i=0,1,\cdots,n_1+n_2$，

即 $$Z \sim B(n_1+n_2, p).$$

典型例题解析

例 1 设 (X,Y) 的联合密度函数为

$$f(x,y) = \begin{cases} x^2 + \dfrac{1}{3}xy, & 0 \leqslant x \leqslant 1,\ 0 \leqslant y \leqslant 2, \\ 0, & \text{其他}. \end{cases}$$

求 (X,Y) 的分布函数.

解 因 $f(x,y)$ 仅在矩形区域 $D = \{(x,y) | 0 \leqslant x \leqslant 1,\ 0 \leqslant y \leqslant 2\}$ 内取非零值，所以应将 $F(x,y)$ 的定义域（全平面）分成下列五个区域：

(1) $x<0$ 或 $y<0$；(2) $0 \leqslant x<1$，$0 \leqslant y<2$；(3) $0 \leqslant x<1$，$y \geqslant 2$；

(4) $x \geqslant 1$，$0 \leqslant y<2$；(5) $x \geqslant 1$，$y \geqslant 2$.

下面分别在这五个区域内求 $F(x,y)$ 的值.

(1) $x<0$ 或 $y<0$ 时，$f(x,y)=0$，故 $F(x,y)=0$；

(2) $0 \leqslant x<1$，$0 \leqslant y<2$ 时（见图 3-2a），

$$F(x,y) = \int_{-\infty}^{x} \int_{-\infty}^{y} f(u,v) \mathrm{d}u \mathrm{d}v = \int_0^x \mathrm{d}u \int_0^y \left(u^2 + \frac{1}{3}uv \right) \mathrm{d}v = \frac{1}{3}x^3 y + \frac{1}{12}x^2 y^2;$$

(3) $0 \leqslant x<1$，$y \geqslant 2$ 时（见图 3-2b），

$$F(x,y) = \int_{-\infty}^{x} \int_{-\infty}^{y} f(u,\ v) \mathrm{d}u \mathrm{d}v = \int_0^x \mathrm{d}u \int_0^2 \left(u^2 + \frac{1}{3}uv \right) \mathrm{d}v = \frac{2}{3}x^3 + \frac{1}{3}x^2;$$

(4) $x \geqslant 1$，$0 \leqslant y<2$ 时（见图 3-2c），

$$F(x,y) = \int_{-\infty}^{x} \int_{-\infty}^{y} f(u,\ v) \mathrm{d}u \mathrm{d}v = \int_0^1 \mathrm{d}u \int_0^y \left(u^2 + \frac{1}{3}uv \right) \mathrm{d}v = \frac{1}{3}y + \frac{1}{12}y^2;$$

(5) $x \geqslant 1$，$y \geqslant 2$ 时（见图 3-2d），

$$F(x,y) = \int_{-\infty}^{x} \int_{-\infty}^{y} f(u,\ v) \mathrm{d}u \mathrm{d}v = \int_0^1 \mathrm{d}u \int_0^2 \left(u^2 + \frac{1}{3}uv \right) \mathrm{d}v = 1.$$

综上得 (X,Y) 的分布函数为

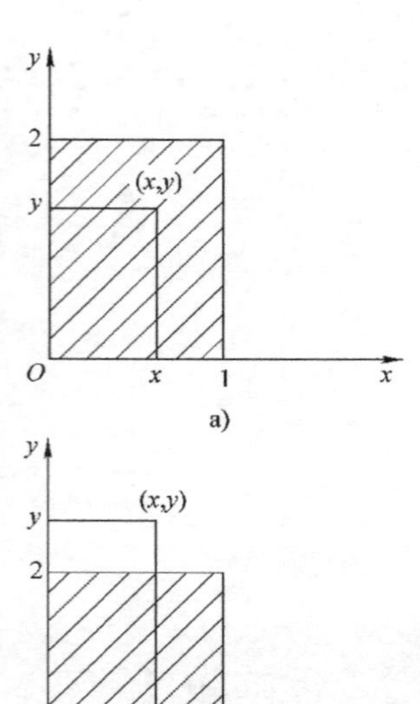

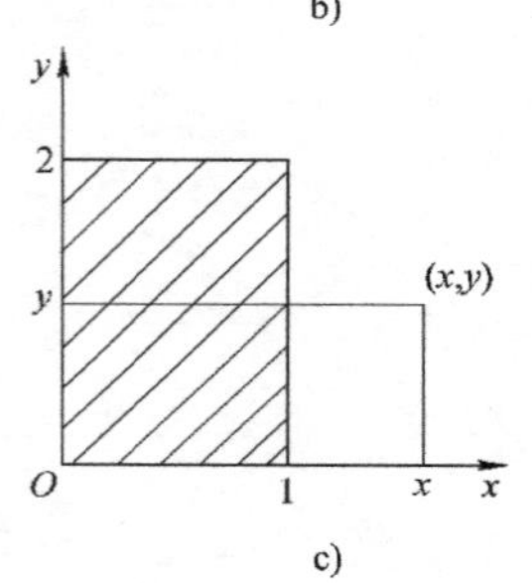

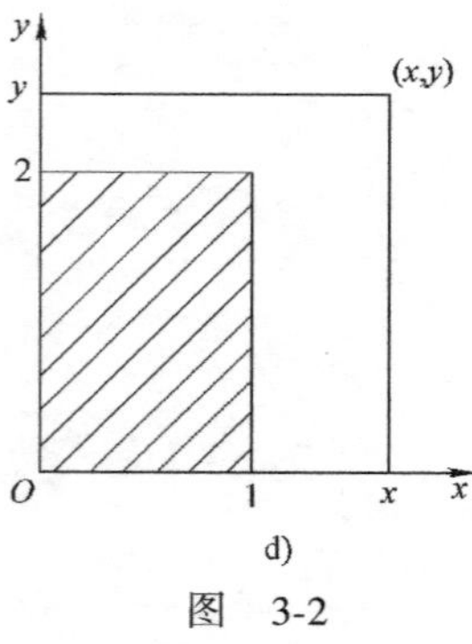

图 3-2

$$F(x,y)=\begin{cases}0, & x<0 \text{ 或 } y<0,\\ \dfrac{1}{3}x^3y+\dfrac{1}{12}x^2y^2, & 0\leqslant x<1,\ 0\leqslant y<2,\\ \dfrac{2}{3}x^3+\dfrac{1}{3}x^2, & 0\leqslant x<1,\ y\geqslant 2,\\ \dfrac{1}{3}y+\dfrac{1}{12}y^2, & x\geqslant 1,\ 0\leqslant y<2,\\ 1, & x\geqslant 1,\ y\geqslant 2\end{cases}$$

例 2 一口袋中有 3 个球，分别标有 1，2，2，从中任取 1 个球，取后不放回，再任取 1 个球，每次取球时，各球被取到的可能性相等，以 X，Y 分别记第一次和第二次取到的球上标有的数字．试求 (X,Y) 的分布函数．

解 首先求 (X,Y) 的分布律．(X,Y) 的所有可能取值为 $(1,1)$，$(1,2)$，$(2,1)$，$(2,2)$，取各个值的概率为

$$P(X=1,Y=1)=0,P(X=1,Y=2)=\frac{1}{3},$$

$$P(X=2,Y=1)=\frac{1}{3},P(X=2,Y=2)=\frac{1}{3},$$

则得二维随机变量 (X,Y) 的分布律为

Y	X	
	1	2
1	0	1/3
2	1/3	1/3

二维随机变量 (X,Y) 的分布函数为

$$F(x,y)=\sum_{i\leqslant x}\sum_{j\leqslant y}P(X=i,\ Y=j),$$

$x<1$ 或 $y<1$ 时，有 $F(x,y)=0$；

$1\leqslant x<2$，$1\leqslant y<2$ 时，有 $F(x,y)=P(X=1,Y=1)=0$；

$1\leqslant x<2$，$y\geqslant 2$ 时，有 $F(x,y)=P(X=1,Y=1)+P(X=1,Y=2)=\dfrac{1}{3}$；

$x\geqslant 2$，$1\leqslant y<2$ 时，有 $F(x,y)=P(X=1,Y=1)+P(X=2,Y=1)=\dfrac{1}{3}$；

$x\geqslant 2$，$y\geqslant 2$ 时，有 $F(x,y)=\displaystyle\sum_{i=1}^{2}\sum_{j=1}^{2}P(X=i,\ Y=j)=1$.

最后得到 (X,Y) 的分布函数为

$$F(x,y)=\begin{cases}0, & x<1 \text{ 或 } y<1,\\ 0, & 1\leqslant x<2,\ 1\leqslant y<2,\\ 1/3, & 1\leqslant x<2,\ y\geqslant 2,\\ 1/3, & x\geqslant 2,\ 1\leqslant y<2,\\ 1, & x\geqslant 2,\ y\geqslant 2.\end{cases}$$

例 3 设随机变量 X 和 Y 相互独立，X 和 Y 分别具有以 p_1，p_2 为参数的几何分布，即它们分别具有分布律：

$$P(X=i)=p_1(1-p_1)^{i-1},i=1,2,\cdots,$$
$$P(Y=j)=p_2(1-p_2)^{j-1},j=1,2,\cdots.$$

(1) 写出 X 和 Y 的联合分布律；

(2) 求概率 $P(X=Y)$.

解 (1) X 和 Y 的联合分布律为

$$P(X=i,Y=j)=p_1p_2(1-p_1)^{i-1}(1-p_2)^{j-1},i,j=1,2,\cdots.$$

$$\begin{aligned}(2)P(X=Y)&=\sum_{i=1}^{\infty}P(X=i,\ Y=i)=\sum_{i=1}^{\infty}p_1p_2(1-p_1)^{i-1}(1-p_2)^{i-1}\\&=p_1p_2\sum_{i=1}^{\infty}[(1-p_1)(1-p_2)]^{i-1}\\&=\frac{p_1p_2}{1-(1-p_1)(1-p_2)}=\frac{p_1p_2}{p_1+p_2-p_1p_2}.\end{aligned}$$

例 4 设随机变量 Y 服从参数为 $\lambda=1$ 的指数分布，随机变量

$$X_k=\begin{cases}0, & 若 Y\leqslant k,\\1, & 若 Y>k\end{cases}\quad(k=1,\ 2).$$

求 X_1 和 X_2 的联合分布律.

解 计算得

$$\begin{aligned}P(X_1=0,\ X_2=0)&=P(Y\leqslant 1,\ Y\leqslant 2)=P(Y\leqslant 1)\\&=\int_0^1 e^{-x}dx=1-e^{-1},\end{aligned}$$

$$P(X_1=0,\ X_2=1)=P(Y\leqslant 1,\ Y>2)=0,$$

$$\begin{aligned}P(X_1=1,\ X_2=0)&=P(Y>1,\ Y\leqslant 2)=P(1<Y\leqslant 2)\\&=\int_1^2 e^{-x}dx=e^{-1}-e^{-2},\end{aligned}$$

$$\begin{aligned}P(X_1=1,\ X_2=1)&=P(Y>1,\ Y>2)=P(Y>2)=1-P(Y\leqslant 2)\\&=1-\int_0^2 e^{-x}dx=e^{-2}.\end{aligned}$$

所以 $(X_1,\ X_2)$ 的联合分布律为

X_1	X_2	
	0	1
0	$1-e^{-1}$	0
1	$e^{-1}-e^{-2}$	e^{-2}

例 5 设 X 和 Y 是两个相互独立的随机变量，且都在区间 $[-b,b]$ 上服从均匀分布，其中 $b\geqslant 4$. 试求方程 $t^2+tX+Y=0$ 有实数根的概率，并求当 $b\to+\infty$ 时这个概率的极限值.

【分析】 因为 b 的取值不同，所求方程有实根的概率不同，故要分 $b=4$ 和 $b>4$ 两种情形讨论.

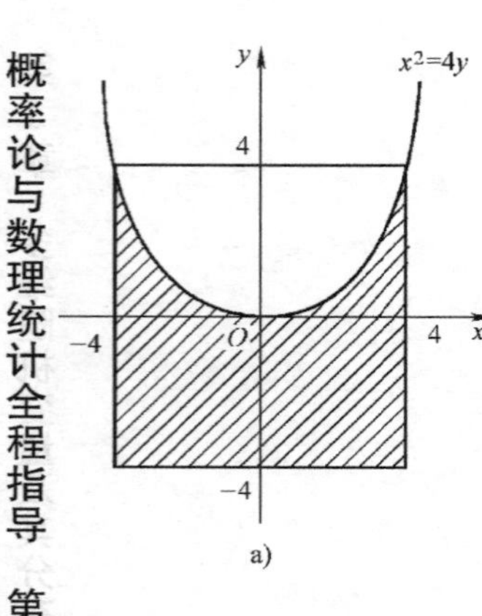

a)

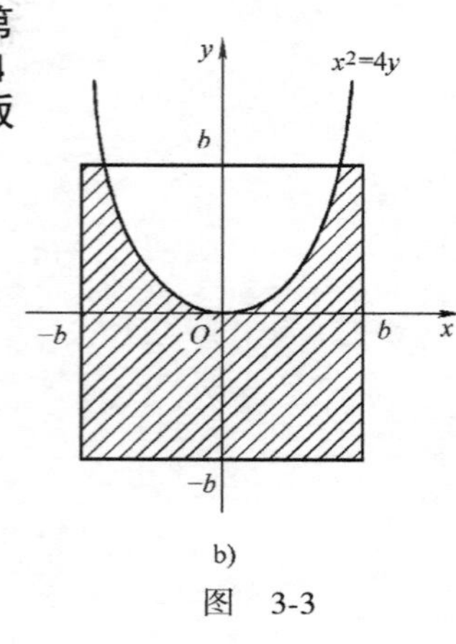

b)

图 3-3

解 方程 $t^2+tX+Y=0$ 有实根的充要条件为 $X^2-4Y\geqslant 0$，所求概率为 $P(X^2-4Y\geqslant 0)$.

二维随机变量 (X,Y) 的概率密度为 $f(x,y)=\begin{cases}\dfrac{1}{4b^2}, & -b\leqslant x,\ y\leqslant b,\\ 0, & \text{其他},\end{cases}$

当 $b=4$ 时（见图 3-3a），则有

$$P(X^2-4Y\geqslant 0)=2\int_0^4 \mathrm{d}x\int_{-4}^{\frac{x^2}{4}}\frac{1}{4b^2}\mathrm{d}y=\frac{2}{3};$$

当 $b>4$ 时（见图 3-3b），则有

$$P(X^2-4Y\geqslant 0)=\int_{-b}^{b}\mathrm{d}x\int_{-b}^{b}\frac{1}{4b^2}\mathrm{d}y-2\int_0^b 2\sqrt{y}\,\mathrm{d}y=1-\frac{2}{3\sqrt{b}}.$$

由此得

$$\lim_{b\to+\infty}P\ (X^2-4Y\geqslant 0)=\lim_{b\to+\infty}\left(1-\frac{2}{3\sqrt{b}}\right)=1.$$

例 6 设二维随机变量 (X,Y) 在抛物线 $y=x^2$ 与直线 $y=x+2$ 所围成的区域 G（见图 3-4）上服从均匀分布．求：

（1）(X,Y) 的联合概率密度；

（2）X 及 Y 的边缘概率密度；

（3）概率 $P\ (X+Y\geqslant 2)$.

解 （1）因为二维随机变量 (X,Y) 在区域 G 上服从均匀分布，则联合概率密度为

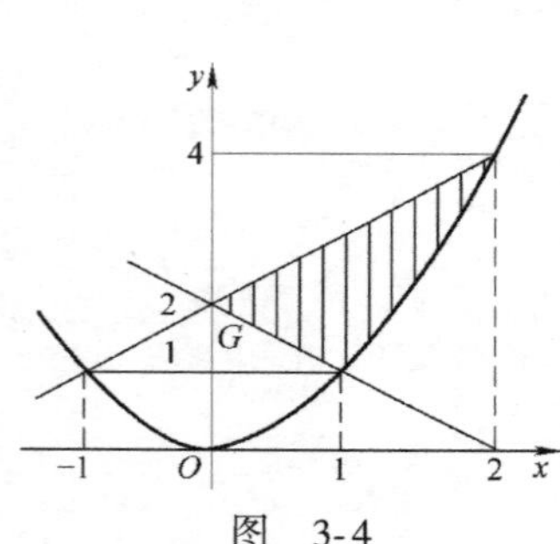

图 3-4

$$f(x,y)=\begin{cases}C, & (x,y)\in G,\\ 0, & (x,y)\notin G,\end{cases}$$

其中 C 为常数，根据联合概率密度的性质可以确定，则应有

$$\iint_G f(x,y)\,\mathrm{d}x\mathrm{d}y=\int_{-1}^{2}\mathrm{d}x\int_{x^2}^{x+2}C\mathrm{d}y=1,$$

即 $\dfrac{9}{2}C=1$，由此得 $C=\dfrac{2}{9}$，所以 (X,Y) 的联合概率密度为

$$f(x,y)=\begin{cases}\dfrac{2}{9}, & (x,y)\in G,\\ 0, & (x,y)\notin G.\end{cases}$$

（2）当 $-1\leqslant x\leqslant 2$ 时，有

$$f_X(x)=\int_{x^2}^{x+2}\frac{2}{9}\mathrm{d}y=\frac{2}{9}(2+x-x^2);$$

当 $x<-1$ 或 $x>2$ 时，显然有 $f_X(x)=0$，所以 X 的边缘概率密度为

$$f_X(x)=\begin{cases}\dfrac{2}{9}\ (2+x-x^2), & -1\leqslant x\leqslant 2,\\ 0, & \text{其他},\end{cases}$$

同理求 Y 的边缘概率密度.

当 $0\leqslant y\leqslant 1$ 时，有 $f_Y(y)=\int_{-\sqrt{y}}^{\sqrt{y}}\frac{2}{9}\mathrm{d}x=\frac{4}{9}\sqrt{y}$；

当 $1\leqslant y\leqslant 4$ 时，有 $f_Y(y)=\int_{y-2}^{\sqrt{y}}\frac{2}{9}\mathrm{d}x=\frac{2}{9}(2+\sqrt{y}-y)$；

当 $y<0$ 或 $y>4$ 时，显然有 $f_Y(y)=0$，所以 Y 的边缘密度函数为

$$f_Y(y)=\begin{cases}\frac{4}{9}\sqrt{y}, & 0\leqslant y\leqslant 1,\\ \frac{2}{9}(2+\sqrt{y}-y), & 1\leqslant y\leqslant 4,\\ 0, & \text{其他}.\end{cases}$$

(3) $P(X+Y\geqslant 2)=\frac{2}{9}\left(\int_0^1\mathrm{d}x\int_{2-x}^{x+2}\mathrm{d}y+\int_1^2\mathrm{d}x\int_{x^2}^{x+2}\mathrm{d}y\right)=\frac{13}{27}.$

例 7 设随机变量 X 的概率密度为 $f(x)$，分布函数为 $F(x)$，现对 X 做两次独立观察．求第二次观察值大于前一个观察值的概率.

解 设第一、二次的观察值分别记为 X_1、X_2，由题意知 X_1 与 X_2 独立同分布，从而 (X_1,X_2) 的联合概率密度为 $f(x_1)f(x_2)$，故

$$\begin{aligned}P(X_2>X_1)&=\iint_{x_2>x_1}f(x_1)f(x_2)\mathrm{d}x_1\mathrm{d}x_2=\int_{-\infty}^{+\infty}\left(\int_{-\infty}^{x_2}f(x_1)\mathrm{d}x_1\right)f(x_2)\mathrm{d}x_2\\&=\int_{-\infty}^{+\infty}F(x_2)f(x_2)\mathrm{d}x_2=\frac{1}{2}F^2(x_2)\Big|_{-\infty}^{+\infty}=\frac{1}{2}.\end{aligned}$$

例 8 设 (X,Y) 的联合分布函数为 $F(x,y)=G(x)[H(y)-H(-\infty)]$，其中 $G(+\infty)$，$H(+\infty)$，$H(-\infty)$都存在．试证：X 与 Y 相互独立.

【分析】 只需证 $F(x,y)=F_X(x)F_Y(y)$.

证 因为

$$F_X(x)=F(x,+\infty)=G(x)[H(+\infty)-H(-\infty)],$$
$$F_Y(y)=F(+\infty,y)=G(+\infty)[H(y)-H(-\infty)],$$

而 $F(+\infty,+\infty)=1$，即 $G(+\infty)[H(+\infty)-H(-\infty)]=1$，于是

$$\begin{aligned}F_X(x)F_Y(y)&=G(x)[H(+\infty)-H(-\infty)]G(+\infty)[H(y)-H(-\infty)]\\&=G(x)[H(y)-H(-\infty)]=F(x,y),\end{aligned}$$

所以 X 与 Y 相互独立.

例 9 设随机变量 X 和 Y 相互独立，而且服从相同的 0-1 分布 $B(1,p)$，又设

$$Z=\begin{cases}1, & X+Y\text{ 为奇数},\\ 0, & X+Y\text{ 为偶数},\end{cases}$$

试求 $p(0<p<1)$ 的值使得 Z 与 X 相互独立.

解 先求 Z 的分布律

$$P(Z=0)=P(X+Y=0)+P(X+Y=2)$$
$$=P(X=0,\ Y=0)+P(X=1,\ Y=1)=(1-p)^2+p^2,$$
$$P(Z=1)=1-P(Z=0)=2p(1-p).$$

其次，要使 Z 与 X 独立，则必须有

$$P(Z=i,X=j)=P(Z=i)P(X=j),\quad i,j=0,1,$$

即应有以下式子成立

$$\begin{cases}[(1-p)^2+p^2](1-p)=(1-p)^2,\\ 2p(1-p)(1-p)=p(1-p),\\ [(1-p)^2+p^2]p=p^2,\\ 2p(1-p)p=p(1-p),\end{cases}$$

解之得 $p=\dfrac{1}{2}$.

例 10 某元件的使用寿命服从指数分布，平均寿命为 a 小时．求两个元件（一个坏了后，接着用第二个）一共用了不足 $2a$ 小时的概率．

解 设第一、二个元件的寿命分别为 X，Y，显然 X 与 Y 相互独立，由题目条件，(X,Y) 的联合概率密度函数为

$$f(x,y)=\begin{cases}\dfrac{1}{a^2}\mathrm{e}^{-\frac{1}{a}(x+y)}, & x>0,\ y>0,\\ 0, & \text{其他},\end{cases}$$ 记 $Z=X+Y$,

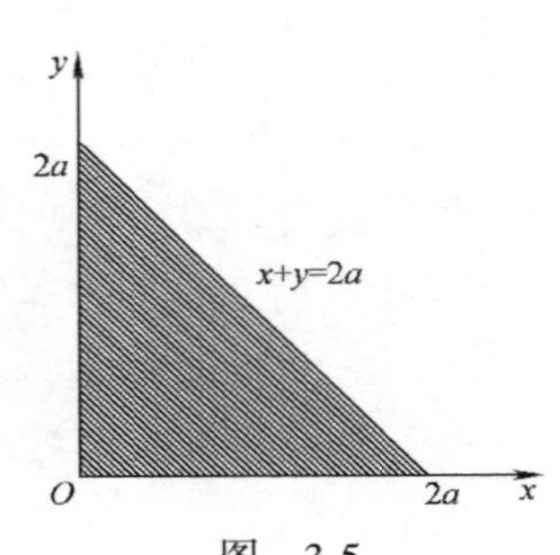

图 3-5

由图 3-5 可求得

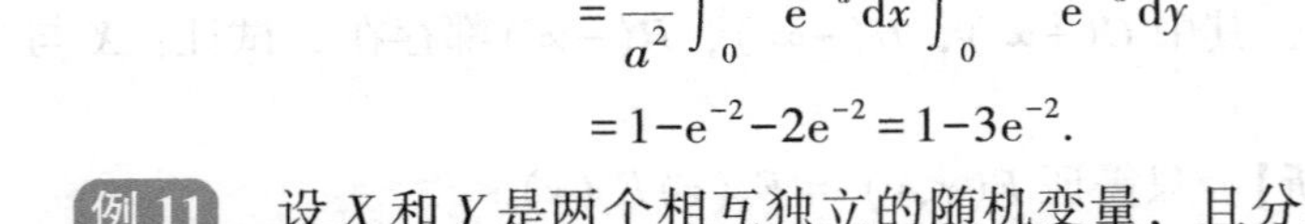

$$P(Z<2a)=P(X+Y<2a)$$
$$=\frac{1}{a^2}\int_0^{2a}\mathrm{e}^{-\frac{x}{a}}\mathrm{d}x\int_0^{2a-x}\mathrm{e}^{-\frac{y}{a}}\mathrm{d}y$$
$$=1-\mathrm{e}^{-2}-2\mathrm{e}^{-2}=1-3\mathrm{e}^{-2}.$$

例 11 设 X 和 Y 是两个相互独立的随机变量，且分别服从参数为 λ，μ 的指数分布．

（1）试求 $P(X\leqslant Y)$；

（2）引入随机变量 $Z=\begin{cases}1, & X\leqslant Y,\\ 0, & X>Y,\end{cases}$ 求随机变量 Z 的分布律．

解 由题设知，X 与 Y 的概率密度分别为

$$f_X(x)=\begin{cases}\lambda\mathrm{e}^{-\lambda x}, & x>0,\\ 0, & x\leqslant 0\end{cases}\quad(\lambda>0),$$

$$f_Y(y)=\begin{cases}\mu\mathrm{e}^{-\mu y}, & y>0,\\ 0, & y\leqslant 0\end{cases}\quad(\mu>0).$$

又因 X 和 Y 相互独立，故 (X,Y) 的联合概率密度为

$$f(x,y)=f_X(x)\cdot f_Y(y)=\begin{cases}\lambda\mu\mathrm{e}^{-\lambda x-\mu y}, & x>0,\ y>0,\\ 0, & \text{其他}.\end{cases}$$

（1）因 $f(x,y)$ 的非零值区域 $x>0$，$y>0$ 与积分区域 $x<y$ 的交是

$$\begin{cases}0<x<y,\\0<y<+\infty,\end{cases}$$

如图 3-6 所示，于是

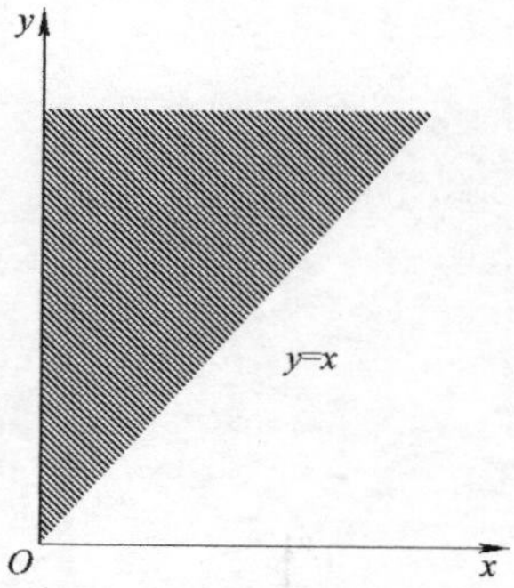

$$P(X\leqslant Y)=\iint\limits_{x<y}f(x,y)\,\mathrm{d}x\mathrm{d}y=\iint\limits_{\substack{0<x<y\\0<y<+\infty}}\lambda\mu\mathrm{e}^{-\lambda x-\mu y}\mathrm{d}x\mathrm{d}y$$

$$=\lambda\mu\int_0^{+\infty}\mathrm{d}y\int_0^y\mathrm{e}^{-\lambda x-\mu y}\mathrm{d}x=\mu\left(\frac{1}{\mu}-\frac{1}{\lambda+\mu}\right)=\frac{\lambda}{\lambda+\mu}.$$

图 3-6

（2）易知随机变量 Z 是服从 0-1 分布的一维离散型随机变量，注意到事件（$Z=1$）与事件（$X\leqslant Y$）等价，利用（1）中的结果，有

$$P(Z=1)=P(X\leqslant Y)=\frac{\lambda}{\lambda+\mu},$$

$$P(Z=0)=1-P(Z=1)=\frac{\mu}{\lambda+\mu},$$

于是，Z 的分布律为

Z	0	1
p	$\frac{\mu}{\lambda+\mu}$	$\frac{\lambda}{\lambda+\mu}$

例 12 设 X_1，X_2，X_3 为相互独立的三个随机变量，且有相同的分布：

$$P(X_i=1)=p,P(X_i=0)=q,i=1,2,3,p+q=1,$$

又设随机变量

$$Y_1=\begin{cases}0, & \text{当 } X_1+X_2 \text{ 为偶数},\\1, & \text{当 } X_1+X_2 \text{ 为奇数},\end{cases}\quad Y_2=\begin{cases}0, & \text{当 } X_2+X_3 \text{ 为偶数},\\1, & \text{当 } X_2+X_3 \text{ 为奇数}.\end{cases}$$

试求 $Z=Y_1Y_2$ 的分布律.

解 由于

$$P(Y_1=0)=P(X_1=0,\ X_2=0)+P(X_1=1,\ X_2=1)$$

$$=P(X_1=0)P(X_2=0)+P(X_1=1)P(X_2=1)=p^2+q^2,$$

$$P(Y_1=1)=1-p^2-q^2.$$

同理得 Y_2 的分布律，则随机变量 Y_1 和 Y_2 的分布律为

Y_1（Y_2）	0	1
p_k	p^2+q^2	$1-p^2-q^2$

$Z=Y_1Y_2$ 的所有可能值为 0，1，取值概率为

$$P(Z=1)=P(Y_1=1,\ Y_2=1)$$

$$=P(X_1=1,\ X_2=0,\ X_3=1)+P(X_1=0,\ X_2=1,\ X_3=0)$$

$$=p^2q+pq^2=pq,$$

从而 $P(Z=0)=1-pq$，则 $Z=Y_1Y_2$ 的分布律为

Z	0	1
p_k	$1-pq$	pq

例 13 设随机变量 X 和 Y 相互独立，且 $X\sim(\mu,\sigma^2)$，Y 在区间 $[-\pi,\pi]$ 上服从均匀分布，试求 $Z=X+Y$ 的概率密度.

解 由 X 和 Y 相互独立，得二维随机变量 (X,Y) 的概率密度为

$$f(x,y)=\frac{1}{2\pi\sqrt{2\pi}\sigma}e^{-\frac{(x-\mu)^2}{2\sigma^2}},\ -\infty<x<+\infty,\ -\pi\leqslant y\leqslant\pi.$$

如图 3-7 所示，$Z=X+Y$ 的概率密度为

$$f_Z(z)=\int_{-\infty}^{+\infty}f_X(z-y)f_Y(y)\,dy=\int_{-\pi}^{\pi}\frac{1}{2\pi\sqrt{2\pi}\sigma}e^{-\frac{(z-y-\mu)^2}{2\sigma^2}}dy,$$

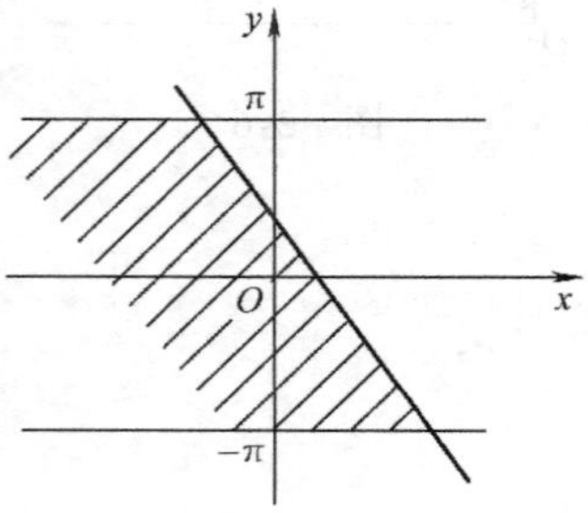

图 3-7

令 $t=\frac{z-y-\mu}{\sigma}$，则

$$f_Z(z)=\frac{1}{2\pi}\int_{\frac{-\pi+(z-\mu)}{\sigma}}^{\frac{\pi+(z-\mu)}{\sigma}}\frac{1}{\sqrt{2\pi}}e^{-\frac{t^2}{2}}dt$$
$$=\frac{1}{2\pi}\left[\Phi\left(\frac{\pi+z-\mu}{\sigma}\right)-\Phi\left(\frac{-\pi+z-\mu}{\sigma}\right)\right]$$
$$=\frac{1}{2\pi}\left[\Phi\left(\frac{z-\mu+\pi}{\sigma}\right)-\Phi\left(\frac{z-\mu-\pi}{\sigma}\right)\right].$$

例 14 设 (X,Y) 的联合密度函数为 $f(x,y)=\begin{cases}e^{-(x+y)}, & x>0,\ y>0,\\ 0, & 其他,\end{cases}$

求 $Z=\frac{X+Y}{2}$ 的密度函数.

【分析】 由分布函数法，先求得 Z 的分布函数 $F_Z(z)$ 后，进而得到 Z 的概率密度 $f_Z(z)$.

解 先求 Z 的分布函数

$$F_Z(z)=P(Z\leqslant z)=P\left(\frac{X+Y}{2}\leqslant z\right)=\iint_{x+y<2z}f(x,y)\,dxdy=\iint_{\substack{x+y<2z\\x>0,\ y>0}}e^{-(x+y)}dxdy.$$

(1) $z<0$ 时，区域 $x+y\leqslant 2z$（直线 $x+y=2z$ 下方）与区域 $x>0$，$y>0$ 没有公共部分，故 $F_Z(z)=0$.

(2) $z\geqslant 0$ 时，区域 $x+y\leqslant 2z$ 与区域 $x>0$，$y>0$ 有公共部分，则

$$F_Z(z)=\int_0^{2z}dx\int_0^{2z-x}e^{-(x+y)}dy=1-e^{-2z}-2ze^{-2z},$$

故知 $Z=\frac{X+Y}{2}$ 的分布函数为

$$F_Z(z)=\begin{cases}1-e^{-2z}-2ze^{-2z}, & z\geqslant 0,\\ 0, & z<0,\end{cases}$$

于是，Z 的密度函数为

$$f_Z(z)=\begin{cases}4z\mathrm{e}^{-2z}, & z\geqslant 0,\\ 0, & z<0.\end{cases}$$

例 15　设 (X,Y) 服从二维均匀分布 $U[-1,1;\ -1,1]$，即联合密度函数为

$$f(x,y)=\begin{cases}\dfrac{1}{4}, & -1\leqslant x\leqslant 1,\ -1\leqslant y\leqslant 1,\\ 0, & \text{其他}.\end{cases}$$

求：（1）$Z_1=\max\{X,Y\}$ 的密度函数；

（2）$Z_2=\min\{X,Y\}$ 的密度函数．

【分析】 欲求 $Z_1=\max\{X,Y\}$ 或 $Z_2=\min\{X,Y\}$ 的密度函数，需先证明 X 与 Y 是两个相互独立的随机变量，并求出各自的分布函数 $F_X(x)$ 和 $F_Y(y)$，则 $Z_1=\max\{X,Y\}$ 的分布函数为 $F_{Z_1}(z)=F_X(z)F_Y(z)$. 而 $Z_2=\min\{X,Y\}$ 的分布函数为

$$F_{Z_2}(z)=1-[1-F_X(z)][1-F_Y(z)]=F_X(z)+F_Y(z)-F_X(z)F_Y(z).$$

解　先求 X 与 Y 的密度函数：

$$f_X(x)=\int_{-\infty}^{+\infty}f(x,y)\,\mathrm{d}y=\int_{-1}^{1}\frac{1}{4}\mathrm{d}y=\frac{1}{2}(-1\leqslant x\leqslant 1),$$

$$f_Y(y)=\int_{-\infty}^{+\infty}f(x,y)\,\mathrm{d}x=\int_{-1}^{1}\frac{1}{4}\mathrm{d}x=\frac{1}{2}(-1\leqslant y\leqslant 1),$$

于是，X 与 Y 的密度函数分别为

$$f_X(x)=\begin{cases}\dfrac{1}{2}, & -1\leqslant x\leqslant 1,\\ 0, & \text{其他},\end{cases}\qquad f_Y(y)=\begin{cases}\dfrac{1}{2}, & -1\leqslant y\leqslant 1,\\ 0, & \text{其他}.\end{cases}$$

显然，X 与 Y 相互独立，分布函数分别为

$$F_X(x)=\begin{cases}0, & x<-1,\\ \dfrac{x+1}{2}, & -1\leqslant x\leqslant 1,\\ 1, & x>1,\end{cases}\qquad F_Y(y)=\begin{cases}0, & y<-1,\\ \dfrac{y+1}{2}, & -1\leqslant y\leqslant 1,\\ 1, & y>1.\end{cases}$$

（1）由于

$$F_{Z_1}(z)=F_X(z)F_Y(z)=\begin{cases}0, & z<-1,\\ \left(\dfrac{z+1}{2}\right)^2, & -1\leqslant z\leqslant 1,\\ 1, & z>1,\end{cases}$$

故得

$$f_{Z_1}(z)=\begin{cases}\dfrac{z+1}{2}, & -1\leqslant z\leqslant 1,\\ 0, & \text{其他}.\end{cases}$$

（2）由于

$$F_{Z_2}(z)=F_X(z)+F_Y(z)-F_X(z)F_Y(z)=\begin{cases}0, & z<-1,\\ \dfrac{-z^2+2z+3}{4}, & -1\leqslant z\leqslant 1,\\ 1, & z>1,\end{cases}$$

故得
$$f_{Z_2}(z)=\begin{cases}\dfrac{1-z}{2}, & -1\leqslant z\leqslant 1,\\ 0, & 其他.\end{cases}$$

例 16　设二维随机变量 (X,Y) 在矩形 $G=\{(x,y)\mid 0\leqslant x\leqslant 2,0\leqslant y\leqslant 1\}$ 上服从均匀分布．试求边长为 X 和 Y 的矩形面积 S 的概率密度 $f(s)$．

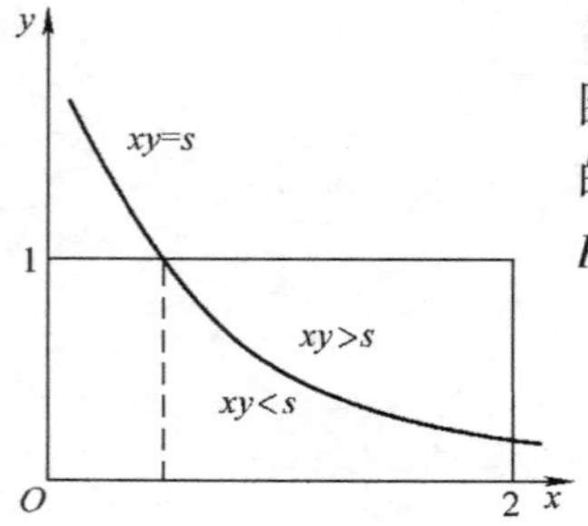

【分析】 设 $F(s)=P(S\leqslant s)$ 为 S 的分布函数，当 $0<s<2$ 时，如图 3-8 所示，曲线 $xy=s$ 与矩形上边交于点 $(s,\ 1)$；位于 $xy=s$ 上方的点满足 $xy>s$，位于下方的点满足 $xy<s$．此时，$P(S\leqslant s)=P(XY\leqslant s)$，求得 S 的分布函数 $F(s)$，进而得 S 的概率密度 $f(s)$．

图 3-8

解　二维随机变量 (X,Y) 的概率密度为

$$f(x,y)=\begin{cases}\dfrac{1}{2}, & (x,y)\in G,\\ 0, & (x,y)\notin G.\end{cases}$$

设 $F(s)$ 为 S 的分布函数，则

（1）当 $s\leqslant 0$ 时，$F(s)=P(S\leqslant s)=P(\varnothing)=0$；

（2）当 $s\geqslant 2$ 时，$F(s)=P(S\leqslant s)=1$；

（3）当 $0<s<2$ 时，

$$\begin{aligned}F(s)&=P(S\leqslant s)=P(XY\leqslant s)=1-P(XY>s)\\&=1-\iint\limits_{\substack{xy>s\\(x,y)\in G}}\frac{1}{2}\mathrm{d}x\mathrm{d}y=1-\frac{1}{2}\int_s^2\mathrm{d}x\int_{\frac{s}{x}}^1\mathrm{d}y=\frac{s}{2}(1+\ln 2-\ln s),\end{aligned}$$

故
$$f(s)=\begin{cases}\dfrac{1}{2}(\ln 2-\ln s), & 0<s<2,\\ 0, & s\leqslant 0 或 s\geqslant 2.\end{cases}$$

考研真题解析

例 1　(2014 年)

设随机变量 X 的概率分布为 $P(X=1)=P(X=2)=\dfrac{1}{2}$，在给定 $X=i$ 的条件下，随机变量 Y 服从均匀分布 $U(0,i)\,(i=1,2)$．

（1）求 Y 的分布函数 $F_Y(y)$；

（2）求 $E(Y)$．

【分析】
$$\begin{aligned}F_Y(y)&=P(Y\leqslant y)=P(Y\leqslant y,X=1)+P(Y\leqslant y,X=2)\\&=P(Y\leqslant y\mid X=1)P(X=1)+P(Y\leqslant y\mid X=2)P(X=2)\end{aligned}$$

$$=\frac{1}{2}P(Y\leqslant y\mid X=1)+\frac{1}{2}P(Y\leqslant y\mid X=2).$$

（1）由于 $F_{Y|X=1}(y\mid x=1)=\begin{cases}1, & 0<y<1,\\ 0, & 其他,\end{cases}$

$$F_{Y|X=2}(y\mid x=2)=\begin{cases}\frac{1}{2}, & 0<y<2,\\ 0, & 其他,\end{cases}$$ 所以,

当 $y<0$ 时，$F_Y(y)=0$;

当 $0\leqslant y<1$ 时，$F_Y(y)=\frac{1}{2}\int_0^y \mathrm{d}y+\frac{1}{2}\int_0^y\frac{1}{2}\mathrm{d}y=\frac{3}{4}y$;

当 $1\leqslant y<2$ 时，$F_Y(y)=\frac{1}{2}\int_0^1 \mathrm{d}y+\frac{1}{2}\int_0^y\frac{1}{2}\mathrm{d}y=\frac{1}{2}+\frac{1}{4}y$;

当 $y\geqslant 2$ 时，$F_Y(y)=1$;

综上得 $F_Y(y)=\begin{cases}0, & y<0,\\ \frac{3}{4}y, & 0\leqslant y<1,\\ \frac{1}{2}+\frac{1}{4}y, & 1\leqslant y<2,\\ 1, & y\geqslant 2.\end{cases}$

（2）由于 $f_Y(y)=F'_Y(y)=\begin{cases}3/4, & 0\leqslant y<1,\\ 1/4, & 1\leqslant y<2,\\ 0, & 其他,\end{cases}$ 所以

$$E(Y)=\int_{-\infty}^{+\infty}yf_Y(y)\mathrm{d}y=\int_0^1\frac{3}{4}y\mathrm{d}y+\int_1^2\frac{1}{4}y\mathrm{d}y=\frac{3}{4}.$$

例 2　（2015 年）

设二维随机变量 (X,Y) 服从正态分布 $N(1,0;1,1,0)$，则 $P(XY-Y<0)=$________.

【分析】 由于相关系数等于 0，所以 X，Y 相互独立，且 $X\sim N(1,1)$，$Y\sim N(0,1)$，从而

$$\begin{aligned}P(XY-Y<0)&=P((X-1)Y<0)=P(X-1>0,Y<0)+P(X-1<0,Y>0)\\&=P(X>1)P(Y<0)+P(X<1)P(Y>0)\\&=\frac{1}{2}\times\frac{1}{2}+\frac{1}{2}\times\frac{1}{2}=\frac{1}{2}.\end{aligned}$$

例 3　（2021 年）

设随机变量 X_1，X_2，X_3 相互独立，其中 X_1，X_2 均服从标准正态分布，X_3 的概率分布为 $P\{X_3=0\}=P\{X_3=1\}=\frac{1}{2}$，$Y=X_3X_1+(1-X_3)X_2$.

（1）求二维随机变量（X_1，Y）的分布函数，结果用正态分布 $\Phi(x)$ 表示；

（2）证明：随机变量 Y 服从标准正态分布 .

解 (1) 记二维随机变量 (X_1,Y) 的分布函数为 $F(x,y)$，则

$$F(x,y)=P\{X_1\leqslant x,Y\leqslant y\}=P\{X_1\leqslant x,X_3X_1+(1-X_3)X_2\leqslant y\}$$
$$=PX_3=0\}P\{X_1\leqslant x,X_3X_1+(1-X_3)X_2\leqslant y|X_3=0\}+P\{X_3=1\}$$
$$P\{X_1\leqslant x,X_3X_1+(1-X_3)X_2\leqslant y|X_3=1\}$$
$$=\frac{1}{2}P\{X_1\leqslant x,X_2\leqslant y|X_3=0\}+\frac{1}{2}P\{X_1\leqslant x,X_1\leqslant y|X_3=1\}$$
$$=\frac{1}{2}P\{X_1\leqslant x,X_2\leqslant y\}+\frac{1}{2}P\{X_1\leqslant x,X_1\leqslant y\}$$
$$=\frac{1}{2}\Phi(x)\Phi(y)+\frac{1}{2}\Phi(\min\{x,y\})$$
$$=\begin{cases}\frac{1}{2}\Phi(x)[1+\Phi(y)],x\leqslant y\\ \frac{1}{2}\Phi(y)[1+\Phi(x)],x>y\end{cases}$$

(2) $F_Y(y)=P\{Y\leqslant y\}=P\{X_3X_1+(1-X_3)X_2\leqslant y\}$
$$=P\{X_3=0\}P\{X_3X_1+(1-X_3)X_2\leqslant y|X_3=0\}+P\{X_3$$
$$=1\}P\{X_3X_1+(1-X_3)X_2\leqslant y|X_3=1\}$$
$$=\frac{1}{2}P\{X_2\leqslant y|X_3=0\}+\frac{1}{2}P\{X_1\leqslant y|X_3=1\}$$
$=\frac{1}{2}\Phi(y)+\frac{1}{2}\Phi(y)=\Phi(y)$，所以 Y 服从标准正态分布.

例 4 (2021 年)

在区间 $(0,2)$ 上随机取一点，将该区间分成两段，较短的一段的长度记作 X，较长的一段记作 Y，令 $Z=\dfrac{Y}{X}$

(1) 求 X 的概率密度；(2) 求 Z 的概率密度；(3) 求 $E\left(\dfrac{X}{Y}\right)$.

解 (1) 在 $[0,2]$ 随机取点，其坐标位置记作 L，则 $L\sim U[0,2]$，于是 $X=\min\{L,2-L\}$，$Y=2-X$，从而

$$F_X(x)=P\{\min\{L,2-L\}\leqslant x\}=1-P\{\min\{L,2-L\}>x\}$$
$=1-P\{L>x,2-L>x\}=1-P\{x<L<2-x\}$，故易知

$$F_X(x)=\begin{cases}0, & x<1,\\ x, & 0\leqslant x\leqslant 1,\\ 1, & x>1,\end{cases}\text{则} f_X(x)=\begin{cases}1, & 0\leqslant x\leqslant 1,\\ 0, & \text{其他},\end{cases}\text{即} X\sim U[0,1].$$

(2) 由 $Y=2-X$，即 $Z=\dfrac{2-X}{X}$，则由 $F_Z(z)=P\{Z\leqslant z\}=$
$$P\left\{\frac{2-X}{X}\leqslant z\right\}=P\left\{\frac{2}{X}\leqslant z+1\right\},$$

故当 $z\leqslant -1$ 时，$F_Z(z)=0$；当 $z\geqslant 1$ 时，$F_Z(z)=P\left\{X\geqslant\dfrac{2}{z+1}\right\}=$

$1-P\left\{X\leqslant\dfrac{2}{z+1}\right\}=1-\dfrac{2}{z+1}$；当$-1<z<1$时，$F_Z(z)=P\left\{X\geqslant\dfrac{2}{z+1}\right\}=0$，所以

$$F_Z(z)=\begin{cases}1-\dfrac{2}{z+1}, & z\geqslant1,\\ 0, & z<1,\end{cases}\quad f_Z(z)=\begin{cases}\dfrac{2}{(z+1)2}, & z\geqslant1,\\ 0, & z<1.\end{cases}$$

（3）$E\left(\dfrac{X}{Y}\right)=E\left(\dfrac{X}{2-X}\right)=\displaystyle\int_{-\infty}^{+\infty}\frac{x}{2-x}f_X(x)\,\mathrm{d}x$

$$=\int_0^1\frac{x}{2-x}\mathrm{d}x=2\ln2-1.$$

例5 （2023年）

设随机变量X与Y相互独立，且$X\sim B\left(1,\dfrac{1}{3}\right)$，$Y\sim B\left(2,\dfrac{1}{2}\right)$，则$P\{X=Y\}=$________.

【分析】 因$X\sim B\left(1,\dfrac{1}{3}\right)$，所以$X$取0，1；$Y\sim B\left(2,\dfrac{1}{2}\right)$，所以$Y$取0，1，2，又因为$X$与$Y$相互独立，所以$P\{X=Y\}=P\{X=0,Y=0\}+P\{X=1,Y=1\}=\dfrac{2}{3}C_2^0\left(\dfrac{1}{2}\right)^2+\dfrac{1}{3}C_2^1\left(\dfrac{1}{2}\right)^2=\dfrac{1}{3}$.

例6 （2023年）

设随机变量(X,Y)的概率密度为$f(x,y)=\begin{cases}\dfrac{2}{\pi}(x^2+y^2), & x^2+y^2\leqslant1,\\ 0, & \text{其他},\end{cases}$

（1）求X与Y的方差；（2）X与Y是否独立；（3）求$Z=X^2+Y^2$的概率密度.

解 （1）$E(X)=\displaystyle\iint_D x\frac{2}{\pi}(x^2+y^2)\mathrm{d}\sigma=0$,

$$E(X^2)=\iint_D x^2\frac{2}{\pi}(x^2+y^2)\mathrm{d}\sigma=4\iint_{D1}x^2\frac{2}{\pi}(x^2+y^2)\mathrm{d}\sigma$$

$$=\frac{4}{\pi}\int_0^{\frac{\pi}{2}}\mathrm{d}\theta\int_0^1 r^5\mathrm{d}r=\frac{1}{3},$$

所以$D(X)=\dfrac{1}{3}$，同理得$D(Y)=\dfrac{1}{3}$.

$$（2）f_X(x)=\begin{cases}\displaystyle\int_{-\sqrt{1-x^2}}^{\sqrt{1-x^2}}\frac{2}{\pi}(x^2+y^2)\mathrm{d}y, & -1<x<1,\\ 0, & \text{其他}\end{cases}$$

$$=\begin{cases}\dfrac{4}{3\pi}(1+2x^2)\sqrt{1-x^2}, & -1<x<1,\\ 0, & \text{其他}.\end{cases}$$

同理得$f_Y(y)=\begin{cases}\dfrac{4}{3\pi}(1+2y^2)\sqrt{1-y^2}, & -1<y<1,\\ 0, & \text{其他},\end{cases}$

因为$f_X(x)f_Y(y)\neq f(x,y)$，所以X，Y不相互独立.

(3) $F_Z(z)=P\{Z\leqslant z\}=P\{X^2+Y^2\leqslant z\}$，

当$z<0$时，$F_Z(z)=0$；

当$0\leqslant z<1$时，$F_Z(z)=\iint_{D_z}\frac{2}{\pi}(x^2+y^2)\mathrm{d}\sigma=\frac{2}{\pi}\int_0^{2\pi}\mathrm{d}\theta\int_0^{\sqrt{z}}r^3\mathrm{d}r=z^2$；

当$z\geqslant 1$时，$F_Z(z)=1$；

所以Z的概率密度为

$$f_Z(z)=\begin{cases}2z, & 0<z<1,\\ 0, & \text{其他}.\end{cases}$$

例 7 (2023年)

设随机变量X的概率密度为$f(x)=\frac{\mathrm{e}^x}{(1+\mathrm{e}^x)^2}$，$-\infty<x<+\infty$，令$Y=\mathrm{e}^x$，

(1) 求X的分布函数；(2) 求Y的概率密度.

解 (1) $F(x)=\int_{-\infty}^{x}\frac{\mathrm{e}^x}{(1+\mathrm{e}^x)^2}\mathrm{d}x=-\frac{1}{1+\mathrm{e}^x}\Big|_{-\infty}^{x}=\frac{\mathrm{e}^x}{1+\mathrm{e}^x}$，$x\in\mathbf{R}$；

(2) $F_Y(y)=P(\mathrm{e}^x\leqslant y)$，

当$y<0$时，$F_Y(y)=0$；

当$y\geqslant 0$时，$F_Y(y)=P\{X\leqslant \ln y\}=F(\ln y)=\frac{y}{1+y}$；

所以Y的概率密度为$f_Y(y)=\begin{cases}\frac{1}{(1+y^2)^2}, & y>0,\\ 0, & \text{其他}.\end{cases}$

模拟试题自测

1. 如下四个二元函数，哪个不能作为二维随机变量(X,Y)的分布函数？(　　)

(A) $F_1(x,y)=\begin{cases}(1-\mathrm{e}^{-x})(1-\mathrm{e}^{-y}), & 0<x<+\infty,\ 0<y<+\infty,\\ 0, & \text{其他}\end{cases}$

(B) $F_2(x,y)=\frac{1}{\pi^2}\left(\frac{\pi}{2}+\arctan\frac{x}{2}\right)\left(\frac{\pi}{2}+\arctan\frac{y}{3}\right)$

(C) $F_3(x,y)=\begin{cases}1, & x+2y\geqslant 1,\\ 0, & x+2y<1\end{cases}$

(D) $F_4(x,y)=\begin{cases}1-2^{-x}-2^{-y}+2^{-x-y}, & 0<x<+\infty,0<y<+\infty,\\ 0, & \text{其他}\end{cases}$

2. 设(X,Y)的密度函数为$\varphi(x,y)=\begin{cases}\mathrm{e}^{-y}, & x>0,\ y>x,\\ 0, & \text{其他}\end{cases}$

试求：

（1）X，Y 的边缘密度函数，并判别其独立性；

（2）(X,Y) 的条件分布密度；

（3）$P(X>2|Y<4)$.

3. 设某型号的电子元件寿命（以 h 计）近似服从 $N(160,20^2)$ 分布，随机选取 4 件，求其中没有一件寿命小于 180h 的概率.

4. 对某种电子装置的输出测量了 5 次，得到的观察值 X_1，X_2，X_3，X_4，X_5，设它们是相互独立的变量，且都服从同一分布 $F(z)=\begin{cases}1-e^{-\frac{z^2}{8}}, & z\geqslant 0,\\ 0, & 其他,\end{cases}$ 试求：$\max\{X_1, X_2, X_3, X_4, X_5\}>4$ 的概率.

5. 设 X 和 Y 为两个随机变量，且 $P(X\geqslant 0,Y\geqslant 0)=\dfrac{3}{7}$，$P(X\geqslant 0)=P(Y\geqslant 0)=\dfrac{4}{7}$，则 $P(\max\{X,Y\}\geqslant 0)=$______.

6. 设随机变量 X 和 Y 相互独立，其概率分布为

m	-1	1	m	-1	1
$P(X=m)$	$\frac{1}{2}$	$\frac{1}{2}$	$P(Y=m)$	$\frac{1}{2}$	$\frac{1}{2}$

则下列式子正确的是(　　).

（A）$X=Y$ （B）$P(X=Y)=0$

（C）$P(X=Y)=\dfrac{1}{2}$ （D）$P(X=Y)=1$

7. 设二维随机变量 (X,Y) 的分布函数为 $F(x,y)$，试用 $F(x,y)$ 表示下述概率：

（1）$P(a<X\leqslant b,c<Y\leqslant d)$；（2）$P(a<X\leqslant b,Y\leqslant y)$；

（3）$P(X=a,Y\leqslant y)$；（4）$P(X\leqslant x,Y<+\infty)$；

（5）$P(X<-\infty,Y<+\infty)$.

8. 抛 3 枚硬币，以 X 表示 3 枚硬币出现正面的总数，令

$$Y=\begin{cases}1, & 当 3 枚硬币中出现的正面数大于反面数,\\ -1, & 其他情况.\end{cases}$$

求 X 与 Y 的联合分布律及边缘分布律.

9. 设随机变量 (X,Y) 具有概率密度 $f(x,y)=\begin{cases}Ce^{-x^2y}, & x\geqslant 1,\ y\geqslant 0,\\ 0, & 其他.\end{cases}$

（1）确定常数 C；

（2）求概率 $P(X^2Y>1)$.

10. 设随机变量 X，Y 相互独立，分别服从参数为 λ 和 μ 的指数分布. 求 $X-Y$ 的概率密度.

11. 设 $F_1(x)$ 与 $F_2(x)$ 分别为随机变量 X_1 与 X_2 的分布函数.

为使

$$F(x)=aF_1(x)-bF_2(x)$$

是某一随机变量的分布函数，在下列给定的各组数值中应取(　　).

(A) $a=\frac{3}{5}$, $b=-\frac{2}{5}$　　(B) $a=\frac{2}{3}$, $b=\frac{2}{3}$

(C) $a=\frac{1}{2}$, $b=\frac{3}{2}$　　(D) $a=\frac{1}{2}$, $b=-\frac{3}{2}$

12. 设随机变量 X 服从参数为 $(2,p)$ 的二项分布，随机变量 Y 服从参数为 $(3,p)$ 的二项分布，若 $P(X\geqslant 1)=\frac{5}{9}$，则 $P(Y\geqslant 1)=$ ________.

13. 从数 1，2，3，4 中任取一个数，记为 X，再从 1，…，X 中任取一个数，记为 Y，则 $P(Y=2)=$ ________.

14. 设随机变量 X，Y 相互独立，其概率密度函数分别为

$$f_X(x)=\begin{cases}1, & 0\leqslant x\leqslant 1,\\ 0, & 其他,\end{cases}\quad f_Y(y)=\begin{cases}e^{-y}, & y>0,\\ 0, & y\leqslant 0,\end{cases}$$

求随机变量 $Z=2X+Y$ 的概率密度函数.

15. 设随机变量 X 的概率分布密度为 $f(x)=\frac{1}{2}e^{-|x|}$，$-\infty<x<+\infty$.

(1) 求 X 的数学期望 $E(X)$ 和方差 $D(X)$；

(2) 求 X 与 $|X|$ 的协方差，并问 X 与 $|X|$ 是否不相关？

(3) 问 X 与 $|X|$ 是否相互独立？为什么？

16. 设二维随机变量 (X,Y) 的概率密度为

$$f(x,y)=\begin{cases}1, & 0<x<1,\ 0<y<2x,\\ 0, & 其他,\end{cases}$$

求：(1) (X,Y) 的边缘概率密度 $f_X(x)$，$f_Y(y)$；

(2) $Z=2X-Y$ 的概率密度 $f_Z(z)$.

17. 将一枚硬币重复掷 n 次，以 X 和 Y 分别表示正面向上和反面向上的次数，则 X 和 Y 的相关系数等于(　　).

(A) -1　　(B) 0　　(C) $\frac{1}{2}$　　(D) 1

18. 设随机变量 X 和 Y 都服从正态分布，且它们不相关，则(　　).

(A) X 与 Y 一定独立　　(B) (X,Y) 服从二维正态分布

(C) X 与 Y 未必独立　　(D) $X+Y$ 服从一维正态分布

19. 设随机变量 X_i 服从分布

-1	0	1
$\frac{1}{4}$	$\frac{1}{2}$	$\frac{1}{4}$

$(i=1,2)$，

且满足 $P(X_1X_2=0)=1$，则 $P(X_1=X_2)$ 等于(　　).

(A) 0　　(B) $\frac{1}{4}$　　(C) $\frac{1}{2}$　　(D) 1

20. 设二维随机变量 (X,Y) 的概率分布为

X	Y	
	0	1
0	0.4	a
1	b	0.1

若随机事件 $(X=0)$ 与 $(X+Y=1)$ 相互独立，则(　　).

(A) $a=0.2$,　$b=0.3$　　(B) $a=0.1$,　$b=0.4$

(C) $a=0.3$,　$b=0.2$　　(D) $a=0.4$,　$b=0.1$

21. 设随机变量 (X,Y) 服从二维正态分布，且 X 与 Y 不相关，$f_X(x)$，$f_Y(y)$ 分别表示 X，Y 的概率密度，则在 $Y=y$ 的条件下，X 的条件概率密度 $f_{X|Y}(x|y)$ 为(　　).

(A) $f_X(x)$　　(B) $f_Y(y)$

(C) $f_X(x)f_Y(y)$　　(D) $\frac{f_X(x)}{f_Y(y)}$

22. 设随机变量 X,Y 独立同分布，且 X 的分布函数为 $F(x)$，则 $Z=\max\{X,Y\}$ 的分布函数为(　　).

(A) $F^2(x)$　　(B) $F(x)F(y)$

(C) $1-[1-F(x)]^2$　　(D) $[1-F(x)][1-F(y)]$

23. 设随机变量 X 与 Y 相互独立，且 X 服从标准正态分布 $N(0,1)$，Y 的概率分布为 $P(Y=0)=P(Y=1)=\frac{1}{2}$. 记 $F_Z(z)$ 为随机变量 $Z=XY$ 的分布函数，则函数 $F_Z(z)$ 的间断点个数为(　　).

(A) 0　　(B) 1　　(C) 2　　(D) 3

24. 设随机变量 X 与 Y 相互独立，且分别服从参数为 1 与参数为 4 的指数分布，则 $P(X<Y)=$(　　).

(A) $\frac{1}{5}$　　(B) $\frac{1}{3}$　　(C) $\frac{2}{5}$　　(D) $\frac{4}{5}$

25. 设随机变量 X 与 Y 相互独立，且都服从 $(0,1)$ 上的均匀分布，则 $P(X^2+Y^2\leqslant 1)=$(　　).

(A) $\frac{1}{4}$　　(B) $\frac{1}{2}$　　(C) $\frac{\pi}{8}$　　(D) $\frac{\pi}{4}$

26. 设随机变量 X 与 Y 相互独立，且 X 与 Y 的概率分布分别为

X	0	1	2	3
p	$\frac{1}{2}$	$\frac{1}{4}$	$\frac{1}{8}$	$\frac{1}{8}$

Y	−1	0	1
p	$\frac{1}{3}$	$\frac{1}{3}$	$\frac{1}{3}$

则 $P(X+Y=2)=($　　$)$.

(A) $\frac{1}{12}$　　(B) $\frac{1}{8}$　　(C) $\frac{1}{6}$　　(D) $\frac{1}{2}$

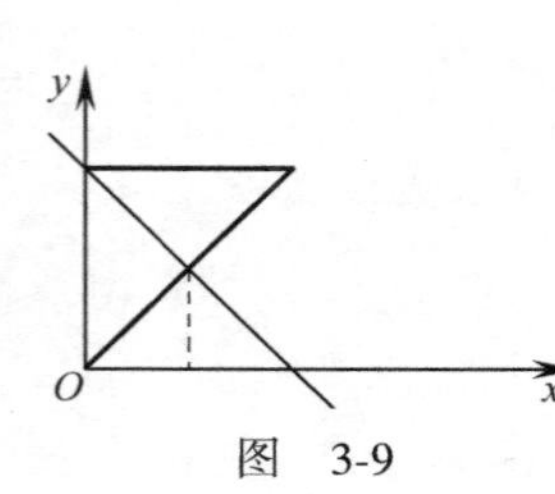

图 3-9

27. 设二维随机变量(X,Y) 的概率密度为

$$f(x,y)=\begin{cases}6x, & 0\leqslant x\leqslant y\leqslant 1,\ (\text{见图 3-9})\\ 0, & \text{其他},\end{cases}$$

则$P(X+Y\leqslant 1)=$__________.

28. 设随机变量 X 与 Y 相互独立,且均服从区间 $[0,\ 3]$ 上的均匀分布，则 $P(\max\{X,Y\}\leqslant 1)=$__________.

29. 在区间$(0,1)$ 中随机地取两个数，则两数之差的绝对值小于$\frac{1}{2}$的概率为____（见图 3-10）.

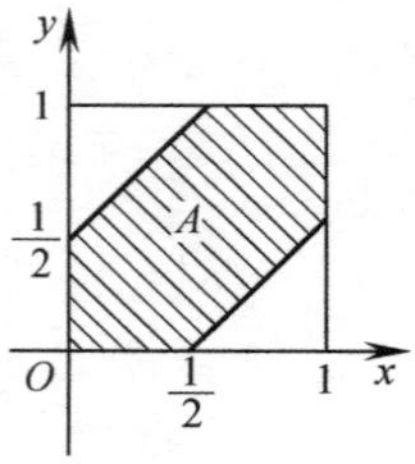

图 3-10

30. 设某班车起点站上客人数 X 服从参数为 $\lambda(\lambda>0)$ 的泊松分布，每位乘客在中途下车的概率为 $p(0<p<1)$，且中途下车与否相互独立．以 Y 表示在中途下车的人数．求：

(1) 在发车时有 n 个乘客的条件下，中途有 m 人下车的概率；

(2) 二维随机变量 (X,Y) 的概率分布.

31. 设随机变量 X 和 Y 的联合分布是正方形 $G=\{(x,y)\mid 1\leqslant x\leqslant 3,1\leqslant x\leqslant 3\}$ 上的均匀分布．试求随机变量 $U=|X-Y|$ 的概率密度 $f(u)$.

32. 设随机变量 X 与 Y 独立,其中 X 的概率分布为

1	2
0.3	0.7

，

而 Y 的概率密度为 $f(y)$. 求随机变量 $U=X+Y$ 的概率密度 $g(u)$.

33. 设 A,B 为随机事件，且 $P(A)=\frac{1}{4}$，$P(B|A)=\frac{1}{3}$，$P(A|B)=\frac{1}{2}$，令 $X=\begin{cases}1, & A\text{ 发生}\\ 0, & A\text{ 不发生}\end{cases}$，$Y=\begin{cases}1, & B\text{ 发生}\\ 0, & B\text{ 不发生}\end{cases}$.

求：(1) 二维随机变量 (X,Y) 的概率分布；

(2) X 与 Y 的相关系数.

34. 设随机变量 X 在区间$(0,1)$ 上服从均匀分布，在 $X=x$ $(0<x<1)$ 的条件下，随机变量 Y 在区间 $(0,x)$ 上服从均匀分布，求

(1) 随机变量 X 和 Y 的联合概率密度；

(2) Y 的概率密度；

(3) 概率 $P(X+Y>1)$.

35. 设二维随机变量(X,Y) 的概率密度为

$$f(x,y)=\begin{cases}1, & 0<x<1,\ 0<y<2x,\\ 0, & \text{其他},\end{cases}\ \text{求：}$$

(1) (X,Y) 的边缘概率密度 $f_X(x)$，$f_Y(y)$；

(2) $Z=2X-Y$ 的概率密度 $f_Z(z)$；

(3) $P\left(Y\leqslant\frac{1}{2}\,\middle|\,X\leqslant\frac{1}{2}\right)$.

36. 随机变量 X 的概率密度为

$$f_X(x)=\begin{cases}\frac{1}{2}, & -1<x<0,\\ \frac{1}{4}, & 0\leqslant x<2,\\ 0, & \text{其他},\end{cases}$$

令 $Y=X^2$，$F(x,y)$ 为二维随机变量 (X,Y) 的分布函数.

(1) 求 Y 的概率密度 $f_Y(y)$；

(2) $F\left(-\frac{1}{2},4\right)$.

37. 设二维随机变量(X,Y)的概率分布为

X \ Y	-1	0	1
-1	a	0	0.2
0	0.1	b	0.2
1	0	0.1	c

其中 a，b，c 为常数，且 x 的数学期望 $E(X)=-0.2$，$P(Y\leqslant 0,X\leqslant 0)=0.5$，记 $Z=X+Y$，求：

(1) a，b，c 的值；(2) Z 的概率分布；(3) $P(X=Z)$.

38. 设二维随机变量(X,Y)的概率密度为

$$f(x,y)=\begin{cases}2-x-y, & 0<x<1,\ 0<y<1,\\ 0, & \text{其他}.\end{cases}$$

(1) 求 $P(X>2Y)$；

(2) 求 $Z=X+Y$ 的概率密度 $f_Z(z)$.

39. 设随机变量 X 与 Y 相互独立，X 的概率分布为 $P(X=i)=\frac{1}{3}$ $(i=-1,0,1)$，Y 的概率密度为 $f_Y(y)=\begin{cases}1, & 0\leqslant y<1,\\ 0, & \text{其他},\end{cases}$ 记 $Z=X+Y$.（见图 3-11、图 3-12）

(1) 求 $P\left(Z\leqslant\frac{1}{2}\mid X=0\right)$；

(2) 求 Z 的概率密度 $f_Z(z)$.

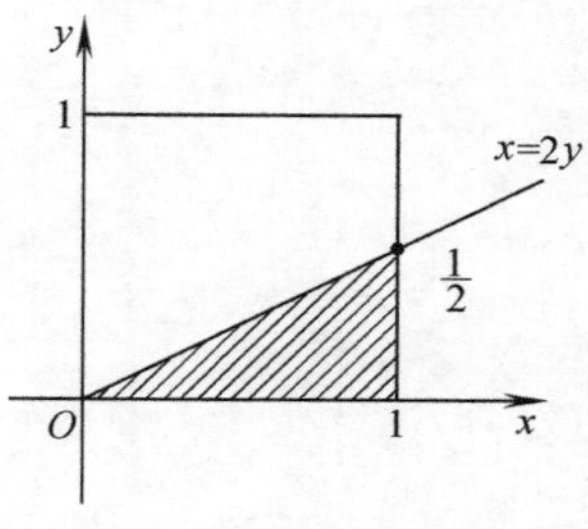

图 3-11

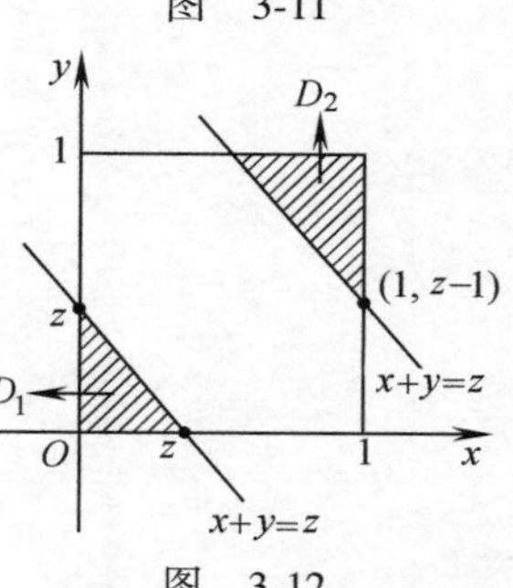

图 3-12

40. 袋中有 1 个红球、2 个黑球与 3 个白球. 现有放回地从袋中取两次，每次取一个球. 以 X，Y，Z 分别表示两次取球所取得的红球、黑球与白球的个数.

(1) 求 $P(X=1\mid Z=0)$；

(2) 求二维随机变量 (X,Y) 的概率分布.

41. 设二维随机变量(X,Y) 的概率密度为

$$f(x,y)=\begin{cases}e^{-x}, & 0<y<x\\ 0, & 其他\end{cases}.$$

(1) 求条件概率密度$f_{Y|X}(y|x)$;

(2) 求条件概率 $P(X\leqslant 1|Y\leqslant 1)$.

42. 设二维随机变量 (X,Y) 的概率密度为$f(x,y)=Ae^{-2x^2+2xy-y^2}$, $-\infty<x<+\infty$, $-\infty<y<+\infty$, 求常数 A 及条件概率密度$f_{Y|X}(y|x)$.

43. 设二维随机变量 (X,Y) 服从区域 G 上的均匀分布, 其中 G 是由 $x-y=0$, $x+y=2$ 与 $y=0$ 所围成的三角形区域.

(1) 求 X 的概率密度$f_X(x)$;

(2) 求条件概率密度$f_{X|Y}(x|y)$.

44. 设(X,Y)是二维随机变量, X 的边缘概率密度为

$$f_X(x)=\begin{cases}3x^2, & 0<x<1,\\ 0, & 其他,\end{cases}$$

在给定 $X=x(0<x<1)$的条件下, Y 的条件概率密度为

$$f_{Y|X}(y|x)=\begin{cases}\dfrac{3y^2}{x^3}, & 0<y<x\\ 0, & 其他\end{cases}.$$

(1) 求(X,Y)的概率密度$f(x,y)$;

(2) Y 的边缘概率密度为$f_Y(y)$.

第 3 章模拟试题自测答案

1. (C)

2. (1) $f_X(x)=\begin{cases}e^{-x}, & x>0,\\ 0, & 其他,\end{cases}$ $f_Y(y)=\begin{cases}ye^{-y}, & y>0,\\ 0, & 其他,\end{cases}$ 不独立

(2) $f(y/x)=\begin{cases}e^{x-y}, & y>x>0,\\ 0, & 其他,\end{cases}$ $f(x/y)=\begin{cases}\dfrac{1}{y}, & y>x>0,\\ 0, & 其他\end{cases}$

(3) $\dfrac{e^{-2}-3e^{-4}}{1-5e^{-4}}$

3. 0.1587^4 **4.** $1-(1-e^{-2})^5$ **5.** $\dfrac{5}{7}$ **6.** (C)

7. (1) $P(a<X\leqslant b,c<Y\leqslant d)=F(b,d)-F(b,c)-F(a,d)+F(a,c)$

(2) $P(a<X\leqslant b,Y\leqslant y)=F(b,y)-F(a,y)$

(3) $P(X=a,Y\leqslant y)=P(X\leqslant a,Y\leqslant y)-P(X<a,Y\leqslant y)$

$=F(a,y)-F(a-0,y)$

(4) $P(X\leqslant x,Y<+\infty)=F(x,+\infty)=F_X(x)$

(5) $P(X<-\infty,Y<+\infty)=0$

8. X 和 Y 的联合分布律及边缘分布律为

Y	X				$P(Y=j)$
	0	1	2	3	
1	0	0	3/8	1/8	1/2
−1	1/8	3/8	0	0	1/2
$P(X=i)$	1/8	3/8	3/8	1/8	1

9. (1) $C=1$ (2) $P(X^2Y>1)=\int_1^{+\infty}\mathrm{d}x\int_{\frac{1}{x^2}}^{+\infty}\mathrm{e}^{-x^2y}\mathrm{d}y=\mathrm{e}^{-1}$

10. $f_Z(z)=\begin{cases}\dfrac{\mu\lambda}{\mu+\lambda}\mathrm{e}^{\mu z}, & z\leqslant 0,\\ \dfrac{\mu\lambda}{\mu+\lambda}\mathrm{e}^{-\lambda z}, & z>0\end{cases}$ 11. (A) 12. $\dfrac{19}{27}$

13. $\dfrac{13}{48}$ 14. $f_Z(z)=\begin{cases}0, & z<0,\\ \dfrac{1}{2}(1-\mathrm{e}^{-z}), & 0\leqslant z<2,\\ \dfrac{1}{2}(\mathrm{e}^2-1)\mathrm{e}^{-z}, & z\geqslant 2\end{cases}$

15. (1) $E(X)=0$，$D(X)=2$

(2) 因为 X 与 $|X|$ 的协方差为零，所以 X 与 $|X|$ 不相关

(3) 因为 $P(X<a,|X|<a)\neq P(X<a)P(|X|<a)$，因此随机变量 X 与 $|X|$ 不独立

16. (1) $f_X(x)=\begin{cases}2x, & 0<x<1,\\ 0, & 其他,\end{cases}$ $f_Y(y)=\begin{cases}1-\dfrac{y}{2}, & 0<y<2,\\ 0, & 其他\end{cases}$

(2) Z 的概率密度为 $f_Z(z)=\begin{cases}1-\dfrac{z}{2}, & 0\leqslant z<2,\\ 0, & 其他\end{cases}$

17. (A) 18. (C) 19. (A) 20. (D) 21. (A)

22. (A) 23. (B) 24. (A) 25. (D) 26. (C)

27. $\dfrac{1}{4}$ 28. $\dfrac{1}{9}$ 29. $\dfrac{3}{4}$

30. (1) $P(Y=m|X=n)=\mathrm{C}_n^m p^m(1-p)^{n-m}, 0\leqslant m\leqslant n, n=0,1,2,\cdots$

(2) $P(X=n,Y=m)=\dfrac{\lambda^n}{n!}\mathrm{e}^{-\lambda}\mathrm{C}_n^m p^m(1-p)^{n-m}, 0\leqslant m\leqslant n, n=0,1,2,\cdots$

31. $f(u)=\begin{cases}1-\dfrac{u}{2}, & 0\leqslant u\leqslant 2,\\ 0, & 其他\end{cases}$

32. $g(u)=0.3f(u-1)+0.7f(u-2)$

33. (1)

X	Y	
	0	1
0	$\frac{2}{3}$	$\frac{1}{12}$
1	$\frac{1}{6}$	$\frac{1}{12}$

（2）$\frac{1}{\sqrt{15}}$

34.（1）$f(x,y)=\begin{cases}\frac{1}{x}, & 0<y<x<1,\\ 0, & \text{其他}\end{cases}$

（2）$f_Y(y)=\begin{cases}-\ln y, & 0<y<1,\\ 0, & \text{其他}\end{cases}$

（3）$P(X+Y>1)=1-\ln 2$

35.（1）$f_X(x)=\begin{cases}2x, & 0<x<1,\\ 0, & \text{其他},\end{cases}$

$$f_Y(y)=\begin{cases}1-\frac{y}{2}, & 0<y<2,\\ 0, & \text{其他}\end{cases}$$

（2）$f_Z(z)=\begin{cases}1-\frac{z}{2}, & 0<z<2,\\ 0, & \text{其他}\end{cases}$

（3）$P\left(Y\leqslant\frac{1}{2}\,\middle|\,X\leqslant\frac{1}{2}\right)=\frac{3}{4}$

36.（1）$f_Y(y)=\begin{cases}\frac{3}{8\sqrt{y}}, & 0<y<1,\\ \frac{1}{8\sqrt{y}}, & 1\leqslant y<4,\\ 0, & \text{其他}\end{cases}$

（2）$F\left(-\frac{1}{2},\ 4\right)=\frac{1}{4}$

37.（1）$a=0.2$，$b=0.1$，$c=0.1$

（2）

Z	−2	−1	0	1	2
p	0.2	0.1	0.3	0.3	0.1

（3）$P(X=Z)=0.2$

38. (1) $P(X>2Y)=\dfrac{7}{24}$

(2) $f_Z(z)=\begin{cases}2z-z^2, & 0<z<1,\\(z-2)^2, & 1\leqslant z<2,\\0, & 其他\end{cases}$

39. (1) $P\left(Z\leqslant\dfrac{1}{2}\mid X=0\right)=\dfrac{1}{2}$

(2) $f_Z(z)=\begin{cases}\dfrac{1}{3}, & -1\leqslant z<2,\\0, & 其他\end{cases}$

40. (1) $P(X=1\mid Z=0)=\dfrac{4}{9}$

(2)

X	Y		
	0	1	2
0	$\frac{1}{4}$	$\frac{1}{3}$	$\frac{1}{9}$
1	$\frac{1}{6}$	$\frac{1}{9}$	0
2	$\frac{1}{36}$	0	0

41. (1) 当$f_X(x)>0$时，$f_{Y\mid X}(y\mid x)=\begin{cases}\dfrac{1}{x}, & 0<y<x,\\0, & 其他,\end{cases}$

当$f_X(x)=0$时，$f_{Y\mid X}(y\mid x)$不存在

(2) $P(X\leqslant1\mid Y\leqslant1)=\dfrac{e-2}{e-1}$

42. $A=1/\pi$;

$f_{Y\mid X}(y\mid x)=\dfrac{1}{\sqrt{\pi}}e^{-(y-x)^2}$

43. (1) $f_X(x)=\begin{cases}x, & 0<x<1,\\2-x, & 1\leqslant x<2,\\0, & 其他\end{cases}$

(2) 当$0<y<1$时，$f_{X\mid Y}(x\mid y)=\begin{cases}\dfrac{1}{2(1-y)}, & y<x<2-y,\\0, & 其他\end{cases}$

44. (1) $f(x,y)=\begin{cases}\dfrac{9y^2}{x}, & 0<y<x<1,\\0, & 其他\end{cases}$

(2) $f_Y(y)=\begin{cases}-9y^2\ln y, & 0<y<1,\\0 & 其他\end{cases}$

第 4 章 随机变量的数字特征

内容提要与基本要求

第一节 随机变量的数学期望

一、随机变量数学期望的定义

设离散型随机变量 X 的分布律为 $P(X=x_k)=p_k, k=1,2,\cdots$. 若级数 $\sum\limits_{k=1}^{\infty} x_k p_k$ 绝对收敛，则称级数 $\sum\limits_{k=1}^{\infty} x_k p_k$ 的和为随机变量 X 的数学期望，记为 $E(X)$，即 $E(X)=\sum\limits_{k=1}^{\infty} x_k p_k$.

设连续型随机变量 X 的概率密度为 $f(x)$，若积分 $\int_{-\infty}^{+\infty} xf(x)\,\mathrm{d}x$ 绝对收敛，则称积分 $\int_{-\infty}^{+\infty} xf(x)\,\mathrm{d}x$ 的值为随机变量 X 的数学期望，记为 $E(X)$，即 $E(X)=\int_{-\infty}^{+\infty} x f(x)\,\mathrm{d}x$.

二、随机变量函数的数学期望

设 X 为随机变量，$g(x)$ 为（分段）连续函数或（分段）单调函数，令 $Y=g(X)$.

（1）若 X 为离散型随机变量，其分布律为 $P(X=x_k)=p_k$，$k=1$，2，…，若级数 $\sum\limits_{k=1}^{\infty} g(x_k)p_k$ 绝对收敛，则 $Y=g(X)$ 的数学期望存在，且有

$$E(Y)=E(g(X))=\sum_{k=1}^{\infty} g(x_k)p_k.$$

（2）若 X 为连续型随机变量，其概率密度为 $f(x)$，若积分 $\int_{-\infty}^{+\infty} g(x)f(x)\,\mathrm{d}x$ 绝对收敛，则 $Y=g(X)$ 的数学期望存在，且有

$$E(Y)=E(g(X))=\int_{-\infty}^{+\infty} g(x)f(x)\,\mathrm{d}x.$$

三、数学期望的性质

性质 1 设 c 是常数，则 $E(c)=c$.

性质2 设 X 为随机变量，c 是常数，则 $E(cX)=cE(X)$.

性质3 设 X_1，X_2，…，$X_n(n\geqslant 2)$ 均为随机变量，则

$$E(X_1+X_2+\cdots+X_n)=E(X_1)+E(X_2)+\cdots+E(X_n).$$

性质4 设 $X_1,X_2,\cdots,X_n(n\geqslant 2)$ 为相互独立的随机变量，则

$$E(X_1X_2\cdots X_n)=E(X_1)E(X_2)\cdots E(X_n).$$

第二节　随机变量的方差与矩

一、随机变量的方差与矩的定义

1. 随机变量方差的定义

设 X 为随机变量．若 $E(X-E(X))^2$ 存在，则称它为随机变量 X 的方差，记为 $D(X)$，即 $D(X)=E(X-E(X))^2$．称 $\sqrt{D(X)}$ 为随机变量 X 的标准差，或均方差．

若 X 为离散型随机变量，其分布律为 $P(X=x_k)=p_k,k=1,2,\cdots$，则有

$$D(X)=\sum_{k=1}^{\infty}(x_k-E(X))^2p_k.$$

若 X 为连续型随机变量，其概率密度为 $f(x)$，则有

$$D(X)=\int_{-\infty}^{+\infty}(x-E(X))^2f(x)\mathrm{d}x.$$

2. 随机变量矩的定义

设 X 为随机变量，若 $E(X^k)$ 存在（k 为正整数），则称它为随机变量 X 的 k 阶矩，记为 μ_k，即 $\mu_k=E(X^k)$.

3. 计算方差的重要公式

$$D(X)=E(X^2)-(E(X))^2.$$

二、随机变量的方差的性质

性质1 设 c 是常数，则 $D(c)=0$.

性质2 设 X 为随机变量，c 是常数，则 $D(cX)=c^2D(X)$.

性质3 设 X_1，X_2，…，X_n（$n\geqslant 2$）为相互独立的随机变量，则

$$D(X_1+X_2+\cdots+X_n)=D(X_1)+D(X_2)+\cdots+D(X_n).$$

性质4 $D(X)=0$ 的充要条件是 $P(X=E(X))=1$.

第三节　协方差与相关系数

一、协方差

1. 协方差的定义

设（X,Y）为二维随机变量．若 $E[(X-E(X))(Y-E(Y))]$ 存

在，则称其为随机变量 X 与 Y 的协方差，记为 $\mathrm{Cov}(X,Y)$，即

$$\mathrm{Cov}(X,Y)=E[(X-E(X))(Y-E(Y))],$$

或

$$\mathrm{Cov}(X,Y)=E(XY)-E(X)\cdot E(Y).$$

2. 协方差的性质

性质 1 $\mathrm{Cov}(X,X)=D(X)$.

性质 2 $\mathrm{Cov}(X,c)=0$（c 为常数）.

性质 3 $\mathrm{Cov}(X,Y)=\mathrm{Cov}(Y,X)$.

性质 4 $\mathrm{Cov}(aX,bY)=ab\mathrm{Cov}(X,Y)$.

性质 5 $\mathrm{Cov}(X+Y,Z)=\mathrm{Cov}(X,Z)+\mathrm{Cov}(Y,Z)$.

性质 6 $D(X+Y)=D(X)+D(Y)+2\mathrm{Cov}(X,Y)$.

二、相关系数

1. 相关系数的定义

设 (X,Y) 为二维随机变量，称 $\rho_{XY}=\dfrac{\mathrm{Cov}(X,Y)}{\sqrt{D(X)}\sqrt{D(Y)}}$ 为随机变量 X 与 Y 的相关系数，简记为 ρ.

2. 相关系数的性质

设 ρ 为随机变量 X 与 Y 的相关系数，则

（1）$|\rho|\leqslant 1$；

（2）$|\rho|=1$ 的充要条件是 $P(Y=aX+b)=1$，a，b 为常数，且 $a\neq 0$.

3. 关于相关系数的一些结论

（1）设随机变量 X 与 Y 的相关系数为 ρ. 若 $\rho=0$，则称随机变量 X 与 Y 不相关.

（2）对二维随机变量 (X,Y)，下述命题等价：

（a）$\rho=0$；

（b）$\mathrm{Cov}(X,Y)=0$；

（c）$E(XY)=E(X)\cdot E(Y)$；

（d）$D(X+Y)=D(X)+D(Y)$.

（3）设 (X,Y) 为二维随机变量. 若随机变量 X 与 Y 相互独立，则 X 与 Y 不相关，但反之则不然.

第 4 章教学基本要求

一、教学基本要求

1. 理解随机变量的数学期望、方差、矩、协方差及相关系数的概念.

2. 掌握数学期望、方差、矩、协方差及相关系数的性质，会利

用定义及有关性质计算随机变量具体分布的数字特征 .

3. 熟记常见几种重要随机变量分布的数字特征 .

二、教学重点

随机变量的数学期望、方差、矩、协方差及相关系数的性质和计算 .

三、教学难点

1. 数学期望、方差、协方差及相关系数的概念 .
2. 随机变量数字特征的计算 .

习题同步解析

A

1. 设有 10 个同种类型的电器元件，其中有 2 个废品，装配电器时，从这批元件中任取 1 个，如是废品，则扔掉重新任取 1 个；若仍是废品，则扔掉再任取 1 个 . 求在取到正品之前已取出的废品数的数学期望与方差 .

解 以 X 记取到正品之前已取出的废品数，X 的可能取值为 0，1，2. 由题意可以得到 X 的分布律为

$$P(X=0)=\frac{2}{10}=\frac{1}{5};\ P(X=1)=\frac{2}{10}\times\frac{8}{9}=\frac{8}{45};$$

$$P(X=2)=\frac{2}{10}\times\frac{1}{9}=\frac{1}{45}.$$

因此，
$$E(X)=\sum_{i=0}^{2} i\cdot P(X=i)=\frac{8}{45}+2\times\frac{1}{45}=\frac{2}{9},$$

$$E(X^2)=\sum_{i=0}^{2} i^2\cdot P(X=i)=\frac{8}{45}+2^2\times\frac{1}{45}=\frac{12}{45}=\frac{4}{15},$$

$$D(X)=E(X^2)-(E(X))^2=\frac{4}{15}-\left(\frac{2}{9}\right)^2=\frac{88}{405}.$$

2. 设在某一规定时间间隔内，某电气设备用于最大负荷的时间 X（单位：min）为一随机变量，其概率密度为

$$f(x)=\begin{cases}\dfrac{x}{(1500)^2}, & 0\leqslant x\leqslant 1500,\\ -\dfrac{(x-3000)}{(1500)^2}, & 1500<x\leqslant 3000,\\ 0, & \text{其他}.\end{cases}$$

求 $E(X)$.

解 根据连续型随机变量的数学期望的定义，有

$$E(X)=\int_{-\infty}^{+\infty} xf(x)\,\mathrm{d}x=\int_0^{1500} x\cdot\frac{x}{1500^2}\mathrm{d}x+\int_{1500}^{3000} x\cdot\frac{-(x-3000)}{1500^2}\mathrm{d}x$$

$= 1500(\mathrm{min})$.

3. 设随机变量 X 的概率密度为

$$f(x)=\begin{cases}x, & 0<x<1,\\ 2-x, & 1\leqslant x<2,\\ 0, & \text{其他}.\end{cases}$$

求 $E(X)$, $D(X)$.

解 根据连续型随机变量的数学期望的定义，有

$$\begin{aligned}E(X)&=\int_{-\infty}^{+\infty}xf(x)\mathrm{d}x=\int_{-\infty}^{+\infty}xf(x)\mathrm{d}x+\int_{0}^{1}xf(x)\mathrm{d}x+\int_{1}^{2}xf(x)\mathrm{d}x+\int_{2}^{+\infty}xf(x)\mathrm{d}x\\&=\int_{-\infty}^{0}x\cdot 0\mathrm{d}x+\int_{0}^{1}x\cdot x\mathrm{d}x+\int_{1}^{2}x\cdot(2-x)\mathrm{d}x+\int_{2}^{+\infty}x\cdot 0\mathrm{d}x\\&=\frac{x^3}{3}\bigg|_0^1+\left(x^2-\frac{x^3}{3}\right)\bigg|_1^2=\frac{1}{3}+3-\frac{7}{3}=1,\end{aligned}$$

$$\begin{aligned}E(X^2)&=\int_{-\infty}^{+\infty}x^2f(x)\mathrm{d}x=\int_{-\infty}^{0}x^2f(x)\mathrm{d}x+\int_{0}^{1}x^2f(x)\mathrm{d}x+\int_{1}^{2}x^2f(x)\mathrm{d}x+\int_{2}^{+\infty}x^2f(x)\mathrm{d}x\\&=\int_{-\infty}^{0}x^2\cdot 0\mathrm{d}x+\int_{0}^{1}x^2\cdot x\mathrm{d}x+\int_{1}^{2}x^2\cdot(2-x)\mathrm{d}x+\int_{2}^{+\infty}x^2\cdot 0\mathrm{d}x\\&=\frac{x^4}{4}\bigg|_0^1+\left(\frac{2x^3}{3}-\frac{x^4}{4}\right)\bigg|_1^2=\frac{1}{4}+\frac{14}{3}-\frac{15}{4}=\frac{7}{6},\end{aligned}$$

$$D(X)=E(X^2)-(EX)^2=\frac{7}{6}-1=\frac{1}{6}.$$

4. 设随机变量 X 服从拉普拉斯分布，概率密度为

$$f(x)=A\mathrm{e}^{-\lambda|x|},\ -\infty<x<\infty,\ \lambda>0.$$

求常数 A 及 $E(X)$, $D(X)$.

解 由 $\int_{-\infty}^{+\infty}f(x)\mathrm{d}x=1$ 可解得 $A=\dfrac{\lambda}{2}$,

根据连续型随机变量的数学期望的定义，有

$$E(X)=\int_{-\infty}^{+\infty}xf(x)\mathrm{d}x=\frac{\lambda}{2}\left(\int_{-\infty}^{0}x\cdot\mathrm{e}^{\lambda x}\mathrm{d}x+\int_{0}^{+\infty}x\cdot\mathrm{e}^{-\lambda x}\mathrm{d}x\right)=\frac{1}{2}(-1+1)=0,$$

或因被积函数是奇函数，所以有 $E(X)=\dfrac{\lambda}{2}\int_{-\infty}^{+\infty}x\mathrm{e}^{-|x|}\mathrm{d}x=0$,

$$D(X)=E(X^2)-(E(X))^2=\frac{1}{2}\int_{-\infty}^{+\infty}x^2\mathrm{e}^{-\lambda|x|}\mathrm{d}\lambda x=\frac{2}{\lambda^2}.$$

5. 设有连续型随机变量 X 的分布函数为

$$F(x)=\begin{cases}\dfrac{1}{2}\mathrm{e}^{x}, & x<0,\\ \dfrac{1}{2}, & 0\leqslant x<1,\\ 1-\dfrac{1}{2}\mathrm{e}^{-(x-1)}, & x\geqslant 1.\end{cases}$$

求 $E(X)$，$D(X)$.

解 由题意可以得出连续型随机变量 X 的概率密度函数为

$$f(x)=\begin{cases}\dfrac{1}{2}\mathrm{e}^{x}, & x<0,\\ 0, & 0\leqslant x<1,\\ \dfrac{1}{2}\mathrm{e}^{-(x-1)}, & x\geqslant 1.\end{cases}$$

由连续型随机变量的数学期望的定义，有

$$\begin{aligned}E(X)&=\int_{-\infty}^{+\infty}x\cdot f(x)\,\mathrm{d}x=\int_{-\infty}^{0}xf(x)\,\mathrm{d}x+\int_{0}^{1}xf(x)\,\mathrm{d}x+\int_{1}^{+\infty}xf(x)\,\mathrm{d}x\\&=\int_{-\infty}^{0}x\cdot\frac{1}{2}\mathrm{e}^{x}\mathrm{d}x+\int_{0}^{1}x\cdot 0\mathrm{d}x+\int_{1}^{+\infty}x\cdot\frac{1}{2}\mathrm{e}^{-(x-1)}\mathrm{d}x\\&=-\frac{1}{2}+0+1=\frac{1}{2},\end{aligned}$$

$$\begin{aligned}E(X^2)&=\int_{-\infty}^{+\infty}x^2\cdot f(x)\,\mathrm{d}x=\int_{-\infty}^{0}x^2f(x)\,\mathrm{d}x+\int_{0}^{1}x^2f(x)\,\mathrm{d}x+\int_{1}^{+\infty}x^2f(x)\,\mathrm{d}x\\&=\int_{-\infty}^{0}x^2\cdot\frac{1}{2}\mathrm{e}^{x}\mathrm{d}x+\int_{0}^{1}x^2\cdot 0\mathrm{d}x+\int_{1}^{+\infty}x^2\cdot\frac{1}{2}\mathrm{e}^{-(x-1)}\mathrm{d}x\\&=\frac{1}{2}\int_{-\infty}^{0}x^2\mathrm{d}\mathrm{e}^{x}-\frac{1}{2}\int_{1}^{+\infty}x^2\mathrm{d}\mathrm{e}^{-(x-1)}\\&=\frac{1}{2}\left[x^2\mathrm{e}^{x}\Big|_{-\infty}^{0}-\int_{-\infty}^{0}2x\mathrm{e}^{x}\mathrm{d}x\right]-\frac{1}{2}\left[x^2\mathrm{e}^{-(x-1)}\Big|_{1}^{+\infty}-\int_{1}^{+\infty}2x\mathrm{e}^{-(x-1)}\mathrm{d}x\right]=\frac{7}{2},\end{aligned}$$

$$D(X)=E(X^2)-(E(X))^2=\frac{7}{2}-\left(\frac{1}{2}\right)^2=\frac{13}{4}.$$

6. 设有连续型随机变量 X 的分布函数为

$$F(x)=\begin{cases}0, & x<-1,\\ a+b\arcsin x, & -1\leqslant x<1,\\ 1, & x\geqslant 1.\end{cases}$$

求常数 a，b 及 $E(X)$，$D(X)$.

解 由分布函数的性质得 $a=\dfrac{1}{2}$，$b=\dfrac{1}{\pi}$，

由连续型随机变量的数学期望的定义，有

$$E(X)=\int_{-\infty}^{+\infty}x\cdot f(x)\,\mathrm{d}x=0,\ D(X)=\frac{1}{2}.$$

7. 将掷一均匀骰子的试验独立重复地进行 100 次，用 X 表示出现正面的次数，求 $E(X^2)$.

解 由题意可知，$X\sim B\left(100,\dfrac{1}{2}\right)$，容易算出 $E(X^2)=2525$.

8. 已知球的直径 X 服从均匀分布 $U(a,b)$，求球的体积 Y 的数学期望.

解 球的体积 $Y=\frac{4}{3}\pi\left(\frac{X}{2}\right)^3$，

由随机变量的函数的数学期望计算公式知，

$$E(Y)=\int_{-\infty}^{+\infty}\frac{4}{3}\pi\left(\frac{x}{2}\right)^3\cdot f(x)\mathrm{d}x=\frac{\pi}{24}(b+a)(b^2+a^2).$$

9. 设随机变量 X 服从均匀分布 $U\left(-\frac{1}{2},\ \frac{1}{2}\right)$，又

$$y=g(x)=\begin{cases}\ln x, & x>0,\\ 0, & x\leqslant 0,\end{cases}$$

求 $Y=g(X)$ 的数学期望与方差 .

解 由计算可得

$$E(Y)=\int_{-\infty}^{+\infty}g(x)\cdot f(x)\mathrm{d}x=-\frac{1}{2}(1+\ln 2),$$

$$E(Y^2)=\int_{-\infty}^{+\infty}g^2(x)\cdot f(x)\mathrm{d}x=\frac{1}{2}\ln^2 2+\ln 2+1,$$

$$D(Y)=E(Y^2)-(E(Y))^2=\frac{1}{4}\ln^2 2+\frac{1}{2}\ln 2+\frac{3}{4}.$$

10. 通过点（0,b）任意作直线，求由坐标原点到所作直线的距离 Y 的数学期望与方差 .

解 设直线的倾角为 θ，则 $\theta\sim U(0,\pi)$. 又 $Y=|b||\cos\theta|$，所以

$$EY=E(|b||\cos\theta|)=\frac{1}{\pi}\int_0^{\pi}|b||\cos\theta|\cdot\frac{1}{\pi}\mathrm{d}\theta$$

$$=\frac{|b|}{\pi}\left(\int_0^{\frac{\pi}{2}}\cos\theta\mathrm{d}\theta-\int_{\frac{\pi}{2}}^{\pi}\cos\theta\mathrm{d}\theta\right)=\frac{2|b|}{\pi},$$

$$EY^2=E(|b|^2|\cos\theta|^2)=\frac{1}{\pi}\int_0^{\pi}|b|^2|\cos\theta|^2\cdot\frac{1}{\pi}\mathrm{d}\theta$$

$$=\frac{b^2}{\pi}\int_0^{\pi}\frac{1+\cos 2\theta}{2}\mathrm{d}\theta=\frac{b^2}{2},$$

$$DY=EY^2-(EY)^2=\left(\frac{1}{2}-\frac{4}{\pi^2}\right)b^2.$$

11. 设 X 表示某种产品的日产量，Y 表示该种产品的成本 . 每件产品的成本为 6 元，每天固定设备的折旧费为 600 元，设平均日产量 $E(X)=50$ 件 . 求每天生产该种产品的平均成本 .

解 每天生产该种产品的成本记为 $Y=6X+600$，

则有 $$E(Y)=E(6X+600)=6E(X)+600=900,$$

因此，每天生产该种产品的平均成本为 900 元 .

12. 卡车装运水泥，设每袋水泥的质量 X（单位：kg）服从 $N(50,2.5^2)$，问最多装多少袋水泥可使总质量超过 2000 的概率不大于 0.05？

解 设最多能装 n 袋水泥，各袋水泥质量分别为 X_1，X_2，…，

X_n，则 X_1，X_2，…，X_n 独立同分布，均服从 $N(50, 2.5^2)$．卡车装运水泥总重量 $Y=\sum_{i=1}^{n} X_i$．由题意求 n 使满足

$$P(Y>2000) \leqslant 0.05.$$

容易推得 $Y \sim N(50n, 2.5^2 n)$，所以应有

$$P(Y>2000)=1-\Phi\left(\frac{2000-50n}{2.5\sqrt{n}}\right) \leqslant 0.05,$$

即 $\Phi\left(\frac{2000-50n}{2.5\sqrt{n}}\right) \geqslant 0.95$，解得 $\frac{2000-50n}{2.5\sqrt{n}} \geqslant 1.645$，

解之得 $n \leqslant 39.483$．即得 $n=39$．

13. 设随机变量 X 与 Y 相互独立，$X \sim N(1,1/4)$，$Y \sim N(1,3/4)$，求 $E(|X-Y|)$．

解 易知 $Z=X-Y \sim N(0,1)$，则

$$E|Z|=\int_{-\infty}^{+\infty}|t| \cdot \frac{1}{\sqrt{2\pi}} \mathrm{e}^{-t^2/2} \mathrm{d}t=\sqrt{\frac{2}{\pi}}.$$

14. 设随机变量 (X,Y) 在区域 $D=\{(x,y) \mid 0<x<1, |y|<x\}$ 内服从均匀分布，求随机变量 $Y=2X-3$ 的数学期望与方差．

解 先写出 (X,Y) 的联合概率密度，再由二维随机变量数学期望和方差的计算公式，得

$$E(X)=\int_{-\infty}^{+\infty}\int_{-\infty}^{+\infty} x f(x,y) \mathrm{d}x \mathrm{d}y=\frac{2}{3},$$

$$E(X^2)=\int_{-\infty}^{+\infty}\int_{-\infty}^{+\infty} x^2 f(x,y) \mathrm{d}x \mathrm{d}y=\frac{1}{2},$$

$$DX=EX^2-(EX)^2=\frac{1}{18},$$

所以 $EY=-\frac{5}{3}$，$DY=\frac{2}{9}$．

15. 设随机变量 X 与 Y 相互独立，概率密度分别为

$$f_X(x)=\begin{cases}2x, & 0<x<1, \\ 0, & \text{其他},\end{cases} \quad f_Y(y)=\begin{cases}\mathrm{e}^{-(y-5)}, & y>5, \\ 0, & \text{其他}.\end{cases}$$

求 $E(XY)$．

解 先计算 X 与 Y 的均值，$E(X)=\frac{2}{3}$，$E(Y)=6$，

由于 X 与 Y 相互独立，所以

$$E(XY)=E(X)E(Y)=4.$$

16. 设炮弹射击时弹着点坐标为 (X,Y)，且 X 与 Y 相互独立，均服从正态分布 $N(0,1)$．求弹着点与目标（原点）间的平均距离．

解 弹着点与目标（原点）间的距离 $Z=\sqrt{X^2+Y^2}$，则

$$E(Z)=E(\sqrt{X^2+Y^2})=\int_{-\infty}^{+\infty}\int_{-\infty}^{+\infty} \sqrt{x^2+y^2} f_X(x) f_Y(y) \mathrm{d}x \mathrm{d}y$$

$$= \frac{1}{2\pi}\int_{-\infty}^{+\infty}\int_{-\infty}^{+\infty}\sqrt{x^2+y^2}\,e^{-\frac{x^2+y^2}{2}}dxdy$$

$$= \frac{1}{2\pi}\int_0^{2\pi}d\theta\int_0^{+\infty}\rho^2 e^{-\frac{\rho^2}{2}}d\rho = \int_0^{+\infty}\rho^2 e^{-\frac{\rho^2}{2}}d\rho = -\int_0^{+\infty}\rho\, d(e^{-\frac{\rho^2}{2}})$$

$$= \frac{1}{2}\sqrt{2\pi}\int_{-\infty}^{+\infty}\frac{1}{\sqrt{2\pi}}e^{-\frac{\rho^2}{2}}d\rho = \sqrt{\frac{\pi}{2}}.$$

17. 二维离散型随机变量 (X,Y) 的联合分布律为

X	Y	
	0	1
0	1/4	0
1	1/4	1/2

求 ρ_{XY}.

解 $X \sim B\left(1, \frac{3}{4}\right) \to EX = \frac{3}{4}$，$DX = \frac{3}{16}$，$Y \sim B\left(1, \frac{1}{2}\right) \to EY = \frac{1}{2}$，$DY = \frac{1}{4}$，

$XY \sim B\left(1, \frac{1}{2}\right) \to E(XY) = \frac{1}{2}$，所以 $\rho_{XY} = \frac{\text{Cov}(X,Y)}{\sqrt{DX}\sqrt{DY}} = \frac{1}{\sqrt{3}}$.

18. 二维离散型随机变量 (X,Y) 的联合分布律为

X	Y		
	−1	0	1
−1	1/8	1/8	1/8
0	1/8	0	1/8
1	1/8	1/8	1/8

求 $\text{Cov}(X,Y)$，ρ_{XY}；问 X 与 Y 是否相互独立？

解 易知 $X \sim \begin{pmatrix} -1 & 0 & 1 \\ \frac{3}{8} & \frac{2}{8} & \frac{3}{8} \end{pmatrix}$，$Y \sim \begin{pmatrix} -1 & 0 & 1 \\ \frac{3}{8} & \frac{2}{8} & \frac{3}{8} \end{pmatrix}$，$XY \sim \begin{pmatrix} -1 & 0 & 1 \\ \frac{2}{8} & \frac{4}{8} & \frac{2}{8} \end{pmatrix}$，由 $E(X)=0$，$E(XY)=0$，所以 $E(XY)=E(X)\cdot E(Y)$，即 $\rho_{XY}=0$.

又根据随机变量相互独立的定义，知 X 与 Y 不相互独立．

19. 在一次试验中事件 A 发生的概率为 0.5，利用切比雪夫不等式估计，是否可以用大于 0.97 的概率认为，在 1000 次独立重复试验中，事件 A 发生的次数在 400 和 600 之间．

解 用 X 表示 1000 次独立重复试验中事件 A 发生的次数，则 $X \sim B(1000, 1/2)$，所以 $E(X)=500$，$D(X)=250$，由切比雪夫不等式

$$P(400<X<600) \geqslant 0.975$$

可以用大于0.97的概率认为，在1000次独立重复试验中，事件A发生的次数在400和600之间.

20. 设(X,Y)的联合概率密度为

$$f(x,y)=\begin{cases}2xy, & 0<x<1,\ 0<y<2x,\\ 0, & \text{其他},\end{cases}$$

求$\mathrm{Cov}(X,Y)$.

解 $E(X)=\int_{-\infty}^{+\infty}\int_{-\infty}^{+\infty}xf(x,y)\mathrm{d}x\mathrm{d}y=\frac{4}{5}$,

$E(Y)=\int_{-\infty}^{+\infty}\int_{-\infty}^{+\infty}yf(x,y)\mathrm{d}x\mathrm{d}y=\frac{16}{15}$,

$E(XY)=\int_{-\infty}^{+\infty}\int_{-\infty}^{+\infty}xyf(x,y)\mathrm{d}x\mathrm{d}y=\frac{8}{9}$,

$\mathrm{Cov}(X,Y)=E(XY)-E(X)\cdot E(Y)=\frac{8}{225}$.

21. 设(X,Y)的联合概率密度为

$$f(x,y)=\begin{cases}1, & 0<x<1,\ |y|<x,\\ 0, & \text{其他}.\end{cases}$$

求$\mathrm{Cov}(X,Y)$.

解 $E(X)=\int_{-\infty}^{+\infty}\int_{-\infty}^{+\infty}xf(x,y)\mathrm{d}x\mathrm{d}y=\int_0^1\mathrm{d}x\int_{-x}^{x}x\mathrm{d}y=\int_0^1 2x^2\mathrm{d}x=\frac{2}{3}$,

$E(Y)=\int_{-\infty}^{+\infty}\int_{-\infty}^{+\infty}yf(x,y)\mathrm{d}x\mathrm{d}y=\int_0^1\mathrm{d}x\int_{-x}^{x}y\mathrm{d}y=0$,

$E(XY)=\int_{-\infty}^{+\infty}\int_{-\infty}^{+\infty}xyf(x,y)\mathrm{d}x\mathrm{d}y=\int_0^1\mathrm{d}x\int_{-x}^{x}xy\mathrm{d}y=0$,

$\mathrm{Cov}(X,Y)=E(XY)-EX\cdot EY=0$.

22. 设随机变量X服从二项分布$B(100,0.6)$，$Y=2X+3$. 求$\mathrm{Cov}(X,Y)$，ρ_{XY}.

解 易知$E(X)=60$，$D(X)=24$，则可算得

$$\mathrm{Cov}(X,Y)=48,D(Y)=96,$$

$$\rho_{XY}=\frac{\mathrm{Cov}(X,Y)}{\sqrt{D(X)\cdot D(Y)}}=1.$$

23. 设随机变量X，Y独立同分布，均服从参数为λ的泊松分布. 求$U=2X+Y$和$V=2X-Y$的协方差.

解 由题意$D(X)=D(Y)=\lambda$，有

$$\begin{aligned}\mathrm{Cov}(U,V)&=\mathrm{Cov}(2X+Y,2X-Y)\\&=\mathrm{Cov}(2X,2X)+\mathrm{Cov}(2X,-Y)+\mathrm{Cov}(Y,2X)+\mathrm{Cov}(Y,-Y)\\&=4\mathrm{Cov}(X,X)-\mathrm{Cov}(Y,Y)\\&=4D(X)-D(Y)=3D(X)=3\lambda.\end{aligned}$$

B

24. 在1到10这10个数字中任取1个，用X表示除得尽这一

整数的个数，求$E(X)$.

解 由题意可知，

当取到1时，$X=1$；

当取到2，3，5，7时，$X=2$；

当取到4，9时，$X=3$；

当取到6，8，10时，$X=4$；

从而得到X的分布律为

$$P(X=1)=\frac{1}{10};\ P(X=2)=\frac{4}{10}=\frac{2}{5};$$

$$P(X=3)=\frac{2}{10}=\frac{1}{5};\ P(X=4)=\frac{3}{10};$$

$$E(X)=\sum_{i=1}^{4} i\cdot P(X=i)=2.7.$$

25. 设随机变量X的分布律为$P\left(X=(-1)^{k+1}\frac{3^k}{k}\right)=\frac{2}{3^k}$，$k=1$，2，…，说明$X$的数学期望不存在.

解 因为级数

$$\sum_{j=1}^{\infty}(-1)^{j+1}\frac{3^j}{j}P\left(X=(-1)^{j+1}\frac{3^j}{j}\right)=\sum_{j=1}^{\infty}(-1)^{j+1}\frac{3^j}{j}\cdot\frac{2}{3^j}$$

$$=2\sum_{j=1}^{\infty}\frac{(-1)^{j+1}}{j}$$

收敛，但不绝对收敛，则由定义可知，X的数学期望不存在.

26. 设随机变量X的概率密度为$f(x)=\begin{cases}\frac{1}{2}\cos\frac{x}{2}, & 0\leqslant x\leqslant\pi,\\ 0, & 其他.\end{cases}$

对X进行4次独立重复观察，用Y表示观察值大于$\frac{\pi}{3}$的次数，求Y^2的数学期望.

解 由题意可知，$Y\sim B\left(4,\frac{1}{2}\right)$，其中$p=P\left(X\geqslant\frac{\pi}{3}\right)$，

所以，$E(Y)=2$，$D(Y)=1$，于是

$$E(Y)^2=D(Y)+(E(Y))^2=5.$$

27. 设随机变量X的概率密度为

$$f(x)=\begin{cases}\frac{x}{a^2}e^{-x^2/2a^2}, & x>0,\\ 0, & x\leqslant 0\end{cases}\quad(a\neq 0).$$

求$Y=\frac{1}{X}$的数学期望$E(Y)$.

解 由连续型随机变量数学期望的定义可得

$$E(Y)=\int_{-\infty}^{+\infty}y\cdot f(y)\mathrm{d}x=\int_{0}^{+\infty}\frac{1}{x}\cdot\frac{x}{a^2}e^{-x^2/2a^2}\mathrm{d}x$$

$$= \int_0^{+\infty} \frac{1}{a^2} e^{-x^2/2a^2} dx = 2\int_0^{+\infty} e^{-x^2/2a^2} d\frac{x}{2a^2}$$

$$= 2\left(e^{-x^2/2a^2} \cdot \frac{x}{2a^2}\bigg|_0^{+\infty} - \int_0^{+\infty} \frac{x^2}{2a^4} e^{-x^2/2a^2} dx \right)$$

$$= 2 \times \frac{\sqrt{2\pi}}{4a} = \frac{\sqrt{2\pi}}{2a}.$$

28. 设由自动生产线加工的某种零件内径 X（单位：mm）服从正态分布$N(\mu,1)$.已知销售每个零件的利润 L 与销售零件内径 X 的关系为

$$L=\begin{cases} -1, & x<10, \\ 20, & 10\leqslant X\leqslant 12, \\ -5, & X>12. \end{cases}$$

问平均内径 μ 为何值时，销售一个零件的平均利润最大？

解 先求 L 的分布，由于

$$P(L=-1)=\Phi(10-\mu),$$
$$P(L=20)=\Phi(12-\mu)-\Phi(10-\mu),$$
$$P(L=-5)=1-\Phi(12-\mu),$$

故 $E(L)=25\Phi(12-\mu)-21\Phi(10-\mu)-5$,

令$\frac{d}{d\mu}[E(L)]=0$，可算得$\mu=11-\frac{1}{2}\ln\frac{25}{21}\approx 10.9$.

即当平均内径 $\mu\approx 10.9$ 时，销售一个零件的平均利润最大.

29. 证明事件 A 在一次试验中发生的次数 X 的方差不超过$\frac{1}{4}$.

证 事件 A 在一次试验中发生的次数 $X\sim B(1,p)$，其中 $0<p<1$，

则 $D(X)=p-p^2=\frac{1}{4}-\left(p-\frac{1}{2}\right)^2\leqslant\frac{1}{4}$，得证.

30. 设随机变量 X 的数学期望存在，求函数 $\varphi(t)=E[(X-t)^2]$ 的最小值.

解 $\varphi(t)=E[(X-t)^2]=E(X^2-2tX+t^2)$
$\quad\quad = t^2-2[E(X)]t+E(X^2)$,

令$\frac{d}{dt}\varphi(t)=2t-2[E(X)]=0$，解得 $t=E(X)$，而 $g''(t)=2>0$，

故 $\varphi(t)$ 在 $t=E(X)$ 处取到最小值 $D(X)$.

31. 设随机变量 X_1，X_2，…，X_n 相互独立，$D(X_i)=\sigma_i^2$，$\sigma_i\neq 0$，$i=1$，2，…，n. 又 $\sum_{i=1}^n a_i=1$，求 $a_i(i=1,2,\cdots,n)$ 使 $\sum_{i=1}^n a_iX_i$ 的方差最小.

解 因为 $D\left(\sum_{i=1}^n a_iX_i\right)=\sum_{i=1}^n a_i\sigma_i^2$，记拉格朗日函数

$$L=\sum_{i=1}^n a_i\sigma_i^2+\lambda\left(\sum_{i=1}^n a_i-1\right).$$

令 $\dfrac{\partial L}{\partial a_i}=2a_i\sigma_i^2+\lambda=0(i=1,\ 2,\ \cdots,\ n)$，$\dfrac{\partial L}{\partial\lambda}=\sum\limits_{i=1}^{n}a_i-1=0$，

解得 $a_i=\dfrac{1}{\sigma_i^2\sum\limits_{k=1}^{n}\dfrac{1}{\sigma_k^2}}$ 时，$\sum\limits_{i=1}^{n}a_iX_i$ 的方差最小.

32. 设 (X,Y) 的联合概率密度为

$$f(x,y)=\begin{cases}\dfrac{3}{2x^3y^2}, & \dfrac{1}{x}<y<x,\ x>1,\\ 0, & \text{其他},\end{cases}$$

求 $E(Y)$，$E\left(\dfrac{1}{XY}\right)$.

解

$$E(Y)=\int_{-\infty}^{+\infty}\int_{-\infty}^{+\infty}yf(x,y)\mathrm{d}x\mathrm{d}y=\int_1^{+\infty}\mathrm{d}x\int_{\frac{1}{x}}^{x}\frac{3}{2x^3y}\mathrm{d}y$$

$$=\frac{3}{2}\int_1^{+\infty}\frac{\ln x}{x^3}\mathrm{d}x=-\frac{3}{2}\cdot\frac{\ln x}{x^2}\Bigg|_1^{+\infty}+\frac{3}{2}\int_1^{+\infty}\frac{1}{x^3}\mathrm{d}x=\frac{3}{4},$$

$$E\left(\frac{1}{XY}\right)=\int_{-\infty}^{+\infty}\int_{-\infty}^{+\infty}\frac{1}{xy}f(x,y)\mathrm{d}x\mathrm{d}y=\int_1^{+\infty}\mathrm{d}x\int_{\frac{1}{x}}^{x}\frac{3}{2x^4y^3}\mathrm{d}y$$

$$=\frac{3}{4}\int_1^{+\infty}\left(\frac{1}{x^2}-\frac{1}{x^6}\right)\mathrm{d}x=\frac{3}{5}.$$

33. 设随机变量 X 与 Y 相互独立，均服从均匀分布 $U(0,1)$，求 $E(\max\{X,Y\})$.

解 注意到 (X,Y) 的联合概率密度为

$$f(x,y)=\begin{cases}1, & 0<x<1,0<y<1,\\ 0, & \text{其他},\end{cases}$$

$$\max\{x,y\}=\begin{cases}x, & y<x,\\ y, & y\geqslant x.\end{cases}$$

$$E(\max\{X,Y\})=\int_{-\infty}^{+\infty}\int_{-\infty}^{+\infty}\max\{x,y\}f(x,y)\mathrm{d}x\mathrm{d}y$$

$$=\int_0^1\int_0^1\max\{x,y\}\mathrm{d}x\mathrm{d}y=\frac{2}{3}.$$

34. 设有连续型随机变量 X，概率密度为偶函数，且 $E(|X|^3)<\infty$，证明 X 与 $Y=X^2$ 不相关.

证 注意到概率密度为偶函数，有 $EX=EX^3=0$. 由此可算出

$$\mathrm{Cov}(X,Y)=\mathrm{Cov}(X,X^2)=0.$$

35. 设随机变量 X_1，X_2，$\cdots$，X_{2n} 的数学期望均为 0，方差均为 1，且任意两个随机变量的相关系数均为 ρ，求 $Y=X_1+X_2+\cdots+X_n$ 与 $Z=X_{n+1}+X_{n+2}+\cdots+X_{2n}$ 的相关系数.

解 $D(Y)=D(X_1+X_2+\cdots+X_n)=\sum\limits_{i=1}^{n}D(X_i)+2\sum\limits_{1\leqslant i<j\leqslant n}\mathrm{Cov}(X_i,\ X_j)$

$$= n + n(n-1)\rho,$$

同理 $D(Z)=n+n\ (n-1)\ \rho$，于是

$$\mathrm{Cov}(Y,\ Z) = \mathrm{Cov}(X_1 + X_2 + \cdots + X_n,\ X_{n+1} + X_{n+2} + \cdots + X_{2n})$$

$$= \sum_{1\leqslant i\leqslant n<j\leqslant 2n} \mathrm{Cov}(X_i,\ X_j) = n^2\rho,$$

所以 $\rho_{YZ}=\dfrac{\mathrm{Cov}(Y,Z)}{\sqrt{D(Y)\cdot D(Z)}}=\dfrac{n\rho}{1+(n-1)\rho}$.

36. 设随机变量 X 和 Y 的可能取值为 1 和−1，且

$$P(X=1)=\frac{1}{2},P(Y=1\mid X=1)=P(Y=-1\mid X=-1)=\frac{1}{3},$$

求 $\mathrm{Cov}(X+1,Y-1)$.

解　(X,Y) 的联合分布律为

X	Y	
	−1	1
−1	1/6	1/3
1	1/3	1/6

易知

$$X\sim\begin{pmatrix}-1 & 1\\ \frac{1}{2} & \frac{1}{2}\end{pmatrix},\ E(X)=0,$$

同理 $E(Y)=0$. 又 $XY\sim\begin{pmatrix}-1 & 1\\ \frac{1}{3} & \frac{2}{3}\end{pmatrix}$，$E(XY)=\dfrac{1}{3}$，

所以，$\mathrm{Cov}(X+1,Y-1)=\mathrm{Cov}(X,Y)=E(XY)-E(X)\cdot XY=\dfrac{1}{3}$.

37. 设 (X,Y) 服从二维正态分布，且 $D(X)=\sigma_X^2$，$D(Y)=\sigma_Y^2$.

证明：当 $a^2=\dfrac{\sigma_X^2}{\sigma_Y^2}$时，随机变量 $U=X-aY$ 和 $V=X+aY$ 相互独立 .

解　因为 (X,Y) 服从二维正态分布，U 和 V 均为 X 和 Y 的线性函数，所以（U，V）也服从二维正态分布，故 U 和 V 相互独立与 U 和 V 不相关是等价的 . 由条件可推出

$$\mathrm{Cov}(U,V)=\mathrm{Cov}(X-aY,X+aY)=DX-a^2DY=\sigma_X^2-\frac{\sigma_X^2}{\sigma_Y^2}\sigma_Y^2=0,$$

故随机变量 $U=X-aY$ 和 $V=X+aY$ 相互独立 .

38. 设随机变量 X_1，X_2，…，X_n 独立同分布，且方差有限，记 $\overline{X}=\dfrac{1}{n}\sum\limits_{i=1}^{n}X_i$. 证明 $X_i-\overline{X}$ 与 $X_j-\overline{X}(i\neq j)$ 的相关系数为 $-\dfrac{1}{n-1}$.

解　因为 $D(X_i-\overline{X})=D(X_i)+D(\overline{X})-2\mathrm{Cov}(X_i,\overline{X})$

$$=D(X_i)+\frac{1}{n}D(X_i)-\frac{2}{n}D(X_i)=\frac{n-1}{n}D(X_i)=$$

$\frac{n-1}{n}\sigma^2$，

同理 $D(X_j-\overline{X})=\frac{n-1}{n}\sigma^2$，又

$$\begin{aligned}\mathrm{Cov}(X_i-\overline{X},X_j-\overline{X})&=\mathrm{Cov}(X_i,X_j)-\mathrm{Cov}(X_i,\overline{X})-\mathrm{Cov}(X_j,\overline{X})+D(\overline{X})\\&=-\frac{1}{n}D(X_i)-\frac{1}{n}D(X_j)+\frac{1}{n}\sigma^2=-\frac{1}{n}\sigma^2,\end{aligned}$$

故 $\rho_{UV}=\frac{\mathrm{Cov}\ (X_i-\overline{X},\ X_j-\overline{X})}{\sqrt{D\ (X_i-\overline{X})\ \cdot D\ (X_j-\overline{X})}}=\frac{-\frac{1}{n}\sigma^2}{\frac{n-1}{n}\sigma^2}=-\frac{1}{n-1}$. 得证.

典型例题解析

例 1 一盒中有 4 个球，球上分别标有号码 0，1，1，2，从盒中有放回地抽取 2 个球，设 X 为被观察到的球上的号码的乘积，求 $E(X)$.

解 设 X_1，X_2 分别表示抽取的第一个球与第二个球的号码，则 $X=X_1X_2$，X 的可能值为 0，1，2，4.

$$\begin{aligned}P(X=0)&=P(X_1=0\cup X_2=0)\\&=P(X_1=0)+P(X_2=0)-P(X_1=0,X_2=0)\\&=P(X_1=0)+P(X_2=0)-P(X_1=0)P(X_2=0)=\frac{7}{16},\end{aligned}$$

$$P(X=1)=P(X_1=1,X_2=1)=P(X_1=1)P(X_2=1)=\frac{1}{4},$$

$$\begin{aligned}P(X=2)&=P(X_1=1,X_2=2)+P(X_1=2,X_2=1)\\&=P(X_1=1)P(X_2=2)+P(X_1=2)P(X_2=1)=\frac{1}{4},\end{aligned}$$

$$P(X=4)=P(X_1=2,X_2=2)=P(X_1=2)P(X_2=2)=\frac{1}{16},$$

所以 $E(X)=0\times\frac{7}{16}+1\times\frac{1}{4}+2\times\frac{1}{4}+4\times\frac{1}{16}=1$.

例 2 设 X 是事件 A 在 n 次独立试验中出现的次数，在每次试验中 A 发生的概率为 $P(A)=p$. 令 $Y=\begin{cases}0, & X\text{ 为偶数},\\1, & X\text{ 为奇数},\end{cases}$ 求 $E(Y)$.

解 $P(X=k)=\mathrm{C}_n^kp^k(1-p)^{n-k},k=0,1,2,\cdots,n$.

$$P(Y=1)=P(X\text{ 取奇数})=\sum_{k=0}^{\left[\frac{n-1}{2}\right]}P(X=2k+1)=\sum_{k=0}^{\left[\frac{n-1}{2}\right]}\mathrm{C}_n^{2k+1}p^{2k+1}q^{n-2k-1},$$

其中 $q=1-p$，设 $U=\sum_{k=0}^{\left[\frac{n}{2}\right]}\mathrm{C}_n^{2k}p^{2k}q^{n-2k}$，$V=\sum_{k=0}^{\left[\frac{n-1}{2}\right]}\mathrm{C}_n^{2k+1}p^{2k+1}q^{n-2k-1}$，则

$$\begin{cases} U+V=\sum\limits_{k=0}^{n} \mathrm{C}_n^k p^k q^{n-k}=1, \\ U-V=\sum\limits_{k=0}^{n} \mathrm{C}_n^k (-p)^k q^{n-k}=(q-p)^n=(1-2p)^n, \end{cases}$$

解此方程得 $U=\dfrac{1+(1-2p)^n}{2}$，$V=\dfrac{1-(1-2p)^n}{2}$，所以

$$E(Y)=\frac{1-(1-2p)^n}{2}.$$

例 3 袋中有 N 个球，设白球数为随机变量，若其期望为 n. 求从袋中任取一球为白球的概率 .

解 设白球数为 X，则

$$E(X)=\sum_{k=0}^{N} kP(X=k)=n.$$

设事件 A 表示“任取一球为白球”，由全概率公式有

$$P(A)=\sum_{k=0}^{N} P(A \mid X=k)P(X=k)=\sum_{k=0}^{n} \frac{k}{N}P(X=k)$$

$$=\frac{1}{N}\sum_{k=0}^{N} k \cdot P(X=k)=\frac{n}{N}.$$

例 4 设袋中有 $2N$ 个球，其中两个球标有号码 1，两个球标有号码 2，…，两个球标有号码 N. 现从中任取 m 个球 . 求在袋中余下的球中，仍然成对（即有两个球号码相同）的对数的数学期望 .

解 设在袋中余下的球中，仍然成对的对数为 X，记

$$X_i=\begin{cases} 1, & \text{第 } i \text{ 对球留在盒中}, \\ 0, & \text{第 } i \text{ 对球未留在盒中}, \end{cases} \quad i=1,2,\cdots,N.$$

则 $X=X_1+X_2+\cdots+X_N$. 由古典概型及数学期望的定义可得

$$E(X_i)=P(X_i=1)=\frac{\mathrm{C}_{2N-2}^m}{\mathrm{C}_{2N}^m}=\frac{(2N-m)(2N-m-1)}{2N(2N-1)}, i=1,2,\cdots,N,$$

由数学期望的性质知

$$E(X)=E(X_1)+E(X_2)+\cdots+E(X_N)$$

$$=N\frac{(2N-m)(2N-m-1)}{2N(2N-1)}=\frac{(2N-m)(2N-m-1)}{2(2N-1)}.$$

例 5 从写有数字 1，2，…，N 的 N 张卡片中，每次任取一张，记录卡片上的数字后仍放回去，如此共取 n 次 . 求取出的 n 张卡片上的最大数字的数学期望 .

解 设随机变量 X 表示取出的 n 张卡片上的最大数字，首先需要求出 X 的概率分布 . 易知 X 的可能值是 1，2，…，N，如果 $X=1$，则表明 n 次取出的卡片是同一张卡片（其上的数字是 1），则

$$P(X=1)=\left(\frac{1}{N}\right)^n=\frac{1}{N^n}.$$

如果 $X=k$ ($k=2,3,\cdots,N$)，因为 $(X\leqslant k)=(X=k)+(X\leqslant k-1)$，且"$X=k$"与"$X\leqslant k-1$"互不相容，所以

$$P(X\leqslant k)=P(X=k)+P(X\leqslant k-1),$$

则

$$P(X=k)=P(X\leqslant k)-P(X\leqslant k-1)=\left(\frac{k}{N}\right)^n-\left(\frac{k-1}{N}\right)^n=\frac{k^n-(k-1)^n}{N^n},$$

所以随机变量 X 的分布律为

$$P(X=k)=\frac{k^n-(k-1)^n}{N^n},k=1,2,\cdots,N,$$

则得 X 的数学期望

$$\begin{aligned}E(X)&=\sum_{k=1}^{N}k\cdot\frac{k^n-(k-1)^n}{N^n}=\frac{1}{N^n}\sum_{k=1}^{N}[k^{n+1}-k(k-1)^n]\\&=\frac{1}{N^n}\sum_{k=1}^{N}[k^{n+1}-(k-1)^{n+1}-(k-1)^n]\\&=\frac{1}{N^n}\left[N^{n+1}-\sum_{k=1}^{N}(k-1)^n\right]=N-\frac{1}{N^n}\sum_{k=1}^{N}(k-1)^n.\end{aligned}$$

例6 设随机变量 X 和 Y 相互独立，且都服从标准正态分布．求 $Z=\sqrt{X^2+Y^2}$ 的数学期望和方差．

解 由题意 $X\sim N(0,1)$，$Y\sim N(0,1)$，X 和 Y 相互独立，X 和 Y 的联合概率密度为

$$f(x,y)=\frac{1}{\sqrt{2\pi}}\mathrm{e}^{-\frac{x^2}{2}}\cdot\frac{1}{\sqrt{2\pi}}\mathrm{e}^{-\frac{y^2}{2}}=\frac{1}{2\pi}\mathrm{e}^{-\frac{x^2+y^2}{2}},$$

于是

$$E(Z)=E(\sqrt{X^2+Y^2})=\frac{1}{2\pi}\int_{-\infty}^{+\infty}\int_{-\infty}^{+\infty}\sqrt{x^2+y^2}\,\mathrm{e}^{-\frac{x^2+y^2}{2}}\mathrm{d}x\mathrm{d}y,$$

采用极坐标计算，令 $x=r\cos\theta$，$y=r\sin\theta$，并注意到 $\frac{1}{\sqrt{2\pi}}\int_{-\infty}^{+\infty}\mathrm{e}^{-\frac{r^2}{2}}\mathrm{d}r=1$，有

$$E(Z)=\frac{1}{2\pi}\int_0^{2\pi}\int_0^{+\infty}r^2\mathrm{e}^{-\frac{r^2}{2}}\mathrm{d}r\mathrm{d}\theta=\int_0^{+\infty}r^2\mathrm{e}^{-\frac{r^2}{2}}\mathrm{d}r=\sqrt{\frac{\pi}{2}}.$$

注意到 X 和 Y 都服从 $N(0,1)$，有

$$E(Z^2)=E(X^2+Y^2)=E(X^2)+E(Y^2)=D(X)+(E(X))^2+D(Y)+(E(Y))^2=2,$$

所以 $D(Z)=E(Z^2)-(E(Z))^2=2-\frac{\pi}{2}$.

例7 设随机变量 X 和 Y 的联合分布为在以点 (0,1)，(1,0)，(1,1) 为顶点的三角形区域上服从均匀分布．试求随机变量 $U=X+Y$ 的方差．

解 **方法1** 利用公式 $D(X+Y)=D(X)+D(Y)+2\mathrm{Cov}(X,Y)$ 求解.

记三角形区域为 $G=\{(x,y)\mid 0\leqslant x\leqslant 1,1-x\leqslant y\leqslant 1\}$，则 X 和 Y 的联合概率密度为

$$f(x,y)=\begin{cases}2,(x,y)\in G,\\0,(x,y)\notin G.\end{cases}$$

以 $f_1(x)$ 表示 X 的概率密度，则

当 $x\leqslant 0$ 或 $x\geqslant 1$ 时，$f_1(x)=0$；

当 $0<x<1$ 时，有

$$f_1(x)=\int_{-\infty}^{+\infty}f(x,y)\,\mathrm{d}y=\begin{cases}\int_{1-x}^{1}2\mathrm{d}y=2x, & 0<x<1,\\0, & \text{其他},\end{cases}$$

因此，

$$E(X)=\int_{-\infty}^{+\infty}xf_1(x)\,\mathrm{d}x=\int_0^1 2x^2\mathrm{d}x=\frac{2}{3},\ E(X^2)=\int_0^1 2x^3\mathrm{d}x=\frac{1}{2},$$

$$D(X)=E(X^2)-[E(X)]^2=\frac{1}{2}-\frac{4}{9}=\frac{1}{18}.$$

同理可得 $E(Y)=\dfrac{2}{3}$，$D(Y)=\dfrac{1}{18}$.

下面求 X 和 Y 的协方差：

$$E(XY)=\iint_G 2xy\,\mathrm{d}x\mathrm{d}y=2\int_0^1\mathrm{d}x\int_{1-x}^1 xy\,\mathrm{d}y=\frac{5}{12},$$

$$\operatorname{Cov}(X,Y)=E(XY)-E(X)\cdot E(Y)=-\frac{1}{36},$$

于是 $D(U)=D(X+Y)=D(X)+D(Y)+2\operatorname{Cov}(X,Y)=\dfrac{1}{18}$.

方法 2 直接利用随机变量方差的定义 $D(X+Y)=E[(X+Y)-E(X+Y)]^2$ 求解．先求 $E(X+Y)$.

$$E(X+Y)=\iint_{R^2}(x+y)f(x,y)\,\mathrm{d}x\mathrm{d}y=\iint_G 2(x+y)\,\mathrm{d}x\mathrm{d}y$$

$$=\int_0^1\mathrm{d}x\int_{1-x}^1 2(x+y)\,\mathrm{d}y=\int_0^1(2x+x^2)\,\mathrm{d}x=\frac{4}{3},$$

再求 $D(X+Y)$.

$$D(U)=D(X+Y)=E[(X+Y)-E(X+Y)]^2=E\left(X+Y-\frac{4}{3}\right)^2,$$

故

$$D(U)=\iint_{R^2}\left(x+y-\frac{4}{3}\right)^2 f(x,y)\,\mathrm{d}x\mathrm{d}y=\iint_G 2\left(x+y-\frac{4}{3}\right)^2\mathrm{d}x\mathrm{d}y$$

$$=\int_0^1\mathrm{d}x\int_{1-x}^1 2\left(x+y-\frac{4}{3}\right)^2\mathrm{d}y=\frac{2}{3}\int_0^1\left(x^3-x^2+\frac{1}{3}x\right)\mathrm{d}x=\frac{1}{18}.$$

例 8 设随机变量 $U\sim U[-2,2]$，随机变量

$$X=\begin{cases}-1, & 若\ U\leqslant -1,\\ 1, & 若\ U>-1,\end{cases}\quad Y=\begin{cases}-1, & 若\ U\leqslant 1,\\ 1, & 若\ U>1.\end{cases}$$ 试求：

(1) X 和 Y 的联合分布律；

(2) $D(X+Y)$.

解 (1) 随机变量 (X,Y) 的可能取值为 $(-1,-1)$，$(-1,1)$，$(1,-1)$，$(1,1)$，

$$P(X=-1,Y=-1)=P(U\leqslant -1,U\leqslant 1)=\frac{1}{4},$$

$$P(X=-1,Y=1)=P(U\leqslant -1,U>1)=0,$$

$$P(X=1,Y=-1)=P(U>-1,U\leqslant 1)=\frac{1}{2},$$

$$P(X=1,Y=1)=P(U>-1,U>1)=\frac{1}{4},$$

(X,Y) 的联合概率分布为

$(-1,-1)$	$(-1,1)$	$(1,-1)$	$(1,1)$
$\frac{1}{4}$	0	$\frac{1}{2}$	$\frac{1}{4}$

.

(2) $X+Y$ 的概率分布为

-2	0	2
$\frac{1}{4}$	$\frac{1}{2}$	$\frac{1}{4}$

，$(X+Y)^2$ 的概率分布为

0	4
$\frac{1}{2}$	$\frac{1}{2}$

，所以

$$E(X+Y)=-\frac{2}{4}+\frac{2}{4}=0,D(X+Y)=E(X+Y)^2=2.$$

例 9 在 $[0,1]$ 上任取 n 个点，求其中最远两点的距离的数学期望.

解 设 X_i 为 $[0,1]$ 上任取的第 i 个点的坐标，X_1，X_2，…，X_n 独立同分布，显然 $X_i\sim U[0,1](i=1,2,\cdots,n)$，记

$$X_{(1)}=\min\{X_1,\cdots,X_n\},X_{(n)}=\max\{X_1,\cdots,X_n\},$$

有

$$F_{X_{(n)}}(x)=\begin{cases}0, & x<0,\\ x^n, & 0\leqslant x<1,\\ 1, & x\geqslant 1,\end{cases}\quad f_{X_{(n)}}(x)=\begin{cases}nx^{n-1}, & 0\leqslant x<1,\\ 0, & 其他,\end{cases}$$

$$F_{X_{(1)}}(x)=\begin{cases}0, & x<0,\\ 1-(1-x)^n, & 0\leqslant x<1,\\ 1, & x\geqslant 1,\end{cases}\quad f_{X_{(1)}}(x)=\begin{cases}n(1-x)^{n-1}, & 0\leqslant x<1,\\ 0, & 其他,\end{cases}$$

所以

$$E(X_{(n)})=\int_0^1 nx^n\mathrm{d}x=\frac{n}{n+1},\ E(X_{(1)})=\int_0^1 nx(1-x)^{n-1}\mathrm{d}x=\frac{1}{n+1}.$$

记 $X=X_{(n)}-X_{(1)}$，则

$$E(X)=\frac{n}{n+1}-\frac{1}{n+1}=\frac{n-1}{n+1}.$$

例 10 设随机变量 $X_1, X_2, \cdots, X_n$ 相互独立，且都服从数学期望为 1 的指数分布．求 $Z=\min\{X_1,X_2,\cdots,X_n\}$ 的数学期望和方差．

解 $X_i(i=1,2,\cdots,n)$ 的分布函数为 $F(x)=\begin{cases}1-\mathrm{e}^{-x}, & x>0,\\ 0, & \text{其他},\end{cases}$ $Z=\min\{X_1,X_2,\cdots,X_n\}$ 的分布函数为

$$F_Z(z)=1-[1-F(z)]^n=\begin{cases}1-\mathrm{e}^{-nz}, & z>0,\\ 0, & \text{其他},\end{cases}$$

Z 的概率密度为 $f_Z(z)=\begin{cases}n\mathrm{e}^{-nz}, & z>0,\\ 0, & \text{其他},\end{cases}$ 于是

$$E(Z)=\int_0^{+\infty} zn\mathrm{e}^{-nz}\mathrm{d}z=-z\mathrm{e}^{-nz}\Big|_0^{+\infty}+\int_0^{+\infty}\mathrm{e}^{-nz}\mathrm{d}z=\frac{1}{n}.$$

而 $E(Z^2)=\int_0^{+\infty} z^2 n\mathrm{e}^{-nz}\mathrm{d}z=\frac{2}{n^2}$，于是

$$D(Z)=E(Z^2)-(E(Z))^2=\frac{1}{n^2}.$$

例 11 设随机变量 X 的密度函数为 $f(x)$，若 $E(X)$ 存在，则

$$E(X)=\int_0^{+\infty}P(X>x)\mathrm{d}x-\int_0^{+\infty}P(X<-x)\mathrm{d}x.$$

证 如图 4-1 所示，由于

$$P(X>x)=\int_x^{+\infty}f(y)\mathrm{d}y,$$

$$P(X<-x)=\int_{-\infty}^{-x}f(y)\mathrm{d}y,$$

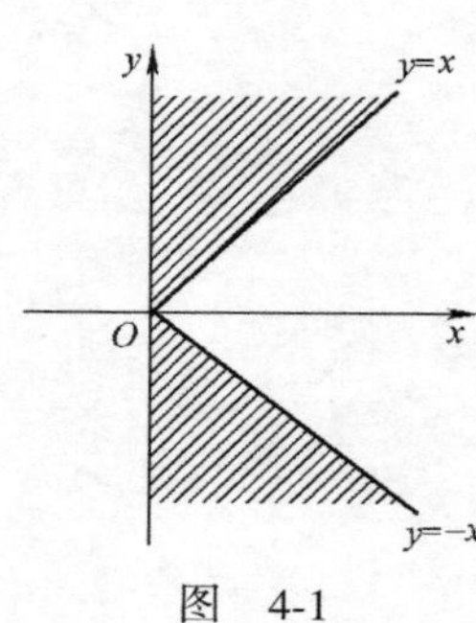

图 4-1

从而

$$\begin{aligned}&\int_0^{+\infty}P(X>x)\mathrm{d}x-\int_0^{+\infty}P(X<-x)\mathrm{d}x\\
&=\int_0^{+\infty}\int_x^{+\infty}f(y)\mathrm{d}y\mathrm{d}x-\int_0^{+\infty}\int_{-\infty}^{-x}f(y)\mathrm{d}y\mathrm{d}x\\
&=\iint_{D_1}f(y)\mathrm{d}y\mathrm{d}x-\iint_{D_2}f(y)\mathrm{d}y\mathrm{d}x\\
&=\int_0^{+\infty}f(y)\mathrm{d}y\int_0^y\mathrm{d}x-\int_{-\infty}^0 f(y)\mathrm{d}y\int_0^{-y}\mathrm{d}x\\
&=\int_0^{+\infty}yf(y)\mathrm{d}y+\int_{-\infty}^0 yf(y)\mathrm{d}y\\
&=\int_{-\infty}^{+\infty}yf(y)\mathrm{d}y=E(X).\end{aligned}$$

例 12　将 n 个人的帽子混放，然后每人任取一顶帽子，以 X 记配对个数．求 $E(X)$，$D(X)$．

解　记

$$X_i=\begin{cases}1，若第\ i\ 人取到自己的帽子，\\0，其他，\end{cases}\quad i=1，2，\cdots，n，$$

则 $X=\sum_{i=1}^{n}X_i$．由于 $E(X_i)=\frac{1}{n}$，$D(X_i)=\frac{1}{n}\left(1-\frac{1}{n}\right)=\frac{n-1}{n^2}$，$i=1，2，\cdots，n$．

又 $\text{Cov}(X_i,X_j)=E(X_iX_j)-E(X_i)E(X_j)$，且

$$X_iX_j=\begin{cases}1，若第\ i\ 人与第\ j\ 人都取到自己的帽子，\\0，其他，\end{cases}$$

以及

$$P(X_iX_j=1)=P(X_i=1,X_j=1)=P(X_j=1|X_i=1)P(X_i=1)=\frac{1}{n-1}\cdot\frac{1}{n},$$

所以

$$\text{Cov}(X_i,X_j)=\frac{1}{n(n-1)}-\left(\frac{1}{n}\right)^2=\frac{1}{n^2(n-1)},$$

从而 $E(X)=1$，$D(X)=\frac{n-1}{n}+2C_n^2\frac{1}{n^2(n-1)}=1$．

例 13　设 X 与 Y 都服从正态分布 $N(0,4)$ 且相互独立，又设

$$W=2X+3Y，Z=2X-3Y，$$

试求 W 与 Z 的相关系数．

【分析】　根据相关系数的定义公式，必须先计算公式中所要的各个量：$E(WZ),E(W),E(Z),D(W),D(Z)$．

解　由定义

$$\rho_{WZ}=\frac{\text{Cov}(W,Z)}{\sqrt{D(W)}\sqrt{D(Z)}}=\frac{E(WZ)-E(W)E(Z)}{\sqrt{D(W)}\sqrt{D(Z)}},$$

而

$$E(W)=E(2X+3Y)=2E(X)+3E(Y)=0,$$

$$E(Z)=E(2X-3Y)=2E(X)-3E(Y)=0,$$

$$E(WZ)=E[(2X+3Y)(2X-3Y)]=E(4X^2-9Y^2)=4E(X^2)-9E(Y^2)=-20,$$

$$D(W)=D(2X+3Y)=4D(X)+9D(Y)=52,$$

$$D(Z)=D(2X-3Y)=4D(X)+9D(Y)=52,$$

所以 $\rho_{WZ}=\frac{E(WZ)-E(W)E(Z)}{\sqrt{D(W)}\sqrt{D(Z)}}=-\frac{5}{13}$．

例 14　设随机变量 X 在区间 $[-1，1]$ 上服从均匀分布．试求 X 和 X^n 的相关系数．

解　由已知条件，X 的概率密度为

$$f(x)=\begin{cases}\dfrac{1}{2}, & -1\leqslant x\leqslant 1,\\ 0, & 其他,\end{cases}$$

X 和 X^n 的数学期望和方差分别为

$$E(X)=\int_{-1}^{1}\frac{1}{2}x\mathrm{d}x=0,\ E(X^n)=\int_{-1}^{1}\frac{1}{2}x^n\mathrm{d}x=\frac{1-(-1)^{n+1}}{2(n+1)},$$

$$D(X)=E(X^2)=\int_{-1}^{1}\frac{1}{2}x^2\mathrm{d}x=\frac{1}{3},$$

$$D(X^n)=E(X^{2n})-[E(X^n)]^2=\int_{-1}^{1}\frac{1}{2}x^{2n}\mathrm{d}x-\left[\frac{1-(-1)^{n+1}}{2(n+1)}\right]^2$$

$$=\frac{1}{2n+1}-\left[\frac{1-(-1)^{n+1}}{2(n+1)}\right]^2,$$

X 和 X^n 的协方差为

$$\mathrm{Cov}(X,X^n)=E(X^{n+1})-E(X)E(X^n)=\frac{1-(-1)^{n+2}}{2(n+2)},$$

于是 X 和 X^n 的相关系数为

$$\rho=\frac{\mathrm{Cov}(X,X^n)}{\sqrt{D(X)}\sqrt{D(X^n)}}=\frac{\dfrac{1-(-1)^{n+2}}{2(n+2)}}{\sqrt{\dfrac{1}{3}}\sqrt{\dfrac{1}{2n+1}-\left[\dfrac{1-(-1)^{n+1}}{2(n+1)}\right]^2}}$$

$$=\begin{cases}0, & n\text{ 为偶数},\\ \dfrac{\sqrt{3(2n+1)}}{n+2}, & n\text{ 为奇数}.\end{cases}$$

例 15 设随机变量 X 和 Y 相互独立，且均服从正态分布 $N(0,4)$，设随机变量 $\xi=a^2X+b^2Y$，$\eta=c^2X+d^2Y$，a，b，c，d 均为常数，且至少有三个不为 0. 试求：

(1) ξ 和 η 的相关系数；

(2) 概率 $P(3X\geqslant -2Y+3)$.

【分析】 利用协方差性质求解则简单.

解 (1) ξ 和 η 的协方差为

$$\begin{aligned}\mathrm{Cov}(\xi,\eta)&=\mathrm{Cov}(a^2X+b^2Y,c^2X+d^2Y)\\&=\mathrm{Cov}(a^2X,c^2X)+\mathrm{Cov}(a^2X,d^2Y)+\mathrm{Cov}(b^2Y,c^2X)+\mathrm{Cov}(b^2Y,d^2Y)\\&=a^2c^2D(X)+a^2d^2\mathrm{Cov}(X,Y)+b^2c^2\mathrm{Cov}(Y,X)+b^2d^2D(Y)\\&=4a^2c^2+4b^2d^2=4(a^2c^2+b^2d^2),\end{aligned}$$

ξ 和 η 的方差分别为

$$D(\xi)=D(a^2X+b^2Y)=a^4D(X)+b^4D(Y)=4(a^4+b^4),$$

$$D(\eta)=4(c^4+d^4),$$

则 ξ 和 η 的相关系数为

$$\rho_{\xi\eta}=\frac{\mathrm{Cov}(\xi,\eta)}{\sqrt{D(\xi)}\sqrt{D(\eta)}}=\frac{4(a^2c^2+b^2d^2)}{\sqrt{4(a^4+b^4)}\sqrt{4(c^4+d^4)}}=\frac{a^2c^2+b^2d^2}{\sqrt{(a^4+b^4)}\sqrt{(c^4+d^4)}}.$$

(2) 由于 $3X+2Y\sim N(0,52)$，所以

$$P(3X\geqslant -2Y+3)=P(3X+2Y\geqslant 3)=P\left(\frac{3X+2Y}{\sqrt{52}}\geqslant\frac{3}{\sqrt{52}}\right)$$

$$=1-\Phi(0.416)\approx 1-0.661=0.339 .$$

例 16 (1) 设随机变量 $X\sim B(n,p)$，求 $\mathrm{Cov}(X,n-X)$；

(2) 设随机变量 X 和 Y 的联合概率密度为

$$f(x,y)=\begin{cases}\frac{1}{4}[1+xy(x^2-y^2)], & |x|<1,\ |y|<1,\\ 0, & \text{其他}.\end{cases}$$

试问 X 和 Y 是否相互独立？是否不相关？

解 (1) $\mathrm{Cov}(X,n-X)=\mathrm{Cov}(X,n)-\mathrm{Cov}(X,X)$

$$=[E(nX)-nE(X)]-D(X)=-np(1-p).$$

(2) 当 $|x|<1$ 时，

$$f_X(x)=\int_{-1}^{1}\frac{1}{4}[1+xy(x^2-y^2)]\mathrm{d}y$$

$$=\int_{-1}^{1}\frac{1}{4}\mathrm{d}y=\frac{1}{2}.$$

同样，当 $|y|<1$ 时，$f_Y(y)=\frac{1}{2}$.

因为 $f(x,y)\neq f_X(x)f_Y(y)$，故 X 和 Y 不是相互独立的．又

$$E(X)=\int_{-1}^{1}xf_X(x)\mathrm{d}x=\int_{-1}^{1}\frac{1}{2}x\mathrm{d}x=0,\ E(Y)=0,$$

而

$$E(XY)=\int_{-1}^{1}\int_{-1}^{1}\frac{1}{4}[xy+x^2y^2(x^2-y^2)]\mathrm{d}x\mathrm{d}y=\int_{0}^{1}\int_{0}^{1}(x^4y^2-y^4x^2)\mathrm{d}x\mathrm{d}y=0,$$

于是 $E(XY)-E(X)E(Y)=0$，所以 X 和 Y 不相关．

例 17 将一骰子重复投掷 n 次，X 表示出现点数小于 3 的次数，Y 表示出现点数不小于 3 的次数．

(1) 证明：X 和 Y 不相互独立；

(2) 证明：$X+Y$ 和 $X-Y$ 不相关；

(3) 试求 $3X+Y$ 和 $X-3Y$ 的相关系数．

解 设事件 A 表示"每次掷出点数小于 3"，事件 B 表示"每次掷出点数不小于 3"，则

$$p_1=P(A)=\frac{1}{3},\ p_2=P(B)=\frac{2}{3},$$

于是 $X\sim B\left(n,\frac{1}{3}\right)$，$Y\sim B\left(n,\frac{2}{3}\right)$，且 $Y=n-X$. 易算得 X 和 Y 的数字特征为

$$E(X)=\frac{n}{3},\ D(X)=\frac{2n}{9},\ E(Y)=\frac{2n}{3},\ D(Y)=\frac{2n}{9}.$$

（1）X 和 Y 的协方差为

$$\mathrm{Cov}(X,Y)=\mathrm{Cov}(X,n-X)=-D(X)=-\frac{2n}{9},$$

由此知 X 和 Y 相关，所以 X 和 Y 不相互独立．

（2）$X+Y$ 和 $X-Y$ 的协方差为

$$\begin{aligned}\mathrm{Cov}(X+Y,X-Y)&=\mathrm{Cov}(X,X)-\mathrm{Cov}(X,Y)+\mathrm{Cov}(Y,X)-\mathrm{Cov}(Y,Y)\\&=D(X)-D(Y)=0,\end{aligned}$$

所以 $X+Y$ 和 $X-Y$ 不相关．

（3）$\mathrm{Cov}(3X+Y,X-3Y)=3D(X)-9\mathrm{Cov}(X,Y)+\mathrm{Cov}(Y,X)-3D(Y)$，

而 $D(X)=D(Y)=\dfrac{2n}{9}$，$\mathrm{Cov}(X,Y)=\mathrm{Cov}(Y,X)=-\dfrac{2n}{9}$，所以

$$\mathrm{Cov}(3X+Y,X-3Y)=-9\times\left(-\frac{2n}{9}\right)+\left(-\frac{2n}{9}\right)=\frac{16n}{9},$$

$$D(3X+Y)=9D(X)+D(Y)+6\mathrm{Cov}(X,Y)=\frac{18n}{9}+\frac{2n}{9}-\frac{12n}{9}=\frac{8n}{9},$$

$$D(X-3Y)=D(X)+9D(Y)-6\mathrm{Cov}(X,Y)=\frac{2n}{9}+\frac{18n}{9}+\frac{12n}{9}=\frac{32n}{9},$$

则相关系数为

$$\begin{aligned}\rho&=\frac{\mathrm{Cov}(3X+Y,X-3Y)}{\sqrt{D(3X+Y)}\sqrt{D(X-3Y)}}\\&=\frac{16n/9}{\sqrt{8n/9}\sqrt{32n/9}}=1.\end{aligned}$$

例 18　设一部机器在一天内发生故障的概率为 0.2，机器发生故障时全天停止工作，若一周 5 个工作日无故障，可获利润 10 万元；发生一次故障仍可获利润 5 万元；发生二次故障可获利润为 0 元；发生三次或三次以上故障要亏损 2 万元．求一周内的期望利润．

解　用 X 表示一周内机器发生故障的次数，$Y=g(X)$ 表示利润，则

$$Y=g(X)=\begin{cases}10, & X=0,\\5, & X=1,\\0, & X=2,\\-2, & X>2,\end{cases}$$

而 $X\sim B(5,0.2)$，所以

$$\begin{aligned}P(X=0)&=\mathrm{C}_5^0(0.2)^0\cdot(0.8)^5=0.328,\\P(X=1)&=\mathrm{C}_5^1(0.2)(0.8)^4=0.410,\\P(X=2)&=\mathrm{C}_5^2(0.2)^2(0.8)^3=0.205,\\P(X\geqslant3)&=1-0.328-0.410-0.205=0.057,\end{aligned}$$

从而

$$E(Y)=10\times0.328+5\times0.410+0\times0.205-2\times0.057=5.216(\text{万元}).$$

例 19 某商店某种家用电器的定价为 2300 元，这样的定价，购买的顾客并不多，因为顾客对该电器的质量不够放心，后来，有一促销员从厂家的统计结果知道该电器寿命 X（年）的概率密度为

$$f(x)=\begin{cases}\frac{1}{5}e^{-\frac{x}{5}}, & x>0,\\ 0, & x\leqslant 0,\end{cases}$$

于是，他就准备采用先使用后付款的方式促进该电器的销售，并规定：

$X\leqslant 1$，　一台付款 1500 元；

$1<X\leqslant 2$，　一台付款 2000 元；

$2<X\leqslant 3$，　一台付款 2500 元；

$X>3$，　一台付款 3000 元.

试求：这样定价平均每台的价格比原来的低吗？如果顾客 3 年后付款不影响资金流转，那么，这样促销的方式可行吗？

【分析】 该促销员之所以允许 3 年后付款，从产品的寿命分布——$\theta=5$ 的指数分布中了解到，该电器的平均寿命 $E(X)=\theta=5$（年），他对销售方式做上述规定，先计算每台定价的分布律，再与原来的定价比较，看看是否提高，再做最后判断.

解 先考虑促销定价 Y 的分布律

Y	1500	2000	2500	3000
p	$P(0<X\leqslant 1)$	$P(1<X\leqslant 2)$	$P(2<X\leqslant 3)$	$P(X>3)$

$$P(0<X\leqslant 1)=\int_0^1\frac{1}{5}e^{-\frac{x}{5}}dx=1-e^{-\frac{1}{5}},$$

$$P(1<X\leqslant 2)=\int_1^2\frac{1}{5}e^{-\frac{x}{5}}dx=e^{-\frac{1}{5}}-e^{-\frac{2}{5}},$$

$$P(2<X\leqslant 3)=\int_2^3\frac{1}{5}e^{-\frac{x}{5}}dx=e^{-\frac{2}{5}}-e^{-\frac{3}{5}},$$

$$P(X>3)=\int_3^{+\infty}\frac{1}{5}e^{-\frac{x}{5}}dx=e^{-\frac{3}{5}},$$

故

$$E(Y)=1500\times\left(1-e^{-\frac{1}{5}}\right)+2000\times\left(e^{-\frac{1}{5}}-e^{-\frac{2}{5}}\right)+2500\times\left(e^{-\frac{2}{5}}-e^{-\frac{3}{5}}\right)+3000\times e^{-\frac{3}{5}}\approx 2518.93,$$

可见，他这样定价既大大促进了销售量，又提高了销售前的定价，在顾客 3 年后付款不影响资金流转的条件下，这样的促销是可行的.

考研真题解析

例 1 （2014 年）

设连续性随机变量 X_1 与 X_2 相互独立，且方差均存在，X_1 与 X_2 的概率密度分别为 $f_1(x)$ 与 $f_2(x)$，随机变量 Y_1 的概率密度为 $f_{Y_1}(y)=\frac{1}{2}(f_1(y)+f_2(y))$，随机变量 $Y_2=\frac{1}{2}(X_1+X_2)$，则（　　）.

（A）$E(Y_1)>E(Y_2)$，$D(Y_1)>D(Y_2)$

（B）$E(Y_1)=E(Y_2)$，$D(Y_1)=D(Y_2)$

（C）$E(Y_1)=E(Y_2)$，$D(Y_1)<D(Y_2)$

（D）$E(Y_1)=E(Y_2)$，$D(Y_1)>D(Y_2)$

【分析】
$$\begin{aligned}E(Y_1)&=\int_{-\infty}^{+\infty}y\cdot\frac{1}{2}(f_1(y)+f_2(y))\mathrm{d}y\\&=\frac{1}{2}\int_{-\infty}^{+\infty}yf_1(y)\mathrm{d}y+\frac{1}{2}\int_{-\infty}^{+\infty}yf_2(y)\mathrm{d}y\\&=\frac{1}{2}E(X_1)+\frac{1}{2}E(X_2),\end{aligned}$$

$$E(Y_2)=E\left[\frac{1}{2}(X_1+X_2)\right]=\frac{1}{2}E(X_1)+\frac{1}{2}E(X_2),$$

所以 $E(Y_1)=E(Y_2)$，又

$$E(Y_1^2)=\int_{-\infty}^{+\infty}y^2\cdot\frac{1}{2}[f_1(y)+f_2(y)]\mathrm{d}y=\frac{1}{2}E(X_1^2)+\frac{1}{2}E(X_2^2),$$

$$\begin{aligned}D(Y_1)&=E(Y_1^2)-[E(Y_1)]^2=\frac{1}{2}[E(X_1^2)+E(X_2^2)]-\frac{1}{4}[E(X_1)+E(X_2)]^2\\&=\frac{1}{2}(E(X_1^2)+E(X_2^2))-\frac{1}{4}[E(X_1^2)+2E(X_1)E(X_2)+E(X_2^2)]\\&=\frac{1}{4}(D(X_1)+D(X_2))+\frac{1}{4}[E(X_1^2)-2E(X_1)E(X_2)+E(X_2^2)]\\&=\frac{1}{4}(D(X_1)+D(X_2))+\frac{1}{4}E[(X_1-X_2)^2].\end{aligned}$$

$$D(Y_2)=D\left[\frac{1}{2}(X_1+X_2)\right]=\frac{1}{4}[D(X_1)+D(X_2)],$$

所以 $D(Y_1)>D(Y_2)$，故选（D）.

例 2 （2014 年）

设随机变量 X，Y 的概率分布相同，X 的概率分布为 $P(X=0)=\frac{1}{3}$，$P(X=1)=\frac{2}{3}$，且 X 与 Y 的相关系数 $\rho_{XY}=\frac{1}{2}$.

（1）求 (X,Y) 的概率分布；

（2）求 $P(X+Y\leqslant 1)$.

解 （1）由题意可知，$E(X)=E(Y)=0\times\frac{1}{3}+1\times\frac{2}{3}=\frac{2}{3}$，

$$D(X)=D(Y)=\left(0-\frac{2}{3}\right)^2\times\frac{1}{3}+\left(1-\frac{2}{3}\right)^2\times\frac{2}{3}=\frac{2}{9},$$

又 $\rho_{XY}=\frac{E(XY)-E(X)\cdot E(Y)}{\sqrt{D(X)}\sqrt{D(Y)}}=\frac{1}{2}$，故 $E(XY)=\frac{5}{9}$.

而 XY 的取值只可能为 0，1，因此，

$$E(XY)=P(X=1,Y=1)\times1=P(X=1,Y=1)=\frac{5}{9},$$

于是 (X,Y) 的概率分布为

X	Y		$P(X=i)$
	0	1	
0	$\frac{2}{9}$	$\frac{1}{9}$	$\frac{1}{3}$
1	$\frac{1}{9}$	$\frac{5}{9}$	$\frac{2}{3}$
$P(Y=j)$	$\frac{1}{3}$	$\frac{2}{3}$	

（2）$P(X+Y\leqslant1)=P(X=0,Y=0)+P(X=0,Y=1)+P(X=1,Y=0)=\frac{4}{9}$.

例 3 （2015 年）

设随机变量 X，Y 不相关，且 $E(X)=2$，$E(Y)=1$，$D(X)=3$，则 $E[X(X+Y-2)]=($　　$)$.

（A）-3　　（B）3　　（C）-5　　（D）5

【分析】
$$\begin{aligned}E[X(X+Y-2)]&=E(X^2+XY-2X)=E(X^2)+E(XY)-2E(X)\\&=D(X)+E^2(X)+E(X)\cdot E(Y)-2E(X)\\&=3+2^2+2\times1-2\times2=5,\end{aligned}$$

故选（D）.

例 4 （2015 年）

设随机变量 X 的概率密度为 $f(x)=\begin{cases}2^{-x}\ln2, & x>0,\\0, & x\leqslant0.\end{cases}$

对 X 进行独立重复的观测，直到 2 个大于 3 的观测值出现时停止，记 Y 为观测次数.

（1）求 Y 的概率分布；　（2）求 $E(Y)$.

解 （1）记 p 为观测值大于 3 的概率，

则 $p=P(x>3)=\int_3^{+\infty}2^{-x}\ln2\mathrm{d}x=\frac{1}{8}$，

从而　$P(Y=n)=\mathrm{C}_{n-1}^1p(1-p)^{n-2}p=(n-1)\left(\frac{1}{8}\right)^2\left(\frac{7}{8}\right)^{n-2}$.

(2) $E(Y)=\sum_{n=2}^{\infty} n\cdot P(Y=n)=\sum_{n=2}^{\infty} n\cdot(n-1)\left(\frac{1}{8}\right)^2\left(\frac{7}{8}\right)^{n-2}$

$$=\sum_{n=2}^{\infty} n\cdot(n-1)\left[\left(\frac{7}{8}\right)^{n-2}-2\left(\frac{7}{8}\right)^{n-1}+\left(\frac{7}{8}\right)^{n}\right],$$

记 $S_1(x)=\sum_{n=2}^{\infty} n\cdot(n-1)x^{n-2}$，$-1<x<1$，则

$$S_1(x)=\sum_{n=2}^{\infty} n\cdot(n-1)x^{n-2}=\left(\sum_{n=2}^{\infty} n\cdot x^{n-1}\right)'=\left(\sum_{n=2}^{\infty} x^n\right)''=\frac{2}{(1-x)^3},$$

$$S_2(x)=\sum_{n=2}^{\infty} n\cdot(n-1)x^{n-1}=x\sum_{n=2}^{\infty} n\cdot(n-1)x^{n-2}=xS_1(x)=\frac{2x}{(1-x)^3},$$

$$S_3(x)=\sum_{n=2}^{\infty} n\cdot(n-1)x^{n}=x^2\sum_{n=2}^{\infty} n\cdot(n-1)x^{n-2}=x^2S_1(x)=\frac{2x^2}{(1-x)^3},$$

所以 $S(x)=S_1(x)-2S_2(x)+S_3(x)=\frac{2-4x+2x^2}{(1-x)^3}=\frac{2}{1-x}$，

从而 $E(Y)=S\left(\frac{7}{8}\right)=16.$

例 5 （2016 年）

随机试验 E 有 3 种两两不相容的结果 A_1，A_2，A_3，且 3 种结果发生的概率均为$\frac{1}{3}$，将试验 E 独立重复做 2 次，X 表示 2 次试验中结果 A_1 发生的次数，Y 表示 2 次试验中结果 A_2 发生的次数，则 X 与 Y 的相关系数为(　　).

(A) $-\frac{1}{2}$　　(B) $-\frac{1}{3}$　　(C) $\frac{1}{3}$　　(D) $\frac{1}{2}$

【分析】 二维离散型随机变量 (X,Y) 的联合分布律为

X	Y		
	0	1	2
0	1/9	2/9	1/9
1	2/9	2/9	0
2	1/9	0	0

所以 $\rho_{XY}=\frac{\mathrm{Cov}(X,Y)}{\sqrt{D(X)}\sqrt{D(Y)}}=\frac{E(XY)-E(X)E(Y)}{\sqrt{D(X)}\sqrt{D(Y)}}=\frac{2/9-2/3\times2/3}{\sqrt{4/9}\sqrt{4/9}}=-\frac{1}{2}$，

故选（A）.

例 6 （2016 年）

设随机变量 X 与 Y 相互独立，且 $X\sim N(1,2)$，$Y\sim N(1,4)$，则 $D(XY)=$(　　).

(A) 6　　(B) 8　　(C) 14　　(D) 15

【分析】 $D(XY)=E(X^2Y^2)-[E(XY)]^2=E(X^2)E(Y^2)-[E(X)E(Y)]^2$

$$=[D(X)+E^2(X)][D(Y)+E^2(Y)]-$$

$$[E(X)]^2[E(Y)]^2=3\times5-1=14.$$

故选（C）.

例 7 （2016 年）

设二维随机变量 (X,Y) 在区域 $D=\{(X,Y)\mid 0<x<1,x^2<y<\sqrt{x}\}$ 上服从均匀分布，令 $U=\begin{cases}1, & X\leqslant Y,\\ 0, & X>Y.\end{cases}$

（1）写出 (X,Y) 的概率密度；

（2）问 U 与 X 是否相互独立？并说明理由.

（3）求 $Z=U+X$ 的分布函数 $F(z)$.

解 （1）区域 D 的面积为

$$S=\int_0^1\mathrm{d}x\int_{x^2}^{\sqrt{x}}\mathrm{d}y=\int_0^1(\sqrt{x}-x^2)\mathrm{d}x=\frac{1}{3},$$

因此 (X,Y) 的概率密度为 $f(x,y)=\dfrac{1}{S}=\begin{cases}3, & (x,y)\in D,\\ 0, & \text{其他};\end{cases}$

（2）随机变量 X 的边缘概率密度为

$$f_X(x)=\int_{-\infty}^{+\infty}f(x,y)\mathrm{d}y=\int_{x^2}^{\sqrt{x}}3\mathrm{d}y=\begin{cases}3(\sqrt{x}-x^2), & x\in(0,1),\\ 0, & \text{其他},\end{cases}$$

则 $P\left(X\leqslant\dfrac{1}{4}\right)=\displaystyle\int_0^{\frac{1}{4}}3(\sqrt{x}-x^2)\mathrm{d}x=\frac{15}{64},$

而 $P\left(U\leqslant\dfrac{1}{4}\right)=P(U=0)=\dfrac{1}{2},$

$$P\left(U\leqslant\frac{1}{4},X\leqslant\frac{1}{4}\right)=P\left(U=0,X\leqslant\frac{1}{4}\right)$$

$$=\int_0^{\frac{1}{4}}\mathrm{d}x\int_{x^2}^{x}\mathrm{d}y=\int_0^{\frac{1}{4}}(x-x^2)\mathrm{d}x=\frac{5}{192},$$

显然 $P\left(U\leqslant\dfrac{1}{4},X\leqslant\dfrac{1}{4}\right)\neq P\left(U\leqslant\dfrac{1}{4}\right)P\left(X\leqslant\dfrac{1}{4}\right)$，因此不相互独立.

（3）$F(z)=P(Z\leqslant z)=P(U+X\leqslant z)$

$=P(X\leqslant z,U=0)+P(X\leqslant z-1,U=1)$

而当 $x\in(0,1)$ 时，$P(X\leqslant x,U=0)=\displaystyle\int_0^x\mathrm{d}x\int_{x^2}^{x}f(x,y)\mathrm{d}y=\frac{3}{2}x^2-x^3,$

$$P(X\leqslant x,U=1)=\int_0^x\mathrm{d}x\int_x^{\sqrt{x}}f(x,y)\mathrm{d}y=2x^{\frac{3}{2}}-\frac{3}{2}x^2,$$

故当 $z\in(0,1)$ 时，$P(X\leqslant z,U=0)=\dfrac{3}{2}z^2-z^3,$

当 $z\in(1,2)$ 时，$P(X\leqslant z-1,U=1)=2(z-1)^{\frac{3}{2}}-\dfrac{3}{2}(z-1)^2,$

于是

$$F(z)=P(X\leqslant z,U=0)+P(X\leqslant z-1,U=1)=\begin{cases}0, & z<0,\\ \dfrac{3}{2}z^2-z^3, & 0\leqslant z<1,\\ \dfrac{1}{2}+2(z-1)^{\frac{3}{2}}-\dfrac{3}{2}(z-1)^2, & 1\leqslant z<2,\\ 1, & z\geqslant 2.\end{cases}$$

例 8 （2017 年）

设随机变量 X 的分布函数为 $F(x)=0.5\Phi(x)+0.5\Phi\left(\dfrac{x-4}{2}\right)$，其中 $\Phi(x)$ 为标准正态分布函数，则 $E(X)=$ ________.

【分析】 $f(x)=F'(x)=\dfrac{1}{2}\cdot 1/\sqrt{2\pi}\,\mathrm{e}^{-\frac{x^2}{2}}+\dfrac{1}{2}\cdot 1\Big/\sqrt{2\pi}\,\mathrm{e}^{-\frac{\left(\frac{x-4}{2}\right)^2}{2}}\cdot\dfrac{1}{2}$

$$=\frac{1}{2\sqrt{2\pi}}\mathrm{e}^{-\frac{x^2}{2}}+\frac{1}{4\sqrt{2\pi}}\mathrm{e}^{-\frac{\left(\frac{x-4}{2}\right)^2}{2}},$$

则 $E(X)=\int_{-\infty}^{+\infty}xf(x)\mathrm{d}x=\int_{-\infty}^{+\infty}x\cdot\dfrac{1}{2\sqrt{2\pi}}\mathrm{e}^{-\frac{x^2}{2}}\mathrm{d}x+\int_{-\infty}^{+\infty}x\cdot\dfrac{1}{4\sqrt{2\pi}}\mathrm{e}^{-\frac{(x-4)^2}{2\cdot 2^2}}\mathrm{d}x=2.$

例 9 （2017 年）

设随机变量 X 的概率分布为 $P(x=-2)=\dfrac{1}{2}$，$P(x=1)=a$，$P(x=3)=b$. 若 $E(X)=0$，则 $D(X)=$ ________.

【分析】 由分布律的归一性可知 $\dfrac{1}{2}+a+b=1$，

又由于 $E(X)=0$， 可知 $-2\times\dfrac{1}{2}+a+3b=0.$

解得 $a=\dfrac{1}{4}$，$b=\dfrac{1}{4}$. 从而 $E(X^2)=(-2)^2\times\dfrac{1}{2}+1^2\times\dfrac{1}{4}+3^2\times\dfrac{1}{4}=\dfrac{9}{2}$，

$D(X)=E(X^2)-[E(X)]^2=\dfrac{9}{2}.$

例 10 （2017 年）

设随机变量 X 的分布函数为 $F(x)=0.5\Phi(x)+0.5\Phi\left(\dfrac{x-4}{2}\right)$，其中 $\Phi(x)$ 为标准正态分布函数，则 $E(X)=$ ________.

【分析】 $f(x)=F'(x)=\dfrac{1}{2}\cdot 1/\sqrt{2\pi}\,\mathrm{e}^{-\frac{x^2}{2}}+\dfrac{1}{2}\cdot 1/\sqrt{2\pi}\,\mathrm{e}^{-\frac{\left(\frac{x-4}{2}\right)^2}{2}}\cdot$

$\dfrac{1}{2}=\dfrac{1}{2\cdot\sqrt{2\pi}}\mathrm{e}^{-\frac{x^2}{2}}+\dfrac{1}{4\cdot\sqrt{2\pi}}\mathrm{e}^{-\frac{\left(\frac{x-4}{2}\right)^2}{2}}$，

则 $E(X)=\int_{-\infty}^{+\infty}xf(x)\mathrm{d}x$

$$=\int_{-\infty}^{+\infty}x\cdot\frac{1}{2\cdot\sqrt{2\pi}}\mathrm{e}^{-\frac{x^2}{2}}\mathrm{d}x+\int_{-\infty}^{+\infty}x\cdot\frac{1}{4\cdot\sqrt{2\pi}}\mathrm{e}^{-\frac{\left(\frac{x-4}{2}\right)^2}{2}}\mathrm{d}x=2.$$

例 11 (2017 年)

设随机变量 X 的概率分布为 $P(X=-2)=\frac{1}{2}$，$P(X=1)=a$，$P(X=3)=b$，若 $E(X)=0$，则 $D(X)=$ ________ .

【分析】 由分布律的归一性可知 $\frac{1}{2}+a+b=1$，又由于 $E(X)=0$，可知 $-2\times\frac{1}{2}+a+3b=0$，得 $a=\frac{1}{4},b=\frac{1}{4}$，从而 $E(X^2)=(-2)^2\times\frac{1}{2}+1^2\times\frac{1}{4}+3^2\times\frac{1}{4}=\frac{9}{2}$，$D(X)=E(X^2)-[E(X)]^2=\frac{9}{2}$.

例 12 (2018 年)

已知随机变量 X，Y 相互独立，且 X 的概率分布为 $P(X=1)=P(X=-1)=\frac{1}{2}$，$Y$ 服从参数为 λ 的泊松分布，$Z=XY$.

(1) 求 $\mathrm{Cov}(X,Z)$；

(2) 求 Z 的分布律.

解 (1) $\mathrm{Cov}(X,Z)=\mathrm{Cov}(X,XY)=E(X^2Y)-E(X)E(XY)=E(X^2)E(Y)-E^2(X)E(Y)$，其中 $E(X)=0$，$E(X^2)=1$，$E(Y)=\lambda$

代入上面的计算公式可得到 $\mathrm{Cov}(X,Z)=\lambda$；

(2) 据题设，Z 的可能取值为整数：0，±1，±2，±3，…，

$P(Z=k)=P(XY=k)=P(Y=k)P(X=1)+P(Y=-k)P(X=-1)=\frac{1}{2}P(Y=k)+\frac{1}{2}P(Y=-k)$，因为 Y 服从参数为 λ 的泊松分布，所以

当 $k=0$ 时，$P(Z=0)=\frac{1}{2}\mathrm{e}^{-\lambda}+\frac{1}{2}\mathrm{e}^{-\lambda}=\mathrm{e}^{-\lambda}$.

当 $k<0$ 时，$P(Z=k)=0+\frac{1}{2}\frac{\lambda^{-k}}{(-k)!}\mathrm{e}^{-\lambda}=\frac{\lambda^{-k}}{2(-k)!}\mathrm{e}^{-\lambda}$；

当 $k>0$ 时，$P(Z=k)=\frac{1}{2}\frac{\lambda^{k}}{k!}\mathrm{e}^{-\lambda}+0=\frac{\lambda^{k}}{2\cdot k!}\mathrm{e}^{-\lambda}$.

故 Z 的分布律为

$$P\{Z=k\}=\begin{cases}\mathrm{e}^{-\lambda},k=0,\\ \dfrac{\lambda^{|k|}}{2\cdot|k|!}\mathrm{e}^{-\lambda}, & k\neq0,k\in Z.\end{cases}$$

例 13 (2019 年)

已知随机变量 X，Y 相互独立，X 服从参数为 1 的指数分布，Y 的概率分布为 $P(Y=-1)=p$，$P(Y=1)=1-p(0<p<1)$，$Z=XY$.

(1) 求 Z 的概率密度；

（2）p 为何值时，X 与 Z 不相关？

（3）X 与 Z 是否相互独立？

解 （1）由 X，Y 的相互独立可得 Z 的分布函数为 $F_Z(z)=P\{XY\leqslant z\}=P\{XY\leqslant z,Y=-1\}+P\{XY\leqslant z,Y=-1\}=P\{-X\leqslant z,Y=-1\}+P\{X\leqslant z,Y=-1\}=pP\{X\geqslant -z\}+(1-p)P\{X\leqslant z\}$，因为 X 服从参数为 1 的指数分布，所以

$$F_X(z)=\begin{cases}1-\mathrm{e}^{-z}, & z\geqslant 0,\\ 0, & \text{其他}.\end{cases}$$

当 $z<0$，$F_Z(z)=p\mathrm{e}^{z}+(1-p)\cdot 0=p\mathrm{e}^{z}$

当 $z\geqslant 0$，$F_Z(z)=p\cdot 1+(1-p)\cdot(1-\mathrm{e}^{-z})=1-(1-p)\mathrm{e}^{-z}$

故 $f_Z(z)=F'_Z(z)=\begin{cases}(1-p)\mathrm{e}^{-z}, & z\geqslant 0,\\ p\mathrm{e}^{z}, & z<0;\end{cases}$

（2）由 $D(X)=1$，$E(Y)=1-2p$，又 $\mathrm{Cov}(X,Z)=\mathrm{Cov}(X,XY)=E(X^2Y)-E(X)E(XY)=E(X^2)E(Y)-E^2(X)E(Y)=1-2p$，故当 $P=\frac{1}{2}$时，$\mathrm{Cov}(X,Z)=0$，即$\rho_{XZ}=0$，此时 X 与 Z 不相关；

（3）因 $P\{X\leqslant 1,Z\leqslant -1\}=P\{X\leqslant 1,XY\leqslant -1\}=0$，$P\{X\leqslant 1\}>0$，$P\{Z\leqslant -1\}>0$，所以 $P\{X\leqslant 1,XY\leqslant -1\}\neq P\{X\leqslant 1\}P\{Z\leqslant -1\}$，所以 X，Z 不相互独立．

例 14 （2020 年）

设随机变量 (X,Y) 服从二维正态分布 $N\left(0,0;1,4;-\frac{1}{2}\right)$，则下列随机变量服从标准正态分布且与 X 独立的是（　　）.

（A）$\frac{\sqrt{5}}{5}(X+Y)$　　（B）$\frac{\sqrt{5}}{5}(X-Y)$

（C）$\frac{\sqrt{3}}{3}(X+Y)$　　（D）$\frac{\sqrt{3}}{3}(X-Y)$

【分析】 由二维正态分布可知 $X\sim N(0,1)$，$Y\sim N(0,4)$，$\rho_{XY}=-\frac{1}{2}$，所以 $D(X+Y)=D(X)+D(Y)+2\rho_{XY}\sqrt{D(X)}\sqrt{D(Y)}=3$，故 $X+Y\sim N(0,3)$，$\frac{\sqrt{3}}{3}(X+Y)\sim N(0,1)$ 又 $\mathrm{Cov}(X,X+Y)=\mathrm{Cov}(X,X)+\mathrm{Cov}(X,Y)=D(X)+\rho_{XY}\sqrt{D(X)}\sqrt{D(Y)}=0$，从而 X 与$\frac{\sqrt{3}}{3}(X+Y)$独立，故选（C）.

例 15 （2020 年）

设随机变量 X 的分布律为 $P(X=k)=\frac{1}{2^k}$，$k=1,2,\cdots$，Y 为 X

被 3 除的余数，则 $E(Y)=$ ________.

【分析】 $P\{Y=0\}=\sum_{n=1}^{+\infty}P\{X=3n\}=\sum_{n=1}^{+\infty}\frac{1}{8^n}=\frac{1}{7}$；$P\{Y=1\}=\sum_{n=0}^{+\infty}P\{X=3n+1\}=\sum_{n=0}^{+\infty}\frac{1}{2}\cdot\frac{1}{8^n}=\frac{4}{7}$；$P\{Y=2\}=\sum_{n=0}^{+\infty}P\{X=3n+2\}=\sum_{n=0}^{+\infty}\frac{1}{4}\cdot\frac{1}{8^n}=\frac{2}{7}$；所以 $E(Y)=0\times\frac{1}{7}+1\times\frac{4}{7}+2\times\frac{2}{7}=\frac{8}{7}$.

例 16 （2020 年）

设二维随机变量 (X,Y) 在区域 $D=\{(x,y)\mid 0<y<\sqrt{1-x^2}\}$ 上服从均匀分布，且 $Z_1=\begin{cases}1, & X-Y>0,\\ 0, & X-Y\leqslant 0,\end{cases}$ $Z_2=\begin{cases}1, & X+Y>0,\\ 0, & X+Y\leqslant 0,\end{cases}$

（1）求二维随机变量 (Z_1,Z_2) 的概率分布；

（2）求 Z_1，Z_2 的相关系数.

解 （1）由题意可得 $f(x,y)=\begin{cases}\frac{\pi}{2}, & (x,y)\in D,\\ 0, & (x,y)\notin D,\end{cases}$

所以 $P\{Z_1=0,Z_2=0\}=P\{X-Y\leqslant 0,X+Y\leqslant 0\}=\frac{1}{4}$,

$P\{Z_1=0,Z_2=1\}=P\{X-Y\leqslant 0,X+Y>0\}=\frac{1}{2}$,

$P\{Z_1=1,Z_2=0\}=P\{X-Y>0,X+Y\leqslant 0\}=0$,

$P\{Z_1=1,Z_2=1\}=P\{X-Y>0,X+Y>0\}=\frac{1}{4}$;

（2）由（1）得 $E(Z_1)=\frac{1}{4}$，$E(Z_2)=\frac{3}{4}$，$D(Z_1)=\frac{3}{16}$，$D(Z_2)=\frac{3}{16}$，$E(Z_1Z_2)=\frac{1}{4}$,

所以可得 $\rho_{Z_1Z_2}=\frac{\mathrm{Cov}(Z_1,Z_2)}{\sqrt{D(Z_1)}\sqrt{D(Z_2)}}=\frac{E(Z_1Z_2)-E(Z_1)E(Z_2)}{\sqrt{D(Z_1)}\sqrt{D(Z_2)}}=\frac{1}{3}$.

例 17 （2021 年）

已知随机变量 X 服从区间 $\left(-\frac{\pi}{2},\frac{\pi}{2}\right)$ 上的均匀分布，$Y=\sin X$，则 $\mathrm{Cov}(X,Y)=$ ________.

【分析】 由题知 $f(x)=\begin{cases}\frac{1}{\pi}, & -\frac{\pi}{2}<x<\frac{\pi}{2},\\ 0, & 其他,\end{cases}$

且 $\mathrm{Cov}(X,Y)=E(XY)-E(X)E(Y)$
$=E(X\sin X)-E(X)E(\sin X)$

$$= \int_{-\frac{\pi}{2}}^{\frac{\pi}{2}} x\sin x \frac{1}{\pi}\mathrm{d}x - \int_{-\frac{\pi}{2}}^{\frac{\pi}{2}} x\frac{1}{\pi}\mathrm{d}x\int_{-\frac{\pi}{2}}^{\frac{\pi}{2}}\sin x\frac{1}{\pi}\mathrm{d}x$$

$$= 2\frac{1}{\pi}\int_0^{\frac{\pi}{2}} x\sin x\mathrm{d}x - 0$$

$$= \frac{2}{\pi}\left(-x\cos x\Big|_0^{\frac{\pi}{2}} + \int_0^{\frac{\pi}{2}}\cos x\mathrm{d}x\right)$$

$$= \frac{2}{\pi}.$$

例 18 (2021 年)

甲、乙 2 个盒子各装有 2 个红球和 2 个白球，先从甲盒中任取 1 个球，观察颜色后放入乙盒，再从乙盒中任取 1 个球，令 X，Y 分别表示从甲盒和乙盒中取到的红球个数，则 X 和 Y 的相关系数为______.

【分析】 由题知，联合概率分布律为

$$(X,Y) \sim \begin{pmatrix} (0,0) & (0,1) & (1,0) & (1,1) \\ \frac{3}{10} & \frac{1}{5} & \frac{1}{5} & \frac{3}{10} \end{pmatrix},$$

则 $X \sim \begin{pmatrix} 0 & 1 \\ \frac{1}{2} & \frac{1}{2} \end{pmatrix}$，$Y \sim \begin{pmatrix} 0 & 1 \\ \frac{1}{2} & \frac{1}{2} \end{pmatrix}$，

所以 $E(XY)=0.3$，$E(X)=E(Y)=0.5$，$\mathrm{Cov}(X,Y)=\frac{1}{20}$，

$D(X)=\frac{1}{4}$，$D(Y)=\frac{1}{4}$，故 $\rho_{XY}=\frac{1}{5}$.

例 19 (2022 年)

设随机变量 $X \sim N(0,4)$，随机变量 $Y \sim B\left(3,\frac{1}{3}\right)$，且 X，Y 不相关，则 $D(X-3Y+1)=$ (　　).

(A) 2　　(B) 4　　(C) 6　　(D) 10

【分析】 $X \sim N(0,4)$，$D(X)=4$；$Y \sim B\left(3,\frac{1}{3}\right)$，$D(Y)=3\cdot\frac{1}{3}\cdot\left(1-\frac{1}{3}\right)=\frac{2}{3}$，因为 X，Y 不相关，因此 $D(X-3Y+1)=D(X)+9D(Y)=4+9\cdot\frac{2}{3}=10$，故选 (D).

例 20 (2022 年)

设随机变量 $X \sim U(0,3)$，随机变量 $Y \sim P(2)$，$\mathrm{Cov}(X,Y)=-1$，则 $D(2X-Y+1)=$ (　　).

(A) 10　　(B) 9　　(C) 1　　(D) 0

【分析】 $X\sim U(0,3)$，$Y\sim P(2)$，知 $D(X)=\frac{3}{4}$，$D(Y)=2$，因此 $D(2X-Y+1)=D(2X-Y)=4D(X)+D(Y)-4\mathrm{Cov}(X,Y)=9$，故选（B）.

例 21 （2022 年）

设随机变量 $X\sim N(0,1)$，在 $X=x$ 的情况下，随机变量 $Y\sim N(x,1)$，则 X，Y 的相关系数为（　　）.

（A）1　　（B）$\frac{1}{2}$　　（C）$\frac{\sqrt{3}}{3}$　　（D）$\frac{\sqrt{2}}{2}$

【分析】 由 $X\sim N(0,1)$ 得，$E(X)=0, D(X)=1, f_X(x)=\frac{1}{\sqrt{2\pi}}e^{-\frac{x^2}{2}}$，$-\infty<x<+\infty$，又在 $X=x$ 的条件下，$Y\sim N(x,1)$，则 $f_{Y|X}(y|x)=\frac{1}{\sqrt{2\pi}}e^{-\frac{(y-x)^2}{2}}$，$-\infty<y<+\infty$，所以 $f(x,y)=f_X(x)f_{Y|X}(y|x)=\frac{1}{2\pi}e^{-\frac{x^2+(y-x)^2}{2}}$，$-\infty<x<+\infty$，$-\infty<y<+\infty$，从而 $f_Y(y)=\int_{-\infty}^{+\infty}f(x,y)\mathrm{d}x=\int_{-\infty}^{+\infty}\frac{1}{2\pi}e^{-\frac{x^2+(y-x)^2}{2}}\mathrm{d}x=\frac{1}{2\sqrt{\pi}}e^{-\frac{y^2}{4}}$，即 $Y\sim N(0,2)$，则 $E(Y)=0$，$D(Y)=2$，故

$$\rho_{XY}=\frac{\mathrm{Cov}(X,Y)}{\sqrt{D(X)}\sqrt{D(Y)}}=\frac{E(XY)-E(X)E(Y)}{\sqrt{D(X)}\sqrt{D(Y)}}=\frac{E(XY)}{\sqrt{2}},$$

其中

$$\begin{aligned}E(XY)&=\int_{-\infty}^{+\infty}\int_{-\infty}^{+\infty}xyf(x,y)\mathrm{d}x\mathrm{d}y=\int_{-\infty}^{+\infty}\int_{-\infty}^{+\infty}xy\frac{1}{2\pi}e^{-\frac{x^2+(y-x)^2}{2}}\mathrm{d}x\mathrm{d}y\\&=\int_{-\infty}^{+\infty}x\frac{1}{\sqrt{2\pi}}e^{-\frac{x^2}{2}}\mathrm{d}x\int_{-\infty}^{+\infty}y\frac{1}{\sqrt{2\pi}}e^{-\frac{(y-x)^2}{2}}\mathrm{d}y=\int_{-\infty}^{+\infty}x^2\frac{1}{\sqrt{2\pi}}e^{-\frac{x^2}{2}}\mathrm{d}x=E(X^2)\\&=1,\end{aligned}$$

所以 $\rho_{XY}=\frac{\sqrt{2}}{2}$，故选（D）.

例 22 （2022 年）

设二维随机变量的概率分布

Y	X		
	0	1	2
−1	0.1	0.1	b
1	a	0.1	0.1

若事件 $\{\max\{X,Y\}=2\}$ 与事件 $\{\min\{X,Y\}=1\}$ 相互独立，则 $\mathrm{Cov}(X,Y)=$（　　）.

（A）−0.6　　（B）−0.36　　（C）0　　（D）0.48

【分析】 设事件 $A=\{\max\{X,Y\}=2\}$，$B=\{\min\{X,Y\}=1\}$，则 $P(A)=P\{Y=2\}=b+0.1$，$P(B)=P\{X=1,Y=2\}+P\{X=1,Y=1\}=0.2$，$P(AB)=P\{X=1,Y=2\}=0.1$，$A$ 和 B 相互独立，所以 $P(AB)=P(A)P(B)$

即 $(b+0.1)\cdot 0.2=0.1$，可得 $b=0.4$，根据概率分布的规范性，可得 $a+b=0.6$，所以 $a=0.2$，XY 的概率分布如下

XY	-2	-1	0	1	2
P	0.4	0.1	0.3	0.1	0.1

则 $E(XY)=-0.6$，$E(X)=-0.2$，$E(Y)=1.2$，于是 $\mathrm{Cov}(X,Y)=E(XY)-E(X)E(Y)=-0.36$，故选（B）.

例 23 （2023 年）

设随机变量 X 服从参数为 1 的泊松分布，则 $E[|X-E(X)|]=$（　　）.

（A）$\frac{1}{\mathrm{e}}$　（B）$\frac{1}{2}$　（C）$\frac{2}{\mathrm{e}}$　（D）1

【分析】 由题可知 $E(X)=1$，所以

$$|X-E(X)|=\begin{cases}1, & X=0,\\ X-1, & X=1,2,\cdots,\end{cases}$$

故 $$E[|X-E(X)|]=1\cdot P\{X=0\}+\sum_{k=1}^{+\infty}(k-1)P\{X=k\}$$
$$=\frac{1}{\mathrm{e}}+\sum_{k=0}^{+\infty}(k-1)P\{X=k\}-(0-1)P\{X=0\}$$
$$=\frac{1}{\mathrm{e}}+E(X-1)-(0-1)\frac{1}{\mathrm{e}}=\frac{2}{\mathrm{e}}，$$ 故选（C）.

例 24 （2023 年）

设随机变量 X 与 Y 相互独立，且 $X\sim B(1,p)$，$Y\sim B(2,p)$，$p\in(0,1)$，则 $X+Y$ 与 $X-Y$ 的相关系数为________.

【分析】 因为 $X\sim B(1,p)$，$Y\sim B(2,p)$，所以 $D(X)=p(1-p)$，$D(Y)=2p(1-p)$，$\mathrm{Cov}(X+Y,X-Y)=\mathrm{Cov}(X,X)+\mathrm{Cov}(Y,X)-\mathrm{Cov}(X,Y)-\mathrm{Cov}(Y,Y)=D(X)-D(Y)=-p(1-p)$，因为 X 与 Y 相互独立，所以 $D(X+Y)=D(X)+D(Y)=3p(1-p)$，$D(X-Y)=D(X)+D(Y)=3p(1-p)$，故 $\rho_{XY}=-\frac{1}{3}$.

模拟试题自测

1. 箱内装有 5 个电子元件，其中 2 个是次品，现每次从箱子中随机地取出 1 个进行检验，直到查出全部次品为止．求所需检验次数的数学期望．

2. 设随机变量 $X\sim N(0,4)$，$Y\sim U(0,4)$，且 X，Y 相互独立．求 $E(XY)$，$D(X+Y)$ 及 $D(2X-3Y)$．

3. 利用切比雪夫不等式估计随机变量与其数学期望之差大于 3 倍标准差的概率．

4. 设某种商品每周的需求量 X 服从区间［10，30］上的均匀分布的随机变量，而经销商店进货数量为区间［10，30］中的某一整数，商店每销售一单位商品可获利 500 元；若供大于求则削价处理，每处理 1 单位商品亏损 100 元；若供不应求，则可从外部调剂供应，此时每 1 单位商品仅获利 300 元．

为使商店所获利润期望值不少于 9280 元，试确定最少进货量．

5. 已知连续型随机变量 X 的概率密度为 $f(x)=\dfrac{1}{\sqrt{\pi}}e^{-x^2+2x-1}$，则 $E(X)=$________，$D(X)=$________．

6. 设随机变量 X 服从均值为 2，方差为 σ^2 的正态分布，且 $P(2<X<4)=0.3$，则 $P(X<0)=$________．

7. 设 X 表示 10 次独立重复射击命中目标的次数，每次射中目标的概率为 0.4，则 $E(X^2)=$________．

8. 已知随机变量 (X,Y) 的联合密度为

$$F(x,y)=\begin{cases}e^{-(x+y)}, & x>0,\ y>0,\\ 0, & \text{其他}.\end{cases}$$

试求：(1) $P(X<Y)$；

(2) $E(XY)$．

9. 已知随机变量 (X,Y) 的联合分布为

(X,Y)	(0,0)	(0,1)	(1,0)	(1,1)	(2,0)	(2,1)
$P(X=x,Y=y)$	0.10	0.15	0.25	0.20	0.15	0.15

试求：(1) X 的概率分布；

(2) $X+Y$ 的概率分布；

(3) $Z=\sin\dfrac{\pi(X+Y)}{2}$的数学期望．

10. 设随机变量 X 的概率密度为 $f(x)=\begin{cases}1+x, & 若 -1\leqslant X\leqslant 0,\\ 1-x, & 若 0<X\leqslant 1,\\ 0, & 其他,\end{cases}$

则 $D(X)=$________．

11. 设随机变量 X 服从瑞利分布．其概率密度为

$$f(x)=\begin{cases}\dfrac{x}{\sigma^2}e^{-\frac{x^2}{2\sigma^2}}, & x>0,\\ 0, & x\leqslant 0,\end{cases}$$ 其中 $\sigma>0$ 是常数，

求 $E(X)$，$D(X)$．

12. 已知随机变量 X 的概率密度为

$$f(x)=\begin{cases}\dfrac{x}{a^2}\mathrm{e}^{-\frac{x^2}{2a^2}}, & x>0,\\ 0, & x\leqslant 0,\end{cases}$$

求随机变量 $Y=\dfrac{1}{X}$ 的数学期望 $E(Y)$.

13. 假设二维随机变量 (X,Y) 在矩形

$$D=\{(x,y)\mid 0\leqslant x\leqslant 2,0\leqslant y\leqslant 1\}.$$

上服从均匀分布，记

$$U=\begin{cases}0, & 若\ X\leqslant Y,\\ 1, & 若\ X>Y,\end{cases}\qquad V=\begin{cases}0, & 若\ X\leqslant 2Y,\\ 1, & 若\ X>2Y.\end{cases}$$

（1）求 U 和 V 的联合分布；

（2）求 U 和 V 的相关系数.

14. 设 A，B 为两个随机事件，且 $P(A)=\dfrac{1}{4}$，$P(B\mid A)=\dfrac{1}{3}$，$P(A\mid B)=\dfrac{1}{2}$，令

$$X=\begin{cases}1, & A\ 发生,\\ 0, & A\ 不发生,\end{cases}\qquad Y=\begin{cases}1, & B\ 发生,\\ 0, & B\ 不发生.\end{cases}$$

求：（1）二维随机变量 (X,Y) 的概率分布；

（2）X 与 Y 的相关系数 ρ_{XY}；

（3）$Z=X^2+Y^2$ 的概率分布.

15. 设二维随机变量 (X,Y) 服从二维正态分布，则随机变量 $\xi=X+Y$ 与 $\eta=X-Y$ 不相关的充分必要条件为（　　）.

（A）$E(X)=E(Y)$

（B）$E(X^2)-[E(X)]^2=E(Y^2)-[E(Y)]^2$

（C）$E(X^2)=E(Y^2)$

（D）$E(X^2)+[E(X)]^2=E(Y^2)+[E(Y)]^2$

16. 设随机变量 X_1，X_2，…，X_n（$n>1$）独立同分布，且其方差为 $\sigma^2>0$. 令 $Y=\dfrac{1}{n}\sum\limits_{i=1}^{n}X_i$，则（　　）.

（A）$\mathrm{Cov}(X_1,Y)=\dfrac{\sigma^2}{n}$　　（B）$\mathrm{Cov}(X_1,Y)=\sigma^2$

（C）$D(X_1+Y)=\dfrac{n+2}{n}\sigma^2$　　（D）$D(X_1-Y)=\dfrac{n+1}{n}\sigma^2$

17. 设随机变量 $X\sim N(0,1)$，$Y\sim N(1,4)$，且相关系数 $\rho_{XY}=1$，则（　　）.

（A）$P(Y=-2X-1)=1$　　（B）$P(Y=2X-1)=1$

（C）$P(Y=-2X+1)=1$　　（D）$P(Y=2X+1)=1$

18. 设随机变量 X 的分布函数为 $F(x)=0.3\Phi(x)+0.7\Phi\left(\frac{x-1}{2}\right)$，其中 $\Phi(x)$ 为标准正态分布的分布函数，则 $E(X)=(\quad)$.

(A) 0　　(B) 0.3　　(C) 0.7　　(D) 1

19. 设随机变量 X 与 Y 相互独立，且 $E(X)$ 与 $E(Y)$ 存在，记 $U=\max\{X,Y\}$，$V=\min\{X,Y\}$，则 $E(UV)=(\quad)$.

(A) $E(U)E(V)$　　(B) $E(X)E(Y)$

(C) $E(U)E(Y)$　　(D) $E(X)E(V)$

20. 将长度为1m 的木棒随机地截成两段，则两段长度的相关系数为(　　).

(A) 1　　(B) $\frac{1}{2}$

(C) $-\frac{1}{2}$　　(D) -1

21. 设随机变量 X 在区间$[-1,2]$上服从均匀分布，随机变量

$$Y=\begin{cases}1, & 若\ X>0,\\ 0, & 若\ X=0,\\ -1, & 若\ X<0,\end{cases}$$

则方差 $D(Y)=$________.

22. 设随机变量 X 的方差为 2，则根据切比雪夫不等式估计 $P(|X-E(X)|\geqslant 2)\leqslant$________.

23. 设随机变量 X 和 Y 的数学期望分别为-2和 2，方差分别为 1 和 4，而相关系数为-0.5，则根据切比雪夫不等式有 $P(|X+Y|\geqslant 6)\leqslant$________.

24. 设随机变量 X 和 Y 的相关系数为0.9，若 $Z=X-0.4$，则 Y 与 Z 的相关系数为________.

25. 设随机变量 X 和 Y 的相关系数为0.5，$E(X)=E(Y)=0$，$E(X^2)=E(Y^2)=2$，则 $E(X+Y)^2=$________.

26. 设随机变量 X 服从参数为 λ 的指数分布，则 $P(X>\sqrt{DX})=$________.

27. 设随机变量 X 服从参数为1的泊松分布，则 $P[X=E(X^2)]=$________.

28. 设随机变量 X 的概率分布为 $P(X=k)=\frac{C}{k!}$，$k=0,1,2,\cdots$，则 $E(X^2)=$________.

29. 设二维随机变量(X,Y) 服从 $N(\mu,\mu,\sigma^2,\sigma^2,0)$，则 $E(XY^2)=$________.

30. 设随机变量 X 服从标准正态分布 $X\sim N(0,1)$，则 $E(X\mathrm{e}^{2X})=$________.

31. 某流水生产线上每个产品不合格的概率为 $p(0<p<1)$，各产品合格与否相互独立，当出现一个不合格产品时即停机检修．设开机后第一次停机时已生产了的产品个数为 X，求 $E(X)$ 和 $D(X)$.

32. 设 A,B 是两随机事件，随机变量

$$X=\begin{cases}1, & 若 A 出现,\\ -1, & 若 A 不出现,\end{cases}\quad Y=\begin{cases}1, & 若 B 出现,\\ -1, & 若 B 不出现,\end{cases}$$

证明随机变量 X 和 Y 不相关的充分必要条件是 A 与 B 相互独立．

33. 设随机变量 X 和 Y 的联合分布在以点(0,1)，(1,0)，(1,1) 为顶点的三角形区域上服从均匀分布，试求随机变量 $U=X+Y$ 的方差．

34. 对于任意两事件 A 和 B, $0\leqslant P(A)\leqslant 1$，$0\leqslant P(B)\leqslant 1$，

$$\rho=\frac{P(AB)-P(A)P(B)}{\sqrt{P(A)P(B)P(\overline{A})P(\overline{B})}}$$

称作事件 A 和 B 的相关系数．

(1) 证明事件 A 和 B 独立的充分必要条件是其相关系数等于零；

(2) 利用随机变量相关系数的基本性质，证明 $|\rho|\leqslant 1$.

35. 设 X_1，X_2，…，$X_n(n>2)$ 为独立同分布的随机变量，且均服从 $N(0,1)$. 记 $\overline{X}=\frac{1}{n}\sum_{i=1}^{n}X_i$，$Y_i=X_i-\overline{X}$，$i=1,2,\cdots,n$，求：

(1) Y_i 的方差 $D(Y_i)$，$i=1,2,\cdots,n$；

(2) Y_1 与 Y_n 的协方差 $\mathrm{Cov}(Y_1,Y_n)$；

(3) $P(Y_1+Y_n\leqslant 0)$.

36. 设随机变量 X 与 Y 独立同分布，且 X 的概率分布为

X	1	2
p	$\frac{2}{3}$	$\frac{1}{3}$

记 $U=\max\{X,Y\}$，$V=\min\{X,Y\}$.

(1) 求 (U,V) 的概率分布；(2) 求 U 与 V 的协方差 $\mathrm{Cov}(U,V)$.

37. 箱中装有6个球，其中红、白、黑球的个数分别为 1，2，3 个．现从箱中随机地取出 2 个球，记 X 为取出的红球个数，Y 为取出的白球个数．

(1) 求随机变量 (X,Y) 的概率分布；

(2) 求 $\mathrm{Cov}(X,Y)$.

38. 设随机变量 X 与 Y 的概率分布分别为

X	0	1
p	$\frac{1}{3}$	$\frac{2}{3}$

Y	−1	0	1
p	$\frac{1}{3}$	$\frac{1}{3}$	$\frac{1}{3}$

且 $P(X^2=Y^2)=1$，求：

（1）二维随机变量 (X,Y) 的概率分布；

（2）$Z=XY$ 的概率分布；

（3）X 与 Y 的相关系数 ρ_{XY}.

39. 设二维离散型随机变量 X,Y 的概率分布为

X	Y		
	0	1	2
0	1/4	0	1/4
1	0	1/3	0
2	1/12	0	1/12

求：（1）$P(X=2Y)$；（2）$\mathrm{Cov}(X-Y,Y)$ 与 ρ_{XY}.

第4章模拟试题自测答案

1. 4 **2.** 0，$5\frac{1}{3}$，28 **3.** $\frac{1}{9}$ **4.** 21 **5.** 1，$\frac{1}{2}$ **6.** 0.2

7. 10.4 **8.**（1）$\frac{1}{2}$ （2）1

9.（1）

X	0	1	2
p	0.25	0.45	0.3

（2）

X+Y	0	1	2	3
p	0.1	0.4	0.35	0.15

（3）$E(Z)=0.25$

10. $\frac{1}{6}$ **11.** $E(X)=\sqrt{\frac{\pi}{2}}\sigma$， $D(X)=\frac{4-\pi}{2}\sigma^2$ **12.** $\frac{1}{2a}\sqrt{2\pi}$

13.（1）

U	V	
	0	1
0	$\frac{1}{4}$	0
0	$\frac{1}{4}$	$\frac{1}{2}$

（2）$r=\frac{\mathrm{Cov}(U,V)}{\sqrt{D(U)}\sqrt{D(V)}}=\frac{1}{\sqrt{3}}$

14. (1) (X,Y) 的概率分布为

X	Y	
	0	1
0	$\frac{2}{3}$	$\frac{1}{12}$
1	$\frac{1}{6}$	$\frac{1}{12}$

(2) $\rho_{XY}=\frac{\mathrm{Cov}(X,Y)}{\sqrt{D(X)}\sqrt{D(Y)}}=\frac{1}{\sqrt{15}}$

(3) $Z=X^2+Y^2$ 的概率分布为

Z	0	1	2
p	$\frac{2}{3}$	$\frac{1}{4}$	$\frac{1}{12}$

15. (B) **16.** (A) **17.** (D) **18.** (C)

19. (B) **20.** (D) **21.** $\frac{8}{9}$ **22.** $\frac{1}{2}$

23. $\frac{1}{12}$ **24.** 0.9 **25.** 6 **26.** e^{-1}

27. $\frac{1}{2}\mathrm{e}^{-1}$ **28.** 2 **29.** $\mu(\sigma^2+\mu^2)$ **30.** $2\mathrm{e}^2$

31. $E(X)=\frac{1}{p}$，$D(X)=\frac{1-p}{p^2}$ **32.** 略

33. $D(X+Y)=D(Z)=\frac{1}{18}$ **34.** 略

35. (1) $D(Y_i)=\frac{n-1}{n}, i=1,2,\cdots,n$

(2) $\mathrm{Cov}(Y_1,Y_n)=-\frac{1}{n}$

(3) $P(Y_1+Y_n\leqslant 0)=0.5$

36. (1) (U,V) 的概率分布为

U	V		$P(U=i)$
	1	2	
1	$\frac{4}{9}$	0	$\frac{4}{9}$
2	$\frac{4}{9}$	$\frac{1}{9}$	$\frac{5}{9}$
$P(V=j)$	$\frac{8}{9}$	$\frac{1}{9}$	

(2) $\mathrm{Cov}(U,V)=\frac{4}{81}$

37. （1）(X,Y) 的联合概率分布（表中最右一列与最下一行分别为关于 X 和关于 Y 的边缘概率分布）：

X	Y			$P(X=i)$
	0	1	2	
0	3/15	6/15	1/15	2/3
1	3/15	2/15	0	1/3
$P(Y=j)$	6/15	8/15	1/15	

（2）$\mathrm{Cov}(X,Y)=-\dfrac{4}{45}$

38. 二维随机变量 (X,Y) 的概率分布为

（1）

X	Y			$P(X=i)$
	-1	0	1	
0	0	$\frac{1}{3}$	0	$\frac{1}{3}$
1	$\frac{1}{3}$	0	$\frac{1}{3}$	$\frac{2}{3}$
$P(Y=j)$	$\frac{1}{3}$	$\frac{1}{3}$	$\frac{1}{3}$	1

（2）分布律为

Z	-1	0	1
p	$\frac{1}{3}$	$\frac{1}{3}$	$\frac{1}{3}$

（3）$\rho_{XY}=0$

39. （1）$P(X=2Y)=\dfrac{1}{4}$

（2）$\mathrm{Cov}(X-Y,Y)=-\dfrac{2}{3}\rho_{XY}=0$

5

第 5 章 极限定理

内容提要与基本要求

第一节 大数定律

一、切比雪夫不等式

设随机变量 X 的期望与方差都存在，则对任意给定的正数 ε，有

$$P(|X-E(X)|\geqslant\varepsilon)\leqslant\frac{D(X)}{\varepsilon^2},$$

或

$$P(|X-E(X)|<\varepsilon)\geqslant 1-\frac{D(X)}{\varepsilon^2}.$$

二、依概率收敛

设 Y_1，Y_2，…，Y_n，…是随机变量序列，a 是一个常数．若对任意给定的正数 ε，有

$$\lim_{n\to\infty}P(|Y_n-a|\geqslant\varepsilon)=0\text{ 或 }\lim_{n\to\infty}P(|Y_n-a|<\varepsilon)=1,$$

则称随机序列 $Y_1,Y_2,\cdots,Y_n,\cdots$ **依概率收敛**到常数 a，记为 $Y_n\xrightarrow{P}a$ $(n\to\infty)$.

三、伯努利大数定律

设 X_1，X_2，…，X_n，…是相互独立的随机变量序列，且均服从以 p 为参数的 0-1 分布，则 $\frac{1}{n}\sum_{k=1}^{n}X_k\xrightarrow{P}p(n\to\infty)$.

四、切比雪夫大数定律特例

设 X_1，X_2，…，X_n，…是相互独立的随机变量序列，且具有相同的数学期望与方差，即 $E(X_k)=\mu$，$D(X_k)=\sigma^2(k=1,2,\cdots)$，则 $\frac{1}{n}\sum_{k=1}^{n}X_k\xrightarrow{P}\mu(n\to\infty)$.

五、辛钦大数定律

设X_1，X_2，…，X_n，…是相互独立的随机变量序列，服从相同的分布，并且存在数学期望，$E(X_k)=\mu(k=1,2,\cdots)$，则$\frac{1}{n}\sum_{k=1}^{n}X_k \xrightarrow{P} \mu(n\to\infty)$.

第二节 中心极限定理

一、棣莫弗-拉普拉斯中心极限定理

设随机变量$\eta_n(n=1,2,\cdots)$服从以n，p为参数的二项分布，且$0<p<1$，则对任意实数x，有

$$\lim_{n\to\infty}P\left(\frac{\eta_n-np}{\sqrt{np(1-p)}}\leqslant x\right)=\Phi(x)=\int_{-\infty}^{x}\frac{1}{\sqrt{2\pi}}\mathrm{e}^{-t^2/2}\mathrm{d}t .$$

二、林德贝格-莱维中心极限定理

设X_1，X_2，…，X_n，…是相互独立的随机变量序列，服从相同的分布，并且存在数学期望与方差，$E(X_k)=\mu$，$D(X_k)=\sigma^2>0$（$k=1,2,\cdots$），则对任意实数x，有

$$\lim_{n\to\infty}P\left(\frac{\sum_{k=1}^{n}X_k-n\mu}{\sigma\sqrt{n}}\leqslant x\right)=\Phi(x)=\int_{-\infty}^{x}\frac{1}{\sqrt{2\pi}}\mathrm{e}^{-t^2/2}\mathrm{d}t .$$

第5章教学基本要求

一、教学基本要求

1. 了解依概率收敛的概念、掌握切比雪夫不等式、理解辛钦大数定律；

2. 掌握伯努利大数定律和切比雪夫大数定律；

3. 掌握棣莫弗-拉普拉斯中心极限定理和林德贝格-莱维中心极限定理，会用中心极限定理解决相应的概率近似计算问题.

二、教学重点

1. 掌握切比雪夫不等式，并会用切比雪夫不等式估算概率；

2. 掌握独立同分布的中心极限定理，熟练掌握用中心极限定理计算概率近似值的方法.

三、教学难点

1. 大数定律；

2. 利用中心极限定理计算概率近似值的方法．

习题同步解析

A

1. 某车间有 200 台车床，各车床开动时独立工作．每台车床的功率是 15kW，车间供电的最大功率为 2400kW. 设每台车床的开工率为 0.75. 求该车间供电不足的概率．

解 记 X 为同一时刻200 台车床中开动的台数；则 $X\sim B(200,0.75)$，且

$$E(X)=np=200\times0.75=150;\qquad D(X)=np(1-p)=37.5;$$

则所求的概率为

$$P(15X>2400)=1-P(X\leqslant160)\approx1-\Phi\left(\frac{160-150}{\sqrt{37.5}}\right)$$

$$=1-\Phi(1.633)\approx1-0.9484=0.0516.$$

2. 某厂生产的螺钉的不合格品率为 0.01. 问一盒中应至少装多少个螺钉，才能保证其中有 100 个合格品的概率不小于 0.95?

解 记 X 为 1 盒螺钉中合格品的个数；n 为 1 盒中装有螺钉的个数；有 $X\sim B(n,0.99)$，且

$$E(X)=np=0.99n,\quad D(X)=0.0099n,$$

则由题意可得

$$P(X\geqslant100)=1-P(X<100)\approx1-\Phi\left(\frac{100-0.99n}{\sqrt{0.0099n}}\right)\geqslant0.95,$$

即 $\Phi\left(\dfrac{100-0.99n}{\sqrt{0.0099n}}\right)\leqslant0.05\Rightarrow-\dfrac{100-0.99n}{\sqrt{0.0099n}}\geqslant1.65\Rightarrow n\geqslant102.316.$

因此，1 盒中应至少装 103 个螺钉，才能保证其中有 100 个合格品的概率不小于 0.95.

3. 一复杂系统由 n 个相互独立起作用的部件组成，每个部件的可靠性（即部件正常工作的概率）为 0.9，且必须至少有 80%的部件工作才能使整个系统正常工作．试问 n 至少为多大才能使整个系统的可靠性不低于 0.95?

解 记 X 为 n 个部件中正常工作的部件数，且 $X\sim B(n,0.9)$，$E(X)=0.9n;D(X)=0.09n.$

由题意，$P(X\geqslant0.8n)\geqslant0.95$，可解出

$$\Phi\left(\frac{0.1n}{0.3\sqrt{n}}\right)\geqslant0.95,$$

进一步可解出 $n \geqslant 24.5$，
即系统中至少有 25 个部件才能使整个系统的可靠性不低于 0.95.

4. 一部件包括 10 部分，每部分的长度是一个随机变量，它们相互独立，且服从同一分布，其数学期望为 2mm，标准差为 0.05mm. 规定总长度为 (20 ± 0.1)mm 时产品合格．试求产品合格的概率．

解 记 X_i 为第 i 件产品的长度，$i=1, 2, \cdots, 10$；L 为 10 件产品的总长度，$L=\sum_{i=1}^{10} X_i$；由题意知，$E(X_i)=2, D(X_i)=0.05^2$，则产品合格的概率为

$$
\begin{aligned}
P(|L-20|<0.1) &= P(-0.1<L-20<0.1)\\
&\approx \Phi\left(\frac{0.1}{0.05\sqrt{10}}\right)-\Phi\left(\frac{-0.1}{0.05\sqrt{10}}\right)\\
&=\Phi(0.63)-[1-\Phi(0.63)]=2\Phi(0.63)-1\\
&=0.4714.
\end{aligned}
$$

5. 某医院一个月内接受破伤风患者的人数是一个随机变量，它服从参数为 $\lambda=5$ 的泊松分布．各月接受破伤风患者的人数相对独立．求一年中前 9 个月接受的患者的人数多于 30 人的概率．

解 记 X_i 为第 i 个月接受破伤风患者的人数；有

$$Z_i \sim P(5), E(Z_i)=5, D(Z_i)=5, i=1, 2, \cdots, 9.$$

又记 X 为前 9 个月接受破伤风患者的人数，有

$$X=\sum_{i=1}^{9} X_i, \quad E(X)=45, \quad D(X)=45;$$

由中心极限定理可算得 $P(X\geqslant30)=1-P(X<30)\approx0.9874$.

6. 计算机在进行数值计算时，遵从四舍五入的原则．为简单计，现对小数点后面第一位进行四舍五入运算，则误差可以认为服从均匀分布 $U[-0.5,0.5]$.若在一项计算中进行了 100 次数值计算,求平均误差落在区间 $\left[-\frac{\sqrt{3}}{20},\frac{\sqrt{3}}{20}\right]$ 上的概率．

解 记 X_i 为第 i 个加数产生的误差, $i=1,2,\cdots,100$; $E(X_i)=0$; $D(X_i)=\frac{1}{12}$;

记 S 为 100 次计算产生的误差，有 $S=\sum_{i=1}^{100} X_i \Big/ 100$,

$$E(S)=0; D(S)=\frac{1}{100}\times\frac{1}{12}=\frac{1}{1200};$$

根据中心极限定理得

$$
\begin{aligned}
P\left(-\frac{\sqrt{3}}{20}<S<\frac{\sqrt{3}}{20}\right) &\approx 2\Phi\left(\frac{\sqrt{3}}{20}\Big/\sqrt{\frac{1}{1200}}\right)-1=2\Phi(3)-1\\
&=2\times0.9987-1=0.9974.
\end{aligned}
$$

B

7. 某商店供应某地区 1000 人的商品，某种商品在一段时间内每人购买一件的概率为 0.6，并假设在这段时间内每人购买与否是相互独立的．问商店应准备多少这种商品，才能以 99.7%的概率保证不会脱销（设这段时间内每人至多购买一件）？

解 记 X 为这种商品在一段时间内需用的人数；$X \sim B(1000, 0.6)$；
记 Y 为商店准备的数量；$E(X)=600, D(X)=240$，
根据题意要求概率 $P(X \leqslant Y) \geqslant 0.997$，可算得 $y \geqslant 643$，
因此，商店至少预备 643 件这种商品，才能以 99.7%的概率保证不会脱销．

8. 某灯泡厂生产的灯泡的平均寿命为 2000h，标准差为 250h．现采用新工艺使平均寿命提高到 2250h，标准差不变．为确认这一改革成果，从使用新工艺生产的这批灯泡中抽取若干个来检查．若抽查出的灯泡的平均寿命为 2200h，就承认改革有效，并批准采用新工艺．要使检查通过的概率不小于 0.997，应至少检查多少个灯泡？

解 记 n 为检查灯泡的数量；记 X_i 为第 i 个灯泡的寿命；有

$$E(X_i)=2250; D(X_i)=250^2;$$

记 X 为检查灯泡的总寿命；$E(X)=2250n; D(X)=250^2 n$，
则由 $P(X \geqslant 2200n) \geqslant 0.997$，可算得 $n \geqslant 189.06$，
因此，要使检查通过的概率不小于 0.997，应至少检查 190 个灯泡．

9. 设在某种独立重复试验中，事件 A 在每次试验中出现的概率为 1/4，试问能以 0.999 的概率保证在 1000 次试验中事件 A 出现的频率与 1/4 相差多少？此时，事件 A 发生的次数在哪个范围内？

解 记 X 为 1000 次试验中事件 A 发生的次数，易知

$$X \sim B(1000, 1/4); E(X)=250; D(X)=187.5.$$

根据题意要求满足概率 $P\left(\left|\frac{X}{1000}-\frac{1}{4}\right|<\varepsilon\right)=0.999$ 的 ε 值，又

$$P\left(\left|\frac{X}{1000}-\frac{1}{4}\right|<\varepsilon\right)=P(|X-250|<1000\varepsilon) \approx 2\Phi\left(\frac{1000\varepsilon}{\sqrt{187.5}}\right)-1,$$

可算出 $\varepsilon=0.045$，此时，X 的范围为

$$(250-1000\varepsilon, 250+1000\varepsilon)=(205, 295),$$

即事件 A 发生的次数在（205，295）的范围内．

10. 设 $\{X_n\}$ 为独立同分布的随机序列，其共同分布为

$$P\left(X_n=\frac{2^k}{k^2}\right)=\frac{1}{2^k}, \quad k=1,2,\cdots.$$

证明：$\{X_n\}$ 服从大数定律．

证 由题意知，$\{X_n\}$ 为独立同分布的随机序列，又

$$E(X_n)=\sum_{k=1}^{+\infty}\left(\frac{2^k}{k^2} \times \frac{1}{2^k}\right)=\sum_{k=1}^{+\infty} \frac{1}{k^2}=\frac{\pi^2}{6},$$

故由辛钦大数定律可知，$\{X_n\}$服从大数定律.

典型例题解析

例 1 设$\{Z_n\}$是独立同分布的随机变量序列，均服从$U(a,b)$ $(a>0)$，任给n，$X_{(n)}=\max\{X_1,\cdots,X_n\}$，证明$\{X_{(n)}\}\xrightarrow{P}b$.

证 注意任给n，$a<X_{(n)}<b$，且$X_i\sim U(a,b)(a>0)$，$i=1,2,\cdots$，当$a<x<b$时，有

$$P(X_{(n)}\leqslant x)=P(\max\{X_1,\cdots,X_n\}\leqslant x)=P(X_1\leqslant x)\cdots P(X_n\leqslant x)=\left(\frac{x-a}{b-a}\right)^n.$$

当$x\leqslant a$时，有$P(X_{(n)}\leqslant x)=0$；

当$x\geqslant b$时，有$P(X_{(n)}\leqslant x)=1$.

任给$\varepsilon>0(\varepsilon<b)$，有

$$P(|X_{(n)}-b|>\varepsilon)=P(X_{(n)}<b-\varepsilon)+P(X_{(n)}>b+\varepsilon)=P(X_{(n)}<b-\varepsilon),$$

若$b-\varepsilon\leqslant a$，则$P(|X_{(n)}-b|>\varepsilon)=0$，故

$$P(|X_{(n)}-b|>\varepsilon)\to 0,\ n\to\infty;$$

若$b-\varepsilon>a$，则$P(|X_{(n)}-b|>\varepsilon)=\left(\dfrac{b-\varepsilon-a}{b-a}\right)^n\to 0,\ n\to\infty$.

所以任给$\varepsilon>0(\varepsilon<b)$，$\lim\limits_{n\to\infty}P(|X_{(n)}-b|>\varepsilon)=0$，从而证得$\{X_n\}\xrightarrow{P}b$.

例 2 设随机变量序列$\{X_n\}$独立同分布，其相同的密度函数为

$$f(x;\theta,\lambda)=\frac{1}{\pi\lambda\left[1+\left(\dfrac{x-\theta}{\lambda}\right)^2\right]},\ \lambda>0,\ -\infty<\theta<+\infty,\ -\infty<x<+\infty,$$

则辛钦大数定律对此序列(　　).

(A) 适用　　(B) 不适用

(C) 当$\lambda=1$时适用　　(D) 当$\theta=0$时适用

解 此时$\{X_n\}$服从柯西分布，而柯西分布的期望不存在，故不适用，故选(B).

例 3 设$X_1,X_2,\cdots,X_n,\cdots$为相互独立的随机变量序列，且

$$P(X_k=\sqrt{\ln k})=P(X_k=-\sqrt{\ln k})=\frac{1}{2},\ k=1,2,\cdots,$$

试证$\{X_n\}$服从大数定律.

证 随机变量的数字特征为

$$E(X_k)=\sqrt{\ln k}\times\frac{1}{2}+(-\sqrt{\ln k})\times\frac{1}{2}=0,$$

$$D(X_k)=E(X_k^2)=\ln k\times\frac{1}{2}+\ln k\times\frac{1}{2}=\ln k,$$

$$E(\overline{X}_n)=E\left(\frac{1}{n}\sum_{k=1}^{n}X_k\right)=0,$$

$$D(\overline{X}_n)=\frac{1}{n^2}\sum_{k=1}^{n}D(X_k)=\frac{1}{n^2}(\ln 1+\ln 2+\cdots+\ln n)\leqslant\frac{n}{n^2}\ln n=\frac{\ln n}{n},$$

对于任意给定的正数 ε，由切比雪夫不等式知

$$P(|\overline{X}_n-0|\geqslant\varepsilon)\leqslant\frac{1}{\varepsilon^2}D(\overline{X}_n)\leqslant\frac{1}{\varepsilon^2}\frac{\ln n}{n},$$

$$\lim_{n\to+\infty}P(|\overline{X}_n|\geqslant\varepsilon)\leqslant\frac{1}{\varepsilon^2}\lim_{n\to+\infty}\frac{\ln n}{n}=0,$$

所以 $\{\overline{X}_n\}\xrightarrow{P}0=E(\overline{X}_n)$，因此随机变量序列 $\{X_n\}$ 服从大数定律 .

例 4 设 $X_1,X_2,\cdots,X_n,\cdots$ 为相互独立的随机变量序列，且

$$P(X_k=1)=p_k,\ P(X_k=0)=q_k=1-p_k,k=1,2,\cdots,$$

试证明对于任意给定的 $\varepsilon>0$，总有

$$\lim_{n\to+\infty}P\left(\left|\frac{1}{n}\sum_{k=1}^{n}X_k-\frac{1}{n}\sum_{k=1}^{n}p_k\right|\geqslant\varepsilon\right)=0,$$

或

$$\lim_{n\to+\infty}P\left(\left|\frac{1}{n}\sum_{k=1}^{n}X_k-\frac{1}{n}\sum_{k=1}^{n}p_k\right|<\varepsilon\right)=1.$$

证 X_k 的数学期望和方差分别为

$$E(X_k)=P(X_k=1)=p_k,D(X_k)=p_kq_k,$$

由于 $(p_k-q_k)^2\geqslant 0$，所以 $(p_k+q_k)^2-4p_kq_k=1-4p_kq_k\geqslant 0$，即

$$p_kq_k\leqslant\frac{1}{4},\quad D(X_k)\leqslant\frac{1}{4},$$

由此得

$$D\left(\frac{1}{n}\sum_{k=1}^{n}X_k\right)=\frac{1}{n^2}\sum_{k=1}^{n}D(X_k)=\frac{1}{n^2}\sum_{k=1}^{n}p_kq_k\leqslant\frac{1}{4n}.$$

由切比雪夫不等式，对任意给定的 $\varepsilon>0$，有

$$\begin{aligned}0&\leqslant P\left(\left|\frac{1}{n}\sum_{k=1}^{n}X_k-E\left(\frac{1}{n}\sum_{k=1}^{n}X_k\right)\right|\geqslant\varepsilon\right)\\&=P\left(\left|\frac{1}{n}\sum_{k=1}^{n}X_k-\frac{1}{n}\sum_{k=1}^{n}p_k\right|\geqslant\varepsilon\right)\leqslant\frac{1}{\varepsilon^2}D\left(\frac{1}{n}\sum_{k=1}^{n}X_k\right)\\&\leqslant\frac{1}{\varepsilon^2}\frac{1}{4n},\end{aligned}$$

则

$$\lim_{n\to+\infty}P\left(\left|\frac{1}{n}\sum_{k=1}^{n}X_k-\frac{1}{n}\sum_{k=1}^{n}p_k\right|\geqslant\varepsilon\right)=0.$$

说明 本题即为泊松大数定律 .

例 5　设随机事件 A 在第 i 次独立试验中发生的概率为 $p_i(i=1,2,\cdots,n)$，m 表示事件 A 在 n 次试验中发生的次数，则对于任意正数 ε，恒有 $\lim\limits_{n\to\infty}P\left(\left|\dfrac{m}{n}-\dfrac{1}{n}\sum\limits_{i=1}^{n}p_i\right|<\varepsilon\right)=(\quad)$.

(A) 1　　　　(B) 0

(C) $\dfrac{1}{2}$　　　　(D) 不可确定

解　记 $X_i=\begin{cases}1, & 第\,i\,次试验中\,A\,发生,\\ 0, & 第\,i\,次试验中\,A\,不发生,\end{cases}$ $i=1,2,\cdots,n$,

易知 $E(X_i)=p_i$，$D(X_i)=p_i(1-p_i)<1$，$i=1,2,\cdots,n$，便有

$$E\left(\frac{1}{n}\sum_{i=1}^{n}X_i\right)=\frac{1}{n}\sum_{i=1}^{n}p_i,\quad D\left(\frac{1}{n}\sum_{i=1}^{n}X_i\right)=\frac{1}{n^2}\sum_{i=1}^{n}p_i(1-p_i)<\frac{1}{n},\ n=1,2,\cdots,$$

由切比雪夫不等式，对任意给定的 $\varepsilon>0$ 有

$$P\left(\left|\frac{1}{n}\sum_{i=1}^{n}X_i-\frac{1}{n}\sum_{i=1}^{n}p_i\right|\geqslant\varepsilon\right)\leqslant\frac{1}{\varepsilon^2}\frac{1}{n^2}\sum_{i=1}^{n}p_i(1-p_i)<\frac{1}{\varepsilon^2}\frac{1}{n}\to 0\ (n\to\infty),$$

所以 $\lim\limits_{n\to\infty}P\left(\left|\dfrac{1}{n}\sum\limits_{i=1}^{n}X_i-\dfrac{1}{n}\sum\limits_{i=1}^{n}p_i\right|<\varepsilon\right)=\lim\limits_{n\to\infty}P\left(\left|\dfrac{m}{n}-\dfrac{1}{n}\sum\limits_{i=1}^{n}p_i\right|<\varepsilon\right)=1$，故选(A).

说明　本题实际上就是对随机序列 $\{X_n\}$ 使用泊松大数定律.

例 6　设每箱装 $(1000+a)$ 个产品，次品率为 0.014，次品数 X 为一随机变量. 试求最小整数 a，使 $P(X\leqslant a)>0.90$.

解　随机变量 X 服从二项分布 $B(1000+a,0.014)$，由棣莫弗-拉普拉斯中心极限定理，有

$$\begin{aligned}P(0\leqslant X\leqslant a)&=P\left(\frac{0-(1000+a)\times 0.014}{\sqrt{(1000+a)\times 0.014\times 0.986}}\right.\\&\leqslant\frac{X-(1000+a)\times 0.014}{\sqrt{(1000+a)\times 0.014\times 0.986}}\\&\left.\leqslant\frac{a-(1000+a)\times 0.014}{\sqrt{(1000+a)\times 0.014\times 0.986}}\right)\\&\approx\Phi\left(\frac{0.986a-14}{\sqrt{(1000+a)\times 0.013804}}\right)-\Phi\left(-\sqrt{\frac{(1000+a)\times 7}{493}}\right)\end{aligned}$$

而 $\Phi\left(-\sqrt{\dfrac{(1000+a)\times 7}{493}}\right)\approx 0$，于是

$$P(0\leqslant X\leqslant a)\approx\Phi\left(\frac{0.986a-14}{\sqrt{(1000+a)\times 0.013804}}\right)>0.90,$$

查表得 $\Phi(1.28)=0.90$，所以 $\dfrac{0.986a-14}{\sqrt{(1000+a)\times 0.013804}}>1.28$，可得 $a\geqslant 9$，

即至少每箱装 1009 个产品 .

例 7　某大型商场每天接待顾客 10000 人，设每位顾客的消费额（元）在［100,1000］上服从均匀分布，且顾客的消费额是相互独立的，求该商场的销售额在平均销售额上下波动不超过 20000 元的概率 .

解　设第 k 位顾客的消费额为 $X_k(k=1,2,\cdots,10000)$，商场日销售额为 X，则 $X=\sum_{k=1}^{10000}X_k$，因为 X_k 在［100,1000］上服从均匀分布，所以

$$E(X_k)=\frac{1}{2}(100+1000)=550,D(X_k)=\frac{(1000-100)^2}{12}=\frac{900^2}{12},$$

日平均销售额和销售额方差分别为

$$E(X)=\sum_{k=1}^{10000}E(X_k)=10000\times 550=55\times 10^5,$$

$$D(X)=\sum_{k=1}^{10000}D(X_k)=10000\times\frac{900^2}{12},$$

由于 X_k（$k=1$，2，…，10000）独立同分布，由林德贝格-莱维中心极限定理，有

$$\begin{aligned}&P(55\times 10^5-20000\leqslant X\leqslant 55\times 10^5+20000)\\&=P(-20000\leqslant X-55\times 10^5\leqslant 20000)\\&=P\left(\frac{-20000}{100\times 900/\sqrt{12}}\leqslant\frac{X-55\times 10^5}{100\times 900/\sqrt{12}}\leqslant\frac{20000}{100\times 900/\sqrt{12}}\right)\\&\approx 2\Phi\left(\frac{20000}{100\times 900/\sqrt{12}}\right)-1\approx 2\Phi(0.77)-1\approx 0.56,\end{aligned}$$

因此日销售额在［$55\times10^5-2\times10^4$，$55\times10^5+2\times10^4$］的概率为 0.56 .

例 8　在一次空战中，双方分别出动 50 架轰炸机和 100 架歼击机 . 每架轰炸机受两架歼击机攻击，这样空战分离为 50 个一对二的小单元进行 . 在每个小单元内，轰炸机被击落的概率为 0.4，两架歼击机同时被击落的概率为 0.2，恰有一架轰炸机被击落的概率为 0.5. 试求：

（1）空战中，有不少于 35%的轰炸机被击落的概率；

（2）歼击机以 90%的概率被击落的最大架数 .

解　设 X_i，Y_i 分别表示在第 i 个小单元内，轰炸机和歼击机被击落的架数（$i=1,2,\cdots,50$），其分布律分别为

$$P(X_i=0)=0.6,P(X_i=1)=0.4(i=1,2,\cdots,50),$$

$$P(Y_i=0)=0.3,P(Y_i=1)=0.5,P(Y_i=2)=0.2(i=1,2,\cdots,50),$$

数学期望和方差分别为

$$E(X_i)=0.4,\ D(X_i)=0.24,\ E(Y_i)=0.9,\ D(Y_i)=0.49(i=1,2,\cdots,50).$$

设 X_n，Y_n 分别表示在一次空战中轰炸机和歼击机被击落的架数，则有

$$X_n = \sum_{i=1}^{50} X_i,\ Y_n = \sum_{i=1}^{50} Y_i,$$

因为 $X_1, \cdots, X_{50}$; $Y_1, \cdots, Y_{50}$ 是相互独立的随机变量，所以

$$E(X_n) = \sum_{i=1}^{50} E(X_i) = 50 \times 0.4 = 20,\ D(X_n) = \sum_{i=1}^{50} D(X_i) = 50 \times 0.24 = 12,$$

$$E(Y_n) = \sum_{i=1}^{50} E(Y_i) = 50 \times 0.9 = 45,\ D(Y_n) = \sum_{i=1}^{50} D(Y_i) = 50 \times 0.49 = 24.5$$

由林德贝格-莱维中心极限定理知，$X_n = \sum_{i=1}^{50} X_i$ 近似服从正态分布 $N(20, 12)$，$Y_n = \sum_{i=1}^{50} Y_i$ 近似服从正态分布 $N(45, 24.5)$.

（1）事件“空战中，有不少于35%的轰炸机被击落”即 $X_n \geqslant 50\times35\%$，则

$$P(X_n \geqslant 50 \times 35\%) \approx P(X_n \geqslant 17) = P\left(\frac{X_n - 20}{\sqrt{12}} \geqslant \frac{17 - 20}{\sqrt{12}}\right)$$

$$\approx 1 - \Phi(-0.866) = \Phi(0.866) = 0.806.$$

（2）记 M 为歼击机被击落的最大架数，则得

$$P(0 \leqslant Y_n \leqslant M) = P\left(\frac{0 - 45}{\sqrt{24.5}} \leqslant \frac{Y_n - 45}{\sqrt{24.5}} \leqslant \frac{M - 45}{\sqrt{24.5}}\right)$$

$$\approx \Phi\left(\frac{M - 45}{\sqrt{24.5}}\right) - \Phi\left(-\frac{45}{\sqrt{24.5}}\right),$$

而 $\Phi\left(-\frac{45}{\sqrt{24.5}}\right) \approx \Phi(-9.09) \approx 0$，于是 $\Phi\left(\frac{M-45}{\sqrt{24.5}}\right) = 0.90$，查表得 $\frac{M-45}{\sqrt{24.5}} = 1.28$，解出 $M = 51.336$，所以歼击机被击落的最大架数为52架.

考研真题解析

例1 （2021年）

设 $X_1, X_2, \cdots, X_{100}$ 是来自总体 X 的简单随机样本，其中 $P\{X=0\} = P\{X=1\} = \frac{1}{2}$，$\Phi(x)$ 表示标准正态分布函数，则利用中心极限定理可得 $P\left\{\sum_{i=1}^{100} X_i \leqslant 55\right\}$ 的近似值为（　　）.

（A）$1-\Phi(1)$　　　　（B）$\Phi(1)$

（C）$1-\Phi(0.2)$　　　　（D）$\Phi(0.2)$

【分析】 $E(X)=\dfrac{1}{2}$，$D(X)=\dfrac{1}{4}$，$E\left(\sum\limits_{i=1}^{100}X_i\right)=100E(X)=50$，$D\left(\sum\limits_{i=1}^{100}X_i\right)=100D(X)=25$，于是由中心极限定理 $\sum\limits_{i=1}^{100}X_i\sim N(50,25)$，所以 $P\left\{\sum\limits_{i=1}^{100}X_i\leqslant 55\right\}=P\left\{\dfrac{\sum\limits_{i=1}^{100}X_i-55}{5}\leqslant\dfrac{55-50}{5}\right\}=\Phi(1)$，故选（B）.

例2 （2022年）

设 X_1，X_2，…，X_n，…独立同分布，且 X_1 的概率密度为 $f(x)=\begin{cases}1-|x|, & |x|<1,\\ 0, & 其他,\end{cases}$ 则当 $n\to\infty$ 时，$\dfrac{1}{n}\sum\limits_{i=1}^{n}X_i^2$ 依概率收敛于（　　）.

（A）$\dfrac{1}{8}$　（B）$\dfrac{1}{6}$　（C）$\dfrac{1}{3}$　（D）$\dfrac{1}{2}$

【分析】 $E(X_i^2)=\int_{-\infty}^{+\infty}x^2f(x)\mathrm{d}x=\int_{-1}^{1}x^2(1-|x|)\mathrm{d}x=2\int_0^1x^2(1-x)\mathrm{d}x=\dfrac{1}{6}$，根据辛钦大数定律，$\dfrac{1}{n}\sum\limits_{i=1}^{n}X_i^2$ 依概率收敛于 $E\left(\dfrac{1}{n}\sum\limits_{i=1}^{n}X_i^2\right)=E(X_i^2)=\dfrac{1}{6}$，故选（B）.

例3 （2022年）

设 X_1，X_2，…，X_n 独立同分布，$E(X_i^k)=\mu_k$，用切比雪夫不等式估计 $P\left\{\left|\dfrac{1}{n}\sum\limits_{i=1}^{n}x_i-\mu_i\right|\geqslant\varepsilon\right\}\leqslant$（　　）.

（A）$\dfrac{\mu_4-\mu_2^2}{n\,\varepsilon^2}$　　（B）$\dfrac{\mu_4-\mu_2^2}{\sqrt{n}\,\varepsilon^2}$

（C）$\dfrac{\mu_2-\mu_1^2}{n\,\varepsilon^2}$　　（D）$\dfrac{\mu_2-\mu_1^2}{\sqrt{n}\,\varepsilon^2}$

【分析】 易知 $\overline{X}=\dfrac{1}{n}\sum\limits_{i=1}^{n}X_i$，$E(\overline{X})=E(X_i)=\mu_1$，$D(\overline{X})=\dfrac{1}{n^2}D(X_i)$，$D(X_i)=\mu_2-\mu_1^2$，故 $D(\overline{X})=\dfrac{\mu_2-\mu_1^2}{n}$

由切比雪夫不等式得 $P\left\{\left|\dfrac{1}{n}\sum\limits_{i=1}^{n}x_i-\mu_i\right|\geqslant\varepsilon\right\}\leqslant\dfrac{D(\overline{X})}{\varepsilon^2}=\dfrac{\mu_2-\mu_1^2}{n\,\varepsilon^2}$，故选（C）.

模拟试题自测

1. 设$\{X_n\}$为相互独立且同分布的随机变量序列，并且X_i的概率分布为

$$P(X_i=2^{i-2\ln i})=2^{-i}(i=1,2,\cdots),$$

试证$\{X_n\}$服从大数定律.

2. 某人要测量A，B两地之间的距离，限于测量工具，将其分成1200段进行测量，设每段测量误差（单位：km）相互独立，且均服从$(-0.5, 0.5)$上的均匀分布. 试求总距离测量误差的绝对值不超过20km的概率.

3. 设男孩出生率为0.515，求在10000个新生婴儿中女孩不少于男孩的概率.

4. 设X_n的分布律为$P\left(X_n=\frac{1}{n}\right)=1-\frac{1}{n}$，$P(X_n=n+1)=\frac{1}{n}$，$n=1, 2, \cdots$. 证明：$\{X_n\}$依概率收敛于0.

5. 设随机变量X_1，X_2，…，X_n相互独立，$S_n=X_1+X_2+\cdots+X_n$，则根据林德贝格-莱维中心极限定理，当n充分大时，S_n近似服从正态分布，只要X_1，X_2，…，X_n（　　）.

（A）有相同的数学期望　　（B）有相同的方差

（C）服从同一指数分布　　（D）服从同一离散型分布

6. 设X_1，X_2，…，X_n为独立同分布的随机变量列，且均服从参数为$\lambda(\lambda>1)$的指数分布，记$\Phi(x)$为标准正态分布函数，则（　　）.

（A）$\lim\limits_{n\to\infty}P\left(\dfrac{\sum\limits_{i=1}^{n}X_i-n\lambda}{\lambda\sqrt{n}}\leqslant x\right)=\Phi(x)$

（B）$\lim\limits_{n\to\infty}P\left(\dfrac{\sum\limits_{i=1}^{n}X_i-n\lambda}{\sqrt{\lambda n}}\leqslant x\right)=\Phi(x)$

（C）$\lim\limits_{n\to\infty}P\left(\dfrac{\lambda\sum\limits_{i=1}^{n}X_i-n}{\sqrt{n}}\leqslant x\right)=\Phi(x)$

（D）$\lim\limits_{n\to\infty}P\left(\dfrac{\sum\limits_{i=1}^{n}X_i-\lambda}{\sqrt{n\lambda}}\leqslant x\right)=\Phi(x)$

7. 设总体 X 服从参数为 2 的指数分布，X_1，X_2，…，X_n 为来自总体 X 的简单随机样本，则当 $n \to \infty$ 时，$Y_n = \frac{1}{n}\sum_{i=1}^{n} X_i^2$ 依概率收敛于________.

8. 一生产线生产的产品成箱包装，每箱的重量是随机的．假设每箱平均重 50kg，标准差为 5kg．若用最大载重量为 5t 的汽车承运，试利用中心极限定理说明每辆车最多可以装多少箱，才能保障不超载的概率大于 0.977．（$\Phi(2)=0.977$，其中 $\Phi(x)$ 是标准正态分布函数）

第 5 章模拟试题自测答案

1. 略　2. 0.9　3. 0.00135　4. 略　5.（C）　6.（C）　7. $\frac{1}{2}$　8. 98

6 第 6 章 数理统计基本概念

内容提要与基本要求

第一节 总体与随机样本

一、总体和个体

称研究对象的某项数量指标的值的全体为总体（母体）；称总体中的每个元素为个体．

二、抽样和样本

为推断总体分布及各种特征，按一定规则从总体中抽取若干个体进行观察试验，以获得有关总体的信息，这一抽取过程称为抽样，所抽取的部分个体称为样本，样本中所包含的个体数目称为样本容量.

三、随机样本

设 X 是具有分布函数 F 的随机变量，若 X_1，X_2，…，X_n 是具有同一分布函数 F 的相互独立的随机变量，则称 X_1，X_2，…，X_n 为总体 X（或从总体 X 或从分布函数 F）得到的容量为 n 的简单随机样本，简称样本．它们的观察值 x_1，x_2，…，x_n 为样本值，又称为 X 的 n 个独立的观察值．

第二节 统计量及其分布

一、统计量与抽样分布

设 X_1，X_2，…，X_n 是总体 X 的一个样本，$g(X_1,X_2,\cdots,X_n)$ 是 $X_1,X_2,\cdots,X_n$ 的函数．若样本函数 g 连续且 g 中不含任何未知参数，则称 $g(X_1,X_2,\cdots,X_n)$ 是一个统计量．统计量的分布称为抽样分布．

二、样本均值及其抽样分布

1. 样本均值

设 X_1, X_2, …, X_n 是总体 X 的一个样本，其算术平均值称为样本均值，用 $\overline{X}$ 表示，即

$$\overline{X}=\frac{X_1+X_2+\cdots+X_n}{n}=\frac{1}{n}\sum_{i=1}^{n}X_i.$$

特别地，在分组样本时，样本均值的近似公式为

$$\overline{X}=\frac{X_1f_1+X_2f_2+\cdots+X_kf_k}{n}\left(n=\sum_{i=1}^{k}f_i\right),$$

其中 k 为组数，X_i 为第 i 组的组中值，f_i 为第 i 组的频数.

2. 样本均值的性质

性质 1 若把样本中的数据与样本均值之差称为偏差，则样本所有偏差之和为零，即

$$\sum_{i=1}^{n}(X_i-\overline{X})=0.$$

性质 2 样本数据观测值与样本均值的偏差平方和最小，即在形如 $\sum\limits_{i=1}^{n}(X_i-c)^2$ 的函数中，$\sum\limits_{i=1}^{n}(X_i-\overline{X})^2$ 为最小，其中 c 为任意给定的常数.

3. 样本均值的抽样分布的重要结论

设 X_1, X_2, …, X_n 是总体 X 的一个样本，$\overline{X}$ 为样本均值.

(1) 若总体分布为 $N(\mu,\sigma^2)$，则 $\overline{X}$ 的精确分布为 $N(\mu,\sigma^2/n)$；

(2) 若总体分布未知或不是正态分布，但 $E(X)=\mu$, $D(X)=\sigma^2$，则当 n 较大时 $\overline{X}$ 的渐近分布为 $N(\mu,\sigma^2/n)$，这里渐近分布是指 n 较大时的近似分布.

三、样本方差及其抽样分布

1. 样本方差

设 X_1, X_2, …, X_n 是总体 X 的一个样本，则它关于样本均值 $\overline{X}$ 的如下的平均偏差平方和 $S^2=\frac{1}{n-1}\sum\limits_{i=1}^{n}(X_i-\overline{X})^2$ 称为样本方差，其算术根 $S=\sqrt{S^2}=\sqrt{\frac{1}{n-1}\sum\limits_{i=1}^{n}(X_i-\overline{X})^2}$ 称为样本标准差.

特别地，在分组样本时，样本方差的近似公式为

$$S^2=\frac{1}{n-1}\sum_{i=1}^{k}f_i(X_i-\overline{X})^2=\frac{1}{n-1}\left(\sum_{i=1}^{k}f_iX_i^2-n\overline{X}^2\right),$$

其中 k 为组数，X_i 为第 i 组的组中值，f_i 为第 i 组的频数.

2. 样本均值与样本方差的数字特征

设 X_1，X_2，…，X_n 是总体 X 的一个样本，$E(X)=\mu$，$D(X)=\sigma^2<+\infty$，$\overline{X}$，S^2 分别为 X 的样本均值与样本方差，则有

$$E(\overline{X})=\mu,\ D(\overline{X})=\sigma^2/n,\ E(S^2)=\sigma^2.$$

四、样本矩及其函数

1. 样本矩

设 X_1，X_2，…，X_n 是总体 X 的一个样本，则统计量 $A_k=\dfrac{1}{n}\sum\limits_{i=1}^{n}X_i^k$ 称为样本 k 阶原点矩；$B_k=\dfrac{1}{n}\sum\limits_{i=1}^{n}(X_i-\overline{X})^k$ 称为样本 k 阶中心矩.

显然，样本均值就是样本一阶原点矩，所以样本矩是样本均值更一般的推广.

2. 样本矩的性质

总体 X 的 k 阶原点矩存在，$E(X^k)=\mu_k$，则当 $n\to\infty$ 时，$A_k\xrightarrow{P}\mu_k$，$k=1$，2，….

3. 样本偏度与样本峰度

(1) 样本偏度

设 X_1，X_2，…，X_n 是总体 X 的一个样本，则统计量 $\gamma_1=\dfrac{B_3}{B_2^{\frac{3}{2}}}$ 称为样本偏度.

(2) 样本峰度

设 X_1，X_2，…，X_n 是总体 X 的一个样本，则统计量 $\gamma_2=\dfrac{B_4}{B_2^2}-3$ 称为样本峰度.

第三节 常用的重要统计量及其分布

一、χ^2 分布（卡方分布）

设 X_1，X_2，…，X_n 是来自正态总体 $N(0,1)$ 的样本，则称统计量 $\chi^2=X_1^2+X_2^2+\cdots+X_n^2$ 为服从自由度为 n 的 χ^2 分布，记为 $\chi^2\sim\chi^2(n)$，其概率密度函数为

$$f(x;n)=\begin{cases}\dfrac{1}{2^{n/2}\Gamma(n/2)}x^{\frac{n}{2}-1}\mathrm{e}^{-\frac{x}{2}}, & x\geqslant 0,\\ 0, & x<0.\end{cases}$$

对于给定的 $\alpha(0<\alpha<1)$，称满足条件

$$P(\chi^2 > \chi^2_\alpha(n)) = \int_{\chi^2_\alpha(n)}^{+\infty} f(x)\,\mathrm{d}x = \alpha$$

的点$\chi^2_\alpha(n)$ 为χ^2 分布的上 α 分位点 .

二、t 分布（学生分布）

设$X \sim N(0,1)$，$Y \sim \chi^2(n)$，且 X，Y 相互独立，则统计量 $t=\dfrac{X}{\sqrt{Y/n}}$为服从自由度为 n 的 t 分布，记为 $t \sim t(n)$，其概率密度函数为

$$t(x;n)=\frac{\Gamma[(n+1)/2]}{\Gamma(n/2)\sqrt{n\pi}}\left(1+\frac{x^2}{n}\right)^{-\frac{n+1}{2}}, \quad -\infty<x<+\infty .$$

对于给定的 $\alpha(0<\alpha<1)$，称满足条件

$$P(t > t_\alpha(n)) = \int_{t_\alpha(n)}^{+\infty} t(x)\,\mathrm{d}x = \alpha$$

的点 $t_\alpha(n)$ 为 t 分布的上 α 分位点 .

三、F 分布

设 $X \sim \chi^2(n_1)$，$Y \sim \chi^2(n_2)$，且 X，Y 相互独立，则统计量 $F=\dfrac{X/n_1}{Y/n_2}$称为服从自由度为 n_1，n_2 的 F 分布，记为 $F \sim F(n_1,n_2)$，其中 n_1、n_2 分别称为第一、第二自由度，其概率密度函数为

$$\varphi(x;n_1,n_2)=\begin{cases}\dfrac{\Gamma\left(\dfrac{n_1+n_2}{2}\right)}{\Gamma\left(\dfrac{n_1}{2}\right)\Gamma\left(\dfrac{n_2}{2}\right)}\left(\dfrac{n_1}{n_2}\right)\left(\dfrac{n_1}{n_2}x\right)^{\frac{n_1}{2}-1}\left(1+\dfrac{n_1}{n_2}x\right)^{-\frac{n_1+n_2}{2}}, & x \geqslant 0, \\ 0, & x<0.\end{cases}$$

对于给定的 $\alpha(0<\alpha<1)$，称满足条件

$$P(F > F_\alpha(n_1, n_2)) = \int_{F_\alpha(n_1,\ n_2)}^{+\infty} \varphi(x)\,\mathrm{d}x = \alpha$$

的点 $F_\alpha(n_1,n_2)$为 F 分布的上 α 分位点 .

四、正态总体的样本均值与样本方差的分布

1. 单个正态总体的样本均值与样本方差的分布

X_1，X_2，…，X_n 是来自正态总体 $N(\mu,\sigma^2)$的样本，其样本均值与样本方差分别为$\overline{X}$，S^2，则有：

(1) $\overline{X} \sim N(\mu,\ \sigma^2/n)$；

(2) $\dfrac{(n-1)\ S^2}{\sigma^2} \sim \chi^2(n-1)$；

(3) $\dfrac{\overline{X}-\mu}{S/\sqrt{n}} \sim t(n-1)$；

(4) $\overline{X}$ 与 S^2 相互独立.

2. 两个正态总体的样本均值和样本方差的分布

X_1, X_2, …, X_{n_1}是来自正态总体 $N(\mu_1,\sigma_1^2)$ 的样本, Y_1, Y_2, …, Y_{n_2}是来自正态总体 $N(\mu_2,\sigma_2^2)$ 的样本, 且这两个样本相互独立, 其样本均值与样本方差分别为 $\overline{X}$, S_1^2, $\overline{Y}$, S_2^2, 则有:

(1) $\dfrac{S_1^2/S_2^2}{\sigma_1^2/\sigma_2^2}\sim F(n_1-1,n_2-1)$;

(2) 当 $\sigma_1^2=\sigma_2^2=\sigma^2$ 时, $\dfrac{(\overline{X}-\overline{Y})-(\mu_1-\mu_2)}{S_w\sqrt{\dfrac{1}{n_1}+\dfrac{1}{n_2}}}\sim t(n_1+n_2-2)$, 其中

$S_w^2=\dfrac{(n_1-1)S_1^2+(n_2-1)S_2^2}{n_1+n_2-2}$, $S_w=\sqrt{S_w^2}$.

第6章教学基本要求

一、教学基本要求

1. 理解总体与个体、简单随机样本、统计量、样本均值、样本方差及样本矩的概念;

2. 掌握χ^2 分布、t 分布和 F 分布的定义及性质, 理解分位点的概念并会查表计算;

3. 掌握正态总体的常用抽样分布.

二、教学重点

1. 牢固掌握统计量的概念;

2. 熟练掌握χ^2 分布、t 分布和 F 分布的定义及性质以及其 α 分位点的查表方法;

3. 正态总体的样本均值与样本方差的分布.

三、教学难点

1. 统计量的概念;

2. 正态总体的样本均值与样本方差的分布, 并能运用这些统计量对正态总体进行正确的统计推断和计算.

习题同步解析

A

1. 在总体 $N(7.6,4)$ 中抽取容量为 n 的样本, 如果要求样本均值落

在（5.6,9.6）之间内的概率不小于0.95，则n至少为多少？

解 由题意可知，$X\sim N(7.6,\ 4)$，$\overline{X}=\dfrac{1}{n}\sum\limits_{i=1}^{n}X_i$；得

$$E(\overline{X})=7.6;\ D(\overline{X})=\frac{4}{n};\overline{X}\sim N\left(7.6,\frac{4}{n}\right);$$

则有 $P(5.6<\overline{X}<9.6)=\Phi\left(\dfrac{2}{\sqrt{4/n}}\right)-\Phi\left(\dfrac{-2}{\sqrt{4/n}}\right)=2\Phi(\sqrt{n})-1\geqslant 0.95$

$$\Rightarrow n>3.84,$$

即n至少取4.

2. 求总体$N(20,3)$的容量分别为10，15的两独立样本均值差的绝对值大于0.3的概率.

解 将总体$N(20,3)$的容量为10，15的两独立样本的均值分别记为$\overline{X}$，$\overline{Y}$，则有

$$\overline{X}-\overline{Y}\sim N\left(0,\ \frac{1}{2}\right),$$

所求的概率为

$$P(|\overline{X}-\overline{Y}|>0.3)=1-P(|\overline{X}-\overline{Y}|\leqslant 0.3)=2-2\Phi(0.42)=0.6744.$$

3. 设X_1，X_2，X_3，X_4是来自正态总体$N(0,2^2)$的样本，

$$X=a(X_1-2X_2)^2+b(3X_3-4X_4)^2,$$

求系数a，b，使得统计量X服从χ^2分布，且求其自由度.

解 由于X_1，X_2，X_3，X_4独立且服从正态总体$N(0,2^2)$，则有

$$X_1-2X_2\sim N(0,20),\frac{X_1-2X_2}{\sqrt{20}}\sim N(0,1),\ \frac{1}{20}(X_1-2X_2)^2\sim\chi^2(1),$$

同理 $\dfrac{1}{100}(3X_3-4X_4)^2\sim\chi^2(1)$，

因此可知，$\dfrac{1}{20}(X_1-2X_2)^2+\dfrac{1}{100}(3X_3-4X_4)^2\sim\chi^2(2)$，

即$a=1/20$，$b=1/100$，其自由度为2.

4. 设总体$X\sim N(\mu,\sigma^2)$，X_1，X_2，…，X_{10}是来自X的样本.

（1）写出X_1，X_2，…，X_{10}的联合概率密度；

（2）写出$\overline{X}$的概率密度.

解 （1）由已知$X\sim N(\mu,\sigma^2)$，$X_i(i=1,2,\cdots,10)$的概率密度为

$$f_{X_i}(x_i)=\frac{1}{\sqrt{2\pi}\sigma}\mathrm{e}^{\frac{-(x_i-\mu)^2}{2\sigma^2}},$$

故X_1，X_2，…，X_{10}的联合概率密度为

$$\prod_{i=1}^{10}f_{X_i}(x_i)=\prod_{i=1}^{10}\left[\frac{1}{\sqrt{2\pi}\sigma}\mathrm{e}^{\frac{-(x_i-\mu)^2}{2\sigma^2}}\right]=\frac{1}{(\sqrt{2\pi}\sigma)^{10}}\mathrm{e}^{-\frac{\sum_{i=1}^{10}(x_i-\mu)^2}{2\sigma^2}}.$$

（2）$\overline{X} \sim N(\mu, \sigma^2/10)$，故 $\overline{X}$ 的概率密度为

$$f_{\overline{X}}(x)=\frac{\sqrt{10}}{\sqrt{2\pi}\sigma}\mathrm{e}^{\frac{-5(x-\mu)^2}{\sigma^2}}=\frac{\sqrt{5}}{\sqrt{\pi}\sigma}\mathrm{e}^{\frac{-5(x-\mu)^2}{\sigma^2}}.$$

5. 设总体 $X \sim B(1,p)$，X_1，X_2，…，X_n 是来自 X 的样本．

（1）求（$X_1,X_2,\cdots,X_n$）的分布律；

（2）求 $\sum_{i=1}^{n} X_i$ 的分布律；

（3）求 $E(\overline{X})$，$D(\overline{X})$，$E(S^2)$．

解 （1）由于 X_1，X_2，…，X_n 相互独立，且有 $X_i \sim B(1,p)$，$i=1, 2, \cdots, n$；因此，（X_1，X_2，…，X_n）的分布律为

$$P(X_1=x_1,\ X_2=x_2,\ \cdots,\ X_n=x_n)=\prod_{i=1}^{n}[p^{x_i}(1-p)^{1-x_i}]=p^{\sum_{i=1}^{n}x_i}(1-p)^{n-\sum_{i=1}^{n}x_i}.$$

（2）根据题意可知，$\sum_{i=1}^{n} X_i \sim B(n, p)$，其分布律为

$$P\left(\sum_{i=1}^{n} X_i=k\right)=\mathrm{C}_n^k p^k(1-p)^{n-k},\quad k=0,\ 1,\ 2,\ \cdots,\ n.$$

（3）由于 $X \sim B\ (1,p)$，则有

$$E(\overline{X})=p;\ D(\overline{X})=\frac{p(1-p)}{n};\ E(S^2)=D(X)=p(1-p).$$

B

6. 设总体 $X \sim N(12,2^2)$，X_1，X_2，…，X_5 为来自 X 的样本．试求：（1）样本均值与总体平均值之差的绝对值大于 1 的概率；

（2）$P(\max\{X_1,X_2,X_3,X_4,X_5\}>15)$；

（3）$P(\min\{X_1,X_2,X_3,X_4,X_5\}<10)$；

（4）如果要求 $P(11<\overline{X}<13) \geqslant 0.95$，则样本容量 n 应取多大？

解 （1）由于 $\overline{X}=\frac{1}{5}\sum_{i=1}^{5} X_i$，且 $X \sim N(12,\ 2^2)$，则 $\overline{X} \sim N(12,\ 2^2/5)$，

从而，$P(|\overline{X}-12|>1)=1-P(|\overline{X}-12|\leqslant 1)=1-P(-1\leqslant \overline{X}-12\leqslant 1)$
$=2-2\Phi(1.12)=0.2628.$

（2）根据题意知，X_i 的分布函数为 $\Phi\left(\frac{x-12}{2}\right)$，

则 $Z=\max\{X_1,X_2,\cdots,X_5\}$ 的分布函数为 $F_z(x)=\left[\Phi\left(\frac{x-12}{2}\right)\right]^5$，

因此，$P(\max\{X_1,X_2,\cdots,X_5\}>15)=P(Z>15)=1-P(Z\leqslant 15)$

$$=1-\left[\Phi\left(\frac{15-12}{2}\right)\right]^5=0.2923.$$

（3）记 $N=\min\{X_1,X_2,\cdots,X_5\}$，则它的分布函数为

$$F_N(x)=1-\left[1-\Phi\left(\frac{x-12}{2}\right)\right]^5,$$

因此，$P(\min\{X_1,X_2,\cdots,X_5\}<10)=P(N<10)=1-[1-F_N(10)]^5$

$$=1-\left[1-\Phi\left(\frac{10-12}{2}\right)\right]^5=0.5785.$$

（4）根据题意可得 $\overline{X}\sim N(12,2^2/n)$，

$$P(11<\overline{X}<13)=P\left(-\frac{11-12}{\sqrt{4/n}}\leqslant\frac{\overline{X}}{\sqrt{4/n}}\leqslant\frac{13-12}{\sqrt{4/n}}\right)\geqslant 0.95,$$

即 $2\Phi\left(\frac{1}{2}\sqrt{n}\right)-1\geqslant 0.95\Rightarrow n\geqslant 15.3664$，$n$ 至少应该取 16.

7. 设总体 $X\sim N(\mu,\ \sigma^2)$，X_1，X_2，$\cdots$，X_n 为来自 X 的样本．令统计量 Y 为

$$Y=\frac{1}{n}\sum_{i=1}^{n}|X_i-\mu|,$$

试求：$E(Y)$ 与 $D(Y)$.

解　由题意可知，X_1，X_2，$\cdots$，X_n 相互独立，且 $X_i\sim N(\mu,\sigma^2)$；记 $Y_i=X_i-\mu$，则有 $Y_i\sim N(0,\sigma^2)$.

$$E(|Y_i|)=\int_{-\infty}^{+\infty}|y|\cdot\frac{1}{\sqrt{2\pi}\sigma}\mathrm{e}^{-\frac{y^2}{2\sigma^2}}\mathrm{d}y=\sqrt{\frac{2}{\pi}}\sigma,$$

$$D(|Y_i|)=E(|Y_i|^2)-E^2(|Y_i|)=E(Y_i^2)-E^2(|Y_i|)$$

$$=D(Y_i)-E^2(Y_i)-\frac{2}{\pi}\sigma^2=\left(1-\frac{2}{\pi}\right)\sigma^2,$$

因此，$E(Y)=\frac{1}{n}\sum_{i=1}^{n}E(|X_i-\mu|)=E(|Y_i|)=\sqrt{\frac{2}{\pi}}\sigma$，

$$D(Y)=\frac{1}{n^2}\sum_{i=1}^{n}D(|X_i-\mu|)=\left(1-\frac{2}{\pi}\right)\cdot\frac{\sigma^2}{n}.$$

8. 设总体 $X\sim N(0,\sigma^2)$，X_1，X_2，$\cdots$，X_9 为来自 X 的样本，试确定 σ 的值，使 $P(1<\overline{X}<3)$ 为最大.

解　由题意可知，$\overline{X}=\frac{1}{9}\sum_{i=1}^{9}X_i$，且有 $\frac{\overline{X}}{\sigma/3}=\frac{3\overline{X}}{\sigma}\sim N(0,1)$；

因此，
$$P(1<\overline{X}<3)=\Phi\left(\frac{9}{\sigma}\right)-\Phi\left(\frac{3}{\sigma}\right),$$

令
$$\frac{\mathrm{d}P}{\mathrm{d}\sigma}=0,$$

得 $1-3\mathrm{e}^{-\frac{36}{\sigma^2}}=0$，故 $\sigma=\frac{6}{\sqrt{\ln 3}}$. 又因为驻点唯一，所以最大值存在．

则当 $\sigma=\frac{6}{\sqrt{\ln 3}}$ 时 $P(1<\overline{X}<3)$ 为最大，并且最大值为

$$P(1<\overline{X}<3)=0.2417.$$

9. 设总体 $X \sim N(\mu, \sigma^2)$，X_1，X_2，…，X_n 为来自 X 的样本. 证明：统计量

$$Y = \frac{\left(\frac{n}{5} - 1\right)\sum_{i=1}^{5} X_i^2}{\sum_{i=6}^{n} X_i^2} \quad (n > 5)$$

服从自由度为（5，n−5）的 F 分布.

证 由题意知，X_1，X_2，…，X_n 相互独立，且 $X_i \sim N(\mu, \sigma^2)$，则由 χ^2 分布的定义可知，当 $n>5$ 时，

$$\sum_{i=1}^{5} X_i^2 \sim \chi^2(5), \quad \sum_{i=6}^{n} X_i^2 \sim \chi^2(n-5),$$

且有 $\sum_{i=1}^{5} X_i^2$ 与 $\sum_{i=6}^{n} X_i^2$ 相互独立，故由 F 分布的定义有

$$Y = \frac{\left(\frac{n}{5} - 1\right)\sum_{i=1}^{5} X_i^2}{\sum_{i=6}^{n} X_i^2} = \frac{\sum_{i=1}^{5} X_i^2/5}{\sum_{i=6}^{n} X_i^2/n-5},$$

因此，$Y \sim F(5,n-5)$. 得证.

典型例题解析

例 1 设总体 X 服从正态分布 $N(\mu,\sigma^2)$，X_1，X_2，…，X_{n+1} 是来自总体 X 的容量为 $n+1$ 的简单随机样本，令随机变量

$$Y_i = X_i - \frac{1}{n+1}\sum_{i=1}^{n+1} X_i, \ i = 1, 2, \cdots, n+1,$$

试求 Y_i 的概率密度.

【分析】 X_i 和 $\frac{1}{n+1}\sum_{i=1}^{n+1} X_i$ 不相互独立，所求 Y_i 的方差不等于这两个随机变量方差的和. 把 Y_i 化成独立变量的线性组合，再利用方差性质求 $D(Y_i)$ 比较简单.

解 将 Y_i 表示为

$$Y_i = \frac{n}{n+1}X_i - \frac{1}{n+1}(X_1+X_2+\cdots+X_{i-1}+X_{i+1}+\cdots+X_{n+1}),$$

则 Y_i 是（n+1）个独立变量 X_1，X_2，…，X_{n+1} 的线性组合，而 $X_i \sim N(\mu,\sigma^2)$，所以 Y_i 服从正态分布，其数学期望和方差分别为

$$E(Y_i) = E(X_i) - \frac{1}{n+1}\sum_{i=1}^{n+1} E(X_i) = \mu - \mu = 0,$$

$$D(Y_i) = \left(\frac{n}{n+1}\right)^2 D(X_i) + \frac{n}{(n+1)^2}D(X_j) = \frac{n}{n+1}\sigma^2,$$

即 Y_i 同服从正态分布 $N\left(0,\ \frac{n}{n+1}\sigma^2\right)$，其概率密度为

$$f(y)=\frac{1}{\sqrt{2\pi}\sqrt{\frac{n}{n+1}}\sigma}\mathrm{e}^{-\frac{(n+1)y^2}{2n\sigma^2}},\quad -\infty<y<+\infty .$$

【评注】 本题也可用下式求解方差

$$D(Y_i)=D(X_i)+D\left(\frac{1}{n+1}\sum_{i=1}^{n+1}X_i\right)-2\mathrm{Cov}\left(X_i,\ \frac{1}{n+1}\sum_{i=1}^{n+1}X_i\right)$$

$$=\sigma^2+\frac{1}{n+1}\sigma^2-\frac{2}{n+1}\sigma^2=\frac{n}{n+1}\sigma^2.$$

例2 设总体 X 的概率密度为

$$f_X(x)=\begin{cases}2x, & 0<x<1,\\ 0, & \text{其他},\end{cases}$$

X_1，X_2 是来自总体 X 的容量为2的简单随机样本．试求 $P\left(\frac{X_1}{X_2}\leqslant\frac{1}{2}\right)$.

解 如图6-1所示，样本 (X_1,X_2) 的概率密度为

$$f(x_1,\ x_2)=\begin{cases}4x_1x_2, & 0<x_1,\ x_2<1,\\ 0, & \text{其他},\end{cases}$$

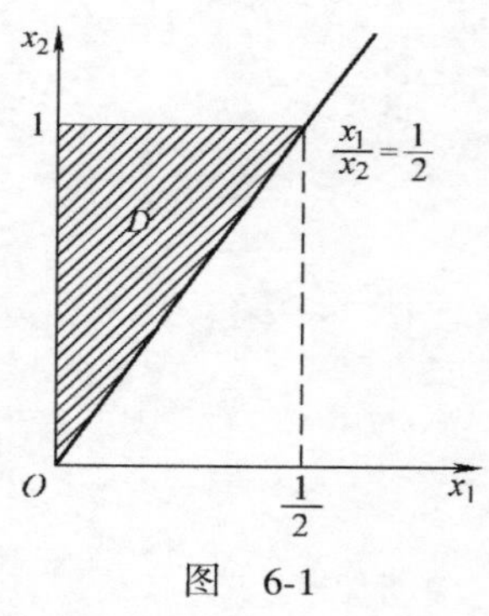

图 6-1

所求概率为

$$P\left(\frac{X_1}{X_2}\leqslant\frac{1}{2}\right)=\iint_D 4x_1x_2\mathrm{d}x_1\mathrm{d}x_2=\int_0^1\mathrm{d}x_2\int_0^{\frac{1}{2}x_2}4x_1x_2\mathrm{d}x_1=\frac{1}{8}.$$

【评注】 本题根据样本独立性，得到二维随机变量的分布，通过二重积分求概率，也可以先求商的分布，再求概率．

例3 设总体 X 服从泊松分布 $P(\lambda)$，X_1，X_2，…，X_n 是来自总体 X 的简单随机样本．

（1）试证 X_1+X_2 服从泊松分布 $P(2\lambda)$；

（2）试求 $\overline{X}=\frac{1}{n}\sum_{i=1}^{n}X_i$ 的分布律．

（1）**证** 总体 X 的分布律为

$$P\ (X=x)=\frac{\mathrm{e}^{-\lambda}\lambda^x}{x!},\ x=0,\ 1,\ 2,\ \cdots,$$

X_1+X_2 的分布律为

$$P(X_1+X_2=z)=\sum_{x_1=0}^{z}P(X_1=x_1)P(X_2=z-x_1)$$

$$=\sum_{x_1=0}^{z}\frac{\mathrm{e}^{-\lambda}\lambda^{x_1}}{x_1!}\cdot\frac{\mathrm{e}^{-\lambda}\lambda^{z-x_1}}{(z-x_1)!}=\frac{\mathrm{e}^{-2\lambda}}{z!}\sum_{x_1=0}^{z}\frac{z!}{x_1!\ (z-x_1)!}\lambda^{x_1}\lambda^{z-x_1}$$

$$=\frac{\mathrm{e}^{-2\lambda}(2\lambda)^z}{z!},\quad z=0,\ 1,\ 2,\cdots,$$

则 X_1+X_2 服从泊松分布，其参数为 2λ.

（2）**解** 由（1）知，$\sum_{i=1}^{n}X_i$ 仍然服从泊松分布，其参数为 $n\lambda$，分布律为

$$P\left(\sum_{i=1}^{n}X_i=z\right)=\frac{\mathrm{e}^{-n\lambda}(n\lambda)^z}{z!},\ z=0,1,2,\cdots,$$

由上式得 $\overline{X}$ 的分布律为

$$P\left(\frac{1}{n}\sum_{i=1}^{n}X_i=\frac{z}{n}\right)=\frac{\mathrm{e}^{-n\lambda}(n\lambda)^z}{z!},\ z=0,1,2,\cdots.$$

例 4 设总体 $X\sim N(\mu,\sigma^2)$，其中 μ，σ^2 已知，X_1，X_2，…，X_n 是来自总体 X 的简单随机样本，记 $\overline{X}_k=\frac{1}{k}\sum_{i=1}^{k}X_i(1\leqslant k\leqslant n)$. 试求 $\overline{X}_{k+1}-\overline{X}_k$ 的分布.

【提示】 把差 $\overline{X}_{k+1}-\overline{X}_k$ 化为（$k+1$）个相互独立随机变量的线性组合形式.

解 由 $\overline{X}_{k+1}=\frac{1}{k+1}\sum_{i=1}^{k+1}X_i$，$\overline{X}_k=\frac{1}{k}\sum_{i=1}^{k}X_i(1\leqslant k\leqslant n)$，得

$$\begin{aligned}\overline{X}_{k+1}-\overline{X}_k&=\frac{1}{k+1}\left(\sum_{i=1}^{k}X_i+X_{k+1}\right)-\frac{1}{k}\sum_{i=1}^{k}X_i\\&=\frac{1}{k+1}X_{k+1}+\frac{1}{k+1}\sum_{i=1}^{k}X_i-\frac{1}{k}\sum_{i=1}^{k}X_i\\&=\frac{1}{k+1}X_{k+1}-\frac{1}{(k+1)k}\sum_{i=1}^{k}X_i.\end{aligned}$$

由上式可见，$\overline{X}_{k+1}-\overline{X}_k$ 是样本中（$k+1$）个变量的线性组合，根据可加性，仍服从正态分布，数学期望和方差分别为

$$E(\overline{X}_{k+1}-\overline{X}_k)=E(\overline{X}_{k+1})-E(\overline{X}_k)=0,$$

$$\begin{aligned}D(\overline{X}_{k+1}-\overline{X}_k)&=D\left(\frac{1}{k+1}X_{k+1}-\frac{1}{k(k+1)}\sum_{i=1}^{k}X_i\right)\\&=\frac{1}{(k+1)^2}D(X_{k+1})+\frac{1}{k^2(k+1)^2}\sum_{i=1}^{k}D(X_i)=\frac{\sigma^2}{k(k+1)},\end{aligned}$$

则 $\overline{X}_{k+1}-\overline{X}_k\sim N\left(0,\ \frac{\sigma^2}{k\ (k+1)}\right)$.

例 5 设总体 X 在区间 $[\theta-1/2,\theta+1/2]$ 上服从均匀分布，X_1，X_2，…，X_n 是来自总体 X 的简单随机样本. 试求 $X_{(n)}=\max\{X_1,X_2,\cdots,X_n\}$ 和 $X_{(1)}=\min\{X_1,X_2,\cdots,X_n\}$ 的概率密度和数学期望 $E(X_{(1)})$.

【分析】 此题关键是求样本极值的分布.

解 X 的概率密度和分布函数分别为

$$f(x)=\begin{cases}1, & \theta-\dfrac{1}{2}\leqslant x\leqslant\theta+\dfrac{1}{2},\\ 0, & \text{其他},\end{cases}$$

$$F(x)=\int_{\theta-\frac{1}{2}}^{x}\mathrm{d}u=x-\theta+\frac{1}{2},\ \theta-\frac{1}{2}\leqslant x<\theta+\frac{1}{2},$$

分布函数表示为

$$F(x)=\begin{cases}0, & x<\theta-\dfrac{1}{2},\\ x-\theta+\dfrac{1}{2}, & \theta-\dfrac{1}{2}\leqslant x<\theta+\dfrac{1}{2},\\ 1, & x\geqslant\theta+\dfrac{1}{2}.\end{cases}$$

$X_{(n)}$ 和 $X_{(1)}$ 的概率密度分别为

$$f_n(x)=n[F(x)]^{n-1}f(x)=\begin{cases}n\left(x-\theta+\dfrac{1}{2}\right)^{n-1}, & \theta-\dfrac{1}{2}\leqslant x\leqslant\theta+\dfrac{1}{2},\\ 0, & \text{其他},\end{cases}$$

$$f_1(x)=n[1-F(x)]^{n-1}f(x)=\begin{cases}n\left(\dfrac{1}{2}+\theta-x\right)^{n-1}, & \theta-\dfrac{1}{2}\leqslant x\leqslant\theta+\dfrac{1}{2},\\ 0, & \text{其他},\end{cases}$$

$X_{(1)}$ 的数学期望为 $E(X_{(1)})=\int_{\theta-\frac{1}{2}}^{\theta+\frac{1}{2}}xf_1(x)\,\mathrm{d}x=\dfrac{1+2\theta}{2}-\dfrac{n}{n+1}$.

例 6 设总体 X 的概率密度为

$$f(x)=\begin{cases}2x, & 0\leqslant x\leqslant 1,\\ 0, & \text{其他}.\end{cases}$$

（1）求 $\max\{X_1,X_2,\cdots,X_n\}$ 的概率密度；

（2）求 $P\left(\min\{X_1,X_2,\cdots,X_{10}\}>\dfrac{1}{2}\right)$.

解 X 的分布函数为

$$F(x)=\begin{cases}0, & x<0,\\ x^2, & 0\leqslant x<1,\\ 1, & x\geqslant 1.\end{cases}$$

（1）$\max\{X_1,X_2,\cdots,X_n\}$ 的分布函数和概率密度分别为

$$F_{\max}(x)=[F(x)]^n=\begin{cases}0, & x<0,\\ x^{2n}, & 0\leqslant x<1,\\ 1, & x\geqslant 1,\end{cases}$$

$$f_{\max}(x)=\begin{cases}2nx^{2n-1}, & 0<x<1,\\ 0, & \text{其他}.\end{cases}$$

（2）$P\left(\min\{X_1,X_2,\cdots,X_{10}\}>\dfrac{1}{2}\right)$

$$= \prod_{i=1}^{10} P\left(X_i > \frac{1}{2}\right) = \left[P\left(X > \frac{1}{2}\right)\right]^{10} = \left(\int_{1/2}^{1} 2x\mathrm{d}x\right)^{10} = \left(\frac{3}{4}\right)^{10} \approx 0.056.$$

例 7 设 $X_1, X_2, \cdots, X_n, X_{n+1}, \cdots, X_{n+m}$ 是来自正态总体 $N(0,\sigma^2)$ 的容量为 $n+m$ 的简单随机样本，试求下列随机变量的分布.

(1) $Y_1 = \dfrac{1}{\sigma^2}\sum\limits_{i=1}^{n+m} X_i^2$； (2) $Y_2 = \dfrac{\sqrt{m}\sum\limits_{i=1}^{n} X_i}{\sqrt{n}\sqrt{\sum\limits_{i=n+1}^{n+m} X_i^2}}$； (3) $Y_3 = \dfrac{m\sum\limits_{i=1}^{n} X_i^2}{n\sum\limits_{i=n+1}^{n+m} X_i^2}$.

解 (1) 由 $X_i \sim N(0,\sigma^2)$，有 $\dfrac{X_i}{\sigma} \sim N(0,1)$，根据 χ^2 分布的定义，$\sum\limits_{i=1}^{n+m}\left(\dfrac{X_i}{\sigma}\right)^2$ 服从自由度为 $n+m$ 的 χ^2 分布，即 $Y_1 \sim \chi^2(n+m)$.

(2) 由 $\sum\limits_{i=1}^{n} X_i \sim N(0,n\sigma^2)$，有 $Z = \sum\limits_{i=1}^{n} X_i \Big/ \sigma\sqrt{n} \sim N(0,1)$，又根据 χ^2 分布的定义，$\chi^2 = \sum\limits_{i=n+1}^{n+m}\left(\dfrac{X_i}{\sigma}\right)^2 \sim \chi^2(m)$，且 Z 和 χ^2 相互独立，根据 t 分布的定义，有

$$t = \frac{\sum\limits_{i=1}^{n} X_i \Big/ \sigma\sqrt{n}}{\sqrt{\sum\limits_{i=n+1}^{n+m}\left(\dfrac{X_i}{\sigma}\right)^2 \Big/ m}} = \frac{\sqrt{m}\sum\limits_{i=1}^{n} X_i}{\sqrt{n}\sqrt{\sum\limits_{i=n+1}^{n+m} X_i^2}} \sim t(m),$$

故 $Y_2 \sim t(m)$.

(3) 由于 $\chi_1^2 = \sum\limits_{i=1}^{n}\left(\dfrac{X_i}{\sigma}\right)^2 \sim \chi^2(n)$，$\chi_2^2 = \sum\limits_{i=n+1}^{n+m}\left(\dfrac{X_i}{\sigma}\right)^2 \sim \chi^2(m)$，且 χ_1^2 和 χ_2^2 相互独立，根据 F 分布的定义，有

$$F = \frac{\sum\limits_{i=1}^{n}\left(\dfrac{X_i}{\sigma}\right)^2 \Big/ n}{\sum\limits_{i=n+1}^{n+m}\left(\dfrac{X_i}{\sigma}\right)^2 \Big/ m} = \frac{m\sum\limits_{i=1}^{n} X_i^2}{n\sum\limits_{i=n+1}^{n+m} X_i^2} \sim F(n,\ m),$$

故 $Y_3 \sim F\ (n+m)$.

例 8 已知 (X,Y) 的概率密度为 $f(x,y) = \dfrac{1}{12\pi}\mathrm{e}^{-\frac{1}{72}(9x^2+4y^2-8y+4)}$. 求证 $F = \dfrac{9X^2}{4\ (Y-1)^2}$ 服从参数为 $(1,1)$ 的 F 分布.

解 由于 (X,Y) 的概率密度

$$f(x,y) = \frac{1}{2\pi\times2\times3}\mathrm{e}^{-\frac{1}{2}\left(\frac{1}{4}x^2+\frac{1}{9}y^2-\frac{2}{9}y+\frac{1}{9}\right)} = \frac{1}{2\pi\times2\times3}\mathrm{e}^{-\frac{1}{2}\left[\left(\frac{x}{2}\right)^2+\left(\frac{y-1}{3}\right)^2\right]},$$

所以 (X,Y) 服从二维正态分布，且 $X \sim N(0,2^2)$，$Y \sim N(1,3^2)$，

$\rho=0$，故 X 与 Y 独立．又 $X/2\sim N(0,1)$，$\frac{Y-1}{3}\sim N(0,1)$，所以 $X^2/4\sim\chi^2(1)$，$\frac{(Y-1)^2}{9}\sim\chi^2(1)$．根据 F 分布的定义知

$$\frac{X^2/4}{(Y-1)^2/9}=\frac{9X^2}{4(Y-1)^2}=F\sim F(1,1).$$

例 9 设某厂生产的灯泡的使用寿命 $X\sim N(1000,\sigma^2)$（单位：h），今抽取一容量为 9 的样本，得到 $\overline{X}=940$，$S=100$．试求 $P(\overline{X}<940)$．

【分析】 由于题中 σ^2 未知，故不能用 $\overline{X}\sim N\left(\mu,\frac{\sigma^2}{n}\right)$．用 σ^2 的无偏估计量 S^2 代替 σ^2，构造统计量 $T=\frac{\overline{X}-1000}{S/\sqrt{9}}\sim t(8)$，使本题得到解决．

解 因为 $T=\frac{\overline{X}-1000}{S/3}\sim t(8)$，故

$$P(\overline{X}<940)=P\left(\frac{\overline{X}-1000}{100/3}<\frac{940-1000}{100/3}\right)=P(T<-1.8).$$

由于 t 分布关于 y 轴对称，故 $P(T<-t_\alpha(n))=P(T>t_\alpha(n))=\alpha$．于是 $P(\overline{X}<940)=P(T<-1.8)=P(T>1.8)$．

令 $t_\alpha(8)=1.8$，查 t 分布表得 $t_{0.10}(8)=1.3968$，$t_{0.05}(8)=1.8395$．显然有 $0.05<\alpha<0.10$，由插值求得 $\alpha=0.056$，故

$$P(\overline{X}<940)=0.056.$$

例 10 设总体 X 服从 $N(a,2^2)$ 分布，总体 Y 服从 $N(b,2^2)$ 分布，而 X_1，X_2，…，X_9 和 Y_1，Y_2，…，Y_{16} 分别是来自 X 和 Y 的简单随机样本，记 $W_1=\sum\limits_{i=1}^{9}(X_i-\overline{X})^2$，$W_2=\sum\limits_{j=1}^{16}(Y_j-\overline{Y})^2$，其中 $\overline{X}=\frac{1}{9}\sum\limits_{i=1}^{9}X_i$，$\overline{Y}=\frac{1}{16}\sum\limits_{j=1}^{16}Y_j$．

（1）求常数 C，使 $P\left(\frac{|\overline{Y}-b|}{\sqrt{W_2}}<C\right)=0.9$；

（2）计算 $P\left(0.709<\frac{W_2}{W_1}<6.038\right)$．

解 因为总体 $X\sim N(a,2^2)$，$Y\sim N(b,2^2)$，所以 $\frac{\overline{Y}-b}{2/\sqrt{16}}=2(\overline{Y}-b)\sim N(0,1)$．$\frac{W_1}{4}\sim\chi^2(8)$，$\frac{W_2}{4}\sim\chi^2(15)$．于是

$$\frac{2(\bar{Y}-b)}{\sqrt{\frac{W_2}{4}\Big/15}}=\frac{4\sqrt{15}(\bar{Y}-b)}{\sqrt{W_2}}\sim t(15),\quad \frac{W_2/15}{W_1/8}=\frac{8W_2}{15W_1}\sim F(15,\ 8).$$

$$(1)\ P\left(\frac{|\bar{Y}-b|}{\sqrt{W_2}}<C\right)=P\left(\frac{|4\sqrt{15}(\bar{Y}-b)|}{\sqrt{W_2}}<4C\sqrt{15}\right)$$

$$=P(|t(15)|<4C\sqrt{15})=0.9.$$

查表得 $4C\sqrt{15}=1.7531$， 于是 $C=0.11316$.

$$(2)\ P\left(0.709<\frac{W_2}{W_1}<6.038\right)=P\left(\frac{8}{15}\times 0.709<\frac{8W_2}{15W_1}<\frac{8}{15}\times 6.038\right)$$

$$=P\left(\frac{1}{2.645}<F(15,\ 8)<3.22\right)=0.9.$$

例 11 设 $X_1, X_2, \cdots, X_{10}$ 为总体 $X\sim N(\mu,\ \sigma^2)$ 的一个样本.

试求：$(1)\ P\left(0.26\sigma^2\leqslant\frac{1}{10}\sum_{i=1}^{10}(X_i-\bar{X})^2\leqslant 2.3\sigma^2\right)$；

$(2)\ P\left(0.26\sigma^2\leqslant\frac{1}{10}\sum_{i=1}^{10}(X_i-\mu)^2\leqslant 2.3\sigma^2\right)$.

解 (1) 关键是利用 $\frac{\sum_{i=1}^{10}(X_i-\bar{X})^2}{\sigma^2}\sim\chi^2(9)$.

$$P\left(0.26\sigma^2\leqslant\frac{1}{10}\sum_{i=1}^{10}(X_i-\bar{X})^2\leqslant 2.3\sigma^2\right)$$

$$=P\left(2.6\leqslant\frac{\sum_{i=1}^{10}(X_i-\bar{X})^2}{\sigma^2}\leqslant 23\right)$$

$$=P(2.6\leqslant\chi^2(9)\leqslant 23)$$

$$=P(\chi^2(9)>2.6)-P(\chi^2(9)>23)\text{（查}\chi^2\text{分布表）}$$

$$=0.975-0.005=0.97.$$

(2) 关键是利用 $\frac{\sum_{i=1}^{10}(X_i-\mu)^2}{\sigma^2}\sim\chi^2(10)$,

$$P\left(0.26\sigma^2\leqslant\frac{1}{10}\sum_{i=1}^{10}(X_i-\mu)^2\leqslant 2.3\sigma^2\right)$$

$$=P\left(2.6\leqslant\frac{\sum_{i=1}^{10}(X_i-\mu)^2}{\sigma^2}\leqslant 23\right)$$

$$=P(2.6\leqslant\chi^2(10)\leqslant 23)$$

$$=P(\chi^2(10)>2.6)-P(\chi^2(10)>23)=0.98.$$

例 12　设总体 X 服从正态分布 $N(0,k)$，其中 k 为正整数．从总体 X 中抽取两组容量为 k 的样本 X_{11}，X_{12}，…，X_{1k} 及 X_{21}，X_{22}，…，X_{2k}，所有抽样都是独立的．求统计量 $T=\dfrac{\sum\limits_{j=1}^{k}X_{1j}}{\sqrt{\sum\limits_{j=1}^{k}X_{2j}^2}}$ 的概率分布．

解　因为样本 X_{ij} 与总体 X 服从相同的分布，所以有 $X_{ij}\sim N(0,k)$，$i=1$，2；$j=1$，2，…，k. 则 $\overline{X}_1=\dfrac{1}{k}\sum\limits_{j=1}^{k}X_{1j}\sim N(0,1)$.

又根据 χ^2 分布的定义 $\chi_2^2=\dfrac{1}{k}\sum\limits_{j=1}^{k}X_{2j}^2\sim\chi^2(k)$.

因为所有抽样都是独立的，所以 $\overline{X}_1$ 和 χ_2^2 也是独立的，根据 t 分布的定义可知，

统计量
$$T=\frac{\overline{X}_1}{\sqrt{\chi_2^2/k}}=\frac{\dfrac{1}{k}\sum\limits_{j=1}^{k}X_{1j}}{\sqrt{\dfrac{1}{k}\sum\limits_{j=1}^{k}X_{2j}^2\Big/k}}=\frac{\sum\limits_{j=1}^{k}X_{1j}}{\sqrt{\sum\limits_{j=1}^{k}X_{2j}^2}}\sim t(k).$$

例 13　设总体 X_i 服从正态分布 $N(\mu_i,\sigma^2)(i=1,2,\cdots,l)$，从总体 X_i 中抽取容量为 n_i 的样本 X_{i1}，X_{i2}，…，X_{in_i}，样本均值为 $\overline{X}_i=\dfrac{1}{n_i}\sum\limits_{j=1}^{n_i}X_{ij}$，$i=1$，2，…，$l$. 所有抽样都是独立的，总的样本容量为 $n=\sum\limits_{i=1}^{l}n_i$.

证明统计量 $\chi^2=\dfrac{1}{\sigma^2}\sum\limits_{i=1}^{l}\sum\limits_{j=1}^{n_i}(X_{ij}-\overline{X}_i)^2\sim\chi^2(n-l)$.

证　由有关结论知，统计量 $\chi_i^2=\dfrac{1}{\sigma^2}\sum\limits_{j=1}^{n_i}(X_{ij}-\overline{X}_i)^2\sim\chi^2(n_i-1)$，$i=1$，2，…，$l$. 因为所有抽样都是独立的，所以 χ_1^2，χ_2^2，…，χ_l^2 也是独立的，由 χ^2 分布的可加性知，统计量 $\chi^2=\sum\limits_{i=1}^{l}\chi_i^2\sim\chi^2\left[\sum\limits_{i=1}^{l}(n_i-1)\right]$.

注意到 $\sum\limits_{i=1}^{l}(n_i-1)=\sum\limits_{i=1}^{l}n_i-l=n-l$，即得
$$\chi^2=\sum_{i=1}^{l}\chi_i^2=\frac{1}{\sigma^2}\sum_{i=1}^{l}\sum_{j=1}^{n_i}(X_{ij}-\overline{X}_i)^2\sim\chi^2(n-l).$$

例 14　设 X_1，X_2，…，X_n 是来自总体 X 的简单随机样本，已知 $E(X^k)=a_k(k=1,2,3,4)$．证明当 n 充分大时，$Z_n=\dfrac{1}{n}\sum\limits_{i=1}^{n}X_i^2$ 近似服从正态分布，并指出其分布参数．

证 根据林德贝格-莱维中心极限定理，得

$$\lim_{n\to+\infty}P\left(\frac{Z_n-E(Z_n)}{\sqrt{D(Z_n)}}\leqslant x\right)=\int_{-\infty}^{x}\frac{1}{2\pi}e^{-\frac{t^2}{2}}dt=\Phi(x),$$

其中 $E(Z_n)=E\left(\frac{1}{n}\sum_{i=1}^{n}X_i^2\right)=\frac{1}{n}\sum_{i=1}^{n}E(X_i^2)=a_2$，而 Z_n 的方差为

$$D(Z_n)=D\left(\frac{1}{n}\sum_{i=1}^{n}X_i^2\right)=\frac{1}{n^2}\sum_{i=1}^{n}D(X_i^2)=\frac{1}{n}[E(X_i^4)-(E(X_i^2))^2]=\frac{a_4-a_2^2}{n},$$

则 Z_n 近似服从正态分布 $N\left(a_2,\frac{a_4-a_2^2}{n}\right)$.

例 15 某市有 100000 个年满 18 岁的居民，他们中 10% 的人年收入超过 1 万元，20% 的人受过高等教育．今从中抽取 1600 人的随机样本．

求：(1) 样本中不少于 11% 的人年收入超过 1 万元的概率；

(2) 样本中 19% 和 21% 之间的人受过高等教育的概率．

解 (1) 引入新变量：$X_i=\begin{cases}1, & \text{第 } i \text{ 个样本居民年收入超过 1 万元,}\\ 0, & \text{第 } i \text{ 个样本居民年收入没超过 1 万元,}\end{cases}$

其中，$i=1,2,\cdots,n$，$n=1600$. 易见，$p=P(X_i=1)=0.1$. 又因 $n=1600\ll N=100000$，故可以近似地看成有放回抽样，则 $X_1,X_2,\cdots,X_n$ 相互独立．有

$$\mu=E(X_i)=0.1,\quad \sigma=\sqrt{D(X_i)}=\sqrt{0.1\times0.9}=0.3,$$

在样本中，年收入超过 1 万元的比例即为 $\overline{X}$，由于 $n=1600$ 较大，故可以使用渐近分布求解，即 $\overline{X}\sim N(\mu,\sigma^2/n)$，所求概率即为

$$\begin{aligned}P(\overline{X}\geqslant 11\%)&=1-P(\overline{X}<11\%)\\&=1-P\left(\frac{\sqrt{n}(\overline{X}-\mu)}{\sigma}\leqslant\frac{40\times(0.11-0.1)}{0.3}\right)\\&=1-\Phi\left(\frac{4}{3}\right)=1-0.9082=0.0918.\end{aligned}$$

(2) 同 (1) 解法，引入新变量：

$$Y_i=\begin{cases}1, & \text{第 } i \text{ 个居民受过高等教育,}\\ 0, & \text{第 } i \text{ 个居民未受过高等教育,}\end{cases}\quad \text{其中，} i=1,2,\cdots,n,\ n=1600.$$

$$p=P(Y_i=1)=0.2,\ \mu=0.2,\ \sigma=\sqrt{0.2\times0.8}=0.4,$$

$$\begin{aligned}P(19\%\leqslant\overline{Y}\leqslant21\%)&=P\left(\frac{40\times(0.19-0.2)}{0.4}\leqslant\frac{\sqrt{n}(\overline{Y}-\mu)}{\sigma}\leqslant\frac{40\times(0.21-0.2)}{0.4}\right)\\&=\Phi(1)-\Phi(-1)=2\Phi(1)-1\\&=2\times0.8413-1=0.6826.\end{aligned}$$

例 16 设总体 X 的概率密度为 $f(x)=\begin{cases}|x|, & |x|<1,\\ 0, & \text{其他}\end{cases}$，$(X_1,X_2,\cdots,X_{50})$

为一简单随机样本．试求：

（1）$\overline{X}$ 的数学期望和方差；

（2）$S_1^2=\frac{1}{49}\sum_{i=1}^{50}(X_i-\overline{X})^2$ 和 $S_2^2=\frac{1}{50}\sum_{i=1}^{50}(X_i-X)^2$ 的数学期望；

（3）$P(|\overline{X}|>0.02)$.

解 容易计算 $\mu=E(X)=\int_{-1}^{1}x|x|\mathrm{d}x=0$,

$$\sigma^2=D(X)=E(X^2)=\int_{-1}^{1}x^2|x|\mathrm{d}x=\frac{1}{2}.$$

（1）$E(\overline{X})=E(X)=0$，$D(\overline{X})=\frac{\sigma^2}{n}=\frac{1}{2n}=0.01$；

（2）$E(S_1^2)=\sigma^2=0.5$，$E(S_2^2)=\frac{(n-1)\sigma^2}{n}=\frac{n-1}{2n}=0.49$；

（3）因为近似地有 $\overline{X}\sim N\left(\mu,\frac{\sigma^2}{n}\right)=N(0,0.01)$，所以

$$\begin{aligned}P(|\overline{X}|>0.02)&=1-P(|\overline{X}|\leqslant0.02)=1-P(-0.02\leqslant\overline{X}\leqslant0.02)\\&=1-\left[\Phi\left(\frac{0.02}{\sqrt{0.01}}\right)-\Phi\left(\frac{-0.02}{\sqrt{0.01}}\right)\right]=2[1-\Phi(0.2)]\\&=0.8414.\end{aligned}$$

考研真题解析

例 1　（2014 年）

设 X_1，X_2，X_3 为来自正态总体 $N(0,\sigma^2)$ 的简单随机样本，则统计量 $S=\frac{X_1-X_2}{\sqrt{2}|X_3|}$ 服从的分布为（　　）.

（A）$F(1,1)$　（B）$F(2,1)$　（C）$t(1)$　（D）$t(2)$

【分析】 因为 $X_1-X_2\sim N(0,2\sigma^2)$，所以 $\frac{X_1-X_2}{\sqrt{2}\sigma}\sim N(0,1)$，

而 $\frac{X_3}{\sigma}\sim N(0,1)$，所以 $\frac{X_3^2}{\sigma^2}\sim\chi^2(1)$，

故 $S=\frac{X_1-X_2}{\sqrt{2}|X_3|}=\frac{X_1-X_2/\sqrt{2}\sigma}{\sqrt{X_3^2/\sigma^2}}\sim t(1)$，故选（C）.

例 2　（2015 年）

设总体 $X\sim B(m,\theta)$，X_1，X_2，…，X_n 为来自该总体的简单随机样本，$\overline{X}$ 为样本均值，则 $E\left[\sum_{i=1}^{n}(X_i-\overline{X})^2\right]=$（　　）.

（A）$(m-1)n\theta(1-\theta)$　（B）$m(n-1)\theta(1-\theta)$
（C）$(m-1)(n-1)\theta(1-\theta)$　（D）$mn\theta(1-\theta)$

【分析】 根据样本方差 $S^2=\frac{1}{n-1}\sum_{i=1}^{n}(X_i-X)^2$ 的性质 $E(S^2)=D(X)$，从而有 $E\left[\sum_{i=1}^{n}(X_i-X)^2\right]=(n-1)E(S^2)=m(n-1)\theta(1-\theta)$.

故选（B）.

例 3 （2017 年）

设 $X_1,X_2,\cdots,X_n(n\geqslant 2)$ 为来自总体 $N(\mu,1)$ 的简单随机样本，记 $\bar{x}=\frac{1}{n}\sum_{i=1}^{n}x_i$，则下列结论正确的是（ ）.

（A）$\sum_{i=1}^{n}(X_i-\mu)^2$ 服从 χ^2 分布

（B）$2(X_n-X_1)^2$ 服从 χ^2 分布

（C）$\sum_{i=1}^{n}(X_i-\bar{X})^2$ 服从 χ^2 分布

（D）$n(\bar{X}-\mu)^2$ 服从 χ^2 分布

【分析】 （A）$X_i-\mu\sim N(0,1)$，故 $\sum_{i=1}^{n}(X_i-\mu)^2\sim\chi^2(n)$；

（B）$X_n-X_1\sim N(0,2)\Rightarrow\frac{X_n-X_1}{\sqrt{2}}\sim N(0,1)$

$$\Rightarrow\left(\frac{X_n-X_1}{\sqrt{2}}\right)^2\sim\chi^2(1)，即\frac{(X_n-X_1)^2}{2}\sim\chi^2(1)；$$

（C）由 $S^2=\frac{1}{n-1}\sum_{i=1}^{n}(X_i-\bar{X})^2$，

$$(n-1)S^2=\sum_{i=1}^{n}(X_i-\bar{X})^2\sim\chi^2(n-1)；$$

（D）$\bar{X}-\mu\sim N\left(0,\frac{1}{n}\right)$，则 $\sqrt{n}(\bar{X}-\mu)\sim N(0,1)$，所以 $n(\bar{X}-\mu)^2\sim\chi^2(1)$.

故选（B）.

例 4 （2018 年）

设 $X_1,X_2,\cdots,X_n\ (n\geqslant 2)$ 是来自总体 $X\sim N(u,\sigma^2)\ (\sigma>0)$ 的简单随机样本，令 $\bar{X}=\frac{1}{n}\sum_{i=1}^{n}X_i$，$S=\sqrt{\frac{1}{n-1}\sum_{i=1}^{n}(X_i-\bar{X})^2}$，$S^*=\sqrt{\frac{1}{n-1}\sum_{i=1}^{n}(X_i-\mu)^2}$，则（ ）.

（A）$\frac{\sqrt{n}(\bar{X}-\mu)}{S}\sim t(n)$ （B）$\frac{\sqrt{n}(\bar{X}-\mu)}{S}\sim t(n-1)$

（C）$\frac{\sqrt{n}(\bar{X}-\mu)}{S^*}\sim t(n)$ （D）$\frac{\sqrt{n}(\bar{X}-\mu)}{S^*}\sim t(n-1)$

【分析】 总体$X\sim N(u,\sigma^2)$，则$\overline{X}\sim N\left(u,\dfrac{\sigma^2}{n}\right)$，得$\dfrac{\overline{X}-\mu}{\sigma/\sqrt{n}}\sim N(0,1)$，

又$\dfrac{(n-1)S^2}{\sigma^2}=\dfrac{(n-1)}{\sigma^2}\dfrac{1}{n-1}\sum_{i=1}^{n}(X_i-\overline{X})^2\sim\chi^2(n-1)$，所以

$$\frac{\sqrt{n}(\overline{X}-\mu)}{S}=\frac{\dfrac{\overline{X}-\mu}{\sigma/\sqrt{n}}}{\sqrt{\dfrac{(n-1)S^2}{\sigma^2}/(n-1)}}\sim t(n-1)$$，故选（B）.

例 5 （2021 年）

设(X_1,Y_1)，(X_2,Y_2)，…，(X_n,Y_n)是来自总体$N(\mu_1,\mu_2;\sigma_1{}^2,\sigma_2{}^2;\rho)$简单随机样本，令$\theta=\mu_1-\mu_2$，$\overline{X}=\dfrac{1}{n}\sum_{i=1}^{n}X_i$，$\overline{Y}=\dfrac{1}{n}\sum_{i=1}^{n}Y_i$，$\hat{\theta}=\overline{X}-\overline{Y}$，则(　　).

（A）$E(\hat{\theta})=\theta$，$D(\hat{\theta})=\dfrac{\sigma_1{}^2+\sigma_2{}^2}{n}$

（B）$E(\hat{\theta})=\theta$，$D(\hat{\theta})=\dfrac{\sigma_1{}^2+\sigma_2{}^2-2\rho\sigma_1\sigma_2}{n}$

（C）$E(\hat{\theta})\neq\theta$，$D(\hat{\theta})=\dfrac{\sigma_1{}^2+\sigma_2{}^2}{n}$

（D）$E(\hat{\theta})\neq\theta$，$D(\hat{\theta})=\dfrac{\sigma_1{}^2+\sigma_2{}^2-2\rho\sigma_1\sigma_2}{n}$

【分析】 因为X，Y是二维正态分布，所以$\overline{X}$，$\overline{Y}$也服从二维正态分布，则$\overline{X}-\overline{Y}$也服从二维正态分布，即$E(\hat{\theta})=E(\overline{X}-\overline{Y})=E(\overline{X})-E(\overline{Y})=\mu_1-\mu_2=\theta$，$D(\hat{\theta})=D(\overline{X}-\overline{Y})=D(\overline{X})+D(\overline{Y})-\mathrm{Cov}(\overline{X},\overline{Y})=$

$$\frac{\sigma_1{}^2+\sigma_2{}^2-2\rho\sigma_1\sigma_2}{n}$$

故选（B）.

例 6 （2023 年）

设X_1，X_2，…，X_n是来自总体$N(\mu_1,\sigma^2)$的简单随机样本，Y_1，Y_2，…，Y_m是来自总体$N(\mu_2,2\sigma^2)$的简单随机样本，且两样本相互独立，记$\overline{X}=\dfrac{1}{n}\sum_{i=1}^{n}X_i$，$\overline{Y}=\dfrac{1}{m}\sum_{i=1}^{m}Y_i$，$S_1{}^2=\dfrac{1}{n-1}\sum_{i=1}^{n}(X_i-\overline{X})^2$，$S_2{}^2=\dfrac{1}{m-1}\sum_{i=1}^{m}(Y_i-Y)^2$，则(　　)

（A）$\dfrac{S_1{}^2}{S_2{}^2}\sim F(n,m)$　　（B）$\dfrac{S_1{}^2}{S_2{}^2}\sim F(n-1,m-1)$

(C) $\frac{2S_1{}^2}{S_2{}^2} \sim F(n, m)$ (D) $\frac{2S_1{}^2}{S_2{}^2} \sim F(n-1, m-1)$

【分析】 $X_1, X_2, \cdots, X_n$的样本方差$S_1^2 = \frac{1}{n-1}\sum_{i=1}^{n}(X_i - \overline{X})^2$,

$Y_1, Y_2, \cdots, Y_m$的样本方差$S_2{}^2 = \frac{1}{m-1}\sum_{i=1}^{m}(Y_i - \overline{Y})^2$, 则$\frac{(n-1)S_1{}^2}{\sigma^2} \sim$

$\chi^2(n-1)$, $\frac{(m-1)S_2{}^2}{2\sigma^2} \sim \chi^2(m-1)$, 两个样本相互独立, 所以

$$\frac{\frac{(n-1)S_1^2}{\sigma^2}/(n-1)}{\frac{(m-1)S_2^2}{2\sigma^2}/(m-1)} = \frac{2S_1^2}{S_2^2} \sim F(n-1, m-1)$$, 故选(D).

例7 (2023年)

设X_1, X_2是来自总体$N(\mu, \sigma^2)$的简单随机样本, 其中$\sigma(\sigma>0)$是未知参数, 若$\hat{\sigma} = a|X_1 - X_2|$为$\sigma$的无偏估计, 则$a=$( ).

(A) $\frac{\sqrt{\pi}}{2}$ (B) $\frac{\sqrt{2\pi}}{2}$ (C) $\sqrt{\pi}$ (D) $\sqrt{2\pi}$

【分析】 由题可知$X_1 - X_2 \sim N(0, 2\sigma^2)$, 令$Y = X_1 - X_2$, 则$Y$的概率密度为$f(y) = \frac{1}{\sqrt{2\pi}\sqrt{2}\sigma}\mathrm{e}^{-\frac{y^2}{2\cdot 2\sigma^2}}$,

$$E(|Y|) = \int_{-\infty}^{+\infty}|y|\frac{1}{\sqrt{2\pi}\sqrt{2}\sigma}\mathrm{e}^{-\frac{y^2}{2\cdot 2\sigma^2}}\mathrm{d}y = \frac{2}{\sqrt{2\pi}\sqrt{2}\sigma}\int_0^{+\infty}y\,\mathrm{e}^{-\frac{y^2}{4\sigma^2}}\mathrm{d}y = \frac{2\sigma}{\sqrt{\pi}},$$

$$E(a|X_1 - X_2|) = aE(|Y|) = a\frac{2\sigma}{\sqrt{\pi}},$$

由$\hat{\sigma} = a|X_1 - X_2|$为$\sigma$的无偏估计, 有$E(\hat{\sigma}) = \sigma$, 得$a = \frac{\sqrt{\pi}}{2}$,

故选(A).

模拟试题自测

1. 设$(X_1, X_2, \cdots, X_7)$取自总体$X \sim N(0, 0.5^2)$, 则$P\left(\sum_{i=1}^{7}X_i^2 > 4\right) =$ ________.

2. 设总体$X \sim N(0, 1^2)$, 从总体中取一个容量为6的样本$(X_1, X_2, \cdots, X_6)$, 设$Y = (X_1 + X_2 + X_3)^2 + (X_4 + X_5 + X_6)^2$, 试确定常数$C$, 使随机变量$CY$服从$\chi^2$分布.

3. 设$(X_1, X_2, \cdots, X_n)$是来自正态总体$X \sim N(0, 1)$的样本. 求统

计量 $Y=\frac{1}{m}\left(\sum_{i=1}^{m}X_i\right)^2+\frac{1}{n-m}\left(\sum_{i=m+1}^{n}X_i\right)^2$ 的分布．

4. 从正态总体 $N(3.4,6^2)$ 中抽取容量为 n 的样本，如果要求其样本均值位于区间（1.4,5.4）内的概率不小于 0.95，问样本容量 n 至少应取多大？

5. 假设总体 X 服从 $N(20,3^2)$ 正态分布，样本 X_1，X_2，…，X_{25}来自总体 X. 求 $P\left(\sum_{i=1}^{16}X_i-\sum_{i=17}^{25}X_i\leqslant 182\right)$.

6. 设 X 总体服从正态分布 $N(\mu,\sigma^2)$，其中参数 μ 已知，X_1，X_2，X_3，X_4 是来自总体的容量为 4 的简单随机样本．试求随机变量 $Y=\frac{X_3-X_4}{\sqrt{\sum_{i=1}^{2}(X_i-\mu)^2}}$ 的分布．

7. 设总体 $X\sim N(\mu,\ \sigma^2)$，$\overline{X}_1$ 和 $\overline{X}_2$ 分别是该总体容量为 10 和 15 的两个样本均值，记 $p_1=P(|\overline{X}_1-\mu|>\sigma)$，$p_2=P(|\overline{X}_2-\mu|>\sigma)$，则有(　　).

(A) $p_1<p_2$　　(B) $p_1=p_2$

(C) $p_1>p_2$　　(D) $p_1=\mu$，$p_2=\sigma$

8. 设总体 X 的概率密度为 $f(x)=\frac{1}{2}e^{-|x|}(-\infty<x<+\infty)$，$X_1$，$X_2$，…,$X_n$ 为总体的简单随机样本，其样本方差为 S^2，则$E(S^2)=$ ＿＿＿＿＿.

9. 设随机变量 X 和 Y 都服从标准正态分布，则(　　).

(A) $X+Y$ 服从正态分布　　(B) X^2+Y^2 服从χ^2 分布

(C) X^2 和 Y^2 都服从χ^2 分布　　(D) X^2/Y^2 服从 F 分布

10. 设随机变量 $X\sim t(n)(n>1)$，$Y=\frac{1}{X^2}$，则(　　).

(A) $Y\sim\chi^2(b)$　　(B) $Y\sim\chi^2(n-1)$

(C) $Y\sim F(n,1)$　　(D) $Y\sim F(1,n)$

11. 设 X_1，X_2，…，X_n（$n\geqslant 2$）为来自总体 $N(0,1)$ 的简单随机样本，$\overline{X}$ 为样本均值，S^2 为样本方差，则(　　).

(A) $n\overline{X}\sim N(0,1)$　　(B) $nS^2\sim\chi^2(n)$

(C) $\frac{(n-1)\overline{X}}{S}\sim t(n-1)$　　(D) $\frac{(n-1)X_1^2}{\sum_{i=2}^{n}X_i^2}\sim F(1,n-1)$

12. 设总体 X 服从参数为 $\lambda(\lambda>0)$ 的泊松分布，$X_1,X_2,\cdots$，$X_n(n\geqslant 2)$为来自该总体的简单随机样本，则对于统计量 $T_1=\frac{1}{n}\sum_{i=1}^{n}X_i$，$T_2=\frac{1}{n-1}\sum_{i=1}^{n-1}X_i+\frac{1}{n}X_n$，有(　　).

(A) $E(T_1)>E(T_2)$, $D(T_1)>D(T_2)$

(B) $E(T_1)>E(T_2)$, $D(T_1)<D(T_2)$

(C) $E(T_1)<E(T_2)$, $D(T_1)>D(T_2)$

(D) $E(T_1)<E(T_2)$, $D(T_1)<D(T_2)$

13. 设X_1, X_2, X_3, X_4为来自总体$N(1,\sigma^2)(\sigma>0)$的简单随机样本，则统计量$\dfrac{X_1-X_2}{|X_3+X_4-2|}$服从的分布为(   ).

(A) $N(0,1)$　(B) $t(1)$　(C) $\chi^2(1)$　(D) $F(1,1)$

14. 设随机变量$X\sim t(n)$, $Y\sim F(1,n)$, 给定$\alpha(0<\alpha<0.5)$, 常数c满足$P(X>c)=\alpha$, 则$P(Y>c^2)=$(   ).

(A) α　(B) $1-\alpha$　(C) 2α　(D) $1-2\alpha$

15. 设总体$X\sim N(0,2^2)$, 而X_1, X_2, $\cdots$, X_{15}是来自总体X的简单随机样本，则随机变量$Y=\dfrac{X_1^2+X_2^2+\cdots+X_{10}^2}{2\ (X_{11}^2+X_{12}^2+\cdots+X_{15}^2)}$服从______分布，参数为______.

16. 设总体X服从正态分布$X\sim N(\mu_1,\sigma^2)$, 总体Y服从正态分布$Y\sim N(\mu_2,\sigma^2)$, X_1, X_2, $\cdots$, X_n和Y_1, Y_2, $\cdots$, Y_n分别是来自总体X和Y的简单随机样本，则$E\left[\dfrac{\sum\limits_{i=1}^{n_1}(X_i-\overline{X})^2+\sum\limits_{j=1}^{n_2}(Y_j-\overline{Y})^2}{n_1+n_2-2}\right]=$

________.

17. 设总体X的概率密度为

$$f(x)=\frac{1}{2}\mathrm{e}^{-|x|}, \ -\infty<x<+\infty,$$

X_1, X_2, $\cdots$, X_n为总体X的简单随机样本，其样本方差为S^2, 则$E(S^2)=$____.

18. 设X_1, X_2, $\cdots$, X_m为来自二项分布总体$B(n,p)$的简单随机样本，$\overline{X}$和S^2分别为样本均值和样本方差．记统计量$T=\overline{X}-S^2$, 则$E(T)=$________.

19. 若X_1, X_2, $\cdots$, X_n为来自正态总体$N(\mu,\sigma^2)(\sigma>0)$的简单随机样本，记统计量$T=\dfrac{1}{n}\sum\limits_{i=1}^{n}X_i^2$, 则$E(T)=$________.

20. 设总体$X\sim N(\mu,\sigma^2)(\sigma>0)$, 从该总体中抽取简单样本$X_1$, X_2, $\cdots$, $X_{2n}(n\geqslant 2)$, 其样本均值$\overline{X}=\dfrac{1}{2n}\sum\limits_{i=1}^{2n}X_i$.

求统计量$Y=\sum\limits_{i=1}^{n}(X_i+X_{n+i}-2\overline{X})^2$的数学期望$E(Y)$.

21. 设X_1, X_2, $\cdots$, $X_n(n>2)$为来自总体$N(0,1)$的简单随机

样本，$\overline{X}$为样本均值，记 $\overline{X}=\frac{1}{n}\sum_{i=1}^{n}X_i$，记 $Y_i=X_i-\overline{X}$，$i=1, 2, \cdots, n$. 求：

（1）Y_i 的方差 $D(Y_i)$，$i=1, 2, \cdots, n$；

（2）Y_1 与 Y_n 的协方差 $\mathrm{Cov}(Y_1, Y_n)$.

第 6 章模拟试题自测答案

1. 0.025 **2.** $\frac{1}{3}$ **3.** $Y\sim\chi^2(2)$ **4.** 35

5. 0.997 **6.** $Y\sim t(2)$ **7.** （C） **8.** 2

9. （C） **10.** （C） **11.** （D） **12.** （D）

13. （B） **14.** （C） **15.** F，$(10,5)$ **16.** σ^2

17. 2 **18.** np^2 **19.** $\mu^2+\sigma^2$

20. $2(n-1)\sigma^2$

21. （1）$D(Y_i)=\frac{n-1}{n}$ （2）$\mathrm{Cov}(Y_1,Y_n)=-\frac{1}{n}$

第7章 参数估计

内容提要与基本要求

第一节 矩估计法

一、点估计

设总体 X 的分布函数为 $F(x;\theta)$，其中 θ 为未知参数．设 X_1，X_2，…，X_n 是总体 X 的一个样本，x_1，x_2，…，x_n 是样本值．$\hat{\theta}(X_1,X_2,\cdots,X_n)$是一个适当的统计量．用 $\hat{\theta}(x_1,x_2,\cdots,x_n)$ 去估计参数 θ，则称 $\hat{\theta}=\hat{\theta}(X_1,X_2,\cdots,X_n)$ 为参数 θ 的估计量，而称 $\hat{\theta}=\hat{\theta}(x_1,x_2,\cdots,x_n)$为 θ 的估计值．

二、矩估计法

设总体 X 是连续型随机变量，其密度为$f(x;\theta_1,\theta_2,\cdots,\theta_k)$，其中 θ_1，θ_2，…，θ_k 为待估参数，且假定 X 的前 k 阶矩 $\mu_i=E(X^i)$，$i=1$，2，…，k 都存在．如果对 X 的抽样为 X_1，X_2，…，X_n，x_1，x_2，…，x_n 是对应的样本值，则求 θ_1，θ_2，…，θ_k 的矩估计的步骤如下：

（1）计算 X 的前 k 阶矩

$$E(X^i)=\int_{-\infty}^{+\infty}x^i f(x;\ \theta_1,\ \theta_2,\ \cdots,\ \theta_k)\mathrm{d}x,\ i=1,\ 2,\ \cdots,\ k,$$

则 $\mu_i=E(X^i)$是 θ_1，θ_2，…，θ_k 的函数．记作

$$\begin{cases}\mu_1=\mu_1(\theta_1,\theta_2,\cdots,\theta_k),\\ \mu_2=\mu_2(\theta_1,\theta_2,\cdots,\theta_k),\\ \qquad\vdots\\ \mu_k=\mu_k(\theta_1,\theta_2,\cdots,\theta_k).\end{cases}$$

（2）用样本矩代替总体矩

用 μ_i 的估计量 $M_i=\dfrac{1}{n}\sum\limits_{j=1}^{n}X_j^i$，$i=1$，2，…，$k$ 代替上式左边的 μ_i 得

$$
\begin{cases}
M_1=\mu_1(\theta_1,\theta_2,\cdots,\theta_k),\\
M_2=\mu_2(\theta_1,\theta_2,\cdots,\theta_k),\\
\qquad\vdots\\
M_k=\mu_k(\theta_1,\theta_2,\cdots,\theta_k).
\end{cases}
$$

(3) 解以上方程组，则得参数 θ_1，θ_2，…，θ_k 的矩估计量 $\hat{\theta}_i$：

$$\hat{\theta}_i=\theta_i(M_1,M_2,\cdots,M_k),i=1,2,\cdots,k .$$

第二节 极大似然估计法

设总体 X 的分布函数为 $F(x;\ \theta)$，θ 为待估参数(可能不止一个)，样本 X_1，X_2，…，X_n 的样本值为 x_1，x_2，…，x_n，当 X 为离散型随机变量，概率分布为 $P(X=x)=p(x;\ \theta_1,\theta_2,\cdots,\theta_k)$，参数 $\theta=(\theta_1,\theta_2,\cdots,\theta_k)$ 的极大似然估计的步骤如下：

(1) 写出似然函数

$$L(\theta_1,\ \theta_2,\ \cdots,\ \theta_k)=\prod_{i=1}^{n}f(x_i;\ \ \theta_1,\ \theta_2,\ \cdots,\ \theta_k),$$

或 $$L(\theta_1,\ \theta_2,\ \cdots,\ \theta_k)=\prod_{i=1}^{n}p(x_i;\ \theta_1,\ \theta_2,\ \cdots,\ \theta_k).$$

(2) 将似然函数取对数

$$\ln L(\theta_1,\ \theta_2,\ \cdots,\ \theta_k)=\sum_{i=1}^{n}\ln f(x_i;\ \ \theta_1,\ \theta_2,\ \cdots,\ \theta_k),$$

或 $$\ln L(\theta_1,\ \theta_2,\ \cdots,\ \theta_k)=\sum_{i=1}^{n}\ln p(x_i;\ \ \theta_1,\ \theta_2,\ \cdots,\ \theta_k).$$

(3) 计算似然函数的最大值点

$$\frac{\partial \ln L(\theta_1,\theta_2,\cdots,\theta_k)}{\partial\theta_i}=0,i=1,2,\cdots,k,$$

求出似然函数的驻点，确定其最大值点 $\hat{\theta}_i$，则称 $\hat{\theta}_i$ 为 θ_i 的极大似然估计值 .

第三节 点估计量的优良性

一、无偏性

设估计量 $\hat{\theta}=\hat{\theta}(X_1,X_2,\cdots,X_n)$ 的数学期望 $E(\hat{\theta})$ 存在，且 $E(\hat{\theta})=\theta$，则称 $\hat{\theta}$ 是 θ 的无偏估计量 .

二、有效性

设估计量 $\hat{\theta}_i=\hat{\theta}_i(X_1,X_2,\cdots,X_n)$，$i=1,2$，都是参数 θ 的无偏估计，若$D(\hat{\theta}_1)<D(\hat{\theta}_2)$，则称 $\hat{\theta}_1$ 比 $\hat{\theta}_2$ 有效 .

三、相合性（一致性）

设 $\hat{\theta}_n=\hat{\theta}_n(X_1, X_2, \cdots, X_n)$ 是参数 θ 的估计量，如果当 $n\to\infty$ 时，$\hat{\theta}_n$ 依概率收敛于 θ，即 $\forall \varepsilon>0$，都有

$$\lim_{n\to\infty}P(|\hat{\theta}_n-\theta|<\varepsilon)=1,$$

则称 $\hat{\theta}_n$ 为参数 θ 的相合估计量.

值得一提的是：样本均值 $\overline{X}=\frac{1}{n}\sum_{i=1}^{n}X_i$ 是总体均值 $E(X)$ 的无偏、一致估计量；样本方差 $S^2=\frac{1}{n-1}\sum_{i=1}^{n}(X_i-\overline{X})^2$ 是总体方差 $D(X)$ 的无偏、一致估计量.

第四节 区间估计的概念

一、区间估计

设 θ 为总体 X 的分布中的一个未知参数，X_1，X_2，$\cdots$，X_n 是 X 的一个样本. $\hat{\theta}_1(X_1,X_2,\cdots,X_n)$ 和 $\hat{\theta}_2(X_1,X_2,\cdots,X_n)$ 是由样本确定的两个统计量($\hat{\theta}_1<\hat{\theta}_2$)，用区间($\hat{\theta}_1,\hat{\theta}_2$)作为参数 θ 的可能取值范围的一个估计，称为区间估计.

二、置信区间与置信度

设 $(x_1,x_2,\cdots,x_n)$ 为总体 X 的样本 $(X_1,X_2,\cdots,X_n)$ 的观察值，θ 为总体 X 的分布中的一个未知参数；对于任意给定的概率 $1-\alpha(0<\alpha<1)$，如果存在统计量 $\underline{\theta}(X_1,X_2,\cdots,X_n)$ 和 $\overline{\theta}(X_1,X_2,\cdots,X_n)$ 满足：

$$P(\underline{\theta}<\theta<\overline{\theta})=1-\alpha,$$

则称随机区间 $(\underline{\theta},\overline{\theta})$ 为参数 θ 的置信度为 $1-\alpha$ 的置信区间. 其中：$\underline{\theta}$，$\overline{\theta}$ 分别称为该置信区间的置信下限和置信上限；$1-\alpha$ 称为置信度或置信概率.

第五节 正态总体均值与方差的区间估计

一、正态总体均值的区间估计

1. 单个正态总体的情况

设总体 $X\sim N(\mu,\sigma^2)$，X_1，X_2，$\cdots$，X_n 是 X 的样本，$\overline{X}$，S^2 分

别是样本均值和样本方差．给定置信度 $1-\alpha$.

（1）当方差 σ^2 已知时，构造随机变量 U:

$$U=\frac{\overline{X}-\mu}{\frac{\sigma}{\sqrt{n}}}\sim N(0,1),$$

则总体均值 μ 的置信度为 $1-\alpha$ 的置信区间为

$$\left(\overline{X}-\frac{\sigma}{\sqrt{n}}z_{\frac{\alpha}{2}},\ \overline{X}+\frac{\sigma}{\sqrt{n}}z_{\frac{\alpha}{2}}\right).$$

（2）当方差 σ^2 未知时，构造随机变量 T:

$$T=\frac{\overline{X}-\mu}{\frac{S}{\sqrt{n}}}\sim t(n-1),$$

则总体均值 μ 的置信度为 $1-\alpha$ 的置信区间为

$$\left(\overline{X}-\frac{S}{\sqrt{n}}t_{\frac{\alpha}{2}}(n-1),\overline{X}+\frac{S}{\sqrt{n}}t_{\frac{\alpha}{2}}(n-1)\right).$$

2. 两个正态总体的情况

设有两个独立的正态总体 $N(\mu_1,\sigma_1^2)$ 和 $N(\mu_2,\sigma_2^2)$，设 X_1，X_2，…，X_{n_1}和 Y_1，Y_2，…，Y_{n_2}分别为来自这两个正态总体的样本，它们的样本均值和样本方差分别为 $\overline{X}$，$\overline{Y}$ 和 S_1^2，S_2^2.

（1）当 σ_1^2，σ_2^2 均为已知时，构造随机变量 U:

$$U=\frac{(\overline{X}-\overline{Y})-(\mu_1-\mu_2)}{\sqrt{\frac{\sigma_1^2}{n_1}+\frac{\sigma_2^2}{n_2}}}\sim N(0,1),$$

则两个正态总体均值差 $\mu_1-\mu_2$ 的置信度为 $1-\alpha$ 的置信区间为

$$\left(\overline{X}-\overline{Y}\pm\sqrt{\frac{\sigma_1^2}{n_1}+\frac{\sigma_2^2}{n_2}}\cdot z_{\frac{\alpha}{2}}\right).$$

（2）当 $\sigma_1^2=\sigma_2^2=\sigma^2$，$\sigma^2$ 未知时，构造随机变量 T:

$$T=\frac{(\overline{X}-\overline{Y})-(\mu_1-\mu_2)}{S_w\sqrt{\frac{1}{n_1}+\frac{1}{n_2}}}\sim t(n_1+n_2-2),$$

则两个正态总体均值差 $\mu_1-\mu_2$ 的置信度为 $1-\alpha$ 的置信区间为

$$\left(\overline{X}-\overline{Y}\pm S_w\sqrt{\frac{1}{n_1}+\frac{1}{n_2}}\cdot t_{\frac{\alpha}{2}}(n_1+n_2-2)\right),$$

其中 $S_w^2=\dfrac{(n_1-1)S_1^2+(n_2-1)S_2^2}{n_1+n_2-2}$，$S_w=\sqrt{S_w^2}$.

二、正态总体方差的区间估计

1. 单个正态总体的情况

设总体 $X\sim N(\mu,\sigma^2)$，X_1，X_2，…，X_n 是 X 的样本，$\overline{X}$，S^2 分

别是样本均值和样本方差．给定置信度 $1-\alpha$.

构造随机变量 χ^2：

$$\chi^2=\frac{(n-1)S^2}{\sigma^2}\sim\chi^2(n-1),$$

则总体方差 σ^2 的置信度为 $1-\alpha$ 的置信区间为

$$\left(\frac{(n-1)S^2}{\chi^2_{\frac{\alpha}{2}}(n-1)},\frac{(n-1)S^2}{\chi^2_{1-\frac{\alpha}{2}}(n-1)}\right),$$

总体标准差 σ 的置信度为 $1-\alpha$ 的置信区间为

$$\left(\frac{\sqrt{n-1}\,S}{\sqrt{\chi^2_{\frac{\alpha}{2}}(n-1)}},\frac{\sqrt{n-1}\,S}{\sqrt{\chi^2_{1-\frac{\alpha}{2}}(n-1)}}\right).$$

2. 两个正态总体方差比的区间估计

设有两个独立的正态总体：$X\sim N(\mu_1,\sigma_1^2)$，$Y\sim N(\mu_2,\sigma_2^2)$，其中 μ_1，μ_2，σ_1^2，σ_2^2 均未知．

构造随机变量 χ^2：$\chi^2=\dfrac{(n_i-1)S_i^2}{\sigma_i^2}\sim\chi^2(n_i-1)$，

则两个正态总体方差比 $\dfrac{\sigma_1^2}{\sigma_2^2}$ 的置信度为 $1-\alpha$ 的置信区间为

$$\left(\frac{S_1^2}{S_2^2}\cdot\frac{1}{F_{\frac{\alpha}{2}}(n_1-1,n_2-1)},\frac{S_1^2}{S_2^2}\cdot\frac{1}{F_{1-\frac{\alpha}{2}}(n_1-1,n_2-1)}\right).$$

第六节 0-1 分布参数的区间估计

设 X 服从参数为 p 的 0-1 分布：$P(X=1)=p$，$P(X=0)=1-p$，p 是未知参数．X_1，X_2，…，X_n 是 X 的一个样本，通常 $n\geqslant 50$. 则 p 的置信度为 $1-\alpha$ 的一个近似的置信区间为 (p_1,p_2)，其中：

$$p_1=\frac{1}{2a}(-b-\sqrt{b^2-4bc}),$$

$$p_2=\frac{1}{2a}(-b+\sqrt{b^2-4bc}),$$

$$a=n+z^2_{\frac{\alpha}{2}},\ b=-(2n\overline{X}+z^2_{\frac{\alpha}{2}}),c=n\overline{X}^2.$$

第 7 章教学基本要求

一、教学基本要求

1. 理解参数的点估计、估计量与估计值的概念；

2. 掌握矩估计法与极大似然估计法；

3. 掌握估计量的无偏性、有效性的概念，了解一致性的概念；

4. 理解区间估计的概念和置信度、置信区间的概念及其意义；会求单个正态总体和两个正态总体的均值与方差的置信区间.

二、教学重点

1. 掌握矩估计法与极大似然估计法，并能熟练地运用这两种方法求参数的估计量；

2. 掌握估计量的无偏性、有效性的概念，会证明参数估计量的无偏性和有效性；

3. 熟练掌握求单个正态总体的均值与方差的置信区间的方法.

三、教学难点

1. 矩估计法的概念及运用矩估计法求参数的估计量；

2. 正确地运用无偏性、有效性的概念证明参数估计量的无偏性和有效性.

习题同步解析

A

1. 有一批灯泡寿命（单位：h）的抽取样本：

1458，1395，1562，1614，1351，

1490，1478，1382，1536，1496，

试求这批灯泡的平均寿命μ及寿命方差σ^2的矩估计值.

解 由矩估计法可知，$\hat{\mu}=\overline{X}$，$\hat{\sigma^2}=\frac{1}{n}\sum_{i=1}^{n}(X_i-\overline{X})^2$，代入样本值得

$$\hat{\mu}=\bar{x}=\frac{1}{10}\sum_{i=1}^{10}x_i=1476.2,$$

$$\hat{\sigma^2}=\frac{1}{10}\sum_{i=1}^{10}(x_i-1476.2)^2=6198.6.$$

2. 设总体X服从区间$[1,a]$上的均匀分布，其中a是未知参数. 一组来自这个总体的样本观察值为

$$2\quad 1.8\quad 2.7\quad 1.9\quad 2.2$$

求a的矩估计量和矩估计值.

解 因为$X\sim U[1,a]$，所以$E(X)=\frac{1+a}{2}$，令$\frac{1+a}{2}=A_1$，解得$\hat{a}=2A_1-1=2\overline{X}-1$. 由样本值算得$\bar{x}=2.12$，故$a$的矩估计量为$\hat{a}=2\overline{X}-1$，$a$的矩估计值为$\hat{a}=3.24$.

3. 设总体X的概率密度函数为

$$f(x)=\begin{cases}e^{-(x-\theta)}, & x\geqslant\theta,\\ 0, & x<\theta,\end{cases}$$

X_1，X_2，…，X_n 是来自总体 X 的样本，试求未知参数 θ 的矩估计量．

解 由题意可知，$E(X)=\int_{\theta}^{+\infty}x\mathrm{e}^{-(x-\theta)}\mathrm{d}x=\theta+1$，

则由矩估计法可得 $\theta+1=\bar{x}=\dfrac{1}{n}\sum\limits_{i=1}^{n}X_i$，

故有未知参数 θ 的矩估计量 $\hat{\theta}=\dfrac{1}{n}\sum\limits_{i=1}^{n}X_i-1$.

4. 设 X_1，X_2，…，X_n 是来自总体 X 的一个样本，总体服从二项分布 $B(n,p)$，其中参数 p 未知，求 p 的矩估计和极大似然估计．

解 （1）因为 $X\sim B(n,p)$，所以 $E(X)=np$，

令 $np=\overline{X}$，从中解出 $\hat{p}=\dfrac{\overline{X}}{n}$，即为 p 的矩估计量，矩估计值为

$$\hat{p}=\frac{\bar{x}}{n}.$$

（2）总体分布律

$$P(X=x)=\mathrm{C}_n^x p^x(1-p)^{n-x},\quad x=0,1,2,\cdots,n,$$

作似然函数

$$L(p)=\prod_{i=1}^{n}\mathrm{C}_n^{x_i}p^{x_i}(1-p)^{n-x_i}=(\mathrm{C}_n^{x_1}\cdots\mathrm{C}_n^{x_n})\ p^{n\bar{x}}\ (1-p)^{n^2-n\bar{x}},$$

$$\ln L(p)=\sum_{i=1}^{n}\ln\mathrm{C}_n^{x_i}+n\bar{x}\ln p+(n^2-n\bar{x})\ln(1-p),$$

令
$$\frac{\mathrm{d}\ln L(p)}{\mathrm{d}p}=\frac{n\bar{x}}{p}-\frac{n^2-n\bar{x}}{1-p}=0,$$

解出 $\hat{p}=\dfrac{\bar{x}}{n}$，则 p 的极大似然估计量 $\hat{p}=\dfrac{\overline{X}}{n}$，这与矩估计的结果一样．

5. 设总体 X 的概率密度函数为

$$f(x)=\begin{cases}\theta\mathrm{e}^{-\theta x}, & x\geqslant0,\ \theta>0,\\ 0, & x<0.\end{cases}$$

令从 X 中抽取 10 个个体，得到数据如下：

1050	1100	1080	1200	1300
1250	1340	1060	1150	1150

试求未知参数 θ 的极大似然估计值．

解 由似然函数定义可得，当 $x_i>0$ 时，$L(\theta)=\prod\limits_{i=1}^{n}\theta\mathrm{e}^{-\theta x_i}=\theta^n\mathrm{e}^{-\theta\sum\limits_{i=1}^{n}x_i}$，

此时，$L(\theta)>0$，取对数得 $\ln L(\theta)=n\ln\theta-\theta\sum\limits_{i=1}^{n}x_i$，

则令
$$\frac{\mathrm{d}\ln L(\theta)}{\mathrm{d}\theta}=0,$$

θ 的极大似然估计值为 $\hat{\theta}=\frac{1}{\bar{x}}$，

由题意可知 $\bar{x}=1168$，

因此可得 θ 的极大似然估计值 $\hat{\theta}=\frac{1}{\bar{x}}=\frac{1}{1168}\approx 0.00086$.

6. 设总体 $X\sim U(0,\theta)$，总体 X 的一组样本值是

$$0.5,\ 0.9,\ 1.3,\ 1.0,\ 0.8$$

其中 $\theta>0$ 未知．求 θ 的极大似然估计．

解 总体 X 的概率密度函数为

$$f(x)=\begin{cases}1/\theta, & 0<x<\theta,\\ 0, & \text{其他},\end{cases}$$

当 $0<x_i<\theta(i=1,2,\cdots,n)$ 时，似然函数 $L(\theta)=\frac{1}{\theta^n}$，

可见 $L(\theta)$ 关于 θ 是减函数，又 $\theta>x_i$，$i=1,2,\cdots,n$，

故可取 $\hat{\theta}=\max\{x_1,x_2,\cdots,x_n\}$，

θ 的极大似然估计值 $\hat{\theta}=1.3$，

θ 的极大似然估计量 $\hat{\theta}=\max\{X_1,X_2,\cdots,X_n\}$.

7. 设 X_1，X_2，…，X_n 为来自总体 $X\sim N(1,\sigma^2)$ 的一个样本，求未知参数 σ^2 的极大似然估计量．

解 因为 $f(x)=\frac{1}{\sqrt{2\pi}\sigma}\mathrm{e}^{-\frac{(x-1)^2}{2\sigma^2}}$，

作似然函数 $L=(2\pi\sigma^2)^{-\frac{n}{2}}\cdot\mathrm{e}^{-\frac{1}{2\sigma^2}\sum\limits_{i=1}^{n}(x_i-1)^2}$，

取对数 $\ln L=-\frac{n}{2}\ln(2\pi\sigma^2)-\frac{1}{2\sigma^2}\sum\limits_{i=1}^{n}(x_i-1)^2$，

由 $\frac{\mathrm{d}\ln L}{\mathrm{d}\sigma^2}=0$ 解得 $\hat{\sigma}^2=\frac{1}{n}\sum\limits_{i=1}^{n}(x_i-1)^2$，

所以 σ^2 的极大似然估计量为 $\hat{\sigma}^2=\frac{1}{n}\sum\limits_{i=1}^{n}(X_i-1)^2$.

8. 在处理快艇的 6 次试验数据中，得到下列最大速度值（单位：m/s）：

$$27,\ 38,\ 30,\ 37,\ 35,\ 31$$

求最大艇速的均值和方差的无偏估计值．

解 因为无论样本服从何种分布，均值和方差的无偏估计量分别为

$$\hat{\mu}=\overline{X},\ \hat{\sigma}^2=S^2,$$

因此，最大艇速均值的无偏估计值为

$$\hat{\mu}=198/6=33.$$

最大艇速方差的无偏估计值为 $\hat{\sigma}^2=94/5=18.8$.

9. 设总体 X 服从正态分布 $N(\mu,1)$，X_1，X_2 是从总体 X 中抽取的一个样本. 验证下面三个估计量：

(1) $\hat{\mu}_1=\frac{2}{3}X_1+\frac{1}{3}X_2$；(2) $\hat{\mu}_2=\frac{1}{4}X_1+\frac{3}{4}X_2$；(3) $\hat{\mu}_3=\frac{1}{2}X_1+\frac{1}{2}X_2$

都是 μ 的无偏估计，并求出每个估计量的方差，问哪一个最有效？

解 由题意知，总体 X 的均值为 $E(X)=\mu$，方差为 $D(X)=1$，则有

$$E(\hat{\mu}_1)=\frac{2}{3}E(X_1)+\frac{1}{3}E(X_2)=\mu;$$

同理可得 $$E(\hat{\mu}_2)=\mu;\quad E(\hat{\mu}_3)=\mu;$$

故有 $\hat{\mu}_1$，$\hat{\mu}_2$，$\hat{\mu}_3$ 都是 μ 的无偏估计. 又有

$$D(\hat{\mu}_1)=\left(\frac{2}{3}\right)^2D(X_1)+\left(\frac{1}{3}\right)^2D(X_2)=\frac{4}{9}+\frac{1}{9}=\frac{5}{9};$$

同理可得 $$D(\hat{\mu}_2)=\frac{5}{8};\quad D(\hat{\mu}_3)=\frac{1}{2};$$

因为 $D(\hat{\mu}_1)<D(\hat{\mu}_2)<D(\hat{\mu}_3)$，故 $\hat{\mu}_3$ 最有效.

10. 设总体 X 服从区间 $[\theta,2\theta]$ 上的均匀分布，其中 θ 为未知参数，X_1，X_2，…，X_n 是来自 X 的一个样本，$\overline{X}=\frac{1}{n}\sum_{i=1}^{n}X_i$.

(1) 统计量 $\overline{X}$ 是否为 θ 的无偏估计？为什么？

(2) 记 $\hat{\theta}=a\overline{X}$，试确定常数 a，使 $\hat{\theta}$ 是 θ 的无偏估计.

解 (1) 因为总体 $X\sim U[\theta,2\theta]$，所以 $E(X)=\frac{3}{2}\theta$，

从而 $$E(\overline{X})=E(X)=\frac{3}{2}\theta\neq\theta,$$

故 $\overline{X}$ 不是 θ 的无偏估计.

(2) 因为 $E(a\overline{X})=aE(\overline{X})=aE(X)=a\cdot\frac{3}{2}\theta$，

令 $E(a\overline{X})=\theta$，解得 $a=\frac{2}{3}$. 故 $a=\frac{2}{3}$时，$\hat{\theta}$ 是 θ 的无偏估计量.

11. 已知一批零件的长度 X（单位：cm）服从正态分布 $N(\mu,1)$，从中随机抽取16个零件，得到长度的平均值为40（cm），试求 μ 的置信度为0.95的置信区间.

解 由题意可知，$\bar{x}=40$，$\alpha=0.05$，$z_{\frac{\alpha}{2}}=z_{0.025}=1.96$，$n=16$，则有 μ 的置信度为0.95的置信区间为

$$\left(40\pm\frac{1}{\sqrt{16}}\times1.96\right)=(39.51,\ 40.49).$$

12. 用某种仪器间接测量温度，重复测量5次，得到以下数据

(单位:℃):

1250　　1265　　1245　　1260　　1275

假定重复测量所得温度服从正态分布 $N(\mu,\sigma^2)$，试求 μ 的置信度为 0.95 的置信区间.

解　由题意可知，$\bar{x}=1259$，$S=\sqrt{(9^2+6^2+14^2+1^2+16^2)/4}\approx 11.94$，$n=5$，$t_{\frac{\alpha}{2}}(4)=2.7764$，则 μ 的置信度为 0.95 的置信区间为

$$\left(1259\pm\frac{11.94}{\sqrt{5}}\times 2.7764\right)\approx(1244,\ 1273).$$

13. 从一批钢索中抽取 10 根，测得其折断力为

578　572　570　568　572　570　570　596　584　572

若折断力 $X\sim N(\mu,\sigma^2)$，试求方差 σ^2 和均方差 σ 的置信度为 0.95 的置信区间.

解　由题意知 $X\sim N(\mu,\sigma^2)$，则有

$$x=575.2,\ n=10,$$

$s\approx\sqrt{75.73}\approx 8.7025$，$\chi^2_{0.025}(9)=19.023$，$\chi^2_{0.975}(9)=2.700$，

故方差 σ^2 的置信度为 0.95 的置信区间为

$$\left(\frac{(n-1)\ s^2}{\chi^2_{0.025}\ (9)},\ \frac{(n-1)\ s^2}{\chi^2_{0.975}\ (9)}\right)=(35.83,252.43),$$

则均方差 σ 的置信度为 0.95 的置信区间为 (5.99,15.89).

B

14. 设总体 X 的概率密度函数为

$$f(x)=\begin{cases}\dfrac{x}{\theta^2}e^{-\frac{x^2}{2\theta^2}}, & x>0,\\ 0, & x\leqslant 0,\end{cases}$$

其中未知参数 $\theta>0$，试求未知参数 θ 的矩估计量.

解　由题意可得

$$E(X)=\int_{-\infty}^{+\infty}xf(x)\,dx=\int_0^{+\infty}x\cdot\frac{x}{\theta^2}e^{-x^2/2\theta^2}\,dx=\int_0^{+\infty}e^{-x^2/2\theta^2}\,dx.$$

又由正态分布 $N(0,\theta)$ 的概率密度为 $\dfrac{1}{\sqrt{2\pi}\,\theta}e^{-x^2/2\theta^2}$ 可知,

$$1=\int_{-\infty}^{+\infty}\frac{1}{\sqrt{2\pi}\,\theta}e^{-x^2/2\theta^2}\,dx=2\int_0^{+\infty}\frac{1}{\sqrt{2\pi}\,\theta}e^{-x^2/2\theta^2}\,dx,$$

则有
$$\int_0^{+\infty}e^{-x^2/2\theta^2}\,dx=\sqrt{\frac{\pi}{2}}\theta,$$

从而得到
$$E(X)=\sqrt{\frac{\pi}{2}}\theta,$$

由矩估计法知,
$$\overline{X}=E(X)=\sqrt{\frac{\pi}{2}}\theta,$$

故有参数 θ 的矩估计量为 $\hat{\theta}=\sqrt{\frac{2}{\pi}}\cdot\overline{X}$.

15. 设总体 X 服从指数分布，其密度为 $f(x)=\begin{cases}\lambda e^{-\lambda x}, & x>0,\\ 0, & x\leqslant 0,\end{cases}$ 其中 $\lambda>0$ 是未知参数，X_1，…，X_n 是总体 X 的一个样本，

（1）求 λ 的极大似然估计量；

（2）求 $\frac{1}{\lambda^2}$ 的极大似然估计量；

（3）判断 $\frac{1}{\lambda^2}$ 的极大似然估计量的无偏性.

解 （1）似然函数

$$L(\lambda)=\prod_{i=1}^{n}\lambda e^{-\lambda x_i}=\lambda^n e^{-\lambda n\bar{x}},\ x_i>0,\ i=1,2,\cdots,n,$$

令 $\frac{\mathrm{d}\ln L(\lambda)}{\mathrm{d}\lambda}=\frac{n}{\lambda}-n\bar{x}=0$，解出 $\hat{\lambda}=\frac{1}{\bar{x}}$，则 λ 的极大似然估计量 $\hat{\lambda}=\frac{1}{\overline{X}}$；

（2）$\frac{1}{\lambda^2}$ 的极大似然估计量 $\frac{1}{\hat{\lambda}^2}=\overline{X}^2$；

（3）$E(\overline{X}^2)=D(\overline{X})+[E(\overline{X})]^2=\frac{1}{n}D(X)+[E(X)]^2=\frac{1}{n}\cdot\frac{1}{\lambda^2}+\left(\frac{1}{\lambda}\right)^2\neq\frac{1}{\lambda^2}$，

故 $\frac{1}{\lambda^2}$ 的极大似然估计量不是无偏估计.

16. 设总体 X 服从参数为 λ 的泊松分布，X_1，X_2，…，X_n 是来自总体 X 的样本.

（1）证明统计量 $\overline{X}^2$ 和 $\frac{1}{n}\sum_{i=1}^{n}X_i^2$ 都不是 λ^2 的无偏估计量；

（2）能否由它们构造 λ^2 的无偏估计量.

解 （1）由题意知，$E(X)=D(X)=\lambda$；

则有 $$E(\overline{X})=\lambda,D(\overline{X})=\frac{1}{n}\lambda,E(\overline{X}^2)=\frac{\lambda}{n}+\lambda^2,$$

$$E\left(\frac{1}{n}\sum_{i=1}^{n}X_i^2\right)=\frac{1}{n}\sum_{i=1}^{n}E(X_i^2)=\lambda+\lambda^2,$$

因此，统计量 $\overline{X}^2$ 和 $\frac{1}{n}\sum_{i=1}^{n}X_i^2$ 都不是 λ^2 的无偏估计量.

（2）由（1）可知，可以用统计量 $\overline{X}^2$ 和 $\frac{1}{n}\sum_{i=1}^{n}X_i^2$ 构造出 λ^2 的无偏估计量.

因为 $$\lambda^2=E(\overline{X}^2)-\frac{\lambda}{n},$$

则构造 λ^2 的无偏估计量为 $\hat{\lambda}^2=\overline{X^2}-\frac{1}{n}\overline{X}$.

同理可得 $$\lambda^2=E\left(\frac{1}{n}\sum_{i=1}^{n}X_i^2\right)-\lambda.$$

则可构造 λ^2 的另一形式的无偏估计量为 $\hat{\lambda}^2=\frac{1}{n}\sum_{i=1}^{n}X_i^2-\overline{X}$.

17. 设 $X_1, X_2, \cdots, X_n$ 和 $Y_1, Y_2, \cdots, Y_m$ 是两组简单随机样本，分别取自总体 $X\sim N(\mu,1)$ 和 $Y\sim N(\mu,4)$.

（1）试求常数 a，b 满足什么条件时，$T=a\sum_{i=1}^{n}X_i+b\sum_{j=1}^{m}Y_j$ 是 μ 的无偏估计；

（2）试确定常数 a，b 的值，使 T 最有效.

解 （1）要使 T 为 μ 的无偏估计，应有 $E(T)=\mu$. 可求得 $E(T)=an\mu+bm\mu$，故当 $an+bm=1$ 时，$E(T)=\mu$，即常数 a，b 满足的条件是 $an+bm=1$.

（2）要使 T 最有效，即要使 $D(T)$ 最小. 可求得 $D(T)=a^2n+4b^2m$，要求出 a，b 使得 $D(T)$ 在满足 $an+bm=1$ 的条件下取得最小值.

可令 $$L(a,b,\lambda)=a^2n+4b^2m+\lambda(an+bm-1),$$

分别对 a，b，λ 求导得

$$\begin{cases}2na+\lambda n=0,\\8mb+\lambda m=0,\\an+bm-1=0,\end{cases}\Rightarrow\begin{cases}a=\dfrac{4}{4n+m},\\b=\dfrac{1}{4n+m},\end{cases}$$

故当 $a=\frac{4}{4n+m}$，$b=\frac{1}{4n+m}$ 时，T 最有效.

18. 设使用两种药物治疗，其治疗所需时间以天计，数据如下：

第一种药物：$n_1=14$ 人，$\overline{x}_1=17$ 天，$s_1^2=1.5$；

第二种药物：$n_2=16$ 人，$\overline{x}_2=19$ 天，$s_2^2=1.8$；

设两个总体分别服从正态分布 $N(\mu_1,\sigma_1^2)$ 及 $N(\mu_2,\sigma_2^2)$，且方差相等. 试求使用两种药物平均治疗时间之差 $\mu_2-\mu_1$ 的置信度为 0.99 的置信区间.

解 由题意可知，$n_1=14$ 人，$\overline{x}_1=17$ 天，$s_1^2=1.5$；$n_2=16$ 人，$\overline{x}_2=19$ 天，$s_2^2=1.8$；

$\alpha=0.01$，查 t 分布表得 $t_{0.005}(28)=2.7633$；

$$s_w=\sqrt{\frac{13s_1^2+15s_2^2}{28}}=1.2887;$$

故得使用两种药物平均治疗时间之差 $\mu_2-\mu_1$ 的置信度为 0.99 的置信区间为

$$\left(\overline{x}_2-\overline{x}_1\pm t_{\frac{\alpha}{2}}(n_1+n_2-2)\sqrt{\frac{1}{n_1}+\frac{1}{n_2}}s_w\right)=(0.70,3.30).$$

19. 从甲、乙两厂生产的蓄电池产品中，分别抽取一些样品，测得蓄电池的电容量（单位：A · h）如下：

甲厂：144　141　138　142　141　143　138　137

乙厂：142　143　139　140　138　141　140　138　142　136

设两个工厂的蓄电池的电容量分别服从正态分布 $N(\mu_1,\sigma_1^2)$ 及 $N(\mu_2,\sigma_2^2)$. 试求：

（1）假设 $\sigma_1^2=\sigma_2^2$，电容量的均值差 $\mu_1-\mu_2$ 的置信度为 0.95 的置信区间；

（2）电容量的方差比 σ_1^2/σ_2^2 的置信度为 0.95 的置信区间.

解　设甲、乙两厂产品的总体各为 X，Y，由题意可计算得

$$n_1=8,\ \overline{x}=140.5,\ s_1=2.563;$$

$$n_2=10,\ \overline{y}=139.9,\ s_2=2.183,\ \alpha=0.05.$$

（1）$s_w=2.357$；$\sqrt{\frac{1}{8}+\frac{1}{10}}=0.474$；$t_{0.025}$（16）$=2.1199$；

故得电容量的均值差 $\mu_1-\mu_2$ 的置信度为 0.95 的置信区间为 $(-1.768,\ 2.968)$.

（2）$F_{0.025}(7,9)=4.20$；$F_{0.025}(9,7)=4.82$；$\frac{s_1^2}{s_2^2}=1.378$，

故得电容量的方差比 σ_1^2/σ_2^2 的置信度为 0.95 的置信区间为

$$\left(\frac{s_1^2}{s_2^2}\cdot\frac{1}{F_{0.025}(7,9)},\frac{s_1^2}{s_2^2}F_{0.025}(9,7)\right)=(0.328,6.642).$$

20. 设香烟的尼古丁含量近似于正态分布，今抽取某品牌香烟的随机样本 8 包，测得其平均尼古丁含量为 2.6mg，样本标准差 $s=0.9$mg，试求此品牌香烟尼古丁含量 μ 的置信度为 0.99 的单侧置信上限.

解　由题意可知，$\overline{x}=2.6$，$s=0.9$，$\alpha=0.01$，$t_{0.01}(7)=2.998$，则有此品牌香烟尼古丁含量 μ 的置信度为 0.99 的单侧置信上限为

$$\overline{x}+t_{0.01}(7)\frac{s}{\sqrt{8}}=3.554.$$

21. 试求第 18 题中 $\mu_2-\mu_1$ 的置信度为 0.99 的单侧置信下限.

解　由第 18 题可知，

$n_1=14$ 人，$\overline{x}_1=17$ 天，$s_1^2=1.5$；

$n_2=16$ 人，$\overline{x}_2=19$ 天，$s_2^2=1.8$；$\alpha=0.01$；

$$s_w=\sqrt{\frac{13s_1^2+15s_2^2}{28}}=1.2887;$$

则由题意查 t 分布表得 $t_{0.01}(28)=2.4671$；因此，$\mu_2-\mu_1$ 的置信度为 0.99 的单侧置信下限为

$$\overline{x}_2-\overline{x}_1-t_\alpha(n_1+n_2-2)\sqrt{\frac{1}{n_1}+\frac{1}{n_2}}s_w=0.8364.$$

22. 从一大批产品中随机抽取 100 个进行检查，其中有 4 个次品．试求次品率 p 的置信度为 0.95 的置信区间．

解 由题意可知，$n=100$，可以认为是大样本，则有

$$\hat{p}=0.04,\ \alpha=0.05,\ z_{\frac{\alpha}{2}}=z_{0.025}=1.96.$$

由中心极限定理可得，次品率 p 的置信度为 0.95 的置信区间为

$$\left(\hat{p}\pm z_{\frac{\alpha}{2}}\sqrt{\frac{\hat{p}(1-\hat{p})}{n}}\right)=(0.002,0.078).$$

典型例题解析

例 1 设总体 X 的概率密度为

$$f(x)=\begin{cases}c^{\frac{1}{\theta}}\dfrac{1}{\theta}x^{-\left(1+\frac{1}{\theta}\right)}, & x>c,\\ 0, & x\leqslant c,\end{cases}$$

其中，$c>0$，$0<\theta<1$，c 是已知参数，θ 是未知参数，X_1，X_2，$\cdots$，X_n 为来自该总体 X 的简单随机样本，试求 θ 的矩估计量．

解 首先求 X 的数学期望

$$E(X)=\int_c^{+\infty}xc^{\frac{1}{\theta}}\frac{1}{\theta}x^{-\left(1+\frac{1}{\theta}\right)}\mathrm{d}x$$

$$=c^{\frac{1}{\theta}}\frac{1}{\theta}\int_c^{+\infty}x^{-\frac{1}{\theta}}\mathrm{d}x=-\frac{c}{\theta-1},$$

样本的均值为 $\overline{X}=\dfrac{1}{n}\sum\limits_{i=1}^{n}X_i$，令 $-\dfrac{c}{\theta-1}=\overline{X}$，解得 θ 的矩估计量

$$\hat{\theta}=1-\frac{c}{\overline{X}}.$$

例 2 设总体 X 的概率密度为

$$f(x)=\frac{1}{2\theta}\mathrm{e}^{-\frac{|x|}{\theta}}\quad(\theta>0).$$

试求未知参数 θ 的矩估计量．

解 虽然总体只有一个未知参数 θ，但因 $E(X)=\displaystyle\int_{-\infty}^{+\infty}x\frac{1}{2\theta}\mathrm{e}^{-\frac{|x|}{\theta}}\mathrm{d}x=0$ 中不含 θ（奇函数在对称区间积分为零），不能由此解出 θ，这时可采用如下方法：

求总体的二阶原点矩

$$E(X^2)=\int_{-\infty}^{+\infty}x^2\frac{1}{2\theta}\mathrm{e}^{-\frac{|x|}{\theta}}\mathrm{d}x=\int_0^{+\infty}x^2\frac{1}{\theta}\mathrm{e}^{-\frac{x}{\theta}}\mathrm{d}x=2\theta^2.$$

（其中第三个等式利用了指数分布的期望和方差的结果）

用样本二阶原点矩 $A_2=\dfrac{1}{n}\sum\limits_{i=1}^{n}X_i^2$ 代替 $E(X^2)$，得到 θ 的矩估计量为

$$\hat{\theta}=\sqrt{\frac{1}{2}A_2}=\sqrt{\frac{1}{2n}\sum_{i=1}^{n}X_i^2}.$$

例 3 设总体 X 的概率密度为 $f(x)=\begin{cases}\dfrac{6x}{\theta^3}(\theta-x), & 0<x<\theta,\\ 0, & \text{其他},\end{cases}$ $X_1, X_2, \cdots, X_n$ 为来自该总体 X 的简单随机样本.

求：(1) θ 的矩估计量 $\hat{\theta}$；(2) $\hat{\theta}$ 的方差 $D(\hat{\theta})$.

解 (1) 因为

$$E(X)=\int_{-\infty}^{+\infty}xf(x)\,\mathrm{d}x=\int_0^{\theta}\frac{6x^2}{\theta^3}(\theta-x)\,\mathrm{d}x=\frac{\theta}{2},$$

记 $\overline{X}=\frac{1}{n}\sum_{i=1}^{n}X_i$，令 $\frac{\theta}{2}=\overline{X}$，得 θ 的矩估计量 $\hat{\theta}=2\overline{X}$.

(2) 由于

$$E(X^2)=\int_{-\infty}^{+\infty}x^2f(x)\,\mathrm{d}x=\int_0^{\theta}\frac{6x^3}{\theta^3}(\theta-x)\,\mathrm{d}x=\frac{6\theta^2}{20},$$

$$D(X)=E(X^2)-[E(X)]^2=\frac{6\theta^2}{20}-\left(\frac{\theta}{2}\right)^2=\frac{\theta^2}{20},$$

所以 $\hat{\theta}=2\overline{X}$ 的方差为

$$D(\hat{\theta})=D(2\overline{X})=4D(\overline{X})=\frac{4}{n}D(X)=\frac{\theta^2}{5n}.$$

例 4 设总体 X 在区间 $[\theta,\theta+1]$ 上服从均匀分布，其中 $\theta>0$ 为未知参数，$X_1, X_2, \cdots, X_n$ 为来自该总体 X 的简单随机样本，样本均值为 $\overline{X}=\frac{1}{n}\sum_{i=1}^{n}X_i$.

试求 θ 的矩估计量和极大似然估计量.

解 X 的概率密度为

$$f(x)=\begin{cases}1, & \theta\leqslant x\leqslant\theta+1,\\ 0, & \text{其他},\end{cases}$$

其数学期望为 $E(X)=\frac{2\theta+1}{2}=\theta+\frac{1}{2}$，令 $\theta+\frac{1}{2}=\overline{X}$，解得 θ 的矩估计量为 $\hat{\theta}=\overline{X}-\frac{1}{2}$. 又 θ 的似然函数为

$$L(\theta, x_1, x_2, \cdots, x_n)=\prod_{i=1}^{n}f(x_i)=1,\ \theta\leqslant x_i\leqslant\theta+1,\ i=1,$$

$2, \cdots, n$,

$\theta\leqslant x_i\leqslant\theta+1$ 等价于

$$\theta\leqslant x_{(1)}=\min\{x_1,x_2,\cdots,x_n\},x_{(n)}=\max\{x_1,x_2,\cdots,x_n\}\leqslant\theta+1,$$

得 θ 的极大似然估计量为 $X_{(n)}-1\leqslant\hat{\theta}\leqslant X_{(1)}$，故 $\hat{\theta}$ 不唯一.

【评注】 θ 的极大似然估计量不唯一.

例5 设总体 X 的概率密度为

$$f(x,\theta_1,\theta_2)=\frac{1}{\theta_2}e^{-\frac{(x-\theta_1)}{\theta_2}},\ -\infty<\theta_1\leqslant x<+\infty,\ 0<\theta_2<+\infty,$$

其中 θ_1 和 θ_2 均为未知参数，X_1，X_2，…，X_n 为来自该总体 X 的简单随机样本.

试求 θ_1 和 θ_2 的极大似然估计量.

解 似然函数为

$$L(\theta_1,\ \theta_2,\ x_1,\ x_2,\ \cdots,\ x_n)=\prod_{i=1}^{n}\frac{1}{\theta_2}e^{-\frac{(x-\theta_1)}{\theta_2}}=\frac{1}{\theta_2^n}e^{-\frac{1}{\theta_2}\sum_{i=1}^{n}(x_i-\theta_1)},\ x_i\geqslant\theta_1,$$

对数似然函数为

$$\varphi(\theta_1,\ \theta_2)=\ln L(\theta_1,\ \theta_2)=-n\ln\theta_2-\frac{1}{\theta_2}\sum_{i=1}^{n}(x_i-\theta_1),$$

将 $\varphi(\theta_1,\ \theta_2)$ 对 θ_1，θ_2 分别求偏导数，得似然方程为

$$\begin{cases}\dfrac{\partial\varphi(\theta_1,\ \theta_2)}{\partial\theta_2}=-\dfrac{n}{\theta_2}+\dfrac{1}{\theta_2^2}\sum\limits_{i=1}^{n}(x_i-\theta_1)=0,\\ \dfrac{\partial\varphi(\theta_1,\ \theta_2)}{\partial\theta_1}=\dfrac{n}{\theta_2}=0,\end{cases}$$

解得 θ_2 的极大似然估计量为 $\hat{\theta}_2=\frac{1}{n}\sum_{i=1}^{n}(X_i-\hat{\theta}_1)=\overline{X}-\hat{\theta}_1$.

而 θ_1 的极大似然估计量为不能通过似然方程求解. $L(\theta_1,\theta_2)$ 是 θ_1 的单调增加函数，θ_1 越大，似然函数 $L(\theta_1,\theta_2)$ 越大，但 θ_1 不能任意大，因为 $x_i\geqslant\theta_1$，则 θ_1 的极大似然估计量为

$$\hat{\theta}_1=\min\{X_1,\ X_2,\ \cdots,\ X_n\}.$$

例6 已知甲、乙两射手命中靶心的概率分别为0.9和0.4，今有一张靶纸上的弹着点表明为10枪6中，已知这张靶纸肯定为甲、乙中的一射手所射.

试问究竟为何人所射?

【分析】 先建立一统计模型，设甲、乙射中与否分别服从参数为 $p_1=0.9$，$p_2=0.4$ 的0-1分布，有样本 X_1，X_2，…，X_{10}，其中，6个观察值为1，4个观察值为0，由此估计总体的参数 p 为0.9还是0.4.

解 未知参数的取值空间只有两个点，即 $H=\{0.9,\ 0.4\}$，若参数 $p=0.9$，即为甲所射，则此事件发生的概率为

$$L(p_1)=p_1^{\sum_{i=1}^{10}x_i}(1-p_1)^{10-\sum_{i=1}^{10}x_i}=(0.9)^6(0.1)^4\approx0.00005.$$

若参数 $p=0.4$，即为乙所射，则此事件发生的概率为

$$L(p_2)=p_2^{\sum_{i=1}^{10}x_i}(1-p_2)^{10-\sum_{i=1}^{10}x_i}=(0.4)^6(0.6)^4\approx0.0005.$$

尽管为乙所射的可能性也不大，但 $L(p_2)\approx10L(p_1)$，因此，在参数

空间为两点的情况下，概率 $L(p)$ 的最大值在 $p=0.4$ 处发生，即 p 的(极大似然) 估计值为 $\hat{p}=p_2=0.4$，所以该张靶纸为乙射手所射.

【评注】 求解此题应牢记极大似然法的定义.

例7 设某信息台在上午 8 时到 9 时之间接到的呼叫次数服从参数为 λ 的泊松分布，现收集到 42 个数据如下：

接到呼叫 k 次	0	1	2	3	4	5
k 次呼叫的频数	7	10	12	8	3	2

试由此数据求 λ 的极大似然估计值.

解 先求 λ 的极大似然估计量，由似然函数

$$L(\lambda)=\prod_{i=1}^{n}\frac{\lambda^{x_i}}{x_i!}e^{-\lambda}=\lambda^{\sum\limits_{i=1}^{n}x_i}\left(\prod_{i=1}^{n}x_i!\right)^{-1}e^{-n\lambda},$$

解对数似然方程为

$$\frac{d\ln L(\lambda)}{d\lambda}=\frac{d}{d\lambda}\left[\sum_{i=1}^{n}x_i\ln\lambda-\ln\left(\prod_{i=1}^{n}x_i!\right)-n\lambda\right]$$

$$=\frac{n\bar{x}}{\lambda}-n=0,$$

得 λ 的极大似然估计值为 $\hat{\lambda}=\bar{x}$，代入观察数据得 λ 的极大似然估计值为 $\hat{\lambda}=\bar{x}=1.90$.

例8 设 $(X_1,X_2,\cdots,X_n)$ 是总体 $N(\mu,\sigma^2)$ 的一个样本，$g(\mu,\sigma^2)=2\mu+\sigma$.

求 $g(\mu,\sigma^2)$ 的极大似然估计量.

解 由于 $\bar{X}$ 与 $B_2=\frac{1}{n}\sum\limits_{i=1}^{n}(X_i-\bar{X})^2$ 是 μ 与 σ^2 的极大似然估计量，由极大似然估计的性质知 $g(\bar{X},B_2)=2\bar{X}+\sqrt{B_2}$ 为 $g(\mu,\sigma^2)$ 的极大似然估计量.

【评注】 在一般的条件下，若 $\hat{\theta}$ 为 θ 的极大似然估计，则 $g(\hat{\theta})$ 是 $g(\theta)$ 的极大似然估计.

例9 设 $X_1,X_2,\cdots,X_n$ 为来自参数 n,p 的二项分布总体的样本. 求 p^2 的无偏估计量.

解 因总体 $X\sim B(n,p)$，有

$$E(X)=np,$$

$$E(X^2)=D(X)+[E(X)]^2=np(1-p)+n^2p^2$$

$$=np+n(n-1)p^2=E(X)+n(n-1)p^2,$$

即

$$E(X^2)-E(X)=n(n-1)p^2,$$

所以

$$E\left[\frac{1}{n^2(n-1)}\sum_{i=1}^{n}(X_i^2-X_i)\right]=\frac{1}{n^2(n-1)}\sum_{i=1}^{n}E(X_i^2-X_i)$$

$$=\frac{n}{n^2(n-1)}E(X_i^2-X_i)=\frac{n}{n^2(n-1)}E(X^2-X)$$

$$=\frac{n}{n^2(n-1)}n(n-1)p^2=p^2,$$

故 $\frac{1}{n^2(n-1)}\sum_{i=1}^{n}(X_i^2-X_i)$ 为 p^2 的一个无偏估计量.

例 10 设总体 X 服从参数为 λ 的指数分布，X_1，X_2，…，X_n 为一样本，令 $Y=\min\{X_1,X_2,\cdots,X_n\}$.

问常数 c 为何值时，才能使 cY 是 λ^{-1} 的无偏估计量？

【分析】 关键是求出 $E(Y)$，为此需先求出 Y 的密度 $f_Y(y)$.

解 因 X_1，X_2，…，X_n 相互独立，且都服从参数为 λ 的指数分布，故 X_i 的密度函数为

$$f_X(x)=\begin{cases}\lambda e^{-\lambda x}, & x>0,\\ 0, & x\leqslant 0,\end{cases}$$

X_i 的分布函数为

$$F_X(x)=\begin{cases}1-e^{-\lambda x}, & x>0,\\ 0, & x\leqslant 0,\end{cases}$$

于是 $$F_Y(y)=1-[1-F_X(y)]^n=\begin{cases}1-e^{-n\lambda y}, & y>0,\\ 0, & y\leqslant 0,\end{cases}$$

两边对 y 求导，得 Y 的密度 $f_Y(y)$ 为

$$f_Y(y)=\frac{d}{dy}F_Y(y)=\begin{cases}n\lambda e^{-n\lambda y}, & y>0,\\ 0, & y\leqslant 0,\end{cases}$$

即 Y 服从参数为 $n\lambda$ 的指数分布，故 $E(Y)=\frac{1}{n\lambda}$，为使 cY 成为 λ^{-1} 的无偏估计量，需且只需 $E(cY)=\lambda^{-1}$，即 $\frac{c}{n\lambda}=\frac{1}{\lambda}$，解得 $c=n$.

【评注】 指数分布具有可加性，即若 X_1，X_2，…，X_n 相互独立，且都服从参数为 λ 的指数分布，则 $X_1+X_2+\cdots+X_n$ 服从参数为 $n\lambda$ 的指数分布.

例 11 设总体 $X\sim N(\mu,\sigma^2)$，其中 μ，σ^2 未知，X_1，X_2，…，X_n 为来自该总体 X 的简单随机样本，试求常数 k，使下列 $\hat{\sigma}$ 是 σ 的无偏估计量.

(1) $\hat{\sigma}=\frac{1}{k}\sum_{i=1}^{n-1}|X_{i+1}-X_i|$；　　(2) $\hat{\sigma}=\frac{1}{k}\sum_{i=1}^{n}|X_i-\overline{X}|$.

【分析】 此题的关键是求 $X_{i+1}-X_i$ 和 $X_i-\overline{X}$ 的概率密度.

解 (1) $X_{i+1}-X_i$ 服从正态分布 $N(0,2\sigma^2)$，$i=1, 2, \cdots, n$，令 $Y_1=X_{i+1}-X_i$，则

$$E(|Y_1|)=E(|X_{i+1}-X_i|)=\int_{-\infty}^{+\infty}|y|\frac{1}{\sqrt{2\pi}\sqrt{2\sigma^2}}e^{-\frac{y^2}{4\sigma^2}}dy$$

$$=\frac{2}{\sqrt{2\pi}\sqrt{2\sigma^2}}\int_0^{+\infty}ye^{-\frac{y^2}{4\sigma^2}}dy=\frac{2\sigma}{\sqrt{\pi}},$$

由此得 $E(\hat{\sigma})=\frac{1}{k}\sum_{i=1}^{n-1}E|X_{i+1}-X_i|=\frac{n-1}{k}\cdot\frac{2\sigma}{\sqrt{\pi}}$，当 $k=\frac{2(n-1)}{\sqrt{\pi}}$ 时，$\hat{\sigma}$ 是 σ 的无偏估计量．

(2) 令 $Y_2=X_i-\overline{X}=\frac{n-1}{n}X_i-\frac{1}{n}(X_1+X_2+\cdots+X_{i-1}+X_{i+1}+\cdots+X_n)$，由此可见，$Y_2=X_i-\overline{X}$ 是 $X_1,X_2,\cdots,X_n$ 的线性组合，因此服从正态分布，其数学期望和方差分别为

$$E(Y_2)=E(X_i-\overline{X})=0,$$

$$D(Y_2)=\left(\frac{n-1}{n}\right)^2D(X_i)+\frac{n-1}{n^2}D(X_j)=\frac{n-1}{n}\sigma^2,$$

由此得 $Y_2=X_i-\overline{X}\sim N\left(0,\frac{n-1}{n}\sigma^2\right)$，则

$$E(|Y_2|)=\int_{-\infty}^{+\infty}|y|\frac{1}{\sqrt{2\pi}\sqrt{\frac{n-1}{n}\sigma^2}}e^{-\frac{y^2}{\frac{2(n-1)}{n}\sigma^2}}dy$$

$$=\frac{2\sqrt{n}}{\sqrt{2\pi}\sqrt{n-1}\sigma}\int_0^{+\infty}ye^{-\frac{ny^2}{2(n-1)\sigma^2}}dy=\sqrt{\frac{2(n-1)}{n\pi}}\sigma,$$

于是

$$E(\hat{\sigma})=\frac{1}{k}\sum_{i=1}^{n}E|X_i-\overline{X}|=\frac{n}{k}\cdot\sqrt{\frac{2(n-1)}{n\pi}}\sigma$$

$$=\frac{1}{k}\sqrt{\frac{2n(n-1)}{\pi}}\sigma,$$

所以当 $k=\sqrt{\frac{2n(n-1)}{\pi}}$ 时，$\hat{\sigma}$ 是 σ 的无偏估计量．

例 12 设总体 X 在区间 $[a,b]$ 上服从均匀分布，其中 a 及 b 都是未知参数，抽取样本 $X_1,X_2,\cdots,X_n$，用 $\alpha=\min\{X_1,X_2,\cdots,X_n\}$ 及 $\beta=\max\{X_1,X_2,\cdots,X_n\}$ 分别作为参数 a 及 b 的估计量，试问是否为无偏估计量？如果不是，则应怎样修正才能得到 a 及 b 的无偏估计量？

【分析】 先求得 $\alpha=\min\{X_1,X_2,\cdots,X_n\}$ 及 $\beta=\max\{X_1,X_2,\cdots,X_n\}$ 的概率密度，由此计算出 $E(\alpha)$ 及 $E(\beta)$，如果 $E(\alpha)=a$，$E(\beta)=b$，则 α 及 β 分别是 a 及 b 的无偏估计量；否则根据已求得的 $E(\alpha)$ 及 $E(\beta)$ 寻求 a 及 b 的无偏估计量．

解 已知总体 $X \sim U(a,b)$，则 X 的分布函数为

$$F(x)=\begin{cases}0, & x<a,\\ \dfrac{x-a}{b-a}, & a\leqslant x\leqslant b,\\ 1, & x>b,\end{cases}$$

X 的概率密度为

$$f(x)=\begin{cases}\dfrac{1}{b-a}, & a\leqslant x\leqslant b,\\ 0, & 其他.\end{cases}$$

因为样本 X_1，X_2，…，X_n 相互独立，与总体 X 同分布，所以易求得 $\alpha=\min\{X_1,X_2,\cdots,X_n\}$ 的概率密度

$$f_{\min}(x)=\begin{cases}\dfrac{n\ (b-x)^{n-1}}{(b-a)^n}, & a\leqslant x\leqslant b,\\ 0, & 其他,\end{cases}$$

及 $\beta=\max\{X_1,X_2,\cdots,X_n\}$ 的概率密度

$$f_{\max}(x)=\begin{cases}\dfrac{n\ (x-a)^{n-1}}{(b-a)^n}, & a\leqslant x\leqslant b,\\ 0, & 其他,\end{cases}$$

于是，由定义得 α 的数学期望

$$E(\alpha)=\int_a^b x\cdot\frac{n(b-x)^{n-1}}{(b-a)^n}\mathrm{d}x=\frac{n}{(b-a)^n}\int_a^b x(b-x)^{n-1}\mathrm{d}x,$$

置换积分变量 $b-x=t$，得

$$E(\alpha)=\frac{n}{(b-a)^n}\int_0^{b-a}(b-t)\ t^{n-1}\mathrm{d}t=\frac{na+b}{n+1}.$$

因为 $E(\alpha)\neq a$，所以 α 不是 a 的无偏估计量．同理得 β 的数学期望

$$E(\beta)=\int_a^b x\cdot\frac{n(x-a)^{n-1}}{(b-a)^n}\mathrm{d}x=\frac{n}{(b-a)^n}\int_a^b x(x-a)^{n-1}\mathrm{d}x=\frac{a+nb}{n+1}.$$

因为 $E(\beta)\neq b$，所以 β 也不是 b 的无偏估计量．为了得到 a 及 b 的无偏估计量，注意到 $E(\alpha)$ 和 $E(\beta)$ 都是 a 及 b 的线性函数，设 a 的无偏估计量为 $\hat{a}=k_1\alpha+k_2\beta$，其中 k_1，k_2 为待定常数，则应有

$$\begin{aligned}E(\hat{a})&=k_1E(\alpha)+k_2E(\beta)=k_1\left(\frac{na+b}{n+1}\right)+k_2\left(\frac{a+nb}{n+1}\right)\\&=\left(\frac{nk_1+k_2}{n+1}\right)a+\left(\frac{k_1+nk_2}{n+1}\right)b=a,\end{aligned}$$

比较 a 及 b 的系数，得 $\begin{cases}nk_1+k_2=n+1,\\ k_1+nk_2=0,\end{cases}$

解方程组，即得 $k_1=\dfrac{n}{n-1}$，$k_2=-\dfrac{1}{n-1}$．所以 a 的无偏估计量是 $\hat{a}=\dfrac{n\alpha-\beta}{n-1}$.

同理，设 b 的无偏估计量为 $\hat{b}=h_1\alpha+h_2\beta$，其中 h_1，h_2 为待定常数，则应有

$$E(\hat{\beta})=h_1E(\alpha)+h_2E(\beta)=h_1\left(\frac{na+b}{n+1}\right)+h_2\left(\frac{a+nb}{n+1}\right)$$

$$=\left(\frac{nh_1+h_2}{n+1}\right)a+\left(\frac{h_1+nh_2}{n+1}\right)b=b,$$

比较 a 及 b 的系数，得 $\begin{cases}nh_1+h_2=0,\\h_1+nh_2=n+1,\end{cases}$

解方程组，即得 $h_1=-\dfrac{1}{n-1}$，$h_2=\dfrac{n}{n-1}$，

同理可得 b 的无偏估计量是 $\hat{b}=\dfrac{n\beta-\alpha}{n-1}$.

例 13 在某一地区，随机抽取 100 名成年居民做民意检测，其中有 80 名的居民支持粮食的调价.

试求在该地区所有居民中，支持粮食调价的居民比例 p 的置信水平为 0.95 的置信区间.

解 $n=100$ 为大样本，根据中心极限定理，有

$$Z=\frac{\overline{X}-p}{\sqrt{\dfrac{p(1-p)}{n}}}$$

近似服从标准正态分布，给定 $1-\alpha=0.95$，使

$$P\left(\frac{|\overline{X}-p|}{\sqrt{\dfrac{p(1-p)}{n}}}<z_{0.025}\right)=0.95,$$

查标准正态分布表得 $z_{0.025}=1.96$，于是

$$P\left(\overline{X}-\sqrt{\frac{p(1-p)}{n}}\times1.96<p<\overline{X}+\sqrt{\frac{p(1-p)}{n}}\times1.96\right)=0.95,$$

将 $\hat{p}=\bar{x}=0.80$，$n=100$ 代入，得 p 的置信水平为 0.95 的置信区间为

$$\left(\bar{x}-\sqrt{\frac{\bar{x}(1-\bar{x})}{n}}\times1.96,\bar{x}+\sqrt{\frac{\bar{x}(1-\bar{x})}{n}}\times1.96\right)=(0.7216,0.8784).$$

例 14 设某地旅游者日消费额服从正态 $N(\mu,\sigma^2)$ 分布，且标准差 $\sigma=12$ 元，今对该地旅游者的日平均消费额进行估计，为了能以 95%的置信度相信这种估计误差的绝对值会小于 2 元. 试问至少要调查多少人？

解 由题意知，$\alpha=0.05$，$\sigma=12$，$|\overline{X}-\mu|<2$，查表得 $\mu_{0.025}=1.96$，因为

$$P\left(|\overline{X}-\mu|<z_{\alpha/2}\frac{\sigma}{\sqrt{n}}\right)=1-\alpha,$$

所以 $z_{\alpha/2}\times\frac{\sigma}{\sqrt{n}}=1.96\times\frac{12}{\sqrt{n}}=2,$

即 $n=\left(\frac{1.96\times 12}{2}\right)^2\approx 138.3$，所以至少要调查 139 人.

例 15 某地为研究农业家庭与非农业家庭的人口状况，独立、随机地调查了 50 户农业居民和 60 户非农业居民，经计算知农业居民家庭平均每户 4.5 人，非农业居民家庭平均每户 3.75 人，已知农业居民家庭人口分布为 $N(\mu_1,1.8^2)$，非农业居民家庭人口分布为 $N(\mu_2,2.1^2)$. 试求 $\mu_1-\mu_2$ 的置信度为 99%的置信区间.

解 由题意

$$\alpha=0.01,\ \overline{x}=4.5,\ \overline{y}=3.75,$$

$$\sigma_1=1.8,\ \sigma_2=2.1,\ n_1=50,\ n_2=60,$$

查标准正态分布表得 $z_{\alpha/2}=z_{0.005}=2.575$，故 $\mu_1-\mu_2$ 的置信度为 99%的置信区间为

$$\left(\overline{x}-\overline{y}\pm z_{\alpha/2}\sqrt{\frac{\sigma_1^2}{n_1}+\frac{\sigma_2^2}{n_2}}\right)=\left(4.5-3.75\pm 2.575\sqrt{\frac{1.8^2}{50}+\frac{2.1^2}{60}}\right)$$

$$=(-0.2076,\ 1.7076).$$

由于所得置信区间包含零，在实际中我们认为非农业居民与农业居民家庭人口均值没有显著差别.

例 16 某厂利用两条自动化流水线装番茄酱，分别从两条流水线上抽取样本：X_1，X_2，…，X_{11} 及 Y_1，Y_2，…，Y_{16}，计算出 $\overline{x}=10.6(\mathrm{g})$，$\overline{y}=9.5(\mathrm{g})$，$s_1^2=2.4$，$s_2^2=4.7$. 假设这两条流水线上装的番茄酱的质量都服从正态分布，且相互独立，其均值分别为 μ_1，μ_2.

（1）设两总体方差 $\sigma_1^2=\sigma_2^2$，求 $\mu_1-\mu_2$ 的置信度为 0.95 的置信区间；

（2）求 $\frac{\sigma_1^2}{\sigma_2^2}$ 的置信度为 0.95 的置信区间.

解 （1）总体的方差未知但相等，故 $\mu_1-\mu_2$ 的置信度为 0.95 的置信区间为

$$\left(\overline{x}-\overline{y}-t_{\alpha/2}(n_1+n_2-2)\cdot s_w\sqrt{\frac{1}{n_1}+\frac{1}{n_2}},\ \overline{x}-\overline{y}+t_{\alpha/2}(n_1+n_2-2)\cdot s_w\sqrt{\frac{1}{n_1}+\frac{1}{n_2}}\right),$$

其中 $s_w^2=\frac{(n_1-1)s_1^2+(n_2-1)s_2^2}{n_1+n_2-2}$，由已知 $n_1=11$，$n_2=16$，$\overline{x}=10.6$，$\overline{y}=9.5$，$s_1^2=2.4$，$s_2^2=4.7$，得

$$s_w=\sqrt{\frac{(n_1-1)s_1^2+(n_2-1)s_2^2}{n_1+n_2-2}}=\sqrt{\frac{10\times2.4+15\times4.7}{11+16-2}}\approx1.9442,$$

查表得 $t_{\frac{\alpha}{2}}(n_1+n_2-2)=t_{\frac{0.05}{2}}(11+16-2)=2.0595$,

所以

$$\bar{x}-\bar{y}-t_{\alpha/2}(n_1+n_2-2)\cdot s_w\sqrt{\frac{1}{n_1}+\frac{1}{n_2}}$$

$$=10.6-9.5-2.0595\times1.9442\times\sqrt{\frac{1}{11}+\frac{1}{16}}\approx-0.4683,$$

$$\bar{x}-\bar{y}+t_{\alpha/2}(n_1+n_2-2)\cdot s_w\sqrt{\frac{1}{n_1}+\frac{1}{n_2}}$$

$$=10.6-9.5+2.0595\times1.9442\times\sqrt{\frac{1}{11}+\frac{1}{16}}\approx2.6683,$$

故 $\mu_1-\mu_2$ 的置信度为 0.95 的置信区间为 $(-0.4683,\ 2.6683)$.

(2) 总体的均值 μ_1, μ_2 未知，故方差比 $\frac{\sigma_1^2}{\sigma_2^2}$ 的置信区间为

$$\left(\frac{1}{F_{\frac{\alpha}{2}}(n_1-1,n_2-1)}\frac{s_1^2}{s_2^2},F_{\frac{\alpha}{2}}(n_2-1,n_1-1)\frac{s_1^2}{s_2^2}\right),$$

查表得

$$F_{\frac{\alpha}{2}}(n_1-1,n_2-1)=F_{0.025}(10,15)\approx3.06,$$
$$F_{\frac{\alpha}{2}}(n_2-1,n_1-1)=F_{0.025}(15,10)\approx3.52,$$

故 $\frac{\sigma_1^2}{\sigma_2^2}$ 的置信度为 0.95 的置信区间为

$$\left(\frac{1}{F_{\frac{\alpha}{2}}(n_1-1,\ n_2-1)}\frac{s_1^2}{s_2^2},\ F_{\frac{\alpha}{2}}(n_2-1,\ n_1-1)\frac{s_1^2}{s_2^2}\right)$$

$$=\left(\frac{1}{3.06}\times\frac{2.4}{4.7},\ 3.52\times\frac{2.4}{4.7}\right)\approx(0.1669,\ 1.7975).$$

考研真题解析

例 1 (2014 年)

设总体 X 的概率密度为 $f(x;\theta)=\begin{cases}\frac{2x}{3\theta^2}, & \theta<x<2\theta,\\ 0, & \text{其他},\end{cases}$ 其中 θ 是未知参数，X_1，X_2，…，X_N 为来自总体 X 的简单样本，若 $c\sum_{i=1}^{n}X_i^2$ 是 θ^2 的无偏估计，则 $c=$________.

【分析】 因为 $c\sum_{i=1}^{n}X_i^2$ 是 θ^2 的无偏估计，所以

$$E\left(c\sum_{i=1}^{n}X_i^2\right)=cE\left(\sum_{i=1}^{n}X_i^2\right)=ncE(X^2)=\theta^2,$$

而 $E(X^2)=\int_{\theta}^{2\theta}x^2\cdot\frac{2x}{3\theta^2}\mathrm{d}x=\frac{5}{2}\theta^2$，故 $c=\frac{2}{5n}$.

例 2 （2014 年）

设总体 X 的分布函数为

$$F(x;\theta)=\begin{cases}1-\mathrm{e}^{-\frac{x^2}{\theta}}, & x\geqslant 0,\\ 0, & x<0,\end{cases}$$

其中，θ 是未知参数且大于零，X_1，X_2，…，X_N 为来自总体 X 的简单随机样本.

（1）求 $E(X)$ 与 $E(X^2)$；

（2）求 θ 的极大似然估计量 $\hat{\theta}$；

（3）是否存在实数 a，使得对任何 $\varepsilon>0$，都有 $\lim_{n\to\infty}P(|\hat{\theta}_n-a|\geqslant\varepsilon)=0$?

解 （1）由题意可知，总体 X 的概率密度为

$$f(x;\theta)=\begin{cases}\frac{2x}{\theta}\mathrm{e}^{-\frac{x^2}{\theta}}, & x\geqslant 0,\\ 0, & x<0.\end{cases}$$

所以得

$$E(X)=\int_{-\infty}^{+\infty}xf(x)\mathrm{d}x=\int_{0}^{+\infty}x\cdot\frac{2x}{\theta}\mathrm{e}^{-\frac{x^2}{\theta}}\mathrm{d}x=-\int_{0}^{+\infty}x\mathrm{d}\left(\mathrm{e}^{-\frac{x^2}{\theta}}\right)=\int_{0}^{+\infty}\mathrm{e}^{-\frac{x^2}{\theta}}\mathrm{d}x$$

$$=\sqrt{\theta}\int_{0}^{+\infty}\mathrm{e}^{-\left(\frac{x}{\sqrt{\theta}}\right)^2}\mathrm{d}\left(\frac{x}{\sqrt{\theta}}\right)\xlongequal{x=\sqrt{\theta}t}\sqrt{\theta}\int_{0}^{+\infty}\mathrm{e}^{-t^2}\mathrm{d}t=\frac{\sqrt{\pi\theta}}{2},$$

而 $E(X^2)=\int_{-\infty}^{+\infty}x^2f(x)\mathrm{d}x=\int_{0}^{+\infty}x^2\cdot\frac{2x}{\theta}\mathrm{e}^{-\frac{x^2}{\theta}}\mathrm{d}x=\int_{0}^{+\infty}2x\cdot\mathrm{e}^{-\frac{x^2}{\theta}}\mathrm{d}x=\theta.$

（2）似然函数为

$$L(x_1,x_2,\cdots,x_N;\theta)=f(x_1)f(x_2)\cdots f(x_N)=\begin{cases}\prod_{i=1}^{N}\frac{2x_i}{\theta}\mathrm{e}^{-\frac{x_i^2}{\theta}}, & x_i\geqslant 0,\\ 0, & x_i<0,\end{cases}$$

取对数得 $\ln L=N\ln 2-\sum_{i=1}^{N}\ln x_i-\frac{1}{\theta}\sum_{i=1}^{N}x_i^2-N\ln\theta,$

对 θ 求导得 $\frac{\mathrm{d}\ln L}{\mathrm{d}\theta}=\frac{1}{\theta^2}\sum_{i=1}^{N}x_i^2-\frac{N}{\theta},$

令 $\frac{\mathrm{d}\ln L}{\mathrm{d}\theta}=0$，得 θ 的最大似然估计量 $\hat{\theta}=\frac{1}{N}\sum_{i=1}^{N}X_i^2.$

（3）由大数定律得，$\hat{\theta}=\frac{1}{N}\sum_{i=1}^{N}X_i^2$ 依概率收敛于 $E(X^2)=\theta$，故存在实数 a，对任何 $\varepsilon>0$，都有 $\lim_{n\to\infty}P(|\hat{\theta}_n-a|\geqslant\varepsilon)=0$.

例 3 （2016 年）

设 X_1，X_2，…，X_n 为来自总体 X 的简单随机样本，样本均值 $\bar{x}=9.5$，参数 μ 的置信度为 0.95 的双侧置信区间的置信上限为 10.8，则 μ 的置信度为 0.95 的双侧置信区间为________.

【分析】 置信区间的中心为 $\bar{x}=9.5$，因此置信下限为

$$\bar{x}-(10.8-9.5)=9.5-(10.8-9.5)=8.2,$$

故置信区间为 $[8.2,10.28]$.

例 4 （2016 年）

设总体 X 的概率密度为

$$f(x,\theta)=\begin{cases}\dfrac{3x^2}{\theta^3}, & 0\leqslant x\leqslant\theta,\\ 0, & \text{其他},\end{cases}$$

其中，θ 是未知参数且大于零 . X_1，X_2，…，X_n 为来自该总体的简单随机样本，令 $T=\max\{X_1,X_2,X_3\}$.

（1）求 T 的概率密度；

（2）确定 a，使得 aT 为 θ 的无偏估计 .

解 （1）T 的分布函数为

$$\begin{aligned}F_T(x)&=P(T\leqslant x)=P(X_1\leqslant x,X_2\leqslant x,X_3\leqslant x)\\&=P(X_1\leqslant x)P(X_2\leqslant x)P(X_3\leqslant x)=[F(x)]^3,\end{aligned}$$

所以 T 的概率密度为 $f_T(x)=3[F(x)]^2f(x)=\begin{cases}\dfrac{9x^8}{\theta^9}, & 0\leqslant x\leqslant\theta,\\ 0, & \text{其他}.\end{cases}$

（2）$E(T)=\int_{-\infty}^{+\infty}xf_T(x)\,\mathrm{d}x=\int_0^{\theta}\frac{9x^9}{\theta^9}\mathrm{d}x=\frac{9}{10}\theta$，

则 $E(aT)=aE(T)=\frac{9}{10}a\theta$，由 $E(aT)=\theta$，可知 $a=\frac{10}{9}$.

例 5 （2017 年）

某工程师为了解一台天平的精度，用该天平对一物体的质量做 n 次测量，该物体的质量 μ 是已知的，设 n 次测量结果 X_1，X_2，…，X_n 相互独立且均服从正态分布 $N(\mu,\sigma^2)$.该工程师记录的是 n 次测量的绝对误差 $Z_i=|X_i-\mu|(i=1,2,\cdots,n)$，利用 Z_1，Z_2，…，Z_n 估计 σ.

（1）求 Z_i 的概率密度；

（2）利用一阶矩求 σ 的矩估计量；

（3）求 σ 的极大似然估计量 .

解 （1）因为 $Z_i \sim N(\mu,\sigma^2)$，所以 $Y_i = X_i - \mu \sim N(\mu,\sigma^2)$，

对应的概率密度为 $f_Y(y)=\dfrac{1}{\sqrt{2\pi}\sigma}e^{-\frac{y^2}{2\sigma^2}}$，

设 Z_i 的分布函数为 $F(z)$，对应的概率密度为 $f(z)$.

当 $z\leqslant 0$ 时，$F(z)=0$；

当 $z>0$ 时，
$$F(z)=P(Z_i\leqslant z)=P(|Y_i|\leqslant z)=P(-z\leqslant Y_i\leqslant z)=\int_{-z}^{z}\frac{1}{\sqrt{2\pi}\sigma}e^{-\frac{y^2}{2\sigma^2}}dy;$$

则 Z_i 的概率密度为
$$f(z)=F'(z)=\begin{cases}\dfrac{2}{\sqrt{2\pi}\sigma}e^{-\frac{z^2}{2\sigma^2}}, & z>0,\\ 0, & z\leqslant 0.\end{cases}$$

（2）因为
$$EZ_i=\int_0^{+\infty}z\frac{2}{\sqrt{2\pi}\sigma}e^{-\frac{z^2}{2\sigma^2}}dz=\frac{2\sigma}{\sqrt{2\pi}},$$

所以 $\sigma=\sqrt{\dfrac{\pi}{2}}EZ_i$，从而 σ 的矩估计量为
$$\hat{\sigma}=\sqrt{\frac{\pi}{2}}\frac{1}{n}\sum_{i=1}^{n}Z_i=\sqrt{\frac{\pi}{2}}\overline{Z}.$$

（3）样本 Z_1，Z_2，…，Z_n 的似然函数为
$$L(z_1,z_2,\cdots,z_n,\sigma)=\prod_{i=1}^{n}\sqrt{\frac{2}{\pi}}\frac{1}{\sigma}e^{-\frac{z_i^2}{2\sigma^2}},$$

取对数得 $\ln L=\sum\limits_{i=1}^{n}\left(\ln\sqrt{\dfrac{2}{\pi}}-\ln\sigma-\dfrac{z_i^2}{2\sigma^2}\right)$，所以
$$\frac{d\ln L(\sigma)}{d\sigma}=\sum_{i=1}^{n}\left(-\frac{1}{\sigma}+\frac{z_i^2}{\sigma^3}\right).$$

令 $\dfrac{d\ln L(\sigma)}{d\sigma}=0$，得 $\sigma=\sqrt{\dfrac{1}{n}\sum\limits_{i=1}^{n}z_i^2}$，

所以 σ 的极大似然估计量为 $\hat{\sigma}=\sqrt{\dfrac{1}{n}\sum\limits_{i=1}^{n}Z_i^2}$.

例 6 （2019 年）

设总体 X 的概率密度为 $f(x,\sigma)=\begin{cases}\dfrac{A}{\sigma}e^{-\frac{(x-\mu)^2}{2\sigma^2}}, & x\geqslant\mu\\ 0, & x<\mu,\end{cases}$，其中 μ 是已知参数，$\sigma>0$ 是未知参数，A 是常数，X_1，X_2，…，X_n 是来自总体 X 的简单随机样本.

（1）求 A；

（2）求 σ^2 的最大似然估计量.

解 (1) 根据概率密度的归一性，

可得 $\int_{-\infty}^{+\infty} f(x)\mathrm{d}x = \int_{\mu}^{+\infty} \frac{A}{\sigma}\mathrm{e}^{-\frac{(x-\mu)^2}{2\sigma^2}}\mathrm{d}x = 1$，

设 $\frac{x-\mu}{\sigma} = t$，则

$$\int_{\mu}^{+\infty} \frac{A}{\sigma}\mathrm{e}^{-\frac{(x-\mu)^2}{2\sigma^2}}\mathrm{d}x = A\int_{0}^{+\infty}\mathrm{e}^{-\frac{t^2}{2}}\mathrm{d}t = A\sqrt{\frac{\pi}{2}} = 1,$$

所以 $A = \sqrt{\frac{2}{\pi}}$.

(2) 设 $x_1, x_2, \cdots, x_n$ 为样本 $X_1, X_2, \cdots, X_n$ 的观测值，

则似然函数为 $L(\sigma^2) = \begin{cases}\left(\frac{2}{\pi}\right)^{\frac{n}{2}}(\sigma^2)^{-\frac{n}{2}}\mathrm{e}^{-\frac{\sum\limits_{i=1}^{n}(x_i-\mu)^2}{2\sigma^2}}, x_1, x_2, \cdots, x_n \geqslant \mu \\ 0, \quad 其他\end{cases}$，

取对数得 $\ln L(\sigma^2) = \frac{n}{2}\ln\frac{2}{\pi} - \frac{n}{2}\ln\sigma^2 - \frac{1}{2\sigma^2}\sum\limits_{i=1}^{n}(x_i-\mu)^2$，

对 σ^2 取导数并令导数等于 0，

则有 $\frac{\partial\ln(\sigma^2)}{\partial\sigma^2} = -\frac{n}{2\sigma^2} + \frac{\sum\limits_{i=1}^{n}(x_i-\mu)^2}{2(\sigma^2)^2} = 0$，

解得 σ^2 最大似然估计量为 $\hat{\sigma}^2 = \frac{1}{n}\sum\limits_{i=1}^{n}(X_i-\mu)^2$.

例 7 (2020 年)

设某种元件的使用寿命 T 的分布函数为 $F(t) = \begin{cases}1-\mathrm{e}^{-(t/\theta)^m}, & t\geqslant 0, \\ 0, & 其他,\end{cases}$

其中，θ，m 为参数且均大于零

(1) 求概率 $P\{T>t\}$ 与 $P\{T>s+t \mid T>s\}$，其中 $s>0$，$t>0$；

(2) 任取 n 个这种元件做寿命试验，测得他们的寿命分别为 $t_1, t_2, \cdots, t_n$，若 m 已知，求 θ 的极大似然估计量为 $\hat{\theta}$.

解 (1) $P\{T>t\} = 1-P\{T\leqslant t\} = 1-F(t) = \mathrm{e}^{-(t/\theta)^m}$，

$$P\{T>s+t \mid T>s\} = \frac{P\{T>s+t, T>s\}}{P\{T>s\}} = \frac{\mathrm{e}^{-\left(\frac{s+t}{\theta}\right)^m}}{\mathrm{e}^{-\left(\frac{s}{\theta}\right)^m}} = \mathrm{e}^{\left(\frac{s}{\theta}\right)^m - \left(\frac{s+t}{\theta}\right)^m};$$

(2) 求得密度函数为 $f(t) = \begin{cases}\frac{m\,t^{m-1}}{\theta^m}\mathrm{e}^{-(t/\theta)^m}, & t\geqslant 0, \\ 0, & 其他,\end{cases}$

所以似然函数为 $L(\theta) = m^n(t_1 t_2 \cdots t_n)^{m-1}\theta^{-n}\mathrm{e}^{-\frac{1}{\theta^m}\sum\limits_{i=1}^{n}t_i^m}$，

取对数得 $\ln L(\theta) = n\ln m + (m-1)\ln(t_1 t_2 \cdots t_n) - mn\ln\theta - \frac{1}{\theta^m}\sum\limits_{i=1}^{n}t_i^{\,m}$，

对导数并令导数等于 0，则有 $\frac{\partial \ln L(\theta)}{\partial \theta}=-\frac{mn}{\theta}+m\frac{1}{\theta^{m+1}}\sum_{i=1}^{n}t_i^{\,m}=0$，

解得 θ 最大似然估计 $\hat{\theta}=\sqrt[m]{\frac{1}{n}\sum_{i=1}^{n}t_i^{\,m}}$.

例 8 （2021 年）

设总体 X 的概率分布为 $P\{X=1\}=\frac{1-\theta}{2}$，$P\{X=2\}=P\{X=3\}=\frac{1+\theta}{4}$，利用来自总体的样本值 1，3，2，2，1，3，1，2，可得 θ 的最大似然估计值为（　　）.

（A）$\frac{1}{4}$　　（B）$\frac{3}{8}$　　（C）$\frac{1}{2}$　　（D）$\frac{5}{8}$

【分析】 由题设可知似然函数 $L(\theta)=\left(\frac{1-\theta}{2}\right)^3\left(\frac{1+\theta}{4}\right)^5$，取对数有 $\ln L(\theta)=3\ln\left(\frac{1-\theta}{2}\right)+5\ln\left(\frac{1+\theta}{4}\right)$，

求导并令 $\frac{\mathrm{d}\ln L(\theta)}{\mathrm{d}\theta}=\frac{3}{1-\theta}+\frac{5}{1+\theta}=0$，解得 $\theta=\frac{1}{4}$，故选（A）.

例 9 （2022 年）

设 X_1，X_2，…，X_n 为来自均值 θ 的指数分布总体的简单随机抽样，Y_1，Y_2，…，Y_m 为来自均值 2θ 的指数分布总体的简单随机抽样，且两样本相互独立，其中 $\theta(\theta>0)$ 是未知参数，利用样本 X_1，X_2，…，X_n，Y_1，Y_2，…，Y_m，求 θ 的极大似然估计量 $\hat{\theta}$，并求 $D(\hat{\theta})$.

解 由题知 X 的概率密度为 $f_X(x;\theta)=\begin{cases}\frac{1}{\theta}\mathrm{e}^{-\frac{x}{\theta}}, & x>0,\\ 0, & \text{其他},\end{cases}$

Y 的概率密度为 $f_Y(y;\theta)=\begin{cases}\frac{1}{2\theta}\mathrm{e}^{-\frac{y}{2\theta}}, & y>0,\\ 0, & \text{其他},\end{cases}$

令 $L(\theta)=\prod_{i=1}^{n}f_X(x_i;\theta)\prod_{j=1}^{m}f_Y(y_j;\theta)=\prod_{i=1}^{n}\frac{1}{\theta}\mathrm{e}^{-\frac{x_i}{\theta}}\prod_{j=1}^{m}\frac{1}{2\theta}\mathrm{e}^{-\frac{y_j}{2\theta}}$，

取对数得 $\ln L(\theta)=\sum_{i=1}^{n}\left(-\ln\theta-\frac{x_i}{\theta}\right)+\sum_{j=1}^{m}\left(\ln\frac{1}{2}-\ln\theta-\frac{y_j}{2\theta}\right)$，

求导数并令导数等于 0，

$$\text{则有}\frac{\partial \ln L(\theta)}{\partial \theta}=\sum_{i=1}^{n}\left(-\frac{1}{\theta}+\frac{x_i}{\theta^2}\right)+\sum_{j=1}^{m}\left(-\frac{1}{\theta}+\frac{y_j}{2\theta^2}\right)$$

$$=-\frac{m+n}{\theta}\sum_{i=1}^{n}\left(\frac{x_i}{\theta^2}\right)+\sum_{j=1}^{m}\left(\frac{y_j}{2\theta^2}\right)=0,$$

第7章 参数估计

解得 θ 最大似然估计 $\hat{\theta}=\frac{1}{m+n}\left(\sum_{i=1}^{n}X_i+\frac{1}{2}\sum_{j=1}^{m}Y_i\right)$,

$$\begin{aligned}D(\hat{\theta})&=\frac{1}{(m+n)^2}\left[\sum_{i=1}^{n}D(X_i)+\frac{1}{4}\sum_{j=1}^{m}D(Y_i)\right]\\&=\frac{1}{(m+n)^2}\left[nD(X_i)+\frac{1}{4}mD(Y_i)\right]\\&=\frac{1}{(m+n)^2}\left(n\theta^2+\frac{1}{4}m\cdot 4\theta^2\right)\\&=\frac{\theta^2}{m+n}.\end{aligned}$$

模拟试题自测

1. 设总体 X 的密度函数为 $f(x)=\begin{cases}\frac{1}{\theta}e^{-(x-\mu)/\theta}, & x\geqslant\mu,\\0, & 其他,\end{cases}$ 其中 $\theta>0$,θ,μ 为未知参数,X_1,X_2,…,X_n 为取自 X 的样本. 试求 θ,μ 的极大似然估计量.

2. 设 X_1,X_2,…,X_n 是总体的一个样本,试证:

(1) $\hat{\mu}_1=\frac{1}{5}X_1+\frac{3}{10}X_2+\frac{1}{2}X_3$;

(2) $\hat{\mu}_2=\frac{1}{3}X_1+\frac{1}{4}X_2+\frac{5}{12}X_3$;

(3) $\hat{\mu}_3=\frac{1}{3}X_1+\frac{3}{4}X_2-\frac{1}{12}X_3$

都是总体均值 μ 的无偏估计,并比较其有效性.

3. 设 n 个随机变量 X_1,X_2,…,X_n 独立同分布,

$$D(X_1)=\sigma^2,\ \overline{X}=\frac{1}{n}\sum_{i=1}^{n}X_i,\ S^2=\frac{1}{n-1}\sum_{i=1}^{n}(X_i-\overline{X})^2,$$

则有( ).

(A) S 是 σ 的无偏估计量　　(B) S 是 σ 的极大似然估计量

(C) S 是 σ 的相合估计量　　(D) S^2 与 $\overline{X}$ 相互独立

4. 设总体 X 的密度函数为 $f(x)=\begin{cases}\frac{6x}{\theta^3}(\theta-x), & 0<x<\theta,\\0, & 其他,\end{cases}$ X_1,X_2,…,X_n 是取自 X 的简单随机样本.

(1) 求 θ 的矩估计量 $\hat{\theta}$;

(2) 求 $\hat{\theta}$ 的方差 $D(\hat{\theta})$;

(3) 讨论 $\hat{\theta}$ 的无偏性和一致性(相合性).

5. 已知总体 X 的密度函数为 $f(x;\theta)=\begin{cases}\dfrac{x}{\theta}\mathrm{e}^{-\frac{x^2}{2\theta}}, & x>0,\\ 0, & x\leqslant 0,\end{cases}$

$X_1,X_2,\cdots,X_n$ 是取自 X 的简单随机样本．求未知参数 θ 的极大似然估计量，并证明这个估计量是 θ 的无偏估计量．

6. 从一批钉子中随机抽取 16 枚，测得其长度（单位：cm）为

2.14，2.10，2.13，2.15，2.13，2.12，2.13，2.10

2.15，2.12，2.14，2.10，2.13，2.11，2.14，2.11

假设钉子的长度 X 服从正态分布 $N(\mu,\sigma^2)$，在下列两种情况下分别求总体均值 μ 的置信度为 90%的置信区间．

（1）已知 $\sigma=0.01$；

（2）σ 未知．

7. 设总体 X 的概率密度为

$$f(x)=\begin{cases}\dfrac{2\theta^2}{(\theta^2-1)\ x^3}, & 1\leqslant x\leqslant\theta,\\ 0, & \text{其他},\end{cases}$$

其中，$\theta>1$ 为未知参数，X_1，X_2，$\cdots$，X_n 为来自该总体的简单随机样本．试求 θ 的矩估计量．

8. 设总体 X 服从正态分布 $N(\mu,\sigma^2)$，其中参数 μ 已知，σ 未知，X_1，X_2，$\cdots$，X_{2n} 为来自该总体 X 的容量为 $2n$ 的简单随机样本．试问

$$\hat{\sigma}=\frac{1}{2n}\sqrt{\frac{\pi}{2}}\sum_{i=1}^{2n}\left|X_i-\mu\right|$$

是 σ 的无偏估计量吗?

9. 从某商店一年来的发票存根中随机抽取 26 张，算得平均金额为 78.5 元，样本标准差为 20 元，假设发票金额 X 服从正态分布 $N(\mu,\sigma^2)$，其中 μ，σ^2 为未知参数．试求该商店一年来发票平均金额数 μ 的置信水平为 0.90 的置信区间．

10. 为了得到某种新型塑料抗压力的资料，对 10 个试验件做压力测试（单位：10MPa），得数据如下：

49.3，48.6，47.5，48.0，51.2

45.6，47.7，49.5，46.0，50.6

若试验数据服从正态分布，试以 0.95 的置信度估计：

（1）该种塑料平均抗压力的置信区间；

（2）该种塑料抗压力方差的置信区间．

11. 设总体 X 的概率密度为

$$f(x,\lambda)=\begin{cases}\lambda\alpha x^{\alpha-1}\mathrm{e}^{-\lambda x\alpha}, & x>0,\\ 0, & x\leqslant 0,\end{cases}$$

其中，$\lambda>0$ 是未知参数，$\alpha>0$ 是已知常数．试根据来自总体 X 的简

单随机样本 X_1，X_2，…，X_n，求 λ 的极大似然估计量 $\hat{\lambda}$.

12. 设某种元件的使用寿命 X 的概率密度为

$$f(x;\theta)=\begin{cases}2\mathrm{e}^{-2(x-\theta)}, & x>\theta,\\ 0, & x\leqslant\theta,\end{cases}$$

其中，$\theta>0$ 为未知参数．又设 x_1，x_2，…，x_n 是 X 的一组样本观测值．求参数 θ 的极大似然估计值．

13. 设一批零件的长度服从正态分布 $N(\mu,\sigma^2)$，其中 μ，σ^2 均未知．现从中随机抽取 16 个零件，测得样本均值 $\bar{x}=20$（cm），样本标准差 $s=1$（cm）．则 μ 的置信度为 0.90 的置信区间是(　　)．

(A) $\left(20-\frac{1}{4}t_{0.05}(16),20+\frac{1}{4}t_{0.05}(16)\right)$

(B) $\left(20-\frac{1}{4}t_{0.1}(16),20+\frac{1}{4}t_{0.1}(16)\right)$

(C) $\left(20-\frac{1}{4}t_{0.05}(15),20+\frac{1}{4}t_{0.05}(15)\right)$

(D) $\left(20-\frac{1}{4}t_{0.1}(15),20+\frac{1}{4}t_{0.1}(15)\right)$

14. 设总体 X 的概率密度为

$$f(x;\theta)=\begin{cases}\mathrm{e}^{-(x-\theta)}, & 若\ x\geqslant\theta,\\ 0, & 若\ x<\theta.\end{cases}$$

则 X_1，X_2，…，X_n 是来自总体 X 的简单随机样本，则未知参数 θ 的矩估计量为__________．

15. 已知一批零件的长度 X(单位：cm）服从正态分布 $N(\mu,1)$，从中随机地抽取 16 个零件，得到长度的平均值为 40（cm），则 μ 的置信度为 0.95 的置信区间是__________．

16. 设 X_1，X_2，…，X_m 为来自二项分布总体 $B(n,p)$ 的简单随机样本，$\overline{X}$和 S^2 分别为样本均值和样本方差．记统计量 $T=\overline{X}-S^2$，则$ET=$__________．

17. 设 0.51，1.25，0.80，2.00 是来自总体 X 的简单随机样本值．已知 $Y=\ln X$ 服从正态分布 $N(\mu,1)$．

(1) 求 X 的数学期望 $E(X)$（记 $E(X)$ 为 b）；

(2) 求 μ 的置信度为 0.95 的置信区间；

(3) 利用上述结果求 b 的置信度为 0.95 的置信区间．

18. 设总体 X 的概率分别为

X	0	1	2	3
p	θ^2	$2\theta(1-\theta)$	θ^2	$1-2\theta$

其中，$\theta\left(0<\theta<\frac{1}{2}\right)$是未知参数，利用总体 X 得如下样本值：

3，1，3，0，3，1，2，3，

求 θ 的矩估计值和极大似然估计值.

19. 设总体 X 的概率密度为 $f(x)=\begin{cases}2e^{-2(x-\theta)}, & x>\theta,\\ 0, & x\leqslant\theta,\end{cases}$ 其中 $\theta>0$ 是未知参数，从总体 X 中抽取简单随机样本 $X_1, X_2, \cdots, X_n$，记 $\hat{\theta}=\min\{X_1,X_2,\cdots,X_n\}$.

（1）求总体 X 的分布函数 $F(x)$；

（2）求统计量 $\hat{\theta}$ 的分布函数 $F_{\hat{\theta}}(x)$；

（3）如果用 $\hat{\theta}$ 作为 θ 的估计量，讨论它是否具有无偏性.

20. 设总体 X 的分布函数为 $F(x,\beta)=\begin{cases}1-\dfrac{1}{x^{\beta}}, & x>1,\\ 0, & x\leqslant 1,\end{cases}$ 其中未知参数 $\beta>1$，$X_1, X_2, \cdots, X_n$ 为来自总体 X 的简单随机样本，求：

（1）β 的矩估计量；

（2）β 的极大似然估计量.

21. 设随机变量 X 的分布函数为

$$F(x,\alpha,\beta)=\begin{cases}1-\left(\dfrac{\alpha}{x}\right)^{\beta}, & x>\alpha,\\ 0, & x\leqslant\alpha,\end{cases}$$

其中，参数 $\alpha>0$，$\beta>1$. 设 $X_1, X_2, \cdots, X_n$ 为来自总体 X 的简单随机样本，

（1）当 $\alpha=1$ 时，求未知参数 β 的矩估计量；

（2）当 $\alpha=1$ 时，求未知参数 β 的极大似然估计量；

（3）当 $\beta=2$ 时，求未知参数 α 的极大似然估计量.

22. 设 $X_1,X_2,\cdots,X_n(n>2)$ 为来自总体 $N(0,\sigma^2)$ 的简单随机样本，其样本均值为 $\overline{X}$. 记 $Y_i=X_i-\overline{X}$，$i=1, 2, \cdots, n$.

求：（1）Y_i 的方差 $D(Y_i)$，$i=1, 2, \cdots, n$；

（2）Y_1 与 Y_n 的协方差 $\mathrm{Cov}(Y_1,Y_n)$；

（3）若 $C(Y_1+Y_n)^2$ 是 σ^2 的无偏估计量，求常数 C.

23. 设总体 X 的概率密度为

$$F(x,\theta)=\begin{cases}\theta, & 0<x<1,\\ 1-\theta, & 1\leqslant x<2,\\ 0, & \text{其他},\end{cases}$$

其中，θ 是未知参数（$0<\theta<1$），$X_1, X_2, \cdots, X_n$ 为来自总体 X 的简单随机样本，记 N 为样本值 $x_1, x_2, \cdots, x_n$ 中小于 1 的个数. 求

（1）θ 的矩估计；

（2）θ 的极大似然估计.

24. 设总体 X 的概率密度为

$$f(x;\theta)=\begin{cases}\dfrac{1}{2\theta}, & 0<x<\theta,\\ \dfrac{1}{2(1-\theta)}, & \theta\leqslant x<1,\\ 0, & \text{其他},\end{cases}$$

其中，参数 $\theta(0<\theta<1)$ 未知．X_1，X_2，…，X_n 是来自总体 X 的简单随机样本，$\overline{X}$是样本均值．

（1）求参数 θ 的矩估计量 $\hat{\theta}$；

（2）判断 $4(\overline{X})^2$ 是否为 θ^2 的无偏估计量，并说明理由．

25. 设 X_1，X_2，…，X_n 是总体为 $N(\mu,\sigma^2)$ 的简单随机样本．记

$$\overline{X}=\frac{1}{n}\sum_{i=1}^{n}X_i,\ S^2=\frac{1}{n-1}\sum_{i=1}^{n}(X_i-\overline{X})^2,\ T=\overline{X}^2-\frac{1}{n}S^2,$$

（1）证明 T 是 μ^2 的无偏估计量；

（2）当 $\mu=0$，$\sigma=1$ 时，求 $D(T)$．

26. 设总体 X 的概率密度为 $f(x)=\begin{cases}\lambda^2 x\mathrm{e}^{-\lambda x}, & x>0,\\ 0, & \text{其他},\end{cases}$ 其中参数 $\lambda(\lambda>0)$ 未知，X_1，X_2，…，X_n 是来自总体 X 的简单随机样本．

（1）求参数 λ 的矩估计量；

（2）求参数 λ 的极大似然估计量．

27. 设总体 X 的概率分布为

X	1	2	3
p	$1-\theta$	$\theta-\theta^2$	θ^2

，其中参数 $\theta\in(0,1)$ 未知．以 N_i 表示来自总体 X 的简单随机样本（样本容量为 n）中等于 i 的个数（$i=1, 2, 3$），试求常数 a_1，a_2，a_3，使 $T=\sum\limits_{i=1}^{3}a_iN_i$ 为 θ 的无偏估计量，并求 T 的方差．

28. 设 X_1，X_2，…，X_n 为来自正态总体$N(\mu_0,\sigma^2)$的简单随机样本，其中μ_0 已知，$\sigma^2>0$ 未知，$\overline{X}$和 S^2 分别表示样本均值和样本方差．

（1）求参数 σ^2 的极大似然估计$\widehat{\sigma^2}$；

（2）计算 $E(\widehat{\sigma^2})$和 $D(\widehat{\sigma^2})$．

29. 设随机变量 X 与 Y 相互独立且分别服从正态分布 $N(\mu,\sigma^2)$ 与$N(\mu,2\sigma^2)$，其中 σ 是未知参数且 $\sigma>0$，记 $Z=X-Y$．

（1）求 Z 的概率密度$f(z,\sigma^2)$；

（2）设 Z_1，Z_2，…，Z_n 为来自总体 Z 的简单随机样本，求 σ^2 的极大似然估计量；

（3）证明 $\hat{\sigma}^2$ 是 σ^2 的无偏估计量．

30. 设总体 X 的概率密度为

$$f(x)=\begin{cases}\dfrac{\theta^2}{x^3}\mathrm{e}^{-\frac{\theta}{x}}, & x>0,\\ 0, & \text{其他},\end{cases}$$

其中，θ 是未知参数且大于零，X_1，X_2，…，X_N 为来自总体 X 的简单随机样本.

（1）求 θ 的矩估计量；

（2）求 θ 的极大似然估计量.

第 7 章模拟试题自测答案

1. $\hat{\theta}_{最大}=\dfrac{1}{n}\sum_{i=1}^{n}X_i-\max\{X_1, \cdots, X_n\}$,

$\hat{\mu}_{最大}=\min\{X_1, \cdots, X_n\}$

2. $\hat{\mu}_2$ 最有效　　**3.**（C）

4.（1）$\hat{\theta}_{矩}=2\overline{X}$　（2）$D(\hat{\theta})=\dfrac{\theta^2}{5n}$　（3）无偏且一致

5. $\hat{\theta}=\dfrac{1}{2n}\sum_{i=1}^{n}X_i^2$　**6.**（1）[1.121,2.129]　（2）[2.117,2.133]

7. $\hat{\theta}=\dfrac{\overline{X}}{2-\overline{X}}$　　**8.** $\hat{\sigma}$ 是 σ 的无偏估计量

9.（71.8,85.2）

10.（1）（47.098,49.702）

（2）（1.567,11.035）

11. $\hat{\lambda}=\dfrac{n}{\sum_{i=1}^{n}X_i^{\alpha}}$　　**12.** $\hat{\theta}=\min\{x_1,x_2,\cdots,x_n\}$

13.（C）

14. $\dfrac{1}{n}\sum_{i=1}^{n}X_i-1$

15.（39.51,40.49）

16. np^2

17.（1）$\mathrm{e}^{\mu+\frac{1}{2}}$

（2）（−0.98, 0.98）

（3）$(\mathrm{e}^{-0.48},\mathrm{e}^{1.48})$

18. θ 的矩估计值 $\hat{\theta}=\dfrac{1}{4}$，$\theta$ 的极大似然估计值为 $\hat{\theta}=\dfrac{7-\sqrt{13}}{12}$

19.（1）$F(x)=\begin{cases}0, & x<\theta,\\ 1-\mathrm{e}^{-2(x-\theta)}, & x\geqslant\theta\end{cases}$

(2) $F_{\hat{\theta}}(x)=\begin{cases}0, & x<\theta,\\ 1-e^{-2n(x-\theta)}, & x\geqslant\theta\end{cases}$

(3) $\hat{\theta}$ 作为 θ 的估计量不具有无偏性

20. (1) $\hat{\beta}=\dfrac{\overline{X}}{\overline{X}-1}$，其中$\overline{X}=\dfrac{1}{n}\sum\limits_{i=1}^{n}X_i$

(2) β 的极大似然估计量为 $\hat{\beta}=\dfrac{n}{\sum\limits_{i=1}^{n}\ln X_i}$

21. (1) 参数β 的矩估计量为 $\hat{\beta}=\dfrac{\overline{X}}{\overline{X}-1}$，其中$\overline{X}=\dfrac{1}{n}\sum\limits_{i=1}^{n}X_i$

(2) β 的极大似然估计量为 $\hat{\beta}=\dfrac{n}{\sum\limits_{i=1}^{n}\ln X_i}$

(3) α 的极大似然估计量为 $\hat{\alpha}=\min\{X_1,X_2,\cdots,X_n\}$

22. (1) $D(Y_i)=\dfrac{n-1}{n}\sigma^2$

(2) $\mathrm{Cov}(Y_1,Y_n)=0-\dfrac{\sigma^2}{n}-\dfrac{\sigma^2}{n}+\dfrac{\sigma^2}{n}=-\dfrac{\sigma^2}{n}$

(3) $C=\dfrac{n}{2(n-2)}$

23. (1) θ 的矩估计为 $\hat{\theta}=\dfrac{3}{2}-\overline{X}$

(2) $\hat{\theta}=\dfrac{N}{n}$

24. (1) $\hat{\theta}=2\overline{X}-\dfrac{1}{2}$

(2) $4(\overline{X})^2$ 不是 θ^2 的无偏估计量

25. (1) 略

(2) $D(T)=\dfrac{2}{n(n-1)}$

26. (1) $\hat{\lambda}=\dfrac{2}{\overline{X}}$，其中 $\overline{X}=\dfrac{1}{n}\sum\limits_{i=1}^{n}X_i$

(2) $\hat{\lambda}=\dfrac{2}{\overline{X}}$，其中 $\overline{X}=\dfrac{1}{n}\sum\limits_{i=1}^{n}X_i$

27. $a_1=0$，$a_2=a_3=1/n$，$DT=\dfrac{\theta(1-\theta)}{n}$

28. (1) $\widehat{\sigma^2}=\dfrac{1}{n}\sum\limits_{i=1}^{n}(X_i-\mu_0)^2$

(2) $E(\widehat{\sigma^2})=\sigma^2$，$D(\widehat{\sigma^2})=\dfrac{2}{n}\sigma^4$

29. (1) $f(z,\sigma^2)=\dfrac{1}{\sqrt{10\pi}\sigma}\mathrm{e}^{-\frac{z^2}{10\sigma^2}},-\infty<z<+\infty$

(2) $\hat{\sigma}^2=\dfrac{1}{5n}\sum\limits_{i=1}^{n}Z_i^2$

(3) 略

30. (1) $\hat{\theta}=\overline{X}$

(2) $\hat{\theta}=\dfrac{2N}{\sum\limits_{i=1}^{N}\dfrac{1}{X_i}}$

第8章 假设检验

内容提要与基本要求

第一节 假设检验的基本概念

一、统计假设

设总体 X 的分布类型已知，而分布的参数全部或部分未知，现对总体的未知参数值做出假设，这种假设称为原假设或零假设，记为 H_0. 从总体 X 中抽取容量为 n 的样本，并设置一种检验法则，然后利用样本按检验法则对假设 H_0 进行检验，得出接受或拒绝 H_0 的结论，这种方法称为参数的假设检验. 若总体 X 的分布类型未知，对总体的分布提出假设，称为非参数的假设检验.

二、假设检验问题的数学描述（现仅以检验参数 μ 为例）

在显著性水平 α 下，检验假设：

$$H_0:\mu=\mu_0,\ H_1:\mu\neq\mu_0,$$

称 H_0 为原假设或零假设，称 H_1 为备择假设.

如果检验假设：

$$H_0:\mu=\mu_0,\ H_1:\mu>\mu_0 \text{ 或 } H_0:\mu=\mu_0,\ H_1:\mu<\mu_0,$$

则称其为单边假设检验，也称为右边检验或左边检验.

三、假设检验的基本思想

1. 反证法思想

为了检验假设 H_0 是否成立，首先假定假设 H_0 是成立的，在这个假定的条件下看由此会出现什么结果，如果出现了一个不合理的现象，则表明“H_0 成立”的假定是错误的，应该拒绝 H_0，如果没有出现一个不合理的现象，则表明“H_0 成立”的假定是正确的，则应该接受 H_0.

2. 小概率原理（实际推断原理）

“小概率事件可以认为在一次试验中几乎是不可能发生的”. 如果在假定假设 H_0 成立的条件下，某事件是小概率事件，但在一次试验中却发生了，则就可以怀疑假设 H_0 的正确性，从而拒绝 H_0.

四、假设检验的两类错误

1. 第一类错误（弃真错误）

原假设 H_0 是正确的，但却被错误地否定了，其概率为

$$P(\text{拒绝 } H_0 \mid H_0 \text{ 为真})=\alpha.$$

2. 第二类错误（取伪错误）

原假设 H_0 是不正确的，但却被错误地接受了，其概率为：

$$P(\text{接受 } H_0 \mid H_0 \text{ 不为真})=\beta.$$

五、假设检验的一般步骤

（1）根据实际问题的需要，提出原假设 H_0 及备择假设 H_1.

（2）给定显著性水平 α 及样本容量 n.

（3）根据问题的特点，提出拒绝域的形式并确定检验统计量.

（4）由 $P(\text{拒绝 } H_0 | H_0 \text{ 为真})=\alpha$，求出拒绝域的具体表达式.

（5）对总体进行抽样，根据样本值是否落在拒绝域中，从而做出拒绝 H_0 或接受 H_0 的判断.

第二节　单个正态总体的参数的假设检验

设总体 $X\sim N(\mu,\sigma^2)$，X_1，X_2，…，X_n 是来自 X 的样本，样本均值和样本方差分别是 $\overline{X}$ 和 S^2.

一、单个总体 $N(\mu,\sigma^2)$ 的均值 μ 的假设检验

1. 当 σ^2 已知时（U 检验法）

选择检验统计量 $U=\dfrac{\overline{X}-\mu_0}{\sigma/\sqrt{n}}\sim N(0,1)$，

则 H_0 的拒绝域为 $\left|\dfrac{\overline{X}-\mu_0}{\sigma/\sqrt{n}}\right|>z_{\alpha/2}$.

2. 当 σ^2 未知时（t 检验法）

选择检验统计量 $T=\dfrac{\overline{X}-\mu_0}{S/\sqrt{n}}\sim t\ (n-1)$，

则 H_0 的拒绝域为 $|t|=\left|\dfrac{\overline{X}-\mu_0}{S/\sqrt{n}}\right|>t_{\alpha/2}(n-1)$.

二、单个正态总体方差的假设检验

H_0：$\sigma^2=\sigma_0^2$；H_1：$\sigma^2\neq\sigma_0^2$，给定显著性水平 $0<\alpha<1$.

选择检验统计量$\chi^2=\frac{(n-1)\ S^2}{\sigma_0^2}$，

则 H_0 的拒绝域为$(0,\chi^2_{1-\frac{\alpha}{2}}(n-1))\cup(\chi^2_{\frac{\alpha}{2}}(n-1),+\infty)$.

三、单边检验

设总体 $N(\mu,\sigma^2)$，其中 σ^2 为已知参数；X_1，X_2，…，X_n 为 X 的样本.

考虑关于 μ 的单边假设检验问题：H_0：$\mu\geqslant\mu_0$；H_1：$\mu<\mu_0$，

选取检验统计量 $U=\frac{\overline{X}-\mu_0}{\sigma/\sqrt{n}}$，

则 H_0 的拒绝域为 $\overline{X}-\mu_0<-\frac{\sigma}{\sqrt{n}}z_\alpha$.

其余类推.

第三节 两个正态总体参数的假设检验

设 $X\sim N(\mu_1,\sigma_1^2)$，$Y\sim N(\mu_2,\sigma_2^2)$，$X_1$，$X_2$，…，$X_{n_1}$是来自 X 的样本，Y_1，Y_2，…，Y_{n_2}是来自 Y 的样本，$\overline{X}$，$\overline{Y}$ 和 S_1^2，S_2^2 分别是它们的样本均值和样本方差.

一、方差已知时两正态总体均值的假设检验

$$H_0：\mu_1=\mu_2，H_1：\mu_1\neq\mu_2.$$

选取统计量 $U=\frac{\overline{X}-\overline{Y}}{\sqrt{\frac{\sigma_1^2}{n_1}+\frac{\sigma_2^2}{n_2}}}\sim N(0,1)$，

则 H_0 的拒绝域：$|U|=\left|\frac{\overline{X}-\overline{Y}}{\sqrt{\frac{\sigma_1^2}{n_1}+\frac{\sigma_2^2}{n_2}}}\right|>z_{\alpha/2}$.

二、均值未知时两正态总体方差的假设检验

$$H_0:\sigma_1^2=\sigma_2^2,H_1:\sigma_1^2\neq\sigma_2^2.$$

选取检验统计量 $F=\frac{S_1^2}{S_2^2}\sim F(n_1-1,n_2-1)$，

则 H_0 的拒绝域为

$$(0,F_{1-\alpha/2}(n_1-1,n_2-1))\cup(F_{\alpha/2}(n_1-1,n_2-1),+\infty).$$

第四节 分布拟合检验简介

一、皮尔逊（Pearson）χ^2 检验法

设 X_1，X_2，…，X_n 是来自总体 X 的样本，样本值为 x_1，x_2，…，x_n.

现根据样本值判断总体的分布函数是否为某个已知函数 $F(x)$，假定 $F(x)$ 中不含未知参数.

原假设 H_0：总体 X 的分布函数是 $F(x)$；

备择假设 H_1：总体 X 的分布函数不是 $F(x)$.

1. 将总体 X 的可能取值分为 k 个适当的两两不交的子集 A_1，A_2，…，A_k；

2. 采用唱票的方法数出样本值 x_1，x_2，…，x_n 中落入 A_i 的个数，计算其频数：

$$\frac{n_i}{n}(i=1,2,\cdots,k).$$

3. 当 H_0 成立时，可由 $F(x)$ 计算出：

$$p_i=P(X\in A_i)(i=1,2,\cdots,k),$$

得 $\chi^2=\sum\limits_{i=1}^{k}\left(\frac{n_i}{n}-p_i\right)^2\frac{n}{p_i}=\sum\limits_{i=1}^{k}\frac{(n_i-np_i)^2}{np_i}$.

二、皮尔逊定理

当 n 充分大（$n\geqslant 50$）时，在 H_0 成立的条件下，统计量 $\chi^2=\sum\limits_{i=1}^{k}\frac{(n_i-np_i)^2}{np_i}$ 近似服从 $\chi^2(k-1)$.

第8章教学基本要求

一、教学基本要求

1. 理解假设检验的基本思想，了解假设检验中可能产生的两类错误；

2. 掌握假设检验的基本计算步骤；

3. 掌握单个正态总体及两个正态总体关于均值与方差的假设检验；

4. 了解关于总体分布的假设检验的概念，知道皮尔逊 χ^2 检验法.

二、教学重点

1. 掌握假设检验的概念；
2. 熟练掌握单个正态总体关于均值与方差的假设检验 .

三、教学难点

1. 假设检验的概念；
2. 正确地运用假设检验的概念与基本计算步骤解决实际问题 .

习题同步解析

A

1. 已知某种零件的长度服从正态分布 $N(32.05,1.1^2)$，现从中抽取 6 件，测得它们的长度为

32. 56，29. 66，31. 64，30. 00，31. 87，31. 03（单位：cm），试问在 $\alpha=0.05$ 下能否接受假设：这批零件的平均长度为 32. 05cm?

解 设零件的长度为 X，则 $X\sim N$（32. 05，1.1^2），且由题意可知用 U 检验法，

在 $\alpha=0.05$ 下检验假设 H_0：$\mu=32.05$；H_1：$\mu\neq32.05$.

选择检验统计量 $U=\dfrac{\overline{X}-\mu_0}{\sigma/\sqrt{n}}$，则有 H_0 的拒绝域为

$(-\infty,-z_{0.025})\cup(z_{0.025},+\infty)=(-\infty,-1.96)\cup(1.96,+\infty)$，

又由 $n=6$，$\bar{x}=31.13$，$\mu_0=32.05$，$\sigma=1.1$ 计算得 $u=-2.049$.

因此，在 $\alpha=0.05$ 下拒绝假设这批零件的平均长度为 32. 05cm.

2. 从正态总体 $N(\mu,1)$ 中抽取 100 个样品，计算得 $\bar{x}=5.32$，试问在 $\alpha=0.01$ 下能否接受假设：$\mu=5$?

解 设假设 H_0:$\mu=5$，H_1:$\mu\neq5$.

选择检验统计量 $U=\dfrac{\overline{X}-\mu_0}{\sigma/\sqrt{n}}$，则有 H_0 的拒绝域为

$(-\infty,-z_{0.005})\cup(z_{0.005},+\infty)=(-\infty,-2.575)\cup(2.575,+\infty)$.

又由 $n=100$，$\bar{x}=5.32$，$\mu_0=5$，$\sigma=1$ 计算得 $u=\dfrac{5.32-5}{1/\sqrt{100}}=3.2$.

因此，在 $\alpha=0.01$ 下拒绝假设：$\mu=5$.

3. 今有 5 个人彼此独立测量同一块土地，分别测得其面积（单位：km^2）为

1. 27，1. 24，1. 21，1. 28，1. 23

设测量值 ξ 服从正态分布 $N(\mu,\sigma^2)$，试问根据这些数据在 $\alpha=$

0.05 能否接受假设：土地实际面积是 1.23km^2？

解 设假设 H_0：$\mu_0=1.23$，H_1：$\mu_0\neq1.23$.

由于 σ^2 未知，因此选择 t 检验法，检验统计量：$T=\dfrac{\overline{X}-\mu_0}{S/\sqrt{n}}$，

则有 H_0 的拒绝域为

$(-\infty,-t_{0.025}(4))\cup(t_{0.025}(4),+\infty)=(-\infty,-2.7764)\cup(2.7764,+\infty)$.

又 $n=5$，$\bar{x}=\dfrac{1}{5}(1.27+1.24+1.21+1.28+1.23)=1.246$，$s=0.0258$，由此可计算得 $t=\dfrac{\bar{x}-\mu_0}{s/\sqrt{n}}=1.3867<2.7764$.

因此接受假设可认为这块土地的实际面积为 1.23km^2.

4. 监测站对某条河流每日的溶解氧浓度记录了 30 个数据，并由此算得 $\bar{x}=2.52$，$s=2.05$. 已知这条河流的每日溶解氧浓度服从 $N(\mu,\sigma^2)$，试问在 $\alpha=0.05$ 下能否接受假设：$\mu=2.7$？

解 由 t 检验法可知，取检验统计量 $T=\dfrac{\overline{X}-\mu_0}{S/\sqrt{n}}$，则有 H_0 的拒绝域为

$(-\infty,-t_{0.025}(4))\cup(t_{0.025}(4),+\infty)=(-\infty,-2.7764)\cup(2.7764,+\infty)$.

又 $n=30$，$\bar{x}=2.52$，$s=2.05$，

由此可计算得 $t=\dfrac{\bar{x}-\mu_0}{s/\sqrt{n}}=-0.4809>-2.7764$.

因此接受假设：$\mu=2.7$.

5. 某车间用一台机器包装茶叶，由经验可知，该机器称得茶叶的重量服从正态分布 $N(0.5,0.015^2)$，现从某天所包装的茶叶袋中随机抽取 9 袋，其平均重量为 0.509. 试问在 $\alpha=0.05$ 下该机器是否工作正常？

解 由题意可设假设为 $H_0:\mu=0.5$，$H_1:\mu\neq0.5$.

选择检验统计量 $U=\dfrac{\overline{X}-\mu_0}{\sigma/\sqrt{n}}$，则有 H_0 的拒绝域为

$(-\infty,-z_{0.025})\cup(z_{0.025},+\infty)=(-\infty,-1.96)\cup(1.96,+\infty)$.

又由 $n=9$，$\bar{x}=0.509$，$\mu_0=0.5$，$\sigma=0.015$ 计算得 $u=1.8<1.96$，

因此，在 $\alpha=0.05$ 下可认为该机器工作正常.

6. 从一批保险丝中抽取 10 根试验其熔化时间，结果为

43，65，75，78，71，59，57，69，55，57

若熔化时间服从正态分布，在 $\alpha=0.05$ 下，能否接受熔化时间的标准差为 9？

解 由题意可设假设为 $H_0:\sigma=9$；$H_1:\sigma\neq9$，

由于μ未知，用χ^2检验法，选择统计量$\chi^2=\frac{(n-1)S^2}{\sigma^2}$，

拒绝域为$\chi^2\geqslant\chi^2_{0.025}(9)=19.023$，$\chi\leqslant\chi^2_{0.975}(9)=2.7$，

又有$n=10$，$\bar{x}=62.9$，$s^2=113.88$，则计算得到

$$\chi^2=12.65,$$

因此接受H_0可认为熔化时间的标准差为9.

B

7. 已知某种元件的寿命服从正态分布，要求该元件的寿命不低于1000h，现从这批元件中随机抽取25件，测得样本的平均寿命$\bar{\xi}=980$h，样本的标准差$s=65$h，试问在$\alpha=0.05$下，确定这批元件是否合格？

解 由题意可设假设为$H_0:\mu\geqslant1000$，$H_1:\mu<1000$.

由于σ未知，选择t检验法，检验统计量$T=\frac{\bar{X}-\mu_0}{S/\sqrt{n}}$，

则有H_0的拒绝域为$(-\infty,-t_{0.05}(24))=(-\infty,-1.7109)$.

又有$n=25$，$\bar{x}=980$，$\mu_0=1000$，$s=65$，计算得

$$t=\frac{\bar{x}-\mu_0}{s/\sqrt{n}}=-1.5385>-1.7109,$$

因此接受H_0，可认为在$\alpha=0.05$下，这批元件是合格的.

8. 某工厂采用新法处理废水，对处理后的水测量所含某种有毒物质的浓度，得到10个数据

22，14，17，13，21，16，15，16，19，18（单位：mg/L），

而以往用老方法处理废水后，该种有毒物质的平均浓度为19. 有毒物质浓度$X\sim N(\mu,\sigma^2)$.试问在$\alpha=0.05$下新法是否比老法效果好？

解 由题意可设假设为$H_0:\mu\leqslant19$，$H_1:\mu>19$.

由于σ未知，选择t检验法，检验统计量$T=\frac{\bar{X}-\mu_0}{S/\sqrt{n}}$，

则有H_0的拒绝域为$(t_{0.05}(9),+\infty)=(1.8331,+\infty)$.

又有$n=10$，$\mu=19$，$\bar{x}=2.9231$，计算得

$$t=\frac{\bar{x}-\mu_0}{s/\sqrt{n}}=-2.055<1.8331,$$

因此接受H_0，可认为在$\alpha=0.05$下，新法效果好.

9. 某香烟厂生产甲、乙两种香烟，独立地随机抽取容量大小相同的烟叶标本，测量尼古丁的含量，一实验室分别做了六次测定，数据记录如下（单位：mg）：

甲：25，28，23，26，29，22；

乙：28，23，30，25，21，27；

假定尼古丁含量服从正态分布且具有相同的方差，试问在$\alpha=0.05$

下这两种香烟的尼古丁含量有无显著差异？

解 由题意可设假设为 $H_0:\mu_1=\mu_2$，$H_1:\mu_1\neq\mu_2$，

又尼古丁含量服从正态分布且有相同的方差，因此选择统计量：

$$T=\frac{\overline{X}-\overline{Y}}{S_w\sqrt{\frac{1}{n_1}+\frac{1}{n_2}}}\sim t(n_1+n_2-2),$$

则有 H_0 的拒绝域为 $|T|>t_{0.025}(10)=2.2281$.

由已知计算可得 $\overline{x}=25.5$，$s_1^2=7.5$，$\overline{y}=25.67$，$s_2^2=11.0667$，$S_w^2=9.2834$，即 $t=-0.0882>-2.2281$，因此接受 H_0，可认为在 $\alpha=0.05$ 下这两种香烟的尼古丁含量无显著差异．

10. 某项试验欲比较两种不同塑胶材料的耐磨程度，并对各块的磨损深度进行观察，取材料 1，样本大小 $n_1=12$，平均磨损深度 $\overline{x}_1=85$ 个单位，标准差 $s_1=4$；取材料 2，样本大小 $n_2=10$，平均磨损深度 $\overline{x}_2=81$ 个单位，标准差 $s_2=5$. 在 $\alpha=0.05$ 下，能否推出材料 1 比材料 2 的磨损值超过 2 个单位？假设两个总体是方差相同的正态总体．

解 由题意可设假设为 $H_0:\mu_1-\mu_2\geqslant 2$，$H_1:\mu_1-\mu_2<2$，

选择统计量

$$T=\frac{\overline{X}-\overline{Y}-2}{S_w\sqrt{\frac{1}{n_1}+\frac{1}{n_2}}}\sim t(n_1+n_2-2),$$

则有 H_0 的拒绝域为 $t<-t_{0.05}(20)=-1.7247$，

经计算，$t=1.0205>-1.7247$，因此接受 H_0，可认为在 $\alpha=0.05$ 下，我们能推出材料 1 比材料 2 的磨损值超过 2 个单位．

11. 已知金属锰的熔化点 $X\sim N(\mu,\sigma^2)$，现对金属锰的熔化点（单位:℃）做了 4 次试验，结果分别为 1269，1271，1263，1265. 试问在 $\alpha=0.05$ 下，能否接受测定值的均方差小于等于 2℃？

解 由题意可设假设为 $H_0:\sigma^2\leqslant 4$；$H_1:\sigma^2>4$.

由于 μ 未知，用 χ^2 检验法，选择统计量 $\chi^2=\frac{3S^2}{4}\sim\chi^2(3)$，拒绝域为

$$\chi^2>\chi^2_{0.05}(3)=7.815,$$

又有 $n=4$，$\overline{x}=1267$，$s^2=13.33$，则计算得到

$$\chi^2=\frac{3\times 13.33}{4}=9.9975>7.815,$$

因此拒绝 H_0，拒绝测定值的均方差小于等于 2℃ 的假设．

12. 某种导线要求其电阻的标准差不得超过 0.005Ω，今在生产的一批导线中随机抽取 9 根，测得样本标准差 $s=0.007\Omega$. 设总体服从正态分布，在 $\alpha=0.05$ 下能否认为这批导线的标准差显著偏大吗？

解 由题意可设假设为 $H_0:\sigma=0.005$；$H_1:\sigma>0.005$，

用χ^2检验法，选择统计量$\chi^2=\frac{(n-1)S^2}{\sigma^2}$，拒绝域为$\chi^2>\chi^2_{0.05}(8)=15.5$，又计算得到$\chi^2=15.68>15.5$，故接受$H_1$.

因此在$\alpha=0.05$下认为这批导线的标准差显著偏大.

13. 对两批同类电子元件的电阻进行测试，各抽取6件，测得结果如下（单位：Ω）：

第一批：0.140，0.138，0.143，0.141，0.144，0.137；

第二批：0.135，0.140，0.142，0.136，0.138，0.141；

已知元件的电阻服从正态分布．试问在$\alpha=0.05$下能否接受假设两批电子元件的电阻的方差相等？

解 由题意可设假设为$H_0:\sigma_1^2=\sigma_2^2$；$H_1:\sigma_1^2\neq\sigma_2^2$，

选择F检验法，已知$\bar{x}=0.1405$，$s_1=0.0027$，$\bar{y}=0.1387$，$s_2=0.0028$，

计算得到$F=\frac{s_1^2}{s_2^2}=0.9298<F_{0.025}(5,5)=7.15$，故接受$H_0$.

因此，在$\alpha=0.05$下我们接受假设两批电子元件的电阻的方差相等.

典型例题解析

例1 设$X_1,X_2,\cdots,X_n$是来自正态总体$N(\mu,\sigma^2)$的样本，其中μ和σ^2未知，若计算出$\bar{x}=\frac{1}{16}\sum_{i=1}^{16}x_i=14.75$，$\sum_{i=1}^{16}(x_i-\bar{x})^2=53.5$，则假设$H_0:\mu=15$的$t$检验选用的$T$统计量的值=______.

【分析】 在方差σ^2未知时，检验正态总体期望μ所选用的统计量为$T=\frac{\overline{X}-\mu_0}{s/\sqrt{n}}$，

由于 $\bar{x}=14.75$，$\mu_0=15$，$n=16$，$s^2=\frac{1}{15}\sum_{i=1}^{n}(x_i-\bar{x})^2$，

则 $s=1.89$，代入上述统计量公式，得$T=-0.53$.

例2 设$X_1,X_2,\cdots,X_n$是来自正态总体$N(\mu,\sigma^2)$的简单随机样本，其中$\sigma^2=\sigma_0^2$已知，假设检验$H_0:\mu=\mu_0$，$H_1:\mu>\mu_0$. 取检验的拒绝域：$W_0=\{(X_1,X_2,\cdots,X_n)\mid\overline{X}>c\}$.

（1）试求犯第一类错误的概率α和犯第二类错误的概率β，并讨论它们之间的关系；

（2）假设$\mu_0=0.5$，$\sigma_0^2=0.04$，$\alpha=0.05$，$n=9$，试求$\mu=0.65$时不犯第二类错误的概率.

解 （1）$\alpha=P(\overline{X}>c)=P\left(\frac{\overline{X}-\mu_0}{\sigma_0/\sqrt{n}}>\frac{c-\mu_0}{\sigma_0/\sqrt{n}}\right)=1-\Phi\left(\frac{c-\mu_0}{\sigma_0/\sqrt{n}}\right)$，

由 $z_\alpha=\frac{c-\mu_0}{\sigma_0}\sqrt{n}$，得 $c=\mu_0+\frac{\sigma_0}{\sqrt{n}}z_\alpha$，而

$$\beta=P(\overline{X}<c)=P\left(\frac{\overline{X}-\mu}{\sigma_0/\sqrt{n}}<\frac{c-\mu}{\sigma_0/\sqrt{n}}\right)=\Phi\left(\frac{c-\mu}{\sigma_0/\sqrt{n}}\right),$$

将 $c=\mu_0+\frac{\sigma_0}{\sqrt{n}}z_\alpha$ 代入，得 $\beta=\Phi\left(z_\alpha-\frac{\mu-\mu_0}{\sigma_0/\sqrt{n}}\right)$，由此可见，当 α 增加时，z_α 减少，β 随着减少；反之，当 α 减少时，β 随着增加 .

（2）$\beta=P$(接受 $H_0|H_0$ 不真)，不犯第二类错误的概率为 P(拒绝 $H_0|H_0$ 不真)，即

$$\begin{aligned}1-\beta&=1-P(\overline{X}<C)=1-\Phi\left(z_\alpha-\frac{\mu-\mu_0}{\sigma_0/\sqrt{n}}\right)=1-\Phi\left(z_{0.05}-\frac{0.65-0.5}{\sqrt{0.04/9}}\right)\\&=1-\Phi(1.645-2.25)=\Phi(0.605)=0.7274.\end{aligned}$$

【评注】 当样本容量 n 固定且不很大时，α 和 β 不能同时兼顾，使其都很小，当 α 给定，则通过增大样本容量，可使 β 尽量少，当 n 充分大时，α 和 β 都可任意小 .

例 3 设总体 $X\sim N(\mu,\sigma^2)$，其中 μ 和 σ^2 都是未知参数，抽取容量为 n 的样本，样本方差为 S^2，检验下面的假设

$$H_0:\sigma^2\leqslant\sigma_0^2;\ H_1:\sigma^2>\sigma_0^2.$$

证明在显著性水平 α 下，关于原假设 H_0 的拒绝域是 $\chi^2=\frac{(n-1)S^2}{\sigma_0^2}>\chi_\alpha^2(n-1)$.

【分析】 这是关于正态总体方差的假设检验中的右边假设检验问题 .

由于原假设 $H_0:\sigma^2\leqslant\sigma_0^2$ 比较复杂，需要分两种情况讨论：

（1）原假设是 $H_0:\sigma^2=\sigma_0^2$；（2）原假设是 $H_0:\sigma^2<\sigma_0^2$.

证 （1）如果原假设是 $H_0:\sigma^2=\sigma_0^2$，则取统计量为

$$\chi^2=\frac{(n-1)S^2}{\sigma_0^2}\sim\chi^2(n-1),$$

对于给定的显著性水平 α，有 $P(\chi^2>\chi^2(n-1))=\alpha$.

（2）如果原假设是 $H_0:\sigma^2<\sigma_0^2$. 则因为 σ^2 是总体方差，取样本函数

$$\frac{(n-1)S^2}{\sigma^2}\sim\chi^2(n-1).$$

对于给定的显著性水平 α，有 $P\left(\frac{(n-1)S^2}{\sigma^2}>\chi_\alpha^2(n-1)\right)=\alpha$，

设 A 表示事件 $\chi^2=\dfrac{(n-1)S^2}{\sigma_0^2}>\chi_\alpha^2(n-1)$,

B 表示事件 $\dfrac{(n-1)S^2}{\sigma^2}>\chi_\alpha^2(n-1)$,

注意到当 $\sigma^2<\sigma_0^2$ 时，有 $\dfrac{(n-1)S^2}{\sigma^2}>\dfrac{(n-1)S^2}{\sigma_0^2}$,

则易知 $A\subset B$，由概率的性质知，$P(A)\leqslant P(B)$，即

$$P(\chi^2>\chi_\alpha^2(n-1))=P\left(\frac{(n-1)S^2}{\sigma_0^2}>\chi_\alpha^2(n-1)\right)$$

$$\leqslant P\left(\frac{(n-1)S^2}{\sigma^2}>\chi_\alpha^2(n-1)\right)=\alpha,$$

综合（1）（2）的讨论知，在原假设 H_0: $\sigma^2\leqslant\sigma_0^2$ 成立的条件下，事件 $\chi^2>\chi_\alpha^2(n-1)$ 是小概率事件，如果抽样的结果表明统计量 $\chi^2=\dfrac{(n-1)S^2}{\sigma_0^2}$ 的观察值大于 $\chi_\alpha^2(n-1)$，则拒绝原假设 H_0 而接受备择假设 H_1，即认为 $\sigma^2>\sigma_0^2$，所以，在显著性水平 α 下关于原假设 H_0 的拒绝域是

$$\chi^2=\frac{(n-1)S^2}{\sigma_0^2}>\chi_\alpha^2(n-1).$$

例 4 已知某厂生产的超高压电线的拉断力服从正态分布，其均值为 215000N，今有一批这种导线，测得其拉断力（单位：N）如下：

236000，225000，200000，217000，209000.

试问这批导线的拉断力是否小于正常值（$\alpha=0.05$）?

解 设这批导线的拉断力 $X\sim N(\mu,\sigma^2)$，按题意应做单边假设检验

$$H_0:\mu\geqslant\mu_0=215000;\ H_1:\mu<\mu_0=215000.$$

该检验问题的拒绝域为 $t=\dfrac{\bar{x}-\mu}{s/\sqrt{n}}\leqslant -t_\alpha(n-1)$.

由实验数据算得 $\bar{x}=217400$，$s=1247.52$，$n=5$，故

$$t=\frac{217400-215000}{1247.52/\sqrt{5}}\approx 0.386.$$

因 $t=0.386>-t_{0.05}(4)=-2.1318$，所以接受 H_0，即认为这批导线的拉断力大于正常值.

例 5 在正常情况下，维尼纶纤度服从正态分布，方差不大于 0.048^2，某日抽取 5 根纤维，测得纤度为 1.32，1.55，1.36，1.40，1.44. 是否可以认为该日生产的维尼纶纤度的方差是正常的?（取显著性水平 $\alpha=0.01$）

解 设维尼纶纤度 $X\sim N(\mu,\sigma^2)$，μ 未知，按题意提出假设

$$H_0:\sigma^2\leqslant 0.048^2,\ H_1:\sigma^2>0.048^2.$$

这是关于正态总体方差 σ^2 的右侧假设检验问题．应取统计量

$$\chi^2=\frac{(n-1)S^2}{\sigma_0^2}>\chi^2(n-1).$$

这里 $\sigma_0=0.048$，$n=5$，算得样本方差 S^2 的观察值 $s^2=0.00778$. 由此得统计量 χ^2 的观察值

$$\chi^2=\frac{4\times 0.00778}{0.048^2}\approx 13.5,$$

已知显著性水平 $\alpha=0.01$，查表得 $\chi^2_\alpha(n-1)=\chi^2_{0.01}(4)=13.3$ 因为 $\chi^2>\chi^2_{0.01}(4)$，所以拒绝原假设 H_0，而接受备择假设 H_1，即认为该日生产的维尼纶纤度的方差显著大于 0.048^2，因而不可以认为是正常的．

例 6 随机地选了 8 个人，分别测量了他们在早上起床时和晚上就寝时的身高（单位：cm），得到以下的数据：

序　号	1	2	3	4	5	6	7	8
早上(x_i)	172	168	180	181	160	163	165	177
晚上(y_i)	172	167	177	179	159	161	166	175
$d_i=x_i-y_i$	0	1	3	2	1	2	−1	2

设各对数据的差 $D_i=X_i-Y_i(i=1,2,\cdots,8)$ 是来自正态总体 $N(\mu_D,\sigma_D^2)$ 的样本，$\alpha=0.05$ 和 σ_D^2 均未知．试问是否可以认为早上的身高比晚上的身高要高（取 $\alpha=0.05$）？

解 本题属逐对比较法，要求在水平 $\alpha=0.05$ 下，假设检验

$$H_0:\mu_D\leqslant 0;\ H_1:\mu_D>0.$$

各对数据的差 $D_i=X_i-Y_i(i=1,2,\cdots,8)$ 如上表所列，拒绝域为

$$t=\frac{\overline{d}-0}{s_D/\sqrt{n}}>t_\alpha(n-1).$$

现在 $n=8$，$\alpha=0.05$，$t_{0.05}(7)=1.8946$，

$$\overline{d}=\frac{1}{8}\sum_{i=1}^{8}d_i=1.25,\quad s_D=1.2817,$$

计算得 $$t=\frac{1.25}{1.2817/\sqrt{8}}=2.758>1.8946,$$

故在水平 $\alpha=0.05$ 下拒绝 H_0，认为早晨的身高比晚上的身高要高．

例 7 某医院随机抽查 250 名正常男子注射组织胺后分别测试他们的胃游离酸的含量，并算得均值为 71.36 单位，现有胃溃疡患者 200 人，测得其胃游离酸的含量均值为 83.70 单位，由长期积

累资料知道，正常男子和胃溃疡患者的胃游离酸含量，都服从正态分布，且标准差分别为27.30单位和23.10单位．试问在显著性水平$\alpha=0.05$下，能否认为胃溃疡患者的胃游离酸含量的数学期望高于正常男子的？

解 由题意需检验假设$H_0:\mu_1-\mu_2=0$；$H_1:\mu_1-\mu_2>0$.

当H_0为真时，选取统计量

$$U=\frac{\overline{X}-\overline{Y}}{\sqrt{\dfrac{\sigma_1^2}{n_1}+\dfrac{\sigma_2^2}{n_2}}}\sim N(0,1).$$

对于显著性水平$\alpha=0.05$，查正态分布表，得分位点$Z_{0.05}=1.645$，拒绝域为$(1.645,+\infty)$.

把$\overline{X}$与$\overline{Y}$的观察值$\bar{x}=83.7$，$\bar{y}=71.36$，$n_1=200$，$n_2=250$代入U，得U的观察值

$$u=\frac{83.7-71.36}{\sqrt{\dfrac{23.1^2}{200}+\dfrac{27.3^2}{250}}}\approx 5.19.$$

由于$u=5.19>1.645$，落入拒绝域，故拒绝H_0，即认为胃溃疡患者的胃游离酸含量的数学期望高于正常男子．

例8 一名教师教A和B两个班级的同一门课程，从A班抽取16名学生，从B班抽取26名学生，两个样本相互独立，在同一次测验中，A班成绩的样本标准差为$s_1=9$，B班成绩的样本标准差为$s_2=12$，假设A，B两班测验成绩分别服从正态分布$N(\mu_1,\sigma_1^2)$，$N(\mu_2,\sigma_2^2)$.在显著性水平$\alpha=0.01$下，试问能否说B班成绩的样本标准差比A班的大？

解 假设检验为

$$H_0:\sigma_1=\sigma_2;\ H_1:\sigma_1<\sigma_2.$$

当原假设为真时，检验统计量为

$$F=\frac{S_2^2}{S_1^2}\sim F(25,15).$$

给定显著性水平$\alpha=0.01$，使$P(F\geqslant F_{0.01}(25,15))=0.01$，查$F$分布表得临界值为$F_{0.01}(25,15)=3.275$，则拒绝域为$[3.275,+\infty)$，计算$F$的观察值，得

$$F=\frac{12^2}{9^2}=1.78.$$

由于$F<3.275$，所以不拒绝原假设，不能认为B班成绩的样本标准差比A班的大．

例9 一种特殊药品的制造厂声称，这种药品能在8h内解除一种过敏的效率为90%，在这种过敏的人中抽取200人组成样本，

使用药品后，有 160 人解除了过敏．试问在显著性水平 $\alpha=0.05$ 下，该厂的声称是否为真实？

【分析】 此题是关于事件发生的概率，即此例是 p 的检验．

解 令 $X=\begin{cases}1, & 解除过敏,\\ 0, & 未解除过敏,\end{cases}$ 则 X 服从伯努利分布 $B(1,p)$．

提出检验假设 $H_0:p=\dfrac{90}{100}$；$H_1:p\neq\dfrac{90}{100}$．

当 H_0 为真时，选取统计量 $Z=\dfrac{\overline{X}-0.9}{\sqrt{p(1-p)/n}}$．

Z 近似服从标准正态分布 给定 $\alpha=0.05$，使

$$P\left(\frac{|\overline{X}-0.9|}{\sqrt{p(1-p)/n}}\geqslant z_{\frac{\alpha}{2}}\right)=\alpha,$$

查表得 $z_{0.025}=1.96$，则拒绝域为 $(-\infty,-1.96]$ 或 $[1.96,+\infty)$．算得 Z 的观察值

$$z=\frac{0.8-0.9}{\sqrt{0.8\times0.2/200}}=\frac{-0.1}{0.02828}=-3.536,$$

其中，$\hat{p}=\overline{x}=\dfrac{160}{200}=0.8$. 因为 $|z|>1.96$，所以拒绝原假设，即认为该制造厂的声称不够真实．

例 10 在某公路上，50min 之间，观察每 15s 内过路的汽车的辆数，得到频数分布如下：

过路车辆数 x	0	1	2	3	4	$\geqslant5$
次数 n_i	92	68	28	11	1	0

试检验这个分布是否为泊松分布（$\alpha=0.10$）？

解 由题意需检验假设 $H_0:P_i=\dfrac{\lambda^i}{i!}\mathrm{e}^{-\lambda}(i=0,1,2,\cdots)$．

先用极大似然估计 $\hat{\lambda}$ 代替 λ，即

$$\hat{\lambda}=\overline{x}=\frac{1}{n}\sum_{i=1}^{\infty}in_i=\frac{1}{200}(0\times92+1\times68+2\times28+3\times11+4\times1)\approx0.8.$$

如果 H_0 为真，则有 $\hat{p}_i=\dfrac{0.8^i}{i!}\mathrm{e}^{-0.8}(i=0,1,2,\cdots)$，则有

$$\hat{p}_0=\mathrm{e}^{-0.8}=0.4493,\ \hat{p}_1=0.8\mathrm{e}^{-0.8}=0.3595,\ \hat{p}_2=0.1438,$$

$$\hat{p}_3=0.0383,\ \hat{p}_4=0.0077,$$

$$\hat{p}_5=P(X\geqslant5)=1-P(X<5)=1-\sum_{i=0}^{4}\hat{p}_i=0.0014,$$

再计算 $n\hat{p}_i$，$n_i-n\hat{p}_i$，$\dfrac{(n_i-n\hat{p}_i)^2}{n\hat{p}_i}$，填入下表：

x	n_i	$\hat{p}_i$	$n\hat{p}_i$	$n_i-n\hat{p}_i$	$\dfrac{(n_i-n\hat{p}_i)^2}{n\hat{p}_i}$
0	92	0.4493	89.86	2.14	0.0510
1	68	0.3595	71.9	−3.9	0.2115
2	28	0.1438	28.76	−0.76	0.0201
3	11	0.0383	7.66		
4	1	0.0077	1.54	2.52	0.6699
≥5	0	0.0014	0.28		
Σ					0.9525

表中满足 $n\hat{p}_i<5$ 的予以合并，并组后有 $k=4$ 组，含有 $r=1$ 个未知参数 λ. 对于 $\alpha=0.10$ 和自由度为 $k-r-1=4-1-1=2$，查 χ^2 分布表得 $\chi^2_{0.01}(2)=4.61$，得拒绝域 $(4.61, +\infty)$.

由上表得 $\chi^2=\sum\limits_{i=1}^{4}\dfrac{(n_i-n\hat{p}_i)^2}{n\hat{p}_i}$ 的观察值为 $0.9525<4.61$，未落入拒绝域内，故接受 H_0，即认为过路车辆数服从泊松分布.

例 11 从某工厂生产的一批节能灯管中抽取 100 个进行使用寿命 X（单位：h）试验，得到如下数据：

使用寿命子区间/h	频数 m_i	使用寿命子区间/h	频数 m_i
0~50	18	300~350	8
50~100	14	350~400	7
100~150	12	400~450	6
150~200	11	450~500	6
200~250	10	500~+∞	0
250~300	8		

利用 χ^2 拟合检验准则检验这批节能灯管的使用寿命 X 是否服从指数分布.（取显著性水平 $\alpha=0.05$）

【分析】 假设这批节能灯管的使用寿命 X 服从指数分布 $E(\lambda)$，其中未知参数 $\lambda>0$，利用极大似然估计法求它的估计量 $\hat{\lambda}$，然后利用 χ^2 拟合检验准则检验原假设 $H_0: X\sim E(\hat{\lambda})$，因为样本观察值落在最后一个子区间的频数为 0，所以应将最后两个子区间合并，这样子区间的个数就缩减为 10 个.

解 设总体 $X\sim E(\lambda)$，其中 $\lambda>0$ 为未知参数，用极大似然估计法容易求得 λ 的最大似然估计值为 $\hat{\lambda}=\dfrac{1}{\bar{x}}$. 取各个子区间的中值点 $x_1=25$，$x_2=75$，…，$x_{10}=475$，计算样本均值 $\bar{X}$ 的观察值，得 $\bar{x}=\dfrac{1}{10}\sum\limits_{i=1}^{10}x_i=200(\mathrm{h})$.

所以，λ 的极大似然估计值为 $\hat{\lambda}=\frac{1}{200}$.

现在检验关于总体 X 的分布的原假设

$$H_0: X \sim E\left(\frac{1}{200}\right),$$

易知 X 的概率密度 $f(x)=\begin{cases}\frac{1}{200}\mathrm{e}^{-\frac{x}{200}}, & x>0,\\ 0, & x\leqslant 0.\end{cases}$

由此不难计算 X 落在各个子区间内的概率 $p_i(i=0, 1, 2, \cdots, 10)$，为了计算统计量$\chi^2$ 的观察值，列表计算如下：

使用寿命子区间/h	m_i	p_i	np_i	$\frac{(m_i-np_i)^2}{np_i}$
0~50	18	0.2212	22.12	0.767
50~100	14	0.1723	17.23	0.606
100~150	12	0.1342	13.42	0.150
150~200	11	0.1045	10.45	0.029
200~250	10	0.0814	8.14	0.425
250~300	8	0.0634	6.34	0.435
300~350	8	0.0494	4.94	1.895
350~400	7	0.0384	3.84	2.600
400~450	6	0.0299	2.99	3.030
450~500 500~+∞	6 0 } 6	0.1054	10.54	1.956
总计	100	1.0001	100.01	11.893

由此得$\chi^2\approx 11.89$. 因为合并后的子区间数 $l=10$，需要估计的参数的个数 $r=1$，所以自由度

$$k=10-1-1=8.$$

已知显著性水平 $\alpha=0.05$，查表得$\chi^2_\alpha(k)=\chi^2_{0.05}(8)=15.5$.

因为$\chi^2<\chi^2_{0.05}(8)$，所以接受原假设 H_0，即可以认为这批节能灯管的使用寿命 X 服从指数分布 $E\left(\frac{1}{200}\right)$.

考研真题解析

例 1 （2018 年）

给定总体 $X\sim N(u,\sigma^2)$，给定样本 X_1，X_2，$\cdots$，X_n对总体均值 μ 进行检验，令$H_0:\mu=\mu_0$；$H_1:\mu\neq\mu_0$，则(　　).

（A）若显著水平 $\alpha=0.05$ 时拒绝H_0，则 $\alpha=0.01$ 时也拒绝H_0

（B）若显著水平 $\alpha=0.05$ 时接受H_0，则 $\alpha=0.01$ 时拒绝H_0

(C) 若显著水平 $\alpha=0.05$ 时拒绝H_0，则 $\alpha=0.01$ 时接受H_0

(D) 若显著水平 $\alpha=0.05$ 时接受H_0，则 $\alpha=0.01$ 时也接受H_0

【分析】 H_0 的拒绝域为 $|Z|>z\frac{\alpha}{2}$，因为 $0.05>0.01$，所以 $z_{\frac{0.05}{2}}<z_{\frac{0.01}{2}}$，故选（D）

例 2 （2021 年）

设 X_1，X_2，…，X_{16}是来自总体 $N(\mu,4)$ 的简单随机样本，考虑假设检验问题

$$H_0:\mu\leqslant 10;H_1:\mu>16$$

$\Phi(x)$表示标准正态分布函数，若该检验问题的拒绝域为 $W=\{\overline{X}\geqslant 11\}$，其中 $\overline{X}=\frac{1}{16}\sum_{i=1}^{16}X_i$，则$\mu=11.5$ 时，该检验犯第二类错误的概率为(　　).

(A) $1-\Phi(0.5)$　　(B) $1-\Phi(1)$

(C) $1-\Phi(1.5)$　　(D) $1-\Phi(2)$

【分析】 由于$\overline{X}\sim N\left(11.5,\frac{1}{4}\right)$，故所求概率为 $P\{\overline{X}<11\}=P\left\{\frac{\overline{X}-11.5}{\frac{1}{2}}\leqslant\frac{11-11.5}{\frac{1}{2}}\right\}=1-\Phi(1)$，故选（B）.

模拟试题自测

1. 用一仪器间接测量温度 5 次：1250，1265，1245，1260，1275（单位:℃），而用另一种精密仪器测得该温度为 1277℃（可看作真值）.

试问用此仪器测量温度有无系统偏差（测量的温度服从正态分布）?

2. 食品厂用自动封装机包装食品，每袋标准质量为 500g，每隔一定时间需要检验机器的工作情况，现抽 10 袋，测得其质量（单位：g）如下：

495，510，505，498，503，492，502，512，497，506

假设质量 X 服从正态分布 $N(\mu,\sigma^2)$.试问机器工作是否正常（$\alpha=0.02$）?

3. 有两台机器生产金属部件，分别在两台机器所生产的部件中各取一容量 $n_1=60$，$n_2=40$ 的样本，测得部件质量的样本方差分别为 $s_1^2=15.46$，$s_2^2=9.66$，设两样本相互独立.

问在显著性水平（$\alpha=0.05$）下能否认为第一台机器生产的部件质量的方差显著地大于第二台机器生产的部件质量的方差?

4. 设总体 $X \sim N(\mu, \sigma^2)$，σ^2 未知，$x_1, x_2, \cdots, x_n$ 为来自 X 的样本值，现对 μ 进行假设检验．若在显著性水平 $\alpha=0.05$ 下拒绝了 $H_0: \mu=\mu_0$，则当显著性水平改为 $\alpha=0.01$ 时，下列结论正确的是(　　)．

(A) 必拒绝 H_0　　(B) 必接受 H_0

(C) 第一类错误的概率变大　　(D) 可能接受，也可能拒绝 H_0

5. 在 H_0 为原假设，H_1 为备择假设的假设检验中，若显著性水平为 α，则(　　)．

(A) P(接受 $H_0 | H_0$ 成立) $=\alpha$　　(B) P(接受 $H_1 | H_1$ 成立) $=\alpha$

(C) P(接受 $H_1 | H_0$ 成立) $=\alpha$　　(D) P(接受 $H_0 | H_1$ 成立) $=\alpha$

6. 设 $X_1, X_2, \cdots, X_n$ 是来自正态总体 $N(\mu, \sigma^2)$ 的简单随机样本，其中参数 μ，σ^2 未知．

记　　$$\overline{X} = \frac{1}{n}\sum_{i=1}^{n} X_i,\quad Q^2 = \sum_{i=1}^{n}(X_i - \overline{X})^2,$$

则假设 $H_0: \mu=0$ 的 t 检验使用的统计量 $t=$______．

7. 设某次考试的考生成绩服从正态分布，从中随机地抽取 36 位考生的成绩，算得平均成绩为 66.5 分，标准差为 15 分．

问在显著性水平 0.05 下，是否可以认为这次考试全体考生的平均成绩为 70 分？并给出检验过程．

[附表]：t 分布表 $[P(t(n) \leqslant t_p(n)) = p]$

n	p	
	0.95	0.975
35	1.6896	2.0301
36	1.6883	2.0281

第 8 章模拟试题自测答案

1. 有系统误差　**2.** 正常　**3.** 可以认为　**4.** (D)　**5.** (C)

6. $\dfrac{\overline{X}}{Q}\sqrt{n(n-1)}$

7. 在显著性水平 0.05 下可以认为这次考生的平均成绩为 70 分

第 9 章 回归分析及方差分析简介

内容提要与基本要求

第一节 一元线性回归

一、一元线性回归的数学模型

设变量 Y 对于变量 X 的回归有 $\beta_0+\beta_1X$ 的形式，则有一元线性回归的数学模型：

$Y=\beta_0+\beta_1X+\varepsilon$，其中 $\varepsilon\sim N(0,\sigma^2)$，$\beta_0$，$\beta_1$ 是未知参数.

称方程 $\hat{Y}=\hat{\beta}_0+\hat{\beta}_1x$ 为 Y 关于 X 的线性回归方程，$\hat{Y}$ 表示 $\hat{\beta}_0$，$\hat{\beta}_1$ 确定之后对于给定的 X 相应的 Y 预报值或称为 Y 回归值.

二、回归系数 $\boldsymbol{\beta_0}$，$\boldsymbol{\beta_1}$ 的最小二乘估计

设 (X,Y) 有 n 组观测值 (x_1,y_1)，(x_2,y_2)，…，(x_n,y_n). 一元线性回归模型为

$$y_i=\beta_0+\beta_1x_i+\varepsilon_i,\varepsilon_i\sim N(0,\sigma^2),$$

则回归系数 β_0，β_1 的估计值为

$$\hat{\beta}_0=\bar{y}-\hat{\beta}_1\bar{x},$$

$$\hat{\beta}_1=\frac{n\sum_{i=1}^{n}x_iy_i-\left(\sum_{i=1}^{n}x_i\right)\left(\sum_{i=1}^{n}y_i\right)}{n\sum_{i=1}^{n}x_i^2-\left(\sum_{i=1}^{n}x_i\right)^2},$$

其中，$\bar{x}=\frac{1}{n}\sum_{i=1}^{n}x_i$，$\bar{y}=\frac{1}{n}\sum_{i=1}^{n}y_i$.

三、回归估计的精度

考察等式：$y_i-\hat{y}_i=y_i-\bar{y}+(\bar{y}-\hat{y}_i)$.

记：总变差 $SS=\sum_{i=1}^{n}(y_i-\bar{y})^2=\sum_{i=1}^{n}(\hat{y}_i-\bar{y})^2+\sum_{i=1}^{n}(y_i-\hat{y}_i)^2$，

$\hat{y}_i-\bar{y}$ 是第 i 次观测的预报值与它均值的偏差，其平方和称为回

归平方和，记为**回归 SS**.

$y_i-\hat{y}_i$ 是第 i 次观测值与它的预报值的偏差（残差），其平方和称为**残差平方和**，记为**残差 SS**.

判别回归线拟合程度好坏的方法：

观察总变差 SS 中，包含了多少回归 SS 和残差 SS. 如果回归 SS 远比残差 SS 大，或者比值 $R^2=(\text{回归 SS})/(\text{校正 SS})$ 接近于 1，则可认为回归线拟合程度较满意.

四、σ^2 的估计

记残差 SS 为 Q_e，则在 $\varepsilon\sim N(0,\sigma^2)$ 的条件下，

$\hat{\sigma}^2=\dfrac{Q_e}{n-2}=\dfrac{1}{n-2}\sum_{i=1}^{n}(y_i-\hat{y}_i)^2$ 是 σ^2 的无偏估计.

五、线性假设的显著性

$$H_0:\beta_1=0,\ H_1:\beta_1\neq 0.$$

选择检验量：$\dfrac{\hat{\beta}_1-\beta_1}{\hat{\sigma}}\sqrt{S_{xx}}\sim t(n-2)$，其中，$\hat{\sigma}=\sqrt{\hat{\sigma}^2}$.

给定显著性水平 α，则得 H_0 的拒绝域为

$$|t|=\frac{\hat{\beta}_1}{\hat{\sigma}}\sqrt{S_{xx}}\geqslant t_{\alpha/2}(n-2).$$

当 H_0 被拒绝时，认为回归效果是显著的；反之，就认为回归效果不显著.

六、回归系数 β_1 的区间估计

当回归效果显著时，需对系数 β_1 做区间估计. 对给定置信度 $1-\alpha$，β_1 的置信度为 $1-\alpha$ 的置信区间为

$$\left[\hat{\beta}_1-t_{\alpha/2}(n-2)\cdot\frac{\hat{\sigma}}{\sqrt{S_{xx}}},\hat{\beta}_1+t_{\alpha/2}(n-2)\cdot\frac{\hat{\sigma}}{\sqrt{S_{xx}}}\right].$$

七、预测

1. 预测区间

对于给定的点 $x=x_0$，可以以一定的置信度预测对应的 y 的观察值的取值范围，称为预测区间.

2. 预测区间的求法

取 $x=x_0$ 处的回归值 $\hat{y}_0=\hat{\beta}_0+\hat{\beta}_1x_0$，则区间

$$\left[\hat{y}_0\pm t_{\alpha/2}\ (n-2)\ \sqrt{1+\frac{1}{n}+\frac{(x_0-\bar{x})^2}{S_{xx}}}\right]$$

为 y_0 的置信度为 $1-\alpha$ 的预测区间.

第二节 多元线性回归模型

多元线性回归模型：

$$y=\beta_0+\beta_1x_1+\beta_2x_2+\cdots+\beta_px_p+\varepsilon,\ \varepsilon\sim N(0,\sigma^2).$$

一、投影

1. 矩阵 $\boldsymbol{A}$ 的列空间

设 n 维向量组 $\boldsymbol{\alpha}_1=(a_{11},a_{21},\cdots,a_{n1})^{\mathrm{T}}$，$\boldsymbol{\alpha}_2=(a_{12},a_{22},\cdots,a_{n2})^{\mathrm{T}}$，$\cdots$，$\boldsymbol{\alpha}_k=(a_{1k},a_{2k},\cdots,a_{nk})^{\mathrm{T}}\in\mathbf{R}^n$ 线性无关$(k<n)$. 记 $\boldsymbol{A}$ 为 $\boldsymbol{\alpha}_1$，$\boldsymbol{\alpha}_2$，$\cdots$，$\boldsymbol{\alpha}_k$ 为列的矩阵，则称

$$L(\boldsymbol{A})=L(\boldsymbol{\alpha}_1,\boldsymbol{\alpha}_2,\cdots,\boldsymbol{\alpha}_k)=\{l_1\boldsymbol{\alpha}_1+\cdots+l_k\boldsymbol{\alpha}_k\mid l_i\in\mathbf{R},i=1,2,\cdots,k\}$$

为 $\boldsymbol{A}$ 的列空间.

2. 投影

考虑 $\mathbf{R}^n$ 中的一个向量 $\boldsymbol{y}$，若 n 维向量 $\hat{\boldsymbol{y}}$ 满足下列条件，则称 $\hat{\boldsymbol{y}}$ 为 $\boldsymbol{y}$ 在子空间 $L(\boldsymbol{A})$ 中的投影：

（1）$\hat{\boldsymbol{y}}\in L(\boldsymbol{A})$：$\hat{\boldsymbol{y}}=\hat{l}_1\boldsymbol{\alpha}_1+\hat{l}_2\boldsymbol{\alpha}_2+\cdots+\hat{l}_k\boldsymbol{\alpha}_k$，$\hat{l}_i\in\mathbf{R},i=1,2,\cdots,k$；

（2）$\hat{\boldsymbol{y}}$ 是 L（$\boldsymbol{A}$）中与 $\boldsymbol{y}$ 间的距离最短的向量：

$$\|\boldsymbol{y}-\hat{\boldsymbol{y}}\|=\min_{\substack{l_i\in\mathbf{R}\\ i=1,2,\cdots,k}}\|\boldsymbol{y}-(l_1\boldsymbol{\alpha}_1+\cdots+l_k\boldsymbol{\alpha}_k)\|.$$

二、多元线性回归模型的回归系数的估计

多元线性回归模型：

$$y=\beta_0+\beta_1x_1+\beta_2x_2+\cdots+\beta_px_p+\varepsilon,\varepsilon\sim N(0,\sigma^2),$$

则回归系数 β_0，β_1，$\cdots$，β_p 的最小二乘估计为

$$\hat{\boldsymbol{\beta}}=\begin{pmatrix}\hat{\beta}_0\\ \hat{\beta}_1\\ \vdots\\ \hat{\beta}_p\end{pmatrix}=(\boldsymbol{X}^{\mathrm{T}}\boldsymbol{X})^{-1}\boldsymbol{X}^{\mathrm{T}}\boldsymbol{Y}.$$

三、残差向量和的估计

称向量 $\boldsymbol{e}=\boldsymbol{Y}-\hat{\boldsymbol{Y}}=\boldsymbol{Y}-\boldsymbol{X}\hat{\boldsymbol{\beta}}=(\boldsymbol{I}_n-\boldsymbol{X}(\boldsymbol{X}^{\mathrm{T}}\boldsymbol{X})^{-1}\boldsymbol{X}^{\mathrm{T}})\boldsymbol{Y}$ 为残差向量. 其中 $\boldsymbol{I}_n$ 为 n 阶单位阵. 则残差均方 $s^2=\dfrac{1}{n-p-1}\boldsymbol{e}^{\mathrm{T}}\boldsymbol{e}$ 是 σ^2 的无偏估计，其中 $\boldsymbol{e}^{\mathrm{T}}\boldsymbol{e}=\boldsymbol{Y}^{\mathrm{T}}\boldsymbol{Y}-\hat{\boldsymbol{\beta}}\boldsymbol{X}^{\mathrm{T}}\boldsymbol{Y}.$

四、回归系数的线性假设的检验

1. 检验假设

H_0: $\beta_1=\beta_2=\cdots=\beta_p=0$; H_1: 并非所有的 $\beta_i=0$.

选择检验统计量:

$$F=\frac{(\hat{\boldsymbol{\beta}}\boldsymbol{X}^{\mathrm{T}}\boldsymbol{Y}-n\overline{\boldsymbol{Y}}^{\mathrm{T}})/p}{(\boldsymbol{Y}'\boldsymbol{Y}-\hat{\boldsymbol{\beta}}^{\mathrm{T}}\boldsymbol{X}^{\mathrm{T}}\boldsymbol{Y})/n-p-1}\sim F(p,n-p-1).$$

给定显著性水平 α, 由样本计算 F 的值, 若 $F>F_\alpha(p,n-p-1)$, 则可认为回归是显著的.

2. 检验假设

H_0: $\beta_1=\cdots=\beta_{p-1}=0$; H_1: 至少有一个 $\beta_i\neq 0$, $i=1$, 2, $\cdots$, $p-1$.

选择检验统计量:

$$F=\frac{(S_1-S_2)/(p-q)}{S^2}\sim F(p-q,n-p).$$

给定显著性水平 α, 由样本计算 F 值, 若 $F>F_\alpha(p-q,n-p)$, 则拒绝 H_0, 否则接受 H_0.

五、逐步回归技术

1. 两个相互独立的准则

准则 1 为了建立一个用于预报目的的方程, 希望模型中包含尽量多的 Z 变量, 以确定可靠的拟合值.

准则 2 考虑到从大量 Z 变量中取得信息及随后检测它们所需的费用和计算量, 希望方程中包含尽可能少的 Z 变量.

在这两个极端考虑下的折中方案通常称为最优回归方程的选择.

2. 最优回归方程的选择之一: **向后消元法**

(1) 偏 F 检验

考虑两个模型:

1) $Y=\beta_0\boldsymbol{I}+\beta_1\boldsymbol{X}_1+\cdots+\beta_{p-1}\boldsymbol{X}_{p-1}+\varepsilon$,

2) $Y=\beta_0\boldsymbol{I}+\beta_1\boldsymbol{X}_1+\cdots+\beta_{p-2}\boldsymbol{X}_{p-2}+\varepsilon$.

检验假设 H_0: $\beta_{p-1}=0$.

选择检验统计量: $F=(S_1-S_2)/S^2\sim F(1,n-p)$.

对给定的显著性水平 α, H_0 的拒绝域为

$$S_1-S_2>S^2F_\alpha(1,n-p).$$

(2) 向后消元法

向后消元法具体步骤:

1) 求含所有变量的回归方程.

2) 对每一个变量, 将它视为进入回归方程的最后一个变量, 计算其偏 F 值.

3) 将最小的那个偏 F 值 (比如说 F_L, 对应于变量 X_L) 与 F 分

布的上分位点 α 比较 F_α：

若 $F_L<F_\alpha$，则剔除 X_L，对剩下的变量重新计算回归方程并回到步骤2).

若 $F_L>F_\alpha$，则所采用的方程为最优方程.

3. 最优回归方程的选择之二：**逐步回归法**

(1) 偏相关系数

记 $\boldsymbol{y}^*$ 为 $\boldsymbol{y}$ 对 $\boldsymbol{x}_{i1}$，$\boldsymbol{x}_{i2}$，…，$\boldsymbol{x}_{ik}$ 作回归的残差向量，$\boldsymbol{x}_{ik+1}^*$ 为 $\boldsymbol{x}_{ik+1}$ 对 $\boldsymbol{x}_{i1}$，$\boldsymbol{x}_{i2}$，…，$\boldsymbol{x}_{ik}$ 作回归的残差向量，则 $\boldsymbol{y}^*$，$\boldsymbol{x}_{i,k+1}^*$ 分别表示在 $\boldsymbol{y}$，$\boldsymbol{x}_{i,k+1}$ 中除去 $\boldsymbol{x}_{i1}$，$\boldsymbol{x}_{i2}$，…，$\boldsymbol{x}_{ik}$ 的线性影响后剩余的部分，称 $\boldsymbol{y}^*$ 与 $\boldsymbol{x}_{i,k+1}^*$ 的样本相关系数为用 $\boldsymbol{x}_{i1}$，$\boldsymbol{x}_{i2}$，…，$\boldsymbol{x}_{ik}$ 调整后 $\boldsymbol{x}_{i,k+1}$ 与 $\boldsymbol{y}$ 的偏相关系数，记作 $\rho_{i_{k+1}y_{i_1i_2\cdots i_k}}$.

(2) 逐步回归法

逐步回归法的具体步骤：

1) 计算每个 y 与 x_i 的样本相关系数 ρ_{iy}，$i=1,2,\cdots,p-1$.

取最大的 $|\rho_{iy}|$，如 $i=1$，则 x_1 引入方程. 作 y 对 x_1 的回归，有

$$\hat{y}=f(x_1)=\hat{\beta}_0+\hat{\beta}_1x_1.$$

检验 H_0：$\beta_1=0$，若变量 x_1 不显著，则以 $\hat{y}=\bar{y}$ 作为最后的方程逐步回归停止. 否则，引入 x_1，进行下一步.

2) 寻找第2个进入方程的变量：

设 x_1 已进入方程，x_j^* 为 x_j 对 x_1 回归的残差，即：

令 $x_j=b_0+b_1x_1+\varepsilon$，求 b_0，b_1 的最小二乘估计 $\hat{b}_0$，$\hat{b}_1$ 得回归方程.

$x_j^*=\hat{b}_0+\hat{b}_1x_1$，则 $x_j^*=x_j-\hat{x}_j$. 同样，求 y 对 x_1 回归的残差 y^*. 则 x_j^* 与 y^* 的样本相关系数就是用 x_1 调整后的 x_j 与 y 的偏相关系数 $\rho_{jy\cdot1}$. 求出最大的偏相关系数 $\max\limits_{j=2,\cdots,n}|\rho_{jy\cdot1}|$，例如为 $\rho_{2y\cdot1}$，然后，对 x_2 进行偏 F-检验，若 x_2 不能进入方程，则最优方程为 $\hat{y}=f(x_1)$，否则进行下一步.

3) 对已得到的回归方程 $\hat{y}=\beta_0+\beta_1x_1+\hat{\beta}_2x_2+\varepsilon$，分别对 x_1 作 F-检验，看是否有从方程中剔除的变量，直至没有能够剔除的变量，转入步骤2). 考虑余下的变量是否还有再进入方程的，如此循环往复，直至最后的方程中既没有需剔除的变量，也没有需入选的变量，则逐步回归结束.

第三节 单因素方差分析

一、单因素方差分析的数学模型

设因素 A 有 s 个不同的水平：A_1，A_2，…，A_i，…，A_s，在第 i

个水平 A_i 下进行 n_i 次试验，它的第 j 个试验结果用 x_{ij} 表示（$i=1$，2，…，s；$j=1$，2，…，n_i）. 试验的全部结果如下表所示.

因素水平	试验序号						
	1	2	…	j	…	n_i	
A_1	x_{11}	x_{12}	…	x_{1j}	…	x_{1n_1}	$\overline{x_{1\cdot}}$
A_2	x_{21}	x_{22}	…	x_{2j}	…	x_{2n_2}	$\overline{x_{2\cdot}}$
⋮	⋮	⋮		⋮		⋮	⋮
A_i	x_{i1}	x_{i2}	…	x_{ij}	…	x_{in_i}	$\overline{x_{i\cdot}}$
⋮	⋮	⋮		⋮		⋮	⋮
A_s	x_{s1}	x_{s2}	…	x_{sj}	…	x_{sn_s}	$\overline{x_{s\cdot}}$

表中的 n_1，n_2，…，n_s 都是自然数，可以相等，也可以不相等. x_{i1}，x_{i2}，…，x_{ij}，…，x_{in_i} 可以看成正态总体 X_i 的一个容量为 n_i 的样本 X_{i1}，X_{i2}，…，X_{ij}，…，X_{in_i} 的一个观察值. $\overline{x_{i\cdot}}=\dfrac{\sum\limits_{j=1}^{n_i}x_{ij}}{n_i}$ 是在因素水平 A_i 下观察数据的平均值，即上面表中每行数据的平均值，s 个正态总体 X_1，X_2，…，X_s 相互独立，且方差相同，即

（1）$X_i\sim N(\mu_i,\sigma^2)$；

（2）X_1，X_2，…，X_s 相互独立；

（3）且每个 $X_{ij}\sim N(\mu_i,\sigma^2)$，$i=1$，2，…，$s$；$j=1$，2，…，$n_i$.

设 $\varepsilon_{ij}=X_{ij}-\mu_i$，则 $E(\varepsilon_{ij})=E(X_{ij})-\mu_i=0, D(\varepsilon_{ij})=D(X_{ij})=\sigma^2$，$\varepsilon_{ij}\sim N(0,\sigma^2)$，$i=1$，2，…，$s$；$j=1$，2，…，$n_i$，且相互独立，称 ε_{ij} 为随机误差或残差. 它表示在水平 A_i 下的样本 X_{ij} 与样本平均值 μ_i 的随机误差.

综上得到单因素方差分析的数学模型：

$$\begin{cases}X_{ij}=\mu_i+\varepsilon_{ij}, & i=1,2,\cdots,s;\ j=1,2,\cdots,n_i,\\ \varepsilon_{ij}\sim N(0,\sigma^2), & \text{各个 }\varepsilon_{ij}\text{ 相互独立，且 }\mu_i,\ \sigma^2\text{ 是未知常数}.\end{cases}$$

单因素方差分析的主要任务就是要检验假设 H_0：$\mu_1=\mu_2=\cdots=\mu_s$ 是否成立.

下面引入因素水平效应的概念：

令 $n=\sum\limits_{i=1}^{s}n_i$，$\mu=\dfrac{1}{n}\sum\limits_{i=1}^{s}n_i\mu_i$，　则 μ 为各组平均值的均值，简称一般均值.

令 $\alpha_i=\mu_i-\mu$，α_i 为第 i 个总体的平均值与一般平均值的差，称 α_i 为因素 A 的水平 A_i 产生的效应（$i=1,2,\cdots,s$）.

显然，$\sum\limits_{i=1}^{s}\alpha_i=0$，　$X_{ij}=\mu_i+\varepsilon_{ij}=\mu+\alpha_i+\varepsilon_{ij}$.

当假设 H_0：$\mu_1=\mu_2=\cdots=\mu_s$ 成立时，有 $\mu_i=\mu$，这时 $\alpha_i=0$. 单因

素方差分析的数学模型变为

$$\begin{cases} X_{ij}=\mu+\alpha_i+\varepsilon_{ij}, \\ \varepsilon_{ij}\sim N(0,\sigma^2), \text{其中 } \varepsilon_{ij}(i=1,2,\cdots,s;j=1,2,\cdots,n_i) \text{相互独立}. \end{cases}$$

要检验的假设也变为 H_0：$\alpha_1=\alpha_2=\cdots=\alpha_s=0$；$H_1$：$\alpha_1$，$\alpha_2$，$\cdots$，$\alpha_s$ 中至少有一个不为 0.

二、偏差平方和及其分解

在假设 H_0：$\alpha_1=\alpha_2=\cdots=\alpha_s=0$ 成立的条件下，$X_{ij}\sim N(\mu,\sigma^2)$，每个总体 X_i 有相同的均值，X_{ij}的波动完全是由随机误差引起的；但是当 $H_0:\alpha_1=\alpha_2=\cdots=\alpha_s=0$ 不成立时，各个总体的均值不同，引起 X_{ij}波动的原因除了随机误差以外，还有因素水平不同所引起的差异.

下面引入偏差平方和的概念：

（1）总（偏差）平方和：$S_T=\sum\limits_{i=1}^{s}\sum\limits_{j=1}^{n_i}(X_{ij}-\overline{X})^2$，

其中 $\overline{X}=\dfrac{1}{n}\sum\limits_{i=1}^{s}\sum\limits_{j=1}^{n_i}X_{ij}$ 是所有观察样品的平均值. $\overline{\varepsilon}=\dfrac{1}{n}\sum\limits_{i=1}^{s}\sum\limits_{j=1}^{n_i}\varepsilon_{ij}$ 是所有残差的平均值. S_T 表示的是各个个体之间的差异程度，反映的是全部数据之间的差异，所以称之为总（偏差）平方和.

令 $\overline{X_{i\cdot}}=\dfrac{1}{n_i}\sum\limits_{j=1}^{n_i}X_{ij}$，它是在因素水平 A_i 下的样本均值，再令 $\overline{\varepsilon_{i\cdot}}=\dfrac{1}{n_i}\sum\limits_{j=1}^{n_i}\varepsilon_{ij}$，它是在因素水平 A_i 下残差的平均值. 显然

$$\sum_{i=1}^{s}n_i\overline{X_{i\cdot}}=\sum_{i=1}^{s}\sum_{j=1}^{n_i}X_{ij}=n\overline{X},\text{ 即 }\overline{X}=\frac{1}{n}\sum_{i=1}^{s}n_i\overline{X_{i\cdot}}$$

（2）组间（偏差）平方和：$S_A=\sum\limits_{i=1}^{s}n_i(\overline{X_{i\cdot}}-\overline{X})^2$.

（3）组内（偏差）平方和：$S_E=\sum\limits_{i=1}^{s}\sum\limits_{j=1}^{n_i}(X_{ij}-\overline{X_{i\cdot}})^2$.

偏差平方和之间满足以下关系式：

$$S_T=S_A+S_E,$$

称上式为偏差平方和的分解式.

三、单因素方差分析的统计分析和假设检验

定理 在单因素方差分析中，

（1）$S_T/\sigma^2\sim\chi^2(n-1)$；

（2）$S_A/\sigma^2\sim\chi^2(s-1)$，且 $E(S_A)=(s-1)\sigma^2$；

（3）$S_E/\sigma^2\sim\chi^2(n-s)$，$E(S_E)=(n-s)\sigma^2$；

（4）S_A 与 S_E 相互独立.

做比值 $$F=\frac{S_A/(s-1)}{S_E/(n-s)},$$

如果组间差异（S_A）比误差平方和（S_E）大得多，即因素的水平之间有显著差异，从而认为 s 个正态总体不能来自同一个正态总体，H_0 不成立，即 F 值较大时拒绝 H_0.

当 H_0 为真时，$F=\dfrac{S_A/(s-1)}{S_E/(n-s)}\sim F(s-1,n-s)$，

从而检验假设 $H_0:\alpha_1=\alpha_2=\cdots=\alpha_s=0$;

$H_1:\alpha_1,\alpha_2,\cdots,\alpha_s$ 中至少有一个不为 0

的准则为：对于给定的显著性水平 α，查主教材附表 5 得上 α 分位数 $F_\alpha(s-1,n-s)$.

由样本观察值计算 F 的观察值 f.

（1）若 $f\geqslant F_\alpha(s-1,n-s)$，则拒绝 H_0，认为各因素水平之间有显著差异；

（2）若 $f<F_\alpha(s-1,n-s)$，则接受 H_0，认为各因素水平之间没有显著差异.

值得注意的是，在当前使用非常广泛的一些统计分析软件（如 SPSS，SAS）中，习惯用检验的 p 值来判断接受还是拒绝原假设.

通常在一个假设检验的问题中，对给定的显著性水平 α，下面以 F 分布为例引入检验的 p 值的概念，设（$x_1,x_2,\cdots,x_n$）是样本的一组观察值，计算得到检验统计量 F 的观测值 f，查表得 $P(F\geqslant f)=p$，称该值为检验的 p 值.

（1）如果 $p\leqslant\alpha$，等价于 $f\geqslant F_\alpha(s-1,n-s)$，则拒绝 H_0；

（2）如果 $p>\alpha$，等价于 $f<F_\alpha(s-1,n-s)$，则接受 H_0.

实际计算时，经常用到以下几个公式：

记 $T_{i\cdot}=\sum\limits_{j=1}^{n_i}X_{ij}$，$T=\sum\limits_{i=1}^{s}\sum\limits_{j=1}^{n_i}X_{ij}$， 则有

$$S_T=\sum_{i=1}^{s}\sum_{j=1}^{n_i}X_{ij}^2-\frac{T^2}{n},\quad S_A=\sum_{i=1}^{s}\frac{1}{n_i}T_{i\cdot}^2-\frac{T^2}{n},\quad S_E=S_T-S_A.$$

第 9 章教学基本要求

一、教学基本要求

1. 理解线性回归的基本概念；
2. 掌握一元线性回归分析的基本理论及其方法；
3. 掌握用线性回归方程解决一元线性回归的预测问题；
4. 了解多元线性回归分析的基本理论及其方法；
5. 理解单因素方差分析的基本概念；

6. 掌握单因素方差分析的基本理论及其方法.

二、教学重点

1. 掌握线性回归的概念；
2. 会用线性回归分析方法建立一元线性回归方程；
3. 会用单因素方差分析做统计分析和假设检验.

三、教学难点

1. 线性回归的概念；
2. 正确地运用线性回归分析方法建立一元线性回归方程并用于解决实际问题；
3. 正确地运用单因素方差分析的方法解决实际问题.

典型例题解析

例 1 设 $\hat{y}=\hat{a}+\hat{b}x$，其中 $\hat{b}=\dfrac{l_{xy}}{l_{xx}}$，$\hat{a}=\bar{y}-\hat{b}\bar{x}$，试证下列恒等式：

(1) $\sum(y_i-\hat{y}_i)=0$； (2) $\sum(y_i-\hat{y}_i)x_i=0$；

(3) $\sum(\hat{y}_i-\bar{y})(y_i-\hat{y}_i)=0$；

(4) $S_e=\sum(y_i-\hat{a}-\hat{b}x_i)^2=\sum y_i^2-\hat{a}\sum y_i-\hat{b}\sum(x_iy_i)$.

证 (1)
$$\begin{aligned}\sum(y_i-\hat{y}_i)&=\sum[y_i-(\hat{a}+\hat{b}x_i)]=\sum(y_i-\hat{a}-\hat{b}x_i)\\&=\sum[y_i-(\bar{y}-\hat{b}\bar{x})-\hat{b}x_i]\\&=\sum(y_i-\bar{y}+\hat{b}\bar{x}-\hat{b}x_i)\\&=n\bar{y}-n\bar{y}+\hat{b}\sum(\bar{x}-x_i)=\hat{b}(n\bar{x}-n\bar{x})=0;\end{aligned}$$

(2)
$$\begin{aligned}\sum(y_i-\hat{y}_i)x_i&=\sum(y_i-\bar{y}+\hat{b}\bar{x}-\hat{b}x_i)x_i\\&=\sum x_iy_i-\bar{y}\cdot\sum x_i+\hat{b}\bar{x}\cdot\sum x_i-\hat{b}\sum x_i^2\\&=\sum x_iy_i-\frac{1}{n}(\sum x_i)\cdot(\sum y_i)+\hat{b}\cdot n\bar{x}^2-\hat{b}\sum x_i^2\\&=\sum x_iy_i-\frac{1}{n}(\sum x_i)\cdot(\sum y_i)-\hat{b}(\sum x_i^2-n\bar{x})^2\\&=l_{xy}-\hat{b}\cdot l_{xx}=l_{xy}-\frac{l_{xy}}{l_{xx}}\cdot l_{xx}=0;\end{aligned}$$

(3)
$$\begin{aligned}&\sum(\hat{y}_i-\bar{y})(y_i-\hat{y}_i)\\&=\sum(\bar{y}-\hat{b}\bar{x}+\hat{b}x_i-\bar{y})[y_i-\bar{y}-\hat{b}(x_i-\bar{x})]\\&=\hat{b}\sum(x_i-\bar{x})[(y_i-\bar{y})-\hat{b}(x_i-\bar{x})]\\&=\hat{b}\sum(x_i-\bar{x})(y_i-\bar{y})-\hat{b}^2\sum(x_i-\bar{x})^2\end{aligned}$$

$=\hat{b}l_{xy}-\hat{b}^2 l_{xx}=0$;

（4）左边 $=\sum(y_i-\hat{a}-\hat{b}x_i)^2=\sum(y_i-\bar{y}+\hat{b}\bar{x}-\hat{b}x_i)^2$

$$=\sum[(y_i-\bar{y})-\hat{b}(x_i-\bar{x})]^2$$

$$=\sum(y_i-\bar{y})^2-2\hat{b}\sum(y_i-\bar{y})(x_i-\bar{x})+\hat{b}^2\sum(x_i-\bar{x})^2$$

$$=l_{yy}-2\hat{b}\cdot l_{xy}+\hat{b}^2\cdot l_{xx}=l_{yy}-2\hat{b}\cdot l_{xy}+\hat{b}\cdot\hat{b}\cdot l_{xx}$$

$$=l_{yy}-2\hat{b}\cdot l_{xy}+\hat{b}\cdot l_{xy}=l_{yy}-\hat{b}\cdot l_{xy},$$

右边 $=\sum y_i^2-\hat{a}\sum y_i-\hat{b}\sum x_i y_i$

$$=\sum y_i^2-(\bar{y}-\hat{b}\bar{x})\sum y_i-\hat{b}\sum x_i y_i$$

$$=\sum y_i^2-\bar{y}\sum y_i+\hat{b}\bar{x}\cdot\sum y_i-\hat{b}\cdot\sum x_i y_i$$

$$=\sum y_i^2-\frac{1}{n}(\sum y_i)^2-\hat{b}[\sum x_i y_i-\frac{1}{n}(\sum x_i)(\sum y_i)]$$

$$=l_{yy}-\hat{b}\cdot l_{xy}.$$

所以原等式得证.

【评注】 一般地，用（4）的结果计算残差平方和 S_e 比较方便.

例 2 某建材实验室在做陶粒混凝土强度试验中，考察每立方米混凝土的水泥用量 x（单位：kg）对 28 天后的混凝土抗压强度 y（单位：$\mathrm{kg/cm^2}$）的影响，测得如下数据：

x	150	160	170	180	190	200	210	220	230	240	250	260
y	56.9	58.3	61.6	64.6	68.1	71.3	74.1	77.4	80.2	82.6	86.4	89.7

（1）求 y 对 x 的线性回归方程，并问：每立方米混凝土中每增加 1kg 水泥时，可提高的抗压强度是多少？

（2）检验回归效果的显著性（$\alpha=0.05$）；

（3）求相关系数 r，并求回归系数 b 的 95%置信区间；

（4）求 $x_0=225$（kg）时，y_0 的预测值及 95%预测区间.

解 （1）经计算得

$$\sum x_i=2460,\ \sum x_i^2=518600,\ \sum y_i=871.2,$$

$$\sum y_i^2=64572.94,\ \sum x_i y_i=182943,\ n=12,$$

$$\bar{x}=205,\ \bar{y}=72.6,$$

从而由公式得

$$l_{xx}=\sum x_i^2-\frac{1}{n}(\sum x_i)^2=518600-\frac{1}{12}\times(2460)^2=14300,$$

$$l_{xy}=\sum x_i y_i-\frac{1}{n}(\sum x_i)(\sum y_i)=182943-\frac{1}{12}\times2460\times871.2=4347,$$

$$l_{yy}=\sum y_i^2-\frac{1}{n}(\sum y_i)^2=64572.94-\frac{1}{12}\times(871.2)^2=1323.82,$$

故 $\hat{b}=\dfrac{l_{xy}}{l_{xx}}=\dfrac{4347}{14300}=0.3040$,

$\hat{a}=\bar{y}-\hat{b}\bar{x}=72.6-0.3040\times205=10.28$,

得 y 对 x 的回归方程为 $\hat{y}=10.28+0.3040x$,

这里 $\hat{b}=0.3040$, 表示每立方米混凝土中每增加 1kg 水泥时, 可提高抗压强度是 0.3040.

(2) 采用 F 检验法

$S_R=\hat{b}^2 l_{xx}=0.3040^2\times14300=1321.55$,

$S_e=l_{yy}-S_R=1323.82-1321.55=2.27$,

$F=\dfrac{S_R}{S_e}(n-2)=\dfrac{1321.55}{2.27}\times10=5821.81$,

查 F 分布表, 得 $F_{1-\alpha}(1,n-2)=F_{0.95}(1,10)=4.96$.

因为 $F=5821.81>4.96=F_{0.95}(1,10)$, 故拒绝 H_0,

即认为线性回归效果显著.

(3) 由 $r^2=\dfrac{S_R}{l_{yy}}=\dfrac{1321.55}{1323.82}=0.9983$, 所以 $|r|=0.9991$.

对于 $n=12$, $\alpha=0.05$, 查表得 $t_{1-\frac{\alpha}{2}}(n-2)=t_{0.975}(10)=2.2281$,

$$S=\sqrt{\frac{S_e}{n-2}}=\sqrt{\frac{2.27}{12-2}}=0.4764,$$

故 b 的 95% 的置信区间为

$$\left(\hat{b}\pm t_{1-\frac{\alpha}{2}}(n-2)\cdot\frac{S}{\sqrt{l_{xx}}}\right)=\left(0.3040\pm2.2281\times\frac{0.4764}{\sqrt{14300}}\right)$$

$$=(0.2951,0.3129).$$

(4) $y=a+bx=10.28+0.304x$,

当 $x_0=225$ 时, y_0 的预测值为

$$\hat{y}_0=\hat{a}+\hat{b}x_0=10.28+0.304\times22.5=78.68,$$

y_0 的 95% 的预测区间为

$$(\hat{y}_0\pm\delta(x_0))$$

$$=\left(\hat{y}_0\pm t_{1-\frac{\alpha}{2}}(n-2)\cdot S\sqrt{1+\frac{1}{n}+\frac{(x_0-\bar{x})^2}{l_{xx}}}\right)$$

$$=\left(78.68\pm2.2281\times0.4764\times\sqrt{1+\frac{1}{12}+\frac{(225-205)^2}{14300}}\right)$$

$$=(77.56,\ 79.80).$$

例 3 证明 $\hat{a}=\bar{y}-\hat{b}\bar{x}\sim N\left(a,\left(\dfrac{1}{n}+\dfrac{\bar{x}^2}{l_{xx}}\right)\sigma^2\right)$, $\mathrm{Cov}(\hat{a},\hat{b})=-\dfrac{\bar{x}}{l_{xx}}\sigma^2$.

证 $E(\hat{a})=E(\bar{y}-\hat{b}\bar{x})=E(\bar{y})-\bar{x}E(\hat{b})$

$$=\frac{1}{n}\sum(a+bx_i)-\bar{x}b=a,$$

$D(\hat{a})=D(\bar{y}-\hat{b}\bar{x})=D(\bar{y})-\bar{x}^2D(\hat{b})-2\bar{x}\mathrm{Cov}(\bar{y},\hat{b})$

$$=\frac{1}{n}\sigma^2+\bar{x}^2\cdot\frac{\sigma^2}{l_{xx}}=\sigma^2\left(\frac{1}{n}+\frac{\bar{x}^2}{l_{xx}}\right),$$

故 $$\hat{a}\sim N\left(a,\left(\frac{1}{n}+\frac{\bar{x}^2}{l_{xx}}\right)\sigma^2\right),$$

$$\mathrm{Cov}(\hat{a},\hat{b})=\mathrm{Cov}(\bar{y}-\hat{b}\bar{x},\hat{b})$$

$$=\mathrm{Cov}(\bar{y},\hat{b})-\bar{x}\mathrm{Cov}(\hat{b},\hat{b})=-\bar{x}D(\hat{b})=-\frac{\bar{x}}{l_{xx}}\sigma^2.$$

例 4 设 $y=\alpha+\beta x+\varepsilon$，$\varepsilon\sim N(0,\sigma^2)$，对于固定的 x_0，求 $\hat{\alpha}+\hat{\beta}x_0$ 的分布．

解 因为 $\hat{\alpha}\sim N\left(\alpha,\left(\frac{1}{n}+\frac{\bar{x}^2}{l_{xx}}\right)\sigma^2\right)$，$\hat{\beta}\sim N\left(\beta,\frac{\sigma^2}{l_{xx}}\right)$，

$$E(\hat{\alpha}+\hat{\beta}x_0)=E(\hat{\alpha})+x_0E(\hat{\beta})=\alpha+x_0\beta,$$

$$D(\hat{\alpha}+\hat{\beta}x_0)=D(\hat{\alpha})+x_0^2D(\hat{\beta})+2x_0\mathrm{Cov}(\hat{\alpha},\hat{\beta})$$

$$=\left(\frac{1}{n}+\frac{\bar{x}^2}{l_{xx}}\right)\sigma^2+\frac{x_0^2\sigma^2}{l_{xx}}-\frac{2x_0\bar{x}}{l_{xx}}\sigma^2$$

$$=\left[\frac{1}{n}+\frac{(x_0-\bar{x})^2}{l_{xx}}\right]\sigma^2,$$

所以 $$\hat{\alpha}+\hat{\beta}x_0\sim N\left(\alpha+\beta x_0,\left(\frac{1}{n}+\frac{(x_0-\bar{x})^2}{l_{xx}}\right)\sigma^2\right).$$

例 5 某化工厂研究硝化得率 y 与硝化温度 x_1、硝化液中硝酸浓度 x_2 之间的统计相关关系，进行 10 次试验得试验数据如下：

x_1	16.5	19.7	15.5	21.4	20.8	16.6	23.1	14.5	21.3	16.4
x_2	93.4	90.8	86.7	83.5	92.1	94.9	89.6	88.1	87.3	83.4
y	90.92	91.13	87.95	88.57	90.44	89.87	91.03	88.03	89.93	85.58

试求 y 对 x_1，x_2 的回归方程．

解 求正规方程组得系数矩阵 $\boldsymbol{L}$ 及常数项矩阵 $\widetilde{\boldsymbol{D}}$. 经计算得

$\sum x_{i_1}^2=3533.26$，$\sum x_{i_2}^2=79312.38$，

$\sum x_{i_1}x_{i_2}=16526.09$，$\sum x_{i_1}y_i=16625.307$，

$\sum x_{i_2}y_i=79545.571$，

$\bar{x}_1=18.58$，$\bar{x}_2=88.98$，$\bar{y}=89.345$，

$l_{11}=\sum x_{i_1}^2-n\bar{x}_1^2=3533.26-10\times(18.58)^2=81.096$，

$l_{12}=l_{21}=\sum x_{i_1}x_{i_2}-n\,\bar{x}_1\bar{x}_2=16526.09-10\times18.58\times88.98$
$=-6.394$，

$l_{22}=\sum x_{i_2}^2-n\bar{x}_2^2=79312.38-10\times(88.98)^2=137.975$，

故 $\boldsymbol{L}=(l_{ij})=\begin{pmatrix}81.096 & -6.394\\ -6.394 & 137.976\end{pmatrix}$.

$l_{1y}=\sum x_{i_1}y_i-n\,\bar{x}_1\bar{y}=16625.307-10\times18.58\times89.345=25.006$,

$l_{2y}=\sum x_{i_2}y_i-n\,\bar{x}_2\bar{y}=79545.571-10\times88.98\times89.345=46.39$,

$$\widetilde{\boldsymbol{D}}=\begin{pmatrix}l_{1y}\\ l_{2y}\end{pmatrix}=\begin{pmatrix}25.006\\ 46.39\end{pmatrix}.$$

$$\boldsymbol{L}^{-1}=\boldsymbol{C}=(C_{ij})=\begin{pmatrix}0.0124 & 0.0006\\ 0.0006 & 0.0073\end{pmatrix},$$

$$\hat{\boldsymbol{b}}=\begin{pmatrix}\hat{b}_1\\ \hat{b}_2\end{pmatrix}=\boldsymbol{L}^{-1}\hat{\boldsymbol{D}}=\begin{pmatrix}0.0214 & 0.0006\\ 0.0006 & 0.0073\end{pmatrix}\begin{pmatrix}25.006\\ 46.39\end{pmatrix}=\begin{pmatrix}0.3361\\ 0.3518\end{pmatrix},$$

$\hat{a}=\bar{y}-\hat{b}_1\bar{x}_1-\hat{b}_2\bar{x}_2=89.345-0.3361\times18.58-0.3518\times88.98=51.797$,

故回归方程为 $\hat{y}=51.797+0.3361x_1+0.3518x_2$.

例 6 设 $y_i=\beta_0+\beta_1x_i+\beta_2(3x_i^2-2)+\varepsilon_i$，$i=1，2，3$，$x_1=-1$，$x_2=0$，$x_3=1$，$\varepsilon_i\sim N(0,\sigma^2)$ 且 ε_i 相互独立

（1）求 β_0，β_1，β_2 的最小二乘估计；

（2）证明当 $\beta_2=0$ 时，β_0 和 β_1 的最小二乘估计结果与（1）相同.

（1）**解** $Q(\beta_0,\ \beta_1,\ \beta_2)=\sum_{i=1}^{3}(y_i-\hat{y}_i)^2$

$$=\sum_{i=1}^{3}[y_i-\beta_0-\beta_1x_i-\beta_2(3x_i^2-2)]^2$$

$$=(y_1-\beta_0+\beta_1-\beta_2)^2+(y_2-\beta_0+2\beta_2)^2+(y_3-\beta_0-\beta_1-\beta_2)^2,$$

由 $\dfrac{\partial Q(\beta_0,\beta_1,\beta_2)}{\partial\beta_0}=0\Rightarrow3\beta_0=y_1+y_2+y_3$,

$\dfrac{\partial Q(\beta_0,\beta_1,\beta_2)}{\partial\beta_1}=0\Rightarrow2\beta_1=y_3-y_1$,

$\dfrac{\partial Q(\beta_0,\beta_1,\beta_2)}{\partial\beta_2}=0\Rightarrow6\beta_2=y_1-2y_2+y_3$,

联立解得 $\hat{\beta}_0=\dfrac{1}{3}(y_1+y_2+y_3)$,

$\hat{\beta}_1=\dfrac{1}{2}(y_3-y_1)$,

$\hat{\beta}_2=\dfrac{1}{6}(y_1-2y_2+y_3)$.

（2）**证** 当 $\beta_2=0$ 时，$y_i=\beta_0+\beta_1x_i+\varepsilon_i$，$i=1，2，3$,

$$Q(\beta_0,\ \beta_1)=\sum_{i=1}^{3}(y_i-\hat{y}_i)^2=\sum_{i=1}^{3}[y_i-(\beta_0+\beta_1x_i)]^2$$

$$=(y_1-\beta_0+\beta_1)^2+(y_2-\beta_0)^2+(y_3-\beta_0-\beta_1)^2$$

$\dfrac{\partial Q}{\partial\beta_0}=0\Rightarrow3\beta_0=y_1+y_2+y_3$,

$\dfrac{\partial Q}{\partial\beta_1}=0\Rightarrow2\beta_1=y_3-y_1$,

故 $\hat{\beta}_0=\frac{1}{3}(y_1+y_2+y_3)$，$\hat{\beta}_1=\frac{1}{2}(y_3-y_1)$.

与（1）结果相同.

例 7　某学院对 200 只北京鸭进行试验，得到鸭的周龄 x 与平均日增重 y 值的数据如下：

x	1	2	3	4	5	6	7	8	9
y	21.9	47.1	61.9	70.8	72.8	66.4	50.3	25.3	3.2

（1）试求回归方程 $\hat{y}=\hat{a}+\hat{b}_1x+\hat{b}_2x^2$；

（2）检验回归效果的显著性（$\alpha=0.01$）.

解　（1）要求的回归方程为 $\hat{y}=\hat{a}+\hat{b}_1x+\hat{b}_2x^2$，

令 $x_1=x$，$x_2=x^2$，则回归方程变为 $\hat{y}=\hat{a}+\hat{b}_1x_1+\hat{b}_2x_2$，

其数据如下表：

x_1	1	2	3	4	5	6	7	8	9
x_2	1	4	9	16	25	36	49	64	81
y	21.9	47.1	61.9	70.8	72.8	66.4	50.3	25.3	3.2

计算：$\sum x_{i_1}^2=285$，$\sum x_{i_2}^2=15333$，$\sum x_{i_1}x_{i_2}=2025$，

$\sum x_{i_1}y_i=1930.7$，$\sum x_{i_2}y_i=10453.7$，$\sum y_i^2=24431.49$，

$\bar{x}_1=5$，$\bar{x}_2=31.667$，$\bar{y}=46.63$，

从而由公式得

$$l_{11}=\sum x_{i1}^2-n\bar{x}_1^2=285-(9.5)^2=60,$$

$$l_{xy}=l_{12}=\sum x_{i_1}x_{i_2}-n\,\bar{x}_1\,\bar{x}_2=2025-9\times5\times31.667=599.985,$$

$$l_{22}=\sum x_{i_2}^2-n\bar{x}_2^2=15333-9\times(31.667)^2=6307.81,$$

$$\text{所以}\quad \boldsymbol{L}=(C_{ij})=\begin{pmatrix}60 & 599.985\\ 599.985 & 6307.81\end{pmatrix},$$

$$l_{1y}=\sum x_{i_1}y_i-n\,\bar{x}_1\,\bar{y}=1930.7-9\times5\times46.63=-167.65,$$

$$l_{2y}=\sum x_{i_2}y_2-n\,\bar{x}_2\,\bar{y}=10453.7-9\times31.667\times46.63=-2835.99,$$

$$\widetilde{\boldsymbol{D}}=\begin{pmatrix}l_{1y}\\ l_{2y}\end{pmatrix}=\begin{pmatrix}-167.65\\ -2835.99\end{pmatrix},$$

$$\boldsymbol{L}^{-1}=\boldsymbol{C}=(C_{ij})=\begin{pmatrix}0.3412 & -0.0325\\ -0.0325 & 0.0032\end{pmatrix},$$

$$\hat{\boldsymbol{b}}=\begin{pmatrix}\hat{b}_1\\ \hat{b}_2\end{pmatrix}=\begin{pmatrix}0.3412 & -0.0325\\ -0.0325 & 0.0032\end{pmatrix}\begin{pmatrix}-167.65\\ -2835.99\end{pmatrix}=\begin{pmatrix}34.8386\\ -3.7634\end{pmatrix},$$

$$\hat{a}=\bar{y}-\hat{b}_1\bar{x}_1-\hat{b}_2\bar{x}_2=-8.3874,$$

故回归方程为 $\hat{y}=-8.3874+34.8386x-3.7634x^2$.

(2) $H_0: b_1=b_2=0$,

$$S_T=l_{yy}=\sum y_i^2-n\bar{y}^2=24431.49-9\times46.63^2=4862.278,$$

$$S_R=\hat{b}_1 l_{1y}+\hat{b}_2 l_{2y}=34.8386\times(-167.65)+(-3.7634)\times(-2835.99)=4832.273,$$

$$S_e=S_T-S_R=4862.278-4832.273=30.005,$$

$$F=\frac{S_R}{S_e}\cdot\frac{n-m-1}{m}=\frac{4832.273}{30.005}\cdot\frac{9-2-1}{2}=483.147,$$

查 F 分布表，得 $F_{1-\alpha}(m,n-m-1)=F_{0.99}(2,6)=10.9$,

因为 $F=483.147>10.9=F_{0.99}(2,6)$，故拒绝 H_0,

即认为 x_1 和 x_2 对 y 的影响是显著的.

例 8 4 支温度计 T_1，T_2，T_3，T_4，被用来测定氢化奎宁的熔点 x(℃)，得如下结果:

温度计	T_1	T_2	T_3	T_4
观测值/℃	174.0	173.0	171.5	173.5
	173.0	172.0	171.0	171.0
	173.5		173.0	
	173.0			

试检验在测量氢化奎宁熔点时，这 4 支温度计之间有无显著性差异 ($\alpha=0.05$).

解 $s=4$，$n_1=4$，$n_2=2$，$n_3=3$，$n_4=2$, $n=\sum\limits_{j=1}^{4}n_j=11$,

将题中表数据都减去 173，得下表:

观测值	T				
	T_1	T_2	T_3	T_4	Σ
1	1	0	−1.5	0.5	
2	0	−1	−2	−2	
3	0.5		0		
4	0				
$T_{\cdot j}$	1.5	−1	−3.5	−1.5	−4.5
$T^2_{\cdot j}$	2.25	1	12.25	2.25	
Σ^2	1.25	1	6.25	4.25	12.75

$$T=-4.5,\ S_T=\sum_{j=1}^{4}\sum_{i=1}^{n_j}X_{ij}^2-\frac{T^2}{n}=12.75-\frac{(-4.5)^2}{11}=10.9091,$$

$$S_A=\sum_{j=1}^{4}\frac{T^2_{\cdot j}}{n_j}-\frac{T^2}{n}=\frac{2.25}{4}+\frac{1}{2}+\frac{12.25}{3}+\frac{2.25}{2}-\frac{(-4.5)^2}{11}=4.4299,$$

$$S_E=S_T-S_A=10.9091-4.4299=6.4792,$$

$$F=\frac{S_A/(s-1)}{S_E/(n-s)}=\frac{4.4299/3}{6.4792/7}=1.5953,$$

查 F 分布表 $F_{1-\alpha}(s-1,n-s)=F_{0.95}(3,7)=4.35$.

列方差分析表如下：

方差来源	平方和	自由度	均方和	F 值	显著性
S_A	4.4299	3	1.4766	1.5953	
S_E	6.4792	7	0.9256		
S_T	10.9091				

因 $F=1.5953<F_{0.95}(3,7)$，故接受 H_0，即认为 4 支温度计之间无显著差异.

模拟试题自测

1. 考察温度 x（单位:℃）对产量 y（单位：kg）的影响，测得 10 组数据如下：

x	20	25	30	35	40	45	50	55	60	65
y	13.2	15.1	16.4	17.1	17.9	18.7	19.6	21.2	22.5	24.3

（1）求 y 对 x 的线性回归方程及相关系数 r；

（2）检验回归效果的显著性（$\alpha=0.05$）；

（3）当 $x=42$℃时，求 y_0 的预测值 95%的预测区间.

2. 设 $y_i=\theta+\varepsilon_i$，$i=1,2,\cdots,m$，

$y_{m+i}=\theta+\varphi+\varepsilon_{m+i}$，$i=1,2,\cdots,m$，

$y_{2m+i}=\theta-2\varphi+\varepsilon_i$，$i=1,2,\cdots,n$，

假定 ε_i 之间互不相关，且有

$$E(\varepsilon_i)=0,D(\varepsilon_i)=\sigma^2,i=1,2,\cdots,2m+n,$$

试求 θ 及 φ 的最小二乘估计.

3. 下列数据给出了对灯泡光通量的试验结果（单位：lm/W）.

工　厂	测 量 值					
1	9.47	9.00	9.12	9.27	9.27	9.25
2	10.80	11.28	11.15			
3	10.37	10.42	10.28			
4	10.65	10.33				
5	9.54	8.62				

试检验不同工厂生产的灯泡光通量有无显著差异（$\alpha=0.01$）.

第 9 章模拟试题自测答案

1.（1）y 对 x 的回归方程为 $\hat{y}=9.1225+0.2230x$

相关系数 $r^2=\dfrac{S_R}{l_{yy}}=\dfrac{102.566}{104.46}=0.982$

（2）认为线性回归效果显著

（3）（17.3113，19.6657）

2. $\hat{\varphi}=\frac{1}{m^2+13mn}\left[-(m-2n)\sum_{i=1}^{n}y_i+(m+3n)\sum_{i=1}^{m}y_{m+i}-5m\sum_{i=1}^{n}y_{2m+i}\right]$

$$\hat{\theta}=\frac{1}{m^2+13mn}\left[(m+4n)\sum_{i=1}^{m}y_i+6n\sum_{i=1}^{m}y_{m+i}+3m\sum_{i=1}^{n}y_{2m+i}\right]$$

3. 经计算得方差分析表如下：

方差来源	平方和	自由度	均方和	F 值	显著性
S_A	9.5026	4	2.3757	35.3473	* *
S_E	0.7393	11	0.06721		
S_T	10.2366				

因 $F_{0.99}(5,11)=5.32<35.3473=F$，故拒绝 H_0，即认为不同工厂生产的灯泡光通量差异高度显著.

10

第 10 章 经典问题剖析

一、假阳性问题

某地区某癌症的发病率为 0.005，患者对一种试验反应为阳性的概率为 0.95，非癌症患者对这种试验反应为阳性的概率为 0.04，现随机抽查了一个人，试验反应是阳性.

问此人患有这种癌症的可能性是多少？设 A 为试验结果是阳性，C 为抽查的人患有癌症，欲求：$P(C|A)$.

解 已知：$P(C)=0.005$，$P(A|C)=0.95$，$P(\overline{C})=0.995$，$P(A|\overline{C})=0.04$.

由贝叶斯公式，得

$$P(C|A)=\frac{P(AC)}{P(A)}=\frac{P(C)P(A|C)}{P(C)P(A|C)+P(\overline{C})P(A|\overline{C})}=0.1066.$$

故此人患有这种癌症的概率是 0.1066.

【分析】 由计算的结果可知，尽管此人试验结果是阳性，但他患有某癌症的可能性却是非常小，故该问题称为假阳性问题．对本题做如下三点分析．

1. 先验概率与后验概率

$P(C)$是癌症的发病率，这个概率是由某地区这种癌症的发病人数统计而得来的，通常我们称这种根据检验或者统计数据得到的事件 C 的概率为先验概率．而当试验中事件 A 发生后，再来重新审视事件 C 的可能性，由此得到更接近事实的概率 $P(C|A)$，称为后验概率．由条件概率定义：

$$P(C|A)=\frac{P(AC)}{P(A)}=\frac{P(C)P(A|C)}{P(A)}=P(C)\frac{P(A|C)}{P(A)},$$

这里称 $P(A|C)$ 为相似度，称$\frac{P(A|C)}{P(A)}$为标准相似度，也称为可能性函数．所以先验概率与后验概率的关系是

后验概率=先验概率×标准相似度．

如果标准相似度 $P(A|C)/P(A)>1$，意味着先验概率被增强，事件 C 发生的可能性变大；如果标准相似度 $P(A|C)/P(A)=1$，意味着 A 事件无助于判断事件 C 发生的可能性；如果标准相似度 $P(A|C)/$

$P(A)<1$，意味着先验概率被削弱，事件 C 发生的可能性变小．所以标准相似度可以理解为调整因子．

在本例中，后验概率就是确诊率，先验概率就是发病率，所以两者的关系可以描述为

$$\text{确诊率}=\text{发病率}\times\text{调整因子}.$$

2. 检验的意义

由本例的已知条件，可计算结果如下：

发病率＝先验概率 $P(C)=0.005$；

确诊率＝后验概率 $P(C|A)=0.1066$；

标准相似度$=\dfrac{P(A|C)}{P(A)}=\dfrac{0.95}{0.005\times0.95+0.995\times0.04}=21.32.$

可见，标准相似度的值远远大于 1，说明事件 C 发生的可能性被大大地增强了．也就是说，后验概率是先验概率的 21 倍之多，说明患这种癌症的风险增加了 21 倍，所以这种检验是非常必要的．然而是否可以判断此人是癌症患者吗？由于后验概率还是非常小的，不能轻易地认为此人就是癌症患者，还需做进一步的相关检验，才能最终确诊．

问题就来了，为什么后验概率已经增加了 21 倍，还不能确诊呢？是什么导致后验概率仍然很小呢？什么情况下，对某种癌症的普查才真正有意义？

3. 相似度 $P(A|C)$ 与确诊率 $P(C|A)$

这两个概率无论是记号上还是事件的意义，都是完全不同的．$P(A|C)$ 是某种癌症患者试验呈阳性的概率，$P(C|A)$ 是试验呈阳性时此人是癌症患者，两个概率都是条件概率，但是因果关系完全相反．然而生活中，很容易将两者混淆．

在本例中，

$$P(A|C)=0.95;\quad P(C|A)=0.1066.$$

为什么两个概率在数值上相差如此之大呢？由贝叶斯公式，两个概率的关系是

$$P(C|A)=\frac{P(C)P(A|C)}{P(C)P(A|C)+P(\overline{C})P(A|\overline{C})},$$

即

$$0.1066=\frac{0.95\times P(C)}{0.95\times P(C)+P(\overline{C})P(A|\overline{C})}.$$

可见，尽管相似度 $P(A|C)=0.95$，是一个比较大的概率值，但是在公式中其权重 $P(C)=0.005$ 却是个小概率，由此小概率就抵消了较大的概率值 $P(A|C)=0.95$，得到了较小的后验概率，也就是确诊率 $P(C|A)=0.1066$. 所以问题的症结就是先验概率非常小，尽管相似度比较大，最终还是导致了后验概率也比较小．

4. 普查的意义

根据贝叶斯公式，确诊率（后验概率）$P(C|A)$与发病率（先验概率）$P(C)$的关系是

$$P(C|A)=\frac{P(C)P(A|C)}{P(C)P(A|C)+(1-P(C))P(A|\overline{C})}.$$

可见，确诊率是发病率的函数，如图 10-1 所示．由图形可知，确诊率是发病率的单调增函数．当发病率为 0.2 时，确诊率已经达到了 0.85 以上了；当发病率为 0.3 时，确诊率已经达到了 0.9 以上了．这说明当某种疾病发病率达到 0.2 以上时，对该疾病进行普查是非常必要而且有效的．由图 10-2 还可知，当发病率非常小时，确诊率几乎是直线下降，而且斜率非常大．当发病率减小一个小数点时，确诊率也几乎是同时减小一个小数点．这说明发病率越小，确诊率越低．所以对于发病率很小的疾病，不宜进行该疾病的普查；同时说明，越是罕见的疾病，即使有了这种病的某些症状，就越不能轻易怀疑自己，只有经过多方面的审慎严谨的检验，才能最终确诊．

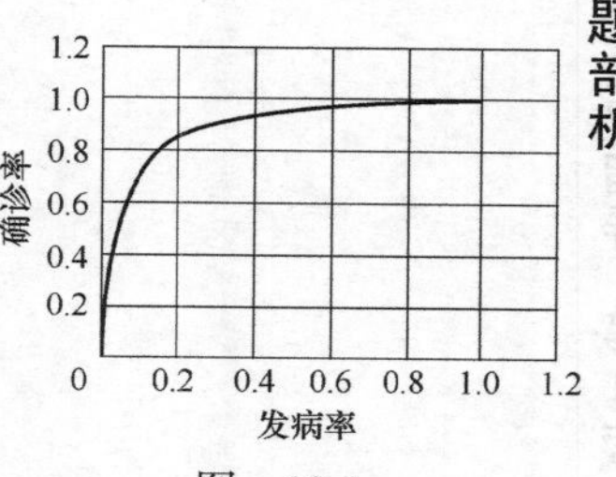

图 10-1

发病率	确诊率
0	0
0.000005	0.000119
0.00005	0.001186
0.0005	0.011741
0.005	0.106622

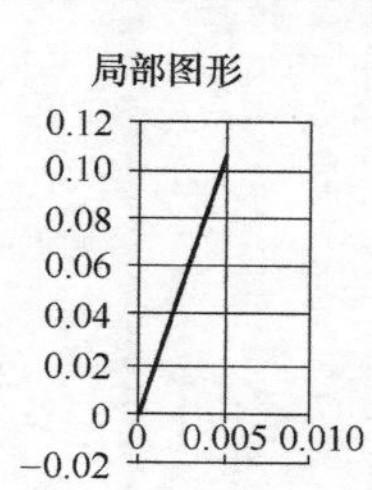

图 10-2

贝叶斯公式告诉我们，后验概率是对先验概率的一种修正，不要混淆后验概率与相似度，疾病普查在发病率高的前提下才有意义．

二、比赛赛制问题

甲、乙两人进行乒乓球单打比赛．根据以往两人比赛的成绩知甲赢的概率是 0.46. 假设比赛采用三局两胜制，求甲胜出的概率．

【分析】 将两人比赛一局视为一次试验，结果为两个，故为伯努利试验；又假设三局比赛是在独立重复的条件下进行的，故两人比赛可视为三重伯努利试验．记 A 为一局比赛中甲胜出，则有 $p=P(A)=0.46$. 记 X 为三局比赛中甲赢的局数，则知随机变量 X 服从二项分布 $B(3,0.46)$，所以本题是应用二项分布来求解概率的．

解 记 X 为三局比赛中甲赢的局数，易知 $X\sim B(3,0.46)$. 题意即求 $P(X\geqslant 2)$.

因 $X\sim B(3,0.46)$，所以

$$P(X=k)=\mathrm{C}_3^k p^k(1-p)^{3-k},k=0,1,2,3,p=0.46.$$

故

$$\begin{aligned}P(X\geqslant 2)&=P(X=2)+P(X=3)=\mathrm{C}_3^2p^2(1-p)^1+\mathrm{C}_3^3p^3(1-p)^0\\&=3\times(0.46)^2\times 0.54+(0.46)^3=0.440128\approx 0.44.\end{aligned}$$

故在三局两胜制中，甲取胜的概率为 0.44.

【分析】 这里提出两个问题．首先是在实际比赛操作中，如果甲先赢两局就不进行第三局比赛了，但二项分布的计算中是考虑第三局的输赢情况的，那么这两者之间会有矛盾吗？为此，我们做一个对照表，将两种情况下甲赢的所有比赛情形都列出来，具体

如下：

实际比赛情况			理论分析情况		
情形	甲赢的情况	甲胜出概率	情形	甲赢的情况	甲胜出概率
情形一	√√	p^2	情形一	√√√	p^2p
情形二	√×√	$p^2(1-p)$	情形二	√√×	$p^2(1-p)$
情形三	×√√	$p^2(1-p)$	情形三	√×√	$p^2(1-p)$
			情形四	×√√	$p^2(1-p)$
合计		$p^2+2p^2(1-p)$			$p^2+2p^2(1-p)$

可见，实际比赛的第一种情形，就是理论分析的前两种情形，所以，实际比赛中，当前两局赢的情况下，确实可以不进行比赛了，这样做与理论分析是相符的．

第二个问题是，如果比赛采用五局三胜制，对甲是否有利呢？也就是说，甲在三局两胜制下取胜概率大，还是在五局三胜制下取胜概率大呢？下面我们用二项分布，再来分析一下．记 X 为五局比赛中甲赢的局数，易知 $X\sim B(5,0.46)$．则甲取胜的概率为

$$\begin{aligned}P(\text{甲取胜})&=P(X\geqslant 3)=P(X=3)+P(X=4)+P(X=5)\\&=\mathrm{C}_5^3p^3(1-p)^2+\mathrm{C}_5^4p^4(1-p)^1+\mathrm{C}_5^5p^5(1-p)^0\\&\approx 0.425.\end{aligned}$$

显然，五局三胜制对甲胜出是不利的．进一步地，我们猜想，七局四胜制对甲来说，就更不利了．我们还是用二项分布计算一下吧．记 X 为七局比赛中甲赢的局数，易知 $X\sim B(7,0.46)$．则甲取胜的概率为

$$\begin{aligned}P(\text{甲取胜})&=P(X\geqslant 4)=P(X=4)+P(X=5)+P(X=6)+P(X=7)\\&=\mathrm{C}_7^4p^4(1-p)^3+\mathrm{C}_7^5p^5(1-p)^2+\mathrm{C}_7^6p^6(1-p)^1+\mathrm{C}_7^7p^7(1-p)^0\\&\approx 0.413.\end{aligned}$$

由计算可知，对于甲来说，比赛局数越多越不利，反过来，对于乙来说，局数越多越有利．这里有什么规律吗？由上面分析可知，在不同赛制下，甲取胜的概率分别为

$$P_{\text{三局两胜}}(\text{甲取胜})=\mathrm{C}_3^2p^2(1-p)^1+\mathrm{C}_3^3p^3(1-p)^0\overset{\text{记}}{=}f_1(p);$$

$$P_{\text{五局三胜}}(\text{甲取胜})=\mathrm{C}_5^3p^3(1-p)^2+\mathrm{C}_5^4p^4(1-p)^1+\mathrm{C}_5^5p^5(1-p)^0\overset{\text{记}}{=}f_2(p);$$

$$P_{\text{七局四胜}}(\text{甲取胜})=\mathrm{C}_7^4p^4(1-p)^3+\mathrm{C}_7^5p^5(1-p)^2+\mathrm{C}_7^6p^6(1-p)^1+\mathrm{C}_7^7p^7(1-p)^0\overset{\text{记}}{=}f_3(p).$$

在三种赛制下，甲取胜的概率是他每局获胜概率 p 的函数，为了看清楚每场比赛取胜概率与每局获胜概率 p 的关系，我们将 3 个函数图形画在一个平面内，如图 10-3 所示．

由图 10-3 可以看出，三条曲线相交于一点（0.5,0.5），这说明比赛双方实力相当（$p=0.5$）时，双方取胜的概率都是 0.5，无论采用哪种赛制，都不影响双方取胜的概率．以 $p=0.5$ 为界点，在该点两侧，三条曲线的位置关系截然不同．当 $p=0.46$ 时，图形显示

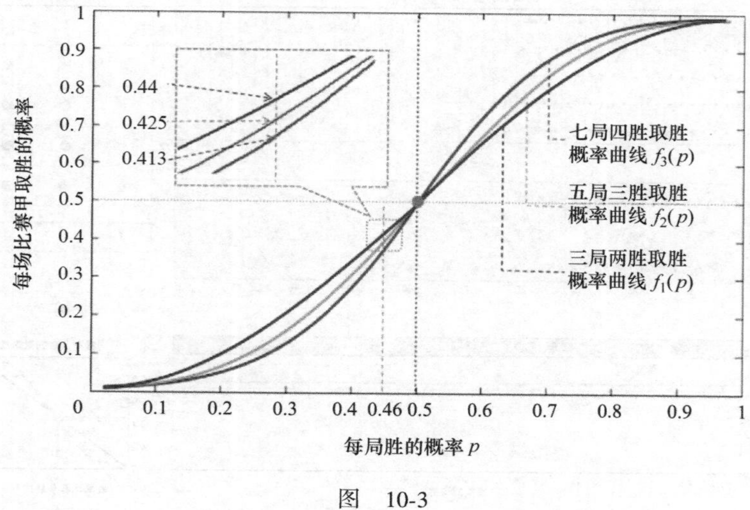

图 10-3

的结果从几何上验证了计算结果．当 $p<0.5$ 时，三局两胜制下的取胜概率曲线在三条曲线的最上方，七局四胜的曲线在最下方．这说明对于实力较弱的选手来说，比赛局数少是有利的，可以这么理解，比赛局数少，比赛胜负的偶然性就会增加，给实力选手发挥的余地就小，以弱胜强的可能性就会增加．而当 $p>0.5$ 时，三局两胜制下的取胜概率曲线在三条曲线的最下方，七局四胜的曲线在最上方．这说明对于有实力的选手，比赛局数多是非常有利的．即使可能开局选手发挥欠佳，由于经验丰富，也可以在后几局出色发挥，最终靠实力取得整场比赛的胜利．也就是说，比赛局数越多，比赛结果越能体现选手的实力水平．

模拟 为了更好地理解取胜概率与赛制的关系，我们使用MATLAB数学软件编程，模拟比赛结果．模拟是按照甲一局取胜概率为0.46来设计的，且模拟是按照5局比赛进行的，从中可以看出一局一胜、三局两胜和五局三胜的情况．先做了20次比赛模拟试验，图10-4b表明第20次比赛的情况，因为第一局赢、第二局输、第三局赢、第四局赢，所以按照一局一胜、三局两胜和五局三胜制，都是整场取胜，在该小图的下方打了3个“√”，将第20次五局的比赛结果记录在图10-4a的第20个条形域内，而其左侧的19个条形域内记录的是前19次比赛的五局输赢情况．图10-4c描述的是，三种赛制（一局一胜、三局两胜、五局三胜）下的比赛结果，取胜记为“√”，失败记为“×”．该图左侧的数字是前20次比赛取胜的次数，数字表明，前20次比赛，三局两胜制下取胜11次，五局三胜制下取胜9次．这两个数字正说明了，比赛局数多，对于实力较弱的选手（$p=0.46$），取胜概率会增大．图10-4d中的折线是五局三胜制下取胜次数的频率折线，图10-4e是不同赛制下取胜概率曲线．

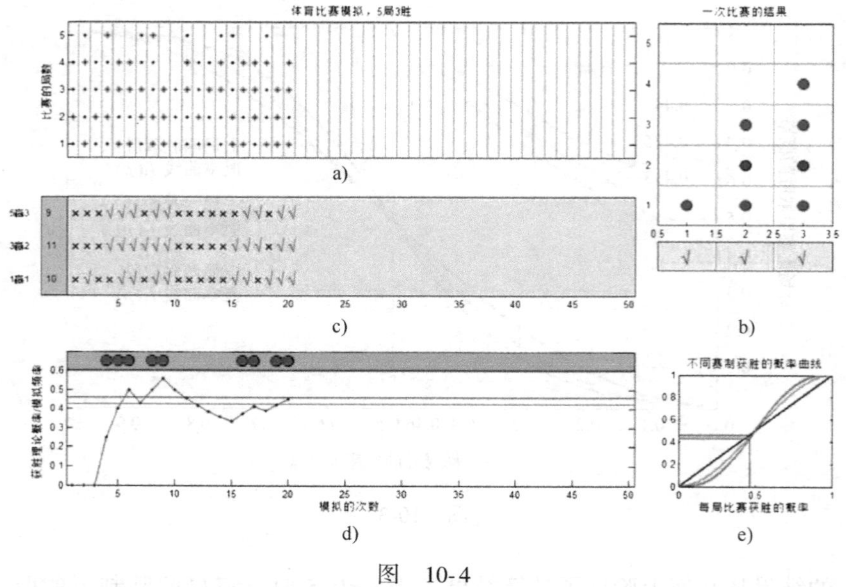

图 10-4

50 次比赛的模拟情形如图 10-5 所示. 由图 10-5 可知，50 次比赛中，按照五局三胜制，取胜次数为 23 次，而按照三局两胜制，取胜次数为 26 次，比赛局数减少取胜次数增多，再次说明比赛赛制对不同实力选手的影响 .

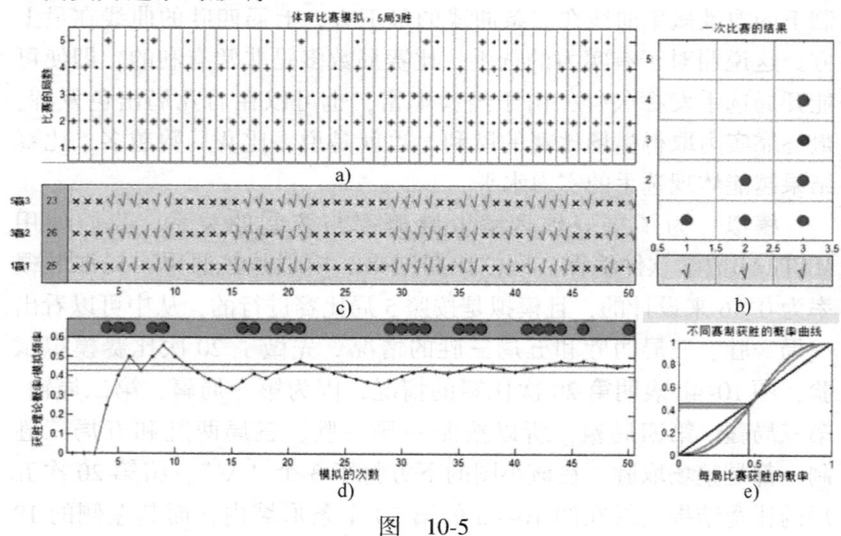

图 10-5

三、母鸡孵蛋问题

设母鸡生蛋的个数 X 服从泊松分布 $P(3)$. 而每一个蛋孵化成小鸡的概率为 0.6. 求一个母鸡孵出小鸡数 Y 的概率分布 .

【分析】 对题意做几点分析 . 一是母鸡生蛋个数是指母鸡在一个时间段内的下蛋个数，这个时间段可能是一天或者是若干小时 . 二是下蛋数假设服从泊松分布，所以理论上母鸡的下蛋数可以取无穷多个，这怎么理解呢？尽管下蛋数可以取无穷多个，但是其发生的概率很小，几乎是不可能的．另外母鸡下蛋数指的是单黄蛋，不包括双黄蛋．还有本题题意是求母鸡孵出小鸡数的概率分布，而孵出的小鸡数是依赖于母鸡的下蛋数，所以本题使用的是全概率公式；而全概率公式的关键是样本空间的划分，由于下蛋数可能是无穷多，所以本题使用的是样本空间的可列划分．

解 已知 $X\sim P(3)$，所以 X 的分布律是

$$P(X=k)=\frac{3^k}{k!}\mathrm{e}^{-3},k=0,1,2,\cdots.$$

孵出小鸡数 Y 的可能取值为 0，1，2，…，样本空间的划分为 $S=\bigcup\limits_{k=0}^{\infty}(X=k)$．当下蛋数为 k 个时，孵出的小鸡数服从二项分布 $B(k,0.6)$，此时孵出 i 个小鸡的概率是

$$P(Y=i)=\mathrm{C}_k^i\,(0.6)^i\,(0.4)^{k-i},i=0,1,2,\cdots,k.$$

由全概率公式可得

$$\begin{aligned}P(Y=i)&=\sum_{k=0}^{\infty}P(X=k)P(Y=i|X=k)\\&=\sum_{k=i}^{\infty}P(X=k)P(Y=i|X=k)\\&=\sum_{k=i}^{\infty}\frac{3^k}{k!}\mathrm{e}^{-3}\mathrm{C}_k^i(0.6)^i(0.4)^{k-i}=\frac{1}{i!}(3\times0.6)^i\mathrm{e}^{-3\times0.6}\\&=\frac{1}{i!}(1.8)^i\mathrm{e}^{-1.8},\ i=0,1,2,\cdots.\end{aligned}$$

故一个母鸡孵出小鸡数 Y 的概率分布还是泊松分布 $P(1.8)$．

模拟 首先绘制下蛋数和小鸡数的两个泊松分布的分布律图形，如图 10-6 所示．由图形可看出，下蛋数为 8 个时，其概率已经非常小了．

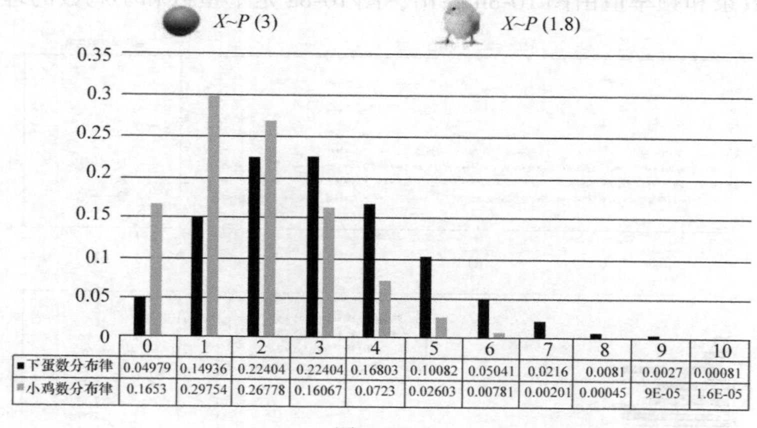

	0	1	2	3	4	5	6	7	8	9	10
下蛋数分布律	0.04979	0.14936	0.22404	0.22404	0.16803	0.10082	0.05041	0.0216	0.0081	0.0027	0.00081
小鸡数分布律	0.1653	0.29754	0.26778	0.16067	0.0723	0.02603	0.00781	0.00201	0.00045	9E-05	1.6E-05

图 10-6

为了更好地理解这两个泊松分布的产生过程，使用 MATLAB 数学软件编程，模拟母鸡下蛋和孵出小鸡的过程．先让计算机产生一个服从泊松分布 $P(3)$ 的随机数 x，在这个随机数下，再产生一个服

从二项分布 $B(x,0.6)$ 的随机数，然后统计下蛋数和小鸡数．共做 100 次模拟．图 10-7 是前 10 次模拟的结果．图 10-7b 是一次模拟的情况，如图显示是第 10 次模拟，下蛋数为 4 个，孵出的小鸡数是 3 只．图 10-7a 的每一纵列记录的是前 10 次的模拟情况汇总．图 10-7c 是前 10 次模拟的下蛋数和小鸡数的频数统计条，条的右侧数字是前 10 次下蛋数和小鸡数的累计频率值．前 10 次一共下蛋 26 个，小鸡数是 18 只，产蛋比例是 26/10，蛋孵鸡的比例是 18/26 = 0.69，小鸡比例是 18/10 = 1.8，这些数据在图 10-7c 中的方框中显示．

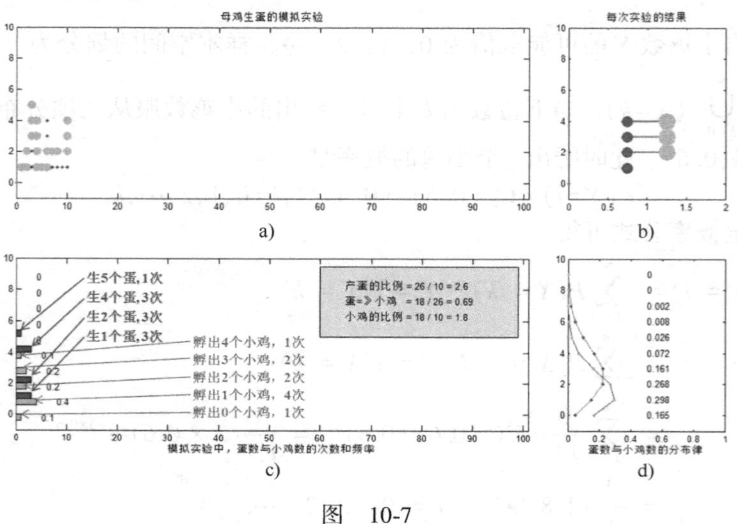

图 10-7

100 次模拟试验完成后，结果如图 10-8 所示．图 10-8a 将 100 次模拟结果一并展现出来，100 次模拟结果中的下蛋数和小鸡数的频数条和频率值由图 10-8b 给出，图 10-8a 是下蛋数和小鸡数的理论

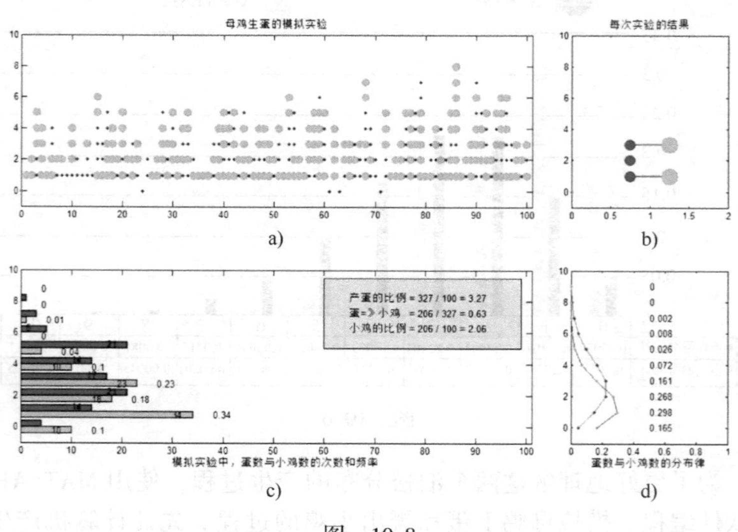

图 10-8

分布值. 100 次模拟一共下蛋 327 个，小鸡数是 206 只，蛋孵鸡的比例是 206/327=0.63，小鸡比例是 206/100=2.06. 模拟结果与理论值是基本吻合的.

拓展 由本题可抽象出一个概率模型．设母鸡生蛋的个数 X 服从泊松分布 $P(\lambda)$. 而每一个蛋孵化成小鸡的概率为 p. 则一个母鸡孵出小鸡数 Y 的概率分布是泊松分布 $P(\lambda p)$. 如果我们将母鸡视为第一代，则小鸡是下一代，那这个问题描述的是，第一代母鸡下蛋数服从泊松分布，在每个蛋以相同概率孵化成小鸡的条件下，下一代小鸡数也服从泊松分布. 这就是泊松分布的下一代问题.

泊松分布下一代问题还会在其他类似的情形下出现．例如，在一个时间段内来到某商场的人数认为服从泊松分布，假设来到商场的人买东西的概率均相同，那么到商场买东西的人数服从泊松分布．再如，某时间段内在某地区出现的交通事故车辆数认为服从泊松分布，假设每辆出事故的车购买保险的概率均为相同，则出事故的车获得赔偿的车辆数还是服从泊松分布.

四、随机数问题

设随机变量 X 有严格单调增的分布函数 $F(x)$，求随机变量 $Y=F(X)$ 的分布.

解 这是一个随机变量函数的分布问题，用分布函数法来求解. 随机变量 Y 的分布函数定义是

$$\forall y, F_Y(y)=P(Y\leqslant y).$$

注意到

$$\forall x, 0\leqslant F(x)\leqslant 1, 0\leqslant Y\leqslant 1,$$

$y<0$ 时，$F_Y(y)=P(Y\leqslant y)=P(\varnothing)=0$;

$y>1$ 时，$F_Y(y)=P(Y\leqslant y)=1$;

$0\leqslant y\leqslant 1$ 时，

$$F_Y(y)=P(Y\leqslant y)=P(F(X)\leqslant y)=P(X\leqslant F^{-1}(y))=F(F^{-1}(y))=y.$$

所以 Y 的分布函数为

$$F_Y(y)=\begin{cases}0, & y<0,\\ y, & 0\leqslant y\leqslant 1,\\ 1, & y>1,\end{cases}$$

即 Y 服从区间 $[0,1]$ 上的均匀分布 $Y\sim U(0,1)$.

拓展 这个问题的反问题很有意义. 大家知道，概率论是通过试验的方法来研究随机现象的统计规律的. 比如说，研究均匀硬币出现正面的可能性，就可以通过试验来观察. 我们拿一枚硬币，掷 10 次或者 20 次，然后记录下正面出现的次数. 但是，当需要做大量观察时，比如说，500 次、5000 次，甚至上千万次试验，就不能

用这种人工的方法，这么做，不仅耗时耗力，甚至是无法完成的．在当今计算机如此发达的时代，我们可以借助于计算机来进行模拟试验，计算机可以帮助我们在很短时间内产生大量的随机数以满足模拟的需要．

那么，计算机产生的随机数真的是随机的数吗？其实不是，计算机是通过一个固定的、可以重复的计算方法产生随机数的，故称为伪随机数．真正的随机数是使用物理现象产生的（掷钱币、骰子、转轮、使用电子元件的噪声、核裂变等），在真正关键性的应用中，如在密码术中，人们一般使用真正的随机数，但在概率模拟试验中，伪随机数其实已经够用了（也称伪随机数为随机数）．

概率模拟试验中，经常需要产生一些指定分布的随机数，如正态分布随机数或者指数分布随机数等．对于计算机而言，生成均匀分布的随机数，是相对比较容易的（一般的编程语言都会自带一个随机数生成函数，用于生成服从均匀分布的随机数），而生成其他特定分布的随机数，可以由均匀分布随机数通过转换来实现，这就是本题的重要意义之所在．

本题的内容是这样的，若 X 的分布函数 $F(x)$ 是严格单调增的，则随机变量 $Y=F(X)$ 必服从区间 $[0,1]$ 上的均匀分布．这个问题的反问题是，若随机变量 Y 服从 $[0,1]$ 上的均匀分布，则随机变量 $X=F^{-1}(Y)$ 必服从分布函数为 $F(x)$ 的分布．利用这个反问题，如果我们想生成分布函数为 $F(x)$ 的随机数，就先产生均匀分布 $U(0,1)$ 的随机数 y，然后将 y 代入分布函数 $F(x)$ 的反函数中，就得到分布函数为 $F(x)$ 的随机数 $x=F^{-1}(y)$. 这个方法称为 Inverse Transform Method，简称 ITM.

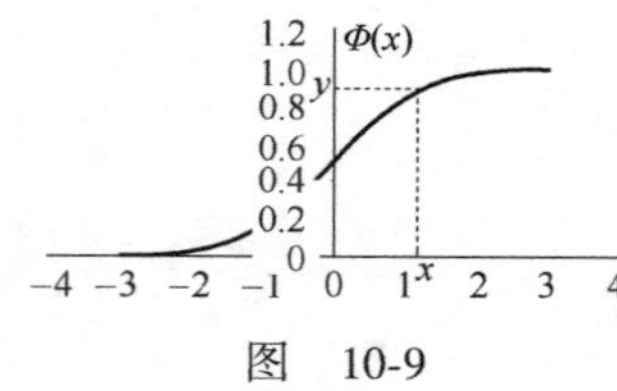

图 10-9

现在举两个简单的例子．我们欲产生标准正态分布 $N(0,1)$ 的随机数，标准正态分布的分布函数 $\Phi(x)$ 是 $(-\infty,+\infty)$ 上的严格单调增函数，如图 10-9 所示．我们先产生 $U(0,1)$ 的随机数 y，则 $x=\Phi^{-1}(y)$ 就是 $N(0,1)$ 的随机数了．又如，我们欲产生参数为 1 的指数分布 $E(1)$ 的随机数，其分布函数为

$$F(x)=\begin{cases}1-e^{-x}, & x\geqslant 0,\\ 0, & x<0,\end{cases}$$

其反函数为

$$F^{-1}(x)=-\ln(1-x),\quad 0<x<1.$$

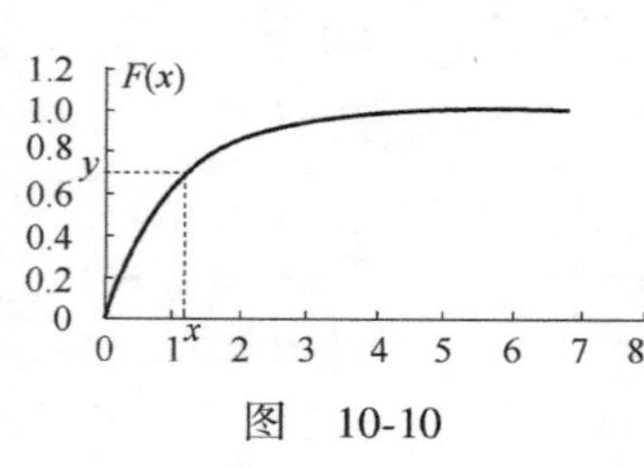

图 10-10

注意到分布函数 $F(x)$ 并不是 $(-\infty,+\infty)$ 上的严格单调增函数，如图 10-10 所示，故下面我们只在其一个严格单调增的范围 $(0,+\infty)$ 内来考虑随机数问题．还是先产生 $U(0,1)$ 的随机数 y，从而 $x=\Phi^{-1}(y)$ 就是指数分布 $E(1)$ 的随机数了．

模拟 运用 MATLAB 数学软件编程，实现均匀分布 $U(0,1)$、

标准正态分布 $N(0,1)$ 和指数分布 $E(1)$ 三种分布随机数的产生效果. 让计算机每次产生 20 个均匀分布 $U(0,1)$ 的随机数，共进行 50 次，总共产生 1000 个随机数，再统计每次产生的随机数的频率，以柱形图来显示，也可以将每次产生的 20 个随机数与均匀分布的密度图形做对比. 由图 10-11 左列的三个图可看出，均匀分布的随机数还是相对比较均匀的，符合均匀分布的特点. 利用均匀分布的随机数，计算出指数分布和正态分布的随机数，按同样方式呈现，可以看到 1000 个指数分布随机数与 1000 个正态分布随机数，都体现了各自分布的特点.

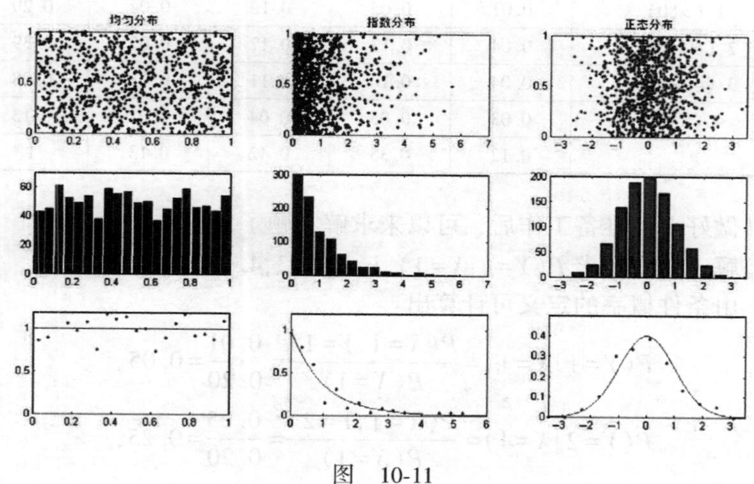

图　10-11

五、学霸与学神问题

为了研究考试成绩与学习时间的关系，对某校某级 1565 个学生做了每天用于学习高等数学时间（单位：h）的调查问卷，每个学生高等数学成绩与学习高等数学时间的成对数据如下表所示. 求学习成绩大于 80 的条件下学习时间的条件分布.

学习成绩	学习时间			
	<0.5	0.5~1	1~2	>2
>80	20	82	158	59
60~80	61	209	266	74
40~59	55	149	171	53
<40	40	84	66	18

【分析】　每个学生对应两个数值：学习成绩和学习时间，在不知道某个学生对应的这两个数的情形下，该学生对应了一个平面上的随机点，这就引出了二维随机变量. 记

$$考试成绩\ X=\begin{cases}1,\ 成绩>80,\\2,\ 60\leqslant 成绩\leqslant 80,\\3,\ 40\leqslant 成绩\leqslant 59,\\4,\ 成绩<40,\end{cases}\quad 学习时间\ Y=\begin{cases}1,\ 学习时间<0.5,\\2,\ 0.5\leqslant 时间\leqslant 1,\\3,\ 1<时间\leqslant 2,\\4,\ 时间>2.\end{cases}$$

这样就得到了二维随机变量 (X,Y). 将上表中的频数都除以总人数 1565，得到了 (X,Y) 频率分布，我们近似地认为是 (X,Y) 的联合分布，然后进一步可计算出边缘分布：

学习成绩 X	学习时间 Y				$p_{i\cdot}$
	1（<0.5）	2（0.5~1）	3（1~2）	4（>2）	
1（>80）	0.01	0.05	0.10	0.04	0.20
2（60~80）	0.04	0.13	0.17	0.05	0.39
3（40~59）	0.04	0.10	0.11	0.03	0.28
4（<40）	0.03	0.05	0.04	0.01	0.13
$p_{\cdot j}$	0.12	0.33	0.42	0.13	1

做好上述准备工作后，可以来求解本题了.

解 题意：求 $P(Y=k\mid X=1),k=1,2,3,4.$

由条件概率的定义可计算出：

$$P(Y=1\mid X=1)=\frac{P(X=1,Y=1)}{P(X=1)}=\frac{0.01}{0.20}=0.05,$$

$$P(Y=2\mid X=1)=\frac{P(X=1,Y=2)}{P(X=1)}=\frac{0.05}{0.20}=0.25,$$

$$P(Y=3\mid X=1)=\frac{P(X=1,Y=3)}{P(X=1)}=\frac{0.10}{0.20}=0.50,$$

$$P(Y=4\mid X=1)=\frac{P(X=1,Y=4)}{P(X=1)}=\frac{0.04}{0.20}=0.20,$$

所以学习成绩大于 80 的条件下学习时间的条件分布为

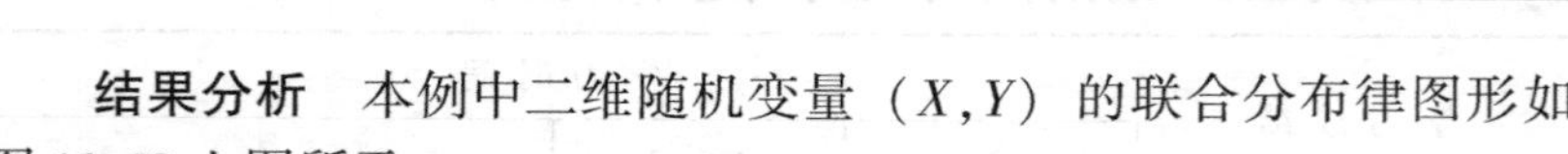

$Y\mid X=1$	1	2	3	4
p	0.05	0.25	0.50	0.20

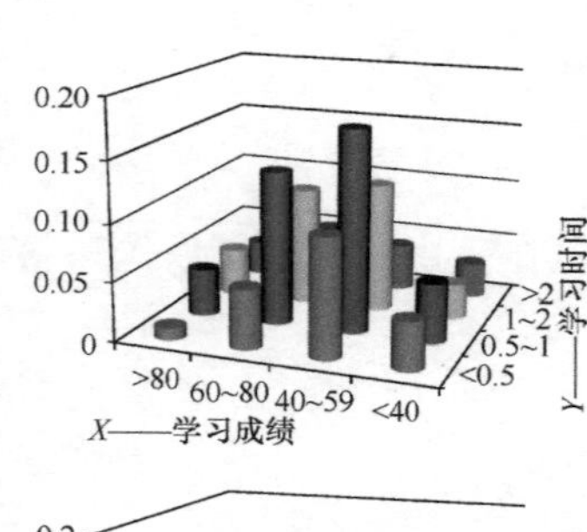

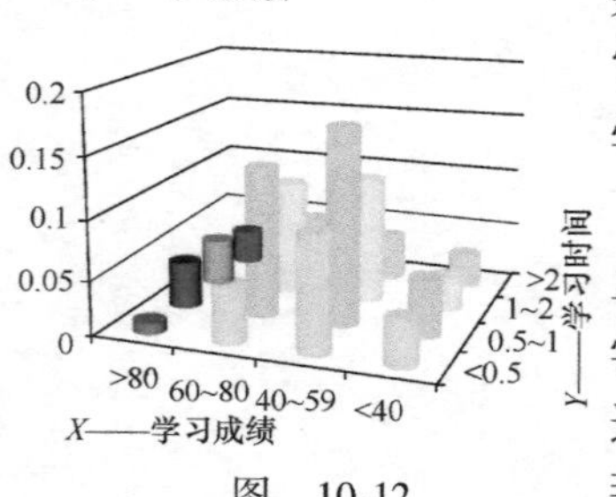

图 10-12

结果分析 本例中二维随机变量 (X,Y) 的联合分布律图形如图 10-12 上图所示.

由计算过程可知，学习成绩大于 80 的条件下学习时间的条件分布，数值上就是将 $X=1$（即学习成绩>80）对应的那列概率值取出，再除以它们的和 P（$X=1$）. 简单说，就是一"切"一"除". 同理可求出，学习时间 Y 在 2h 以上（即 $Y=4$）的条件下成绩 X 的条件分布为

根据得到的条件分布，我们可以发现，高等数学成绩在 80 分以上的同学每天学习高等数学的时间为 0.5h 以下的仅有 5%. 这说明学习时间是保证学习成绩的必要条件. 学习时间少，成绩却优异，这只是个例，从统计上看，学神还是非常少的，如果你不是学神，那就在学习上花些时间吧.

计算结果还表明，每天学习高等数学的时间大于2h的学生中有近七成的学生通过考试．从统计上看，学霸的比例也不算高，而且还有约三成的学生，在学习上花了不少时间但成绩却不理想．这说明学习上，除了花时间，还要讲究学习方法，追究学习效率．学霸是两者都把握住了，所以才是学霸；而大部分学生可能只花了学习时间，学习方法还需要进一步考量．少部分学生可能是学习方法极不重视，或者是学习习惯不太好，导致学习效率低．不过，无论如何，学习上必须要花些时间，同时还要讲究学习方法，才能在学习及考试中收获知识，收获自己，收获自信．

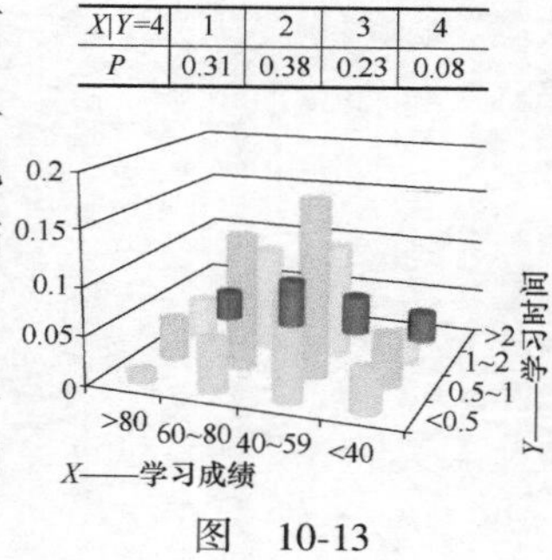

$X\|Y=4$	1	2	3	4
P	0.31	0.38	0.23	0.08

图 10-13

六、电梯平均停留次数问题

有 r 个人在一楼进入电梯，楼上共有 n 层，设每位乘客在任一层楼出电梯是等可能的，每个人是否出电梯是独立的，现考虑只下不上的情况．

求直到电梯中没有乘客为止，电梯平均停留的次数．

【分析】 如果按照数学期望的定义求解，则应该先求出电梯平均停留次数的分布律，但问题恰恰是，电梯平均停留次数的分布律不易求得．本题运用数学期望的性质来求解，这是一类有代表性的数学期望的求解方法．例如二项分布的数学期望，也是用性质求解比较方便．运用数学期望性质求解的核心就是，数学期望具有线性性，合理巧妙地将随机变量进行分解，而每个分解后的随机变量的期望容易求出，从而由线性性得到所求随机变量的数学期望．

解 记 X 为电梯停的次数．下面对随机变量进行分解．

记 $X_i(i=1,2,\cdots,n)$ 表示电梯在第 i 层停的次数，

$$X_i=\begin{cases}0, & \text{不停},\\ 1, & \text{停},\end{cases} \quad i=1,2,\cdots,n.$$

则易有 $X=X_1+X_2+\cdots+X_n$.

下面求 $X_i(i=1,2,\cdots,n)$ 的分布律．由于不知道每个进电梯的人是在哪层下电梯，故认为每个人以$\frac{1}{n}$的概率出任何一层电梯．所以对于第 i 层而言，每个人出电梯的概率均为$\frac{1}{n}$；若 r 个人都不在第 i 层出电梯，则电梯在第 i 层不停的概率为

$$P(X_i=0)=\left(1-\frac{1}{n}\right)^r,$$

故电梯在第 i 层停的概率为

$$P(X_i=1)=1-\left(1-\frac{1}{n}\right)^r.$$

所以 $X_i(i=1,2,\cdots,n)$ 的分布律为

$$X_i \sim \begin{pmatrix} 0 & 1 \\ \left(1-\frac{1}{n}\right)^r & 1-\left(1-\frac{1}{n}\right)^r \end{pmatrix}, \quad i=1,2,\cdots,n.$$

$X_i(i=1,2,\cdots,n)$ 的数学期望为

$$EX_i=0\times\left(1-\frac{1}{n}\right)^r+1\times\left[1-\left(1-\frac{1}{n}\right)^r\right]=1-\left(1-\frac{1}{n}\right)^r, \quad i=1,2,\cdots,n.$$

由数学期望的性质求得 X 的期望为

$$EX=\sum_{i=0}^{n} EX_i = n\left[1-\left(1-\frac{1}{n}\right)^r\right].$$

模拟 假设电梯有 20 层，有 10 个人在一楼进入电梯，按照本题的计算结果，电梯平均停留次数是 8.02. 运用 MATLAB 数学软件编程，模拟 50 次电梯停留情况．图 10-14 是前 10 次的模拟情形．图 10-14b是第 10 次电梯停留情况，电梯停了 9 次，分别是 2，3，5，6，7，9，12，16，18 层．图 10-14a 是前 10 次电梯停留的各层情况．图 10-14c 是前 10 次电梯的停留次数条形图，高度表示停留次数的多少，横线是平均停留次数 8.02，折线是前 10 次电梯停留次数的累计频率．前 10 次一共停留了 80 次，累计停留频率是 80/10=8. 图 10-14d 记录的是前 10 次电梯停留次数的频数条形图．

由模拟结果可得下表：

停留次数	6	7	8	9	10
频数	4	8	21	15	2

计算可得 50 次模拟电梯共停留：

$$6\times4+7\times8+8\times21+9\times15+10\times2=403,$$

50 次模拟的电梯平均停留次数为

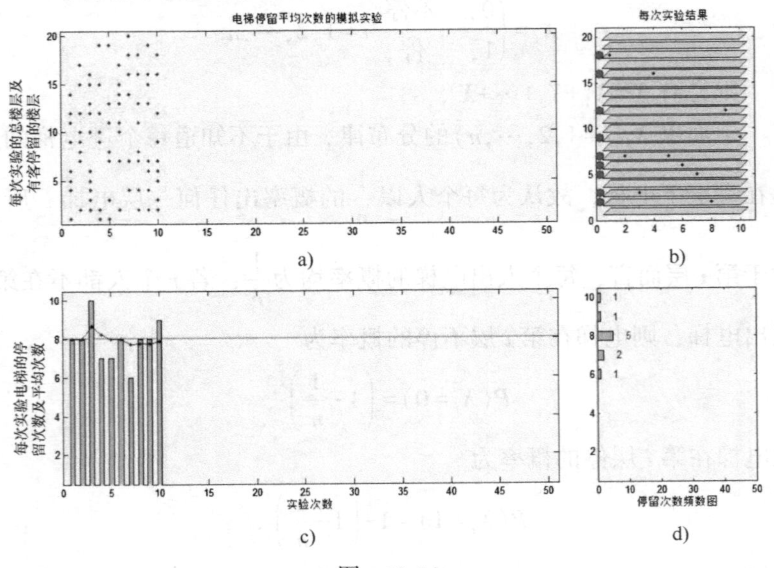

图 10-14

$$\frac{403}{50}=8.06.$$

可见，50次模拟结果与理论计算结果非常吻合，我们也可以从中理解数学期望的含义．就50次模拟而言，电梯的50个停留次数的平均值，也就是6，7，8，9，10这5个数值的加权平均值，权重就是这5个数出现的频率，即

$$6\times\frac{4}{50}+7\times\frac{8}{50}+8\times\frac{21}{50}+9\times\frac{15}{50}+10\times\frac{2}{50}=\frac{403}{50}=8.06.$$

100次模拟结果由图10-15给出．

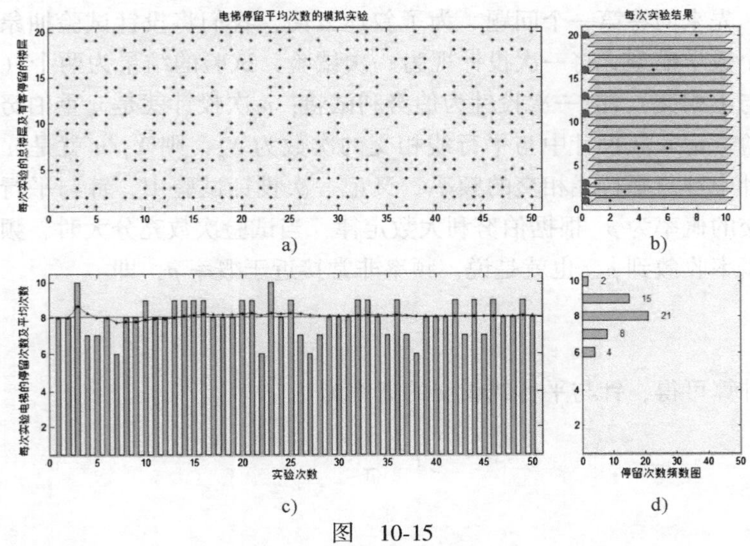

图 10-15

由图10-15可见，100次模拟的累计频率折线，在前30次时还有些起伏，但30次模拟以后，折线基本上稳定在理论直线附近．这体现了数学期望的统计意义．对电梯停留次数的一次模拟，可以认为是对随机变量 X 的一次观察．观察次数（模拟次数）很大时，得到 X 的大量观察值的平均值显然接近于其数学期望．这就是数学期望的统计意义．

七、布丰投针问题

布丰（C. Buffon，1707—1788）是法国数学家和自然科学家．在数学方面，布丰对概率论、微积分、几何感兴趣，然而，他最著名的发现就是布丰投针问题．

我们先来介绍一下布丰投针试验（见图10-16）．1777年的一天，布丰邀请了许多宾朋来家做客，并参与他的试验．他事先在白纸上画好了一组等距离的平行线，又拿出一把质量均匀的小针，针的长度为平行线间距离的一半．布丰请客人把针一根根随意扔到纸上，布丰则在一旁计数．试验结果出来了，在2212次投针中，与平

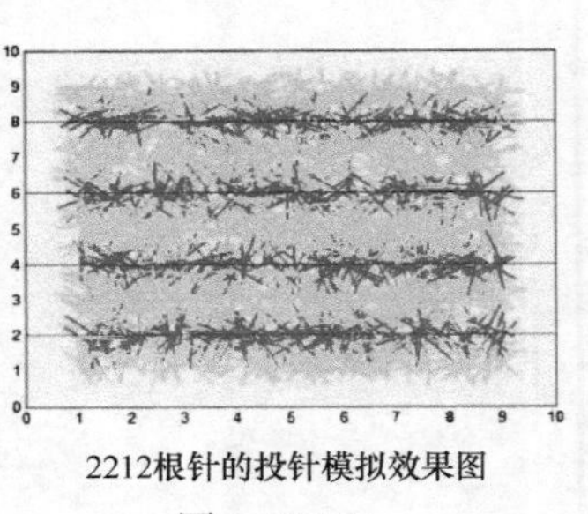

2212根针的投针模拟效果图

图 10-16

行线相交的有 704 次．之后，布丰只做了一个简单的除法，即 2212÷704≈3.14. 布丰宣布，这就是圆周率 π 的一个近似值，还预言，投针的次数越多这个近似结果就越精确．

这是个非常惊人的闻所未闻的结果！大家知道，圆周率是和圆密切相关的，这个试验中没有圆，只有平行线和针，数学家只是一“投”一“除”，就可以轻易地得到 π 的一个近似值，多么不可思议．于是问题也随之而来．为什么这个结果与 π 的真值如此接近？这其中有什么理论依据吗？还有，布丰是如何发现这样一个计算 π 的近似值的方法的？布丰投针试验的意义又是什么？

先来回答第一个问题．为了叙述方便，我们将投针试验抽象出一个数学模型．将一次投针视为一次试验，试验的结果为两个（相交与不相交），故一次投针为伯努利试验；n 次投针就是 n 重伯努利试验．记 n 次投针中与平行线相交的次数为 X_n，则 X_n/n 就是 n 次投针中针与平行线相交的频率．又记一次投针试验中，针与平行线相交的概率为 p. 根据伯努利大数定律，当试验次数充分大时，频率依概率收敛到 p，也就是说，频率非常接近于概率 p，即

$$\frac{X_n}{n}\approx p.$$

经计算可得，针与平行线相交的概率为

$$p=\frac{1}{\pi},$$

故

$$\frac{X_n}{n}\approx\frac{1}{\pi},$$

即

$$\frac{\text{投针总次数}}{\text{相交次数}}=\frac{n}{X_n}\approx\pi.$$

所以根据伯努利大数定律，用投针次数除以针与线的相交次数，就可以得到 π 的一个近似值，而且随着投针次数无限增大，得到的 π 的近似值精度会越来越高．

现在来回答第二个问题．布丰是怎么知道这个计算 π 的近似值的方法呢？从上面分析可看出，这个方法的关键是，针与线相交的概率竟然包含了圆周率 π，所以才可以用伯努利大数定律，运用频率和概率的近似关系，得到 π 的近似计算方法．那么，布丰是怎么知道针与线相交的概率包含 π 呢？其实，早在 1733 年，布丰就计算出了这个概率，所以才有了 1777 年的投针试验，并将这些结果发表在 1777 年的著作《或然性算术试验》中．现在简单介绍一下著名的布丰投针问题．

问题是这样描述的：平面上画有一组等距离的平行线，每两条

平行线之间的距离为 $2a$，向平面任意投掷一枚长为 $2l(l<a)$ 的针，试求针与平行线相交的概率．

解 记 x 为针的中点 M 到最近一条平行线的距离，φ 为针与平行线的夹角（见图 10-17a），则易知：

$$0 \leqslant x \leqslant l, 0 \leqslant \varphi \leqslant \pi.$$

针与平行线相交的充要条件是

$$0 \leqslant x \leqslant l\sin\varphi.$$

在 φOx 平面上（见图 10-17b），记

$$D:\begin{cases}0 \leqslant x \leqslant l, \\ 0 \leqslant \varphi \leqslant \pi,\end{cases} \quad G: 0 \leqslant x \leqslant l\sin\varphi.$$

根据几何概型，针与平行线相交的概率为

$$p = \frac{G\text{ 的面积}}{D\text{ 的面积}} = \frac{\int_0^{\pi} l\sin\varphi \mathrm{d}\varphi}{a\pi} = \frac{2l}{a\pi}.$$

特别地，取 $2l=a$，即针的长度是平行线间距的一半，则针与平行线相交的概率为

$$p = \frac{1}{\pi}.$$

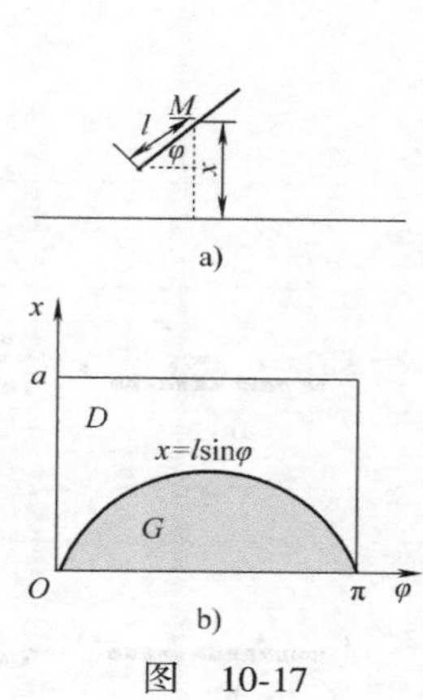

图 10-17

布丰是第一个把概率论和几何问题结合起来的人．正是由于布丰首先提出了布丰投针问题，既得到了用随机方法计算 π 近似值的方法，还开辟了几何概率的先河，成了几何概率的经典例子．布丰的这个重大发现引发了概率论的新思想和新方法．自从布丰公布了他的发现以后，人们就成千上万次地把针抛在画满平行线的纸上，并记录投针次数与相交次数的比值，真是乐此不疲．

现在再来审视一下布丰试验中所用的方法．欲求某一未知量的近似值，首先建立与该未知量相关的一个概率模型，然后设计一个随机试验，通过试验的结果，来获得未知量．由布丰试验这块沃土，生长出用概率试验的方法计算一些确定未知量的崭新方法，这样的方法称为蒙特卡罗方法（Monte Carlo method），又称随机模拟法．蒙特卡罗方法是在第二次世界大战期间，随着计算机的诞生而兴起和发展起来的．现在，蒙特卡罗方法已经发展成了一个著名的数值计算方法，这种方法在应用物理、原子能、固体物理、化学、生态学、社会学以及经济行为等领域中得到广泛利用．

下面我们用蒙特卡罗方法，运用 MATLAB 数学软件编程，来模拟 π 的近似计算．首先进行了两个 100 次的投针试验．图 10-18 给出了两次试验的两个模拟折线图，折线上的每个点都是用当前投针总数和相交次数的比值计算出来的．随着投针次数增加，π 的近似值也在不断变化，图 10-18 中的直线是 π 的真值．显然，这两个折线形状不同，模拟结果也不同（两次的模拟结果分别是 2.7027 和 3.125），这正说明了蒙特卡罗模拟方法的一个特点，结果带有随机

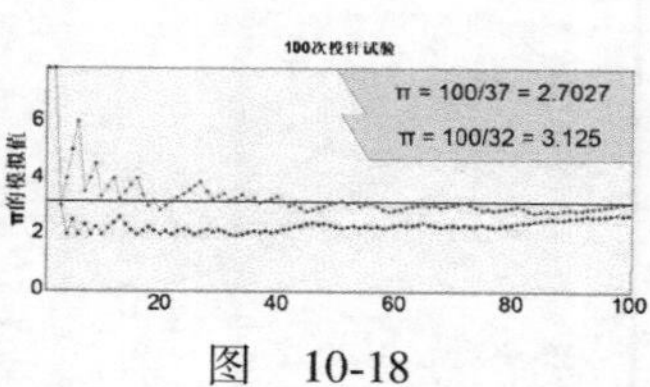

图 10-18

性．然而两条折线的变换趋势是相同的，都是随着投针次数增加，近似值作为频率与真值越来越接近．

为了得到更好的模拟结果，根据大数定律，加大投针次数，在大量投针试验中，近似值会稳定在真值附近．利用计算机的优越性，我们将试验次数增加到1000万次，只需稍等片刻，模拟折线图已经出来了（见图10-19a），但这条折线几乎看不见了，它与真值几乎完全重合了，这充分说明模拟值已经稳定在真值附近了，从而也就验证了大数定律．

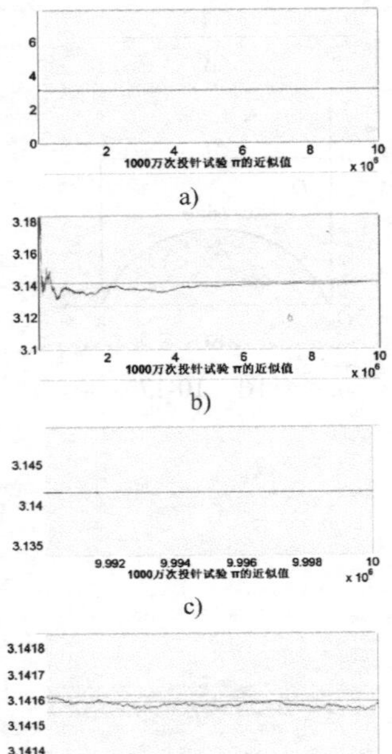

图 10-19

a）1000万次投针试验模拟折线图

b）纵坐标第一次放大后的模拟折线图

c）1000万次最后一万次的模拟折线图

d）纵坐标第二次放大后的最后一万次模拟图

问题是，这条折线真的没有波动了吗？在现有坐标尺度下，我们确实无法看清楚波动，所以如果想把折线波动看个清楚，必须放大坐标尺度，进入图形内部，一探究竟．我们先保持横坐标不变，放大纵坐标约100倍（见图10-19b），终于看见了折线的波动．根据大数定律，投针次数越大，模拟值越稳定，为此我们保持现有纵坐标不变，再将横坐标平移，观察1000万次投针试验的最后一万次试验的结果（见图10-19c）．我们发现，折线和直线又一次重合了．我们第二次放大纵坐标（见图10-19d），这时可以看见，π的近似值折线几乎就落在真值附近非常小的区间内，误差不到10^{-4}.

通过这个模拟演示，我们可以直观感觉到，无论试验次数有多大，模拟值折线都是有波动的，这正是蒙特卡罗方法的一个特点，就是随机性．另一方面，随着试验次数无限增大，模拟值的精度也随之提高．计算机可以在极短的时间内，完成1000万次的投针试验，得到了较精确的π的近似值，这个功劳应该归功于计算机了．也就是说，蒙特卡罗方法与计算机的结合，可以完美解决一些未知量的近似计算问题．所以，蒙特卡罗方法已经发展演变为一个非常有效的数值计算方法．无论是蒙特卡罗方法，还是计算机，这些对于当年的布丰来说，应该都是始料不及的．这也充分说明任何事物的发展，都是有其深刻的历史背景和产生的条件．布丰投针问题，不仅解决了用随机性方法计算π的近似值，并将概率问题和几何相结合，更重要的是，其思想方法诱导出了蒙特卡罗方法，而蒙特卡罗方法又广泛应用到很多学科中去，将其巨大的能效继续传播开．这些足以表明，布丰投针问题的重要意义之所在．

八、食堂窗口等待问题

学校食堂每天中午都要为全校约10000名学生提供午餐．假设每个学生在窗口打饭的时间相互独立，都服从$\theta=0.5$（min）的指数分布．为了能以99%的概率在90min内让所有学生打完饭，至少需要开设多少个窗口？

【分析】 根据题目条件，要求在90min内所有学生打饭完毕，就是说，每个窗口的服务时间约为90min；而需要开设多少窗口，这取决于所有学生的打饭时间．由于每个学生的打饭时间是随机的，故所有学生打饭时间 X 是随机变量．故题意为，保证概率 $P\ (X\leqslant c)$ 至少为 0.99 的条件下，确定出常数 c；再由 $c/90$ 得到窗口数．而概率 $P\ (X\leqslant c)$ 的计算需知道随机变量 X 的分布，下面给出 X 分布的两种计算方法：精确计算和渐近计算．

解法 1　记 X_i 为第 i 个学生的打饭时间，$i=1,2,\cdots,10000$. X 为所有学生的打饭时间．由题意，$X=X_1+X_2+\cdots+X_{10000}$，且 $X_1,X_2,\cdots,X_{10000}$ 是相互独立的随机变量，均服从 $\theta=0.5$（min）的指数分布，相同的概率密度为

$$f(x)=\begin{cases}\dfrac{1}{0.5}\mathrm{e}^{-\frac{x}{0.5}}, & x>0,\\ 0, & x\leqslant 0.\end{cases}$$

为求得 X 的精确分布，先求出 X_1+X_2 的分布．运用卷积公式，可得

$$f_{X_1+X_2}(z)=\int_{-\infty}^{+\infty}f(x)f(z-x)\mathrm{d}x=\begin{cases}\dfrac{1}{(0.5)^2}\displaystyle\int_0^z \mathrm{e}^{-\frac{x}{0.5}}\mathrm{e}^{-\frac{z-x}{0.5}}\mathrm{d}x=\dfrac{1}{(0.5)^2}z\mathrm{e}^{-\frac{z}{0.5}}, & z>0,\\ 0, & z\leqslant 0.\end{cases}$$

再运用卷积公式，求得 $X_1+X_2+X_3$ 的概率密度为

$$f_{X_1+X_2+X_3}(z)=\int_{-\infty}^{+\infty}f_{X_1+X_2}(x)f(z-x)\mathrm{d}x=\begin{cases}\dfrac{1}{(0.5)^3}\dfrac{1}{2!}z^2\mathrm{e}^{-\frac{z}{0.5}}, & z>0,\\ 0, \ z\leqslant 0.\end{cases}$$

多次运用卷积公式，最终可得 X 的概率密度为

$$f_X(x)=\begin{cases}\dfrac{1}{(0.5)^{10000}}\dfrac{1}{9999!}x^{9999}\mathrm{e}^{-\frac{x}{0.5}}, & x>0,\\ 0, & x\leqslant 0.\end{cases}$$

由题意，$P(X\leqslant c)=0.99$，即

$$\int_{-\infty}^{c}f_X(x)\,\mathrm{d}x=\frac{1}{(0.5)^{10000}}\frac{1}{9999!}\int_0^c z^{9999}\mathrm{e}^{-\frac{x}{0.5}}\mathrm{d}x=0.99.$$

但这个积分计算非常麻烦，现在利用 MATLAB 数学软件求解，得到解答为 $c=5117$. 这个结果也可以由 X 的分布函数图形（见图 10-20，MATLAB 软件绘制）直观看出．最后，

$$\frac{c}{90}=\frac{5117}{90}\approx 56.855\approx 57.$$

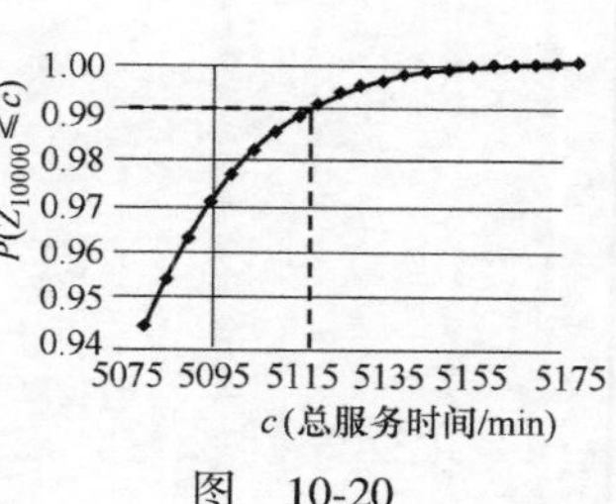

图　10-20

故为了能以 99% 的概率在 90min 内让所有学生打完饭，至少需要开设 57 个窗口．

拓展　在如上解法中，用到了分布的可加性．分布具有可加性是指，两个相互独立的随机变量如果服从同一类型的分布，则这两个随机变量的和也服从该类型的分布．常见的分布中具有可加性的分布是二项分布、泊松分布和正态分布．

上述解法利用的是伽马分布的可加性．若随机变量 X 的密度函数为

$$f(x;r,\theta)=\begin{cases}\dfrac{1}{\theta^r\Gamma(r)}x^{r-1}\mathrm{e}^{-\frac{x}{\theta}}, & x>0,\\ 0, & x\leqslant 0,\end{cases}\quad \theta>0,r>0,$$

称 X 服从参数为 r，θ 的伽马分布，记为 $X\sim G(r,\theta)$. 称函数

$$\Gamma(\alpha)=\int_0^{+\infty}x^{\alpha-1}\mathrm{e}^{-x}\mathrm{d}x(\alpha>0)$$

为伽马函数．由伽马函数的定义可以推出如下结果：

$$\Gamma(1)=1,\quad \Gamma(n+1)=n!\ (n\text{ 为正整数}).$$

伽马分布的可加性是指，若 X，Y 相互独立，$X\sim G(r_1,\theta)$，$Y\sim G(r_2,\theta)$，则

$$X+Y\sim G(r_1+r_2,\theta).$$

又由伽马分布的定义可知，$r=1$ 时的伽马分布 $G(1,\theta)$ 就是参数为 θ 的指数分布，所以本例中，$X_i\sim G(1,0.5)$，$i=1$，2，…，10000，有

$$X=X_1+\cdots+X_{10000}\sim G(10000,0.5),$$

故易得 X 的精确分布．

值得注意的是，分布的可加性都是由卷积公式多次使用而得到的，计算量比较大，而且在得到 X 的精确分布后，计算概率也不是件容易的事情，若不借用数学软件，则上述概率将难以完成．于是便带来一些问题，是不是在计算大量随机变量和的概率时，都要先求得其和的精确分布？即使知道了和的精确分布，用精确分布计算概率这个难题又如何解决呢？

对于大量随机变量和的分布讨论，就引出了中心极限定理．中心极限定理给出了，在一定条件下，独立随机变量和的极限分布是正态分布．

解法 2 记 X_i 为第 i 个学生的打饭时间，$i=1$，2，…，10000. X 为所有学生的打饭时间．由题意，$X=X_1+X_2+\cdots+X_{10000}$，且 X_1，X_2，…，X_{10000} 是相互独立的随机变量，均服从 $\theta=0.5$（min）的指数分布. 故

$$E(X_i)=0.5,D(X_i)=0.25,i=1,\cdots,10000,$$

所以

$$E(X)=10000E(X_i)=5000,D(X)=2500,$$

由中心极限定理知 X 的近似分布为正态分布 $N(5000,2500)$. 故

$$P(X>c)\approx 1-\Phi\left(\frac{c-5000}{50}\right)<0.01,$$

解出

$$\Phi\left(\frac{c-5000}{50}\right)>0.99,$$

查表解得 $c>5116.5$，所以

$$\frac{c}{90}=\frac{5116.5}{90}\approx 56.85\approx 57.$$

为了能以99%的概率在90min内让所有学生打完饭，至少需要开设57个窗口.

【分析】 对比本题的两个解法，可以清楚地看出，中心极限定理对于处理随机变量和的分布问题，有着巨大的优势．只要满足中心极限定理条件，就可以方便地求解这类问题．在解法2中，我们不仅回避了求X的精确分布，还用正态分布表解决了概率计算问题．由于本题中的$n=10000$，这个值比较大，所以近似计算结果和精确计算结果完全一致．中心极限定理告诉我们，在大样本条件下，独立同分布的随机变量和，无论其分布是怎样的，都是以正态分布为极限分布．用中心极限定理，不仅解决了类似本题的一类计算问题，而且还诠释了为什么正态分布是概率论中最重要的一类分布，把正态分布比喻为概率论的擎天柱，一点也不过分.

模拟 为了更好地理解本题，运用MATLAB数学软件编程，模拟食堂窗口等待问题.

九、手机使用寿命问题

为了解大学生手机的使用寿命，对某校大三90名学生的手机使用寿命进行了调查．设手机寿命X服从参数θ的指数分布．现从中抽取7名学生手机使用寿命数据：

3，3，1.5，2，1，3，1.5 （单位：年）

求未知参数θ的极大似然估计.

解 设$X_1, X_2, \cdots, X_n$是总体X的一个样本，$x_1, x_2, \cdots, x_n$是样本值，总体X的密度函数为

$$f(x,\theta)=\begin{cases}\dfrac{1}{\theta}\mathrm{e}^{-\frac{x}{\theta}}, & x>0, \quad \theta>0(\theta\text{未知}),\\ 0, & x\leqslant 0,\end{cases}$$

$x_i>0(i=1,2,\cdots,n)$时，θ的似然函数为

$$L(\theta)=\prod_{i=1}^{n}\frac{1}{\theta}\mathrm{e}^{-\frac{x}{\theta}}=\frac{1}{\theta^n}\mathrm{e}^{-\frac{1}{\theta}\sum\limits_{i=1}^{n}x_i}=\frac{1}{\theta^n}\mathrm{e}^{-\frac{n\bar{x}}{\theta}},$$

对数似然函数为

$$\ln L(\theta)=-n\ln\theta-\frac{1}{\theta}n\bar{x},$$

求导得$\dfrac{\mathrm{d}}{\mathrm{d}\theta}\ln L(\theta)=-\dfrac{n}{\theta}+\dfrac{1}{\theta^2}n\bar{x}$,

再令$\dfrac{\mathrm{d}}{\mathrm{d}\theta}\ln L(\theta)=0$，解得

$$\theta=\bar{x}.$$

所以 θ 的极大似然估计量为 $\hat{\theta}=\overline{X}=\dfrac{1}{n}\sum_{i=1}^{n}X_i$.

由题中所给样本值计算出 $\bar{x}=2.071$，故似然函数与对数似然函数分别为

$$L(\theta)=\frac{1}{\theta^7}\mathrm{e}^{-\frac{7}{\theta}2.071},\quad \ln L(\theta)=-7\ln\theta-\frac{1}{\theta}7\times 2.071.$$

在此样本值下的似然函数与对数似然函数的图形如图 10-21 所示．可见，这两个图形同升同降，都在相同点处取得最大值，这个最大值点就是极大似然估计值 $\hat{\theta}=\bar{x}=2.071$.

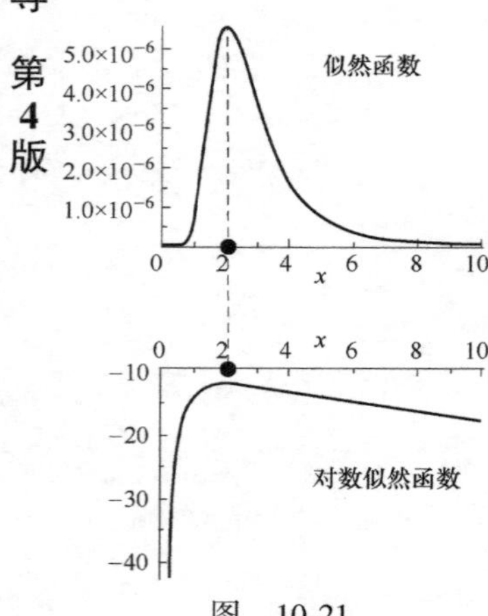

图　10-21

【分析】　这个估计结果可信吗？如何评价一个统计结果？

首先我们来分析一下这个估计结果是如何产生的．$\hat{\theta}=2.071$ 是由估计量 $\hat{\theta}=\overline{X}$ 代入样本值后得到的．所以一个估计值依赖两个要素：估计量和样本值．同一个估计量即使在不同样本下，通常会得到不同的估计值．比如说，我们在 90 个手机使用寿命数据中，再进行三次抽样（每次都任意取 7 个数值），分别计算得到了三个估计值：1.5，1.786，2.14．如何看待这些不同的估计值呢？到底哪个估计值更可信呢？其实，对于已经得到的估计值而言，它已经是静态的结果了，由于我们不知道真值，所以这些估计结果孰优孰劣是无法评价的．故评价的不是估计值本身，而是估计量．

估计量的意义在于，给出未知参数 θ 的一个估计方案、估计规则，或者说估计程序，即便是没有样本观察值，也可以构造出估计量，一旦经过抽样获得了样本值，就可计算出一个估计值．另外，对于同一个未知参数，其估计量往往是不唯一的．就算是用同一个估计法，有时会得到两个不同的估计量；用不同的估计法，通常会得到两个不同的估计量．故对同一个未知参数，会有多个看起来都很合理的估计量，于是就有了比较优劣的问题．

那么如何对同一个未知参数的估计量进行比较或者评价呢？既然同一个估计量在不同样本值下有不同的结果，所以在考虑估计量的优劣时，必须从某种整体性能去衡量它，而不是看它在个别样本下的表现．“整体性能”有两种意义：一是指估计量的某种特性，具有这种特性的就是好的，否则就是不好的（无偏性）；二是指某种数量指标，两个估计量，以指标小为优（有效性）.

一个估计量若是无偏估计量，其意义可理解为没有系统误差．就是说，无论你用什么样的样本观察值，总是时而（对某些样本）偏低，时而（对某些样本）偏高．没有系统误差是指，把这些偏差在概率上平均起来，其值为0. 反之，如果没有无偏性，则无论使用多少次，其平均值也会与真值有一定距离，这个距离就是系统误差．本题中的估计量是样本均值 $\hat{\theta}=\overline{X}$，该估计量就是 θ 的一个无偏

估计量，尽管在不同样本值下有不同的估计值，我们也无法说明一次估计所产生的误差，但是这种误差随机地在0附近摆动，且对同一统计问题大量使用时不会产生系统偏差．

当然，一个未知参数的无偏估计量可以有很多；另一方面，一个无偏估计量也并不意味着它非常接近被估参数真值，还必须要考察其取值的离散程度．这样，自然想到用方差来度量．对同一参数的两个无偏估计量，在样本容量相同的情况下，方差小者为优．在数理统计中，常用到最小方差无偏估计，其方法是在所有的无偏估计量中，寻求最有效的那一个．本题中的估计量是否具有有效性呢？通过分析计算，在所有样本 $X_1, X_2, \cdots, X_n$ 的线性组合的无偏估计量中，样本均值 $\hat{\theta}=\overline{X}$ 具有最小的方差，故样本均值在样本线性组合形式的无偏估计类中是最有效的．

无偏性和有效性，都是在样本容量固定的前提下提出的．一个好的估计量的观察值，在样本容量增大的情况下，应该稳定于参数真值．这是对一个估计量最基本的要求．否则的话，不管样本容量有多大，都不能把参数估计得足够准确，那这样的估计量是不可取的，所以对估计量还有第三条标准，就是相合性．一个估计量具有相合性是指，随着样本容量增大，估计值与真值的误差可以任意小．也就是说，随样本容量增大，被估计值与估计值逐渐“相互融合”在一起了．本题中的估计量是样本均值 $\hat{\theta}=\overline{X}$，估计大数定律，样本均值依概率收敛到总体均值，而总体均值就是未知参数 θ，故

$$\hat{\theta}=\overline{X}\xrightarrow{\text{依概率}}\theta(n\text{ 充分大}).$$

所以，$\hat{\theta}=\overline{X}$ 是未知参数 θ 的相合估计量．比如说，我们再从90个手机使用寿命数据中抽取样本容量为18的样本，得到估计值为2.1917，我们有理由相信，这个估计结果比起样本容量为7的样本得到的结果，更接近于参数真值．

上面我们结合本题，分析了估计量的三个评价标准．看来样本均值作为 θ 的估计量，整体性能比较满意．那么，本题中的未知参数 θ 的真值到底是多少呢？其实这个问题很简单，直接把这90个数据拿来，取其平均值即可．下面运用MATLAB数学软件编程，让计算机在90个数据中随机一个一个地取数据，并随时将已取出的数据做累计平均值，用折线来表示．估计大数定律，折线应该最终在真值附近稳定下来．图10-22就是计算机的模拟结果．折线稳定在直线附近，直线对应的真值是1.95．

最后说明一点，统计结果归根到底就是个统计结果，对于任何统计结果都不能太相信．就是说，一个从整体看很不错的估计，由于抽到了不易出现的样本，其表现可能很差；而一个整体性能不好的估计量，可能会在个别样本下表现很好．说到底，这种比较只是

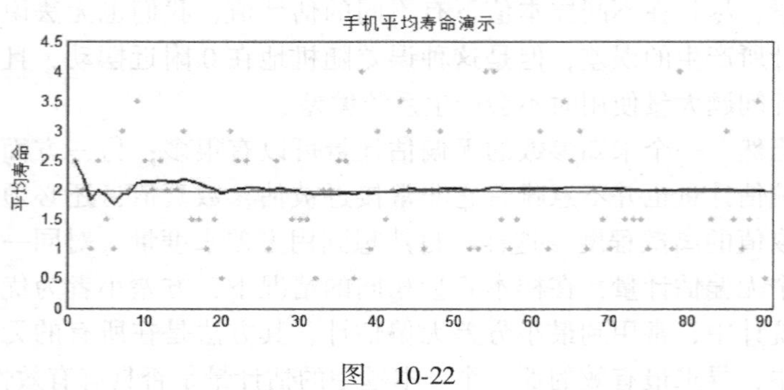

图 10-22

相对而言的．这就提醒我们，不要把这些准则绝对化了，每种准则在某种情况下都有其局限性．

十、差异问题

在正常情况下，某酒厂某车间使用灌装机生产的酒的容量服从 $N(500,1)$．某天计量检验人员随机抽取 10 瓶酒，算得平均容量为 499.3mL，问这天机器是否正常？

【分析】 下面我们来分析几个问题．

1. 为什么会有这个问题？

因为有差异！也就是说，$500-499.3=0.7$，设计容量与样本均值产生 0.7 的差异，必须要搞清楚这个差异的来源．

差异有两种来源．一是偶然因素引起的，也称随机误差，这种误差是非本质因素引起的，可以通过增加样本容量来减少随机误差，也就是说如果样本容量大到与总体一样，那么所有的随机误差将相互抵消，随机误差就等于 0．一般来说，样本只是总体的一部分，随机性的波动总是难免的．但是这种随机性的波动是有一定限度的，如果差异超过这个限度，我们就不能用抽样的随机性来解释了，必须认为这个差异反映了事物的本质差别，这种差异称作系统误差，这正是另一种差异的来源，即认为差异是由必然因素引起的，其主要特征是结果总是偏向一边，或者偏大或者偏小，而且多次测量求平均值后，并不能消除这种差异，样本容量再大都无法解决．那么，本题中的 0.7 的差异，是随机误差还是系统误差？是偶然因素还是必然因素导致的呢？差异的属性不同，处理问题的方法也不同．如果是随机误差，则认为机器正常；如果是系统误差，则说明机器不正常，需要停产整修．

2. 如何化为一个统计问题？

首先明确这个问题的总体是谁，再提出相应的假设．

总体 X——这天该灌装机生产的酒的容量，

由题意：$X\sim N(\mu,1)$，μ 未知．

提出假设：H_0：$\mu=\mu_0=500$ 随机误差（机器正常）；

$$H_1: \mu \neq \mu_0 \text{ 系统误差（机器不正常）}.$$

问题归结为：用样本（值）回答，是接受 H_0 还是拒绝 H_0？

3. 如何求解这个统计问题？

关键是解决这个问题的思想方法是什么．从上面的分析可看出，既然样本是总体的一部分，差异在所难免．所以，我们考虑这个问题的出发点是，有点差异实属正常．然而，当差异大到一定程度，超出了一个界限，已经无法用随机性来解释时，就可以认为是系统因素造成的，我们的任务就是要找到差异的这样一个界限．根据小概率实际推断原理，小概率事件在一次试验中基本上是不会发生的．在本问题中，小概率事件应该具备两点，一是事件的含义是差异大，二是从假设 H_0 角度计算，其发生概率很小．因此，解决这个问题的思想方法就是，差异大到小概率事件发生，就可以认为是系统误差造成的，从而可以拒绝假设 H_0．

如何构造这样的小概率事件呢？要靠统计量．确切地说，需要统计量来做两件事．一是统计量的观察值可以量化数据（样本值）和假设（H_0）的差异，这样我们可以很方便地找到小概率事件的表达形式．二是统计量要有确定的分布（在假设 H_0 的前提下），这样我们就可以由事先给出的小概率，找到小概率事件的准确表达形式，从而找到差异的界限．这样的统计量一旦得到，我们称它为检验统计量．

本问题中的检验统计量又如何寻找？由点估计入手．因为 $\overline{X}$ 是总体均值 μ 的无偏估计，所以 $\overline{X}$ 的观察值是 μ 的偏差较小．故 H_0 成立时，$|\overline{X}-\mu_0|$ 应该比较小，从而 $Z=\dfrac{\overline{X}-\mu_0}{\sigma/\sqrt{n}}$ 的观察值也比较小．反过来说，$Z=\dfrac{\overline{X}-\mu_0}{\sigma/\sqrt{n}}$ 的观察值的绝对值 $|z|$ 越小，说明数据与假设差异越小；$|z|$ 越大，数据与假设差异就越大．因此统计量 $Z=\dfrac{\overline{X}-\mu_0}{\sigma/\sqrt{n}}$ 的观察值可以量化数据与假设的差异．又当假设 H_0 成立时，$Z=\dfrac{\overline{X}-\mu_0}{\sigma/\sqrt{n}}$ 有确定的分布 $N(0,1)$．因此，统计量 $Z=\dfrac{\overline{X}-\mu_0}{\sigma/\sqrt{n}}$ 就是当前问题的检验统计量．

有了检验统计量，现在我们来构造小概率事件．由于小概率事件含义是差异大，所以，小概率事件的形式是

$$A=|Z|>k,$$

其中 k 越大差异越大．由事先给出的小概率 α，可以令

$$P(A)=P(|Z|>k)=\alpha,$$

根据标准正态分布的分位点定义，可解出

$$k=z_{\alpha/2},$$

从而得到小概率事件为

$$A=(|Z|>z_{\alpha/2}).$$

将小概率事件写成等价形式

$$A=(|Z|>z_{\alpha/2})=(Z\in C),\quad C=(-\infty,-z_{\alpha/2})\cup(z_{\alpha/2},\infty).$$

可见，要找的差异的界限就是 $z_{\alpha/2}$，统计量观察值 $|z|$ 一旦大于 $z_{\alpha/2}$，也就是落入了集合 C 的范围内，意味着构造的小概率事件发生了，此时，差异无法用随机性解释，只能拒绝 H_0，故称 C 为 H_0 的拒绝域．拒绝域是检验法则的最终体现．对于一个检验问题，得到了拒绝域后，就等于得到了拒绝准则，一旦手里有了样本，就可以用样本来判断，是接受 H_0 还是拒绝 H_0.

检验问题的具体求解需要四步完成，即：

(1) 给出总体，对未知参数提出假设；

(2) 给出本问题的检验统计量；

(3) 由给出的小概率及分位点的定义，给出 H_0 的拒绝域；

(4) 取样判断．

解 总体 X——这天该灌装机生产的酒的容量，

由题意：$X\sim N(\mu,1)$，μ 未知．

提出假设：H_0：$\mu=\mu_0=500$ 随机误差（机器正常）；

H_1：$\mu\neq\mu_0$ 系统误差（机器不正常）．

检验统计量 $Z=\dfrac{\overline{X}-\mu_0}{\sigma/\sqrt{n}}$，$H_0$ 为真时，$Z\sim N(0,1)$.

H_0 的拒绝域 C：$|Z|\geqslant z_{\frac{\alpha}{2}}=z_{0.025}=1.96$ （$\alpha=0.05$）.

取样判断 $z=\dfrac{499.3-500}{1/\sqrt{10}}=-2.21\in C$,

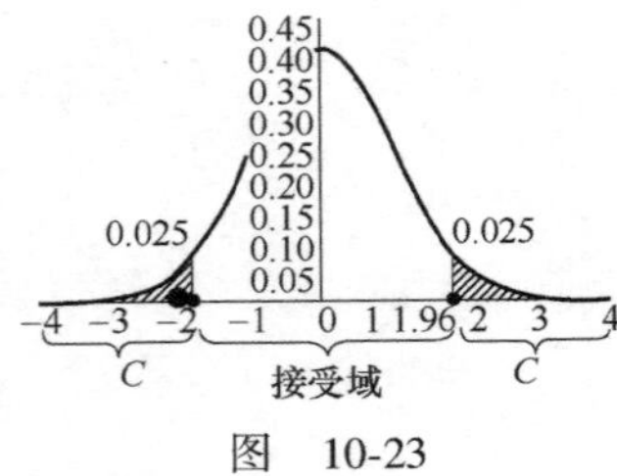

图 10-23

如图 10-23 所示，因统计量观察值落入拒绝域内，故拒绝 H_0，认为这天机器不正常．

模拟 由上述分析可知，小概率 α 就是拒绝 H_0 的概率，而 $1-\alpha$ 就是接受 H_0 的概率．在一次取样判断中，H_0 或者接受，或者被拒绝．如何理解小概率 α? 下面运用 MATLAB 数学软件编程，模拟 100 次检验的结果．模拟参数是：总体分布 $X\sim N(500,1)$，拒绝概率 $\alpha=0.05$，样本容量 $n=10$.

先让计算机一次产生服从总体分布 $N(500,1)$ 的 10 个随机点，计算出 10 个点的平均值（见图 10-24d），然后计算出检验统计量的观察值的模拟结果（见图 10-24b）．若模拟结果落入标准正态图形阴影域内，表明接受假设 H_0；若落入标准正态图形阴影域外，表明拒绝假设 H_0．将此图经过镜像转换，对应出图像，再将结果记录在图 10-24a. 图 10-24 所示是前 20 次试验的模拟情形，结果是 20 次检验中，有 19 次接受假设，1 次拒绝假设．图 10-24c 以条形图形式记录检验结果，而图 10-24e 中的折线接受假设的累计频率，图中的直线是接受假设的概率值 0. 95.

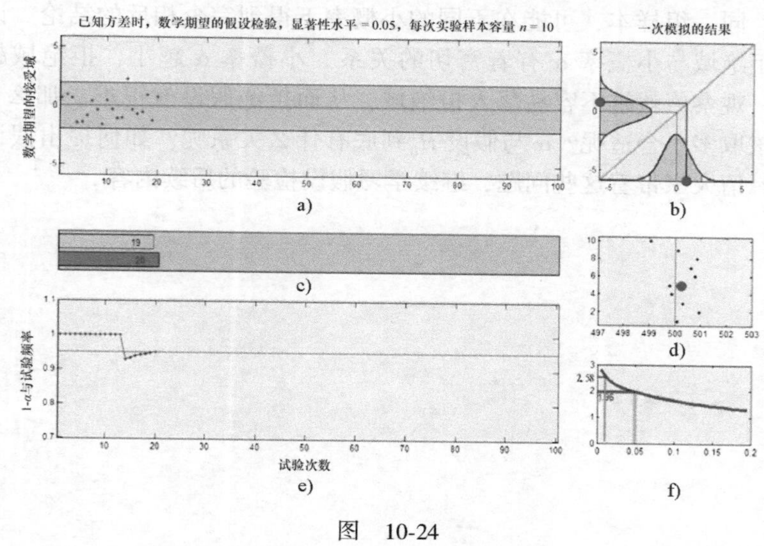

图　10-24

图 10-25 所示是计算机模拟 100 次检验的效果图．从其中的折线图可明显看出，有 6 次下降的趋势，说明 100 次检验中，有 6 次拒绝了假设，拒绝率是 0. 06，与拒绝概率 0. 05 很接近．图 10-25 中的右下图，给出的是显著性水平与标准正态分布的双侧分位点的关系图．

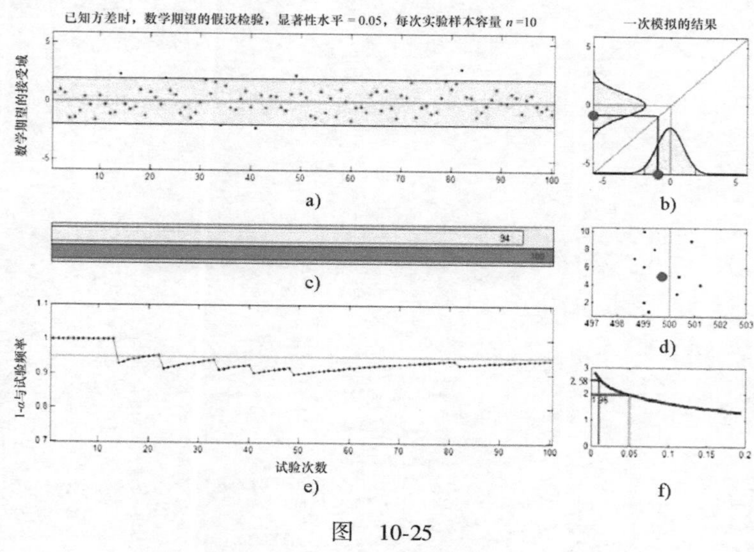

图　10-25

思考　小概率对检验结果的影响．

本题中，取 $\alpha=0.05$，检验结果是拒绝了假设．若将拒绝概率减小到 $\alpha=0.01$，则差异界限（双侧分位点）变大，拒绝域相应缩小，同样的样本观察值，没有落入拒绝域，故接受了假设．

由此可见，检验的结论并不是绝对的，会受到小概率值 α 的影响．同一组样本，可能在不同的小概率下得到完全相反的结论．说明拒绝域与小概率 α 有着密切的关系．小概率 α 越小，拒绝域越小，观察值就越不容易落入拒绝域，从而拒绝假设就很难．那么 α 应该取多小合适呢？α 与假设 H_0 到底有什么关系呢？如何提出假设呢？请大家带着这些问题，继续学习假设检验的后续内容．

参考文献

[1] 范玉妹，汪飞星，王萍，等．概率论与数理统计［M］．2版．北京：机械工业出版社，2012.

[2] 王丽燕，张金利．概率论与数理统计：全程与解题能力训练［M］．大连：大连理工大学出版社，2001.

[3] 贺才兴，等．概率论与数理统计学习指导［M］．北京：科学出版社，2001.

[4] 同济大学工程数学教研室．概率统计复习和解题指导［M］．3版．上海：同济大学出版社，2001.

[5] 费允杰．考研数学：概率论与数理统计［M］．北京：群言出版社，2007.

[6] 雷发社．概率统计重点难点40讲［M］．西安：陕西科学技术出版社，2004.

[7] 孙清华，孙昊．概率论与数理统计：内容、方法与技巧［M］．武汉：华中科技大学出版社，2002.